新河川堤防学

河川堤防システムの整備と管理の実際

吉川勝秀 著

技報堂出版

著者、吉川勝秀先生は、本原稿を書き上げたあと、惜しくもご逝去されました。
本書の刊行を大変楽しみにされていましたが、ご存命中に刊行することができませんでした。
ここに謹んで哀悼の意を表します。（編集部）

> 書籍のコピー，スキャン，デジタル化等による複製は，
> 著作権法上での例外を除き禁じられています。

はじめに

　本書は、河川堤防システムの整備と管理について、従来の書物にはなかった視点で論じたものである。広く河川の治水について考察しつつ、河川堤防システムについて論じた。

　河川堤防は、道路と同様に国土を形成する基幹的なインフラであるが、それを取り巻く状況は特異である。道路については、舗装、基盤（土質）、橋梁などの研究が大学などで行われ、その講義も講座もある。しかし、人口の約半分、資産の3／4を守っている河川堤防については、その研究が大学などで行われておらず、その講義も講座も皆無である。行政の河川管理担当部局のインハウスにおいても、ほとんどといってよいほど研究が行われておらず、専門家も研究者も不在である。

　河川堤防に関する書物もほとんどなく、土質工学的な視点からの中島秀雄著『図説　河川堤防』と、もう少し幅広い視点からの拙編著『河川堤防学』があるのみである。前者は、長く連続した河川堤防を堤防横断面、すなわち"点"でとらえ、論じたものであり、土質工学としての数少ない堤防論である。しかし、河川堤防は長く連続したものであり、"線"あるいは"システム"としてとらえた堤防論が必要である。後者は、そのような視点からの書物である。そこでは、従来の土質工学的な堤防論と水理・水文学的な検討、さらには堤防決壊による被害といったことを、河川の氾濫原も含め、河川堤防を"線"、"システム"として河川縦断的な議論を試みている。

　本書は、後者の視点、すなわち河川堤防を"線"および"システム"としてとらえ、より本格的に論じたものである。そして、河川堤防システムの整備と管理を中心としつつ、より広い視野から必要な治水の基本も含めて論じたものである。

　本書は、行政の担当部局、民間コンサルタント、大学などの関係者が河川

i

堤防について正しく、的確に学ぶうえで、参考となると考えている。また、今後、国土の重要な基幹インフラである河川堤防について、大学や民間コンサルタント、行政のインハウスでそれを支える人材を幅広く育むうえで利用されることを期待している。

2011.8.26
吉川勝秀

目　次

はじめに……………………………………………………………… i

第1章　本書の基本的立場、特徴と構成　　　　　　　1

1.1　河川堤防の認識と河川堤防システムに対する
　　　基本的立場と特徴 ………………………………………… 1
1.2　本書の構成 ………………………………………………… 4

第Ⅰ部　河川堤防システムの基本理論　　　　　　　　7

第2章　河川堤防システムの基本的な理論と視点　　　9

2.1　はじめに ………………………………………………… 9
2.2　従来の研究と本章の基本的立場 ……………………… 10
2.3　河川堤防と河川堤防システムの基本事項の検討 …… 11
2.4　計画高水位と堤防 ……………………………………… 19
2.5　実河川の河川堤防システムの現状と課題についての
　　　実証的検討（利根川水系での検討） ………………… 28
2.6　これからの時代の河道、河川堤防システムの整備と
　　　管理について …………………………………………… 37
2.7　おわりに ………………………………………………… 40

iii

第Ⅱ部 河川堤防システムの実際　　43

第3章 河川堤防システムの破たん（堤防決壊）の原因　　45

 3.1 堤防決壊の原因とその実態 ……………………………… 45
 3.2 堤防決壊への対応 ………………………………………… 71

第4章 河川堤防システムの水理・水文学的な安全度（洪水の水位・流量・発生頻度）　　107

 4.1 はじめに …………………………………………………… 107
 4.2 本章の基本的立場 ………………………………………… 108
 4.3 河川堤防と河川堤防システムに関する基本的な事項・視点 ………………………………………… 109
 4.4 実河川における具体的な評価結果と得られた知見　　119
 4.5 結　語 ……………………………………………………… 132

第5章 河川堤防システムについての被害からの検討　　135

 5.1 はじめに …………………………………………………… 135
 5.2 従来の研究と本章の基本的立場 ………………………… 136
 5.3 氾濫原の特性に基づく区分と浸水の特性 …………… 137
 5.4 資産額の分布とその構成（洪水被害ポテンシャル）… 140
 5.5 被害額の推定（想定被害額） …………………………… 145
 5.6 堤防越水の可能性と氾濫原（各ブロック）の資産、想定被害額からの堤防システムの整備・管理に関する考察… 149
 5.7 結　語 ……………………………………………………… 158

第6章　河川堤防システムについての安全度、氾濫の深刻さ、被害からの複合的な検討　161

6.1　複合的な評価の視点、尺度 …………………… 161
6.2　評価の方法 …………………………………… 163
6.3　評価の結果と考察 …………………………… 174
6.4　考察と展望 …………………………………… 179

第7章　実態検討からの知見と総括的な考察　181

7.1　堤防システムの破たん（決壊）からの知見 ………… 181
7.2　水理・水文学的な安全度（水位・流量・発生確率）
　　　からの知見 …………………………………… 183
7.3　洪水被害からの検討 ………………………… 185
7.4　安全度、氾濫の深刻さ、被害からの複合的な検討 … 186
7.5　総括的な知見 ………………………………… 187

第Ⅲ部　河川と河川堤防システム　191

第8章　河川の治水安全度1　洪水危険度の評価と図化　193

8.1　はじめに ……………………………………… 193
8.2　洪水危険度評価地図の位置づけ …………… 194
8.3　洪水危険度評価地図の作成方法 …………… 196
8.4　洪水危険度評価地図の特徴 ………………… 202
8.5　まとめ ………………………………………… 205

第9章　河川の治水安全度2　地形学的アプローチ　207

9.1　はじめに …………………………………………… 207
9.2　従来の研究と本章の基本的立場 ………………… 208
9.3　洪水氾濫の推定における地形学的アプローチ …… 209
9.4　越水決壊箇所の推定方法に関する考察 ………… 223
9.5　結　語 …………………………………………… 225

第10章　被害ポテンシャル、被害額1　都市化流域での検討、費用便益分析　229

10.1　はじめに ………………………………………… 229
10.2　従来の研究と本章の基本的立場 ……………… 230
10.3　洪水災害の把握・分析モデルと治水対策の
　　　評価モデルの提示 ……………………………… 233
10.4　ケース・スタディ ……………………………… 242
10.5　結　語 …………………………………………… 258

第11章　被害ポテンシャル、被害額2　総合的な治水の視点、利根川東京氾濫原　263

11.1　はじめに ………………………………………… 263
11.2　従来の研究と本章の基本的立場 ……………… 264
11.3　流域治水の理論とその要点 …………………… 266
11.4　実践事例における治水計画とその後 ………… 270
11.5　実践からの評価と今後の展望 ………………… 286
11.6　おわりに ………………………………………… 287

第12章　被害ポテンシャル、被害額3 被害ポテンシャルの誘導・規制に関する都市計画論的な視点　291

12.1　はじめに ……………………………………………… 291
12.2　流域治水の理論とその要点 ………………………… 293
12.3　実践事例における治水計画とその後 …………… 297
12.4　都市計画論的な考察 ………………………………… 305
12.5　実践からの評価と今後の展望 …………………… 309

第13章　河道の変化と河川堤防システムなどへの影響　313

13.1　はじめに ……………………………………………… 313
13.2　利根川の河道の変化 ………………………………… 315
13.3　河床変動の実態 ……………………………………… 316
13.4　河床低下の原因 ……………………………………… 320
13.5　河床変動に伴う河川管理上の課題と問題点 …… 326
13.6　河床低下への対策 …………………………………… 332
13.7　結　語 ………………………………………………… 334

第14章　河川の利用－世界の視野で、観光も視野に－　337

14.1　河川の利用について ………………………………… 337
14.2　日本の河川利用、河川と観光の実態 …………… 338
14.3　代表的、特徴的な河川利用 ………………………… 345
14.4　世界の視野で：アジアの事例、観光、河川情報ネットワーク ……………………………………… 358
14.5　おわりに ……………………………………………… 364

第15章　堤防築造・整備、堤防技術の歴史的、国際的考察　367

　　15.1　日本における築堤の歴史的な経過 …………… 368
　　15.2　日本における堤防技術について ……………… 374
　　15.3　欧米などの河川堤防との比較について ……… 394

第IV部　河川堤防システムの課題　409

第16章　何がわかったか、何が問題か　411

　　16.1　何がわかったか ………………………………… 411
　　16.2　何が問題か ……………………………………… 416

第17章　何をなすべきか　421

第18章　これからの調査研究課題　431

　　18.1　河川堤防についての課題 ……………………… 432
　　18.2　治水についての課題 …………………………… 433

おわりに ……………………………………………………… 437
索　引 ………………………………………………………… 439

第1章
本書の基本的立場、特徴と構成

【本章の要点】

　本章では、本書の河川堤防の認識と、河川堤防システムの整備と管理に対する基本的立場と特徴を明確にしておきたい。

　また、本書の構成についても、明確に示すことにしたい。読者には、基本的に前の章から順次読んでいただきたいが、必要に応じて該当する章を読み、順番を変えて全体を読むことも可能である。

1.1　河川堤防の認識と河川堤防システムに対する基本的立場と特徴

　河川堤防は、道路などとともに、社会を支える基幹的な社会インフラである。例えば本書で取り上げる利根川の河川堤防が決壊して氾濫すると、最大で約30兆円程度の洪水被害が発生する可能性がある（そのような堤防の決壊が昭和22（1947）年に起きている）。日本の今日の社会は、人口約1／2、資産の約3／4が河川堤防システムを中心とした治水施設に守られている（正確には、河川堤防システムなどの治水施設を前提として社会が発展している）。

　しかしながら、その河川堤防については、大学などでの研究や講義は皆無であり、その講座もない。河川工学の講義はあるが、それは水理・水文学などについてのものであり、河川堤防を正面から取り扱ったものはない。これは、同様の社会インフラである道路に関して舗装工学、地盤工学、橋梁工学

などの専門分野と道路工学などの講義が行われていることと比較すると、驚くべき状況ともいえる(その背景や理由についての筆者の考え、認識は本書内で述べる)。

　河川堤防に関する本格的な書籍もほとんどない。数少ない書籍として拙編著『河川堤防学』と中島秀雄著『図説 河川堤防』が挙げられる。後者は、いわゆる土質工学(基盤工学)的な立場から河川堤防をみたものである。しかし、長大な河川堤防システムを"点"でみたものであり、河川堤防の実態である連続した"線"あるいは連続した"システム"としてみたものではない。さらに河川堤防(システム)は、河川水位と河川堤防の高さや構造などとの関係でみる必要がある。河川堤防システムの破たんである堤防決壊は、その水位と高さで決まる堤防越水によって生じることが最も多い(大半はこれによる)。しかし、土質工学的な河川堤防の取り扱いでは、堤防への洪水や雨水の浸透による決壊に偏った取り扱いがなされていることが多い。また、そのような場合に、欧米の河川堤防が引き合いに出され、浸透に対する安全性の議論がなされることも多いが、河川の流出特性が配慮されていない。すなわち欧米の河川は一般に勾配が緩やかで流路延長が長く、洪水期間が長いのに対して、日本の河川は勾配が急峻で流路延長が短く、いわゆる短期集中型の洪水であることへの配慮がないことが多い。洪水の原因も異なっている。欧米では冬の雨が雪を解かして流出することで洪水が起こることが多いが、日本では集中的な梅雨の降雨や台風の降雨によって洪水が起こり、洪水を起こす外力も異なっている。さらにまた、欧米の河川は、そのほとんどが河川舟運に現在も利用されているため、河川内に多数の堰と閘門が設けられ、航行条件を改善するために河川水位が堰上げられており、その区間の河川堤防では、ほぼ1年中高い水位が継続する。その典型的な例として、ダニューブ(ドナウ)川のチェコに設けられたガブチコボ堰と閘門の上流区間を挙げることができるが、そこでは河川自体が運河となっており、運河の両岸の河川堤防は1年中(洪水期間を除いて)高い水位が維持されている。そのような区間では、当然のこととして堤防への河川水位の浸透に対する安全性が問題となり、いわば高さの低いアースダムのように河川堤防の構造が規定されるのは当然のことである。しかし、そのような運河区間を含む堤防と、日本のような短期集中型

1.1　河川堤防の認識と河川堤防システムに対する基本的立場と特徴

洪水に対応する堤防を同一視することは、工学的にも疑問であると同時に、河川堤防整備や補強の優先順位を考えるうえでも問題を生じさせている（第15章で詳述）。

　本書では、河川堤防を"点"でとらえ、浸透による破壊に対する安定に偏った取り扱いをするのではなく、長く連続した河川堤防を"線"、すなわち"システム"としてとらえ、その破たんの最大の理由である越水、さらには堤防一般部の浸透と堤防横断工作物である樋門・樋管周りの浸透・漏水、洗掘も対象として取り扱う。さらに、河川堤防を外力（降雨、洪水位とその継続時間）との関係で工学的、力学的に取り扱うだけでなく、河川堤防という社会の基幹インフラで守ろうとしている社会との関係、すなわち堤防決壊による氾濫の深刻さやそれによって発生する洪水被害との関係も考慮に入れた河川堤防システムを考える。

　この視点で河川堤防を議論しようとしたものは、拙編著『河川堤防学』しかないが、それは概念と問題意識を提示したものである（『河川堤防学』は堤防整備の歴史的経過や堤防システムの破たん、すなわち堤防決壊の豊富な資料の提示、世界の河川堤防との比較などを丁寧に行っているが、河川堤防システムの整備と管理のあり方に関しては、概念と問題意識の提示にとどまっている）。本書は、その概念を明確にするとともに、単なる概念のみではなく、実際の河川での現状、実態を踏まえて論じるものである。

　概念に集中して論じることは物事をわかりやすくするが、往々にして社会の現実から遊離したものになる。それは、いつ完成するかわからない長期の計画を前提にして、現実をベースとしない空想的な議論をしてきて、迷走している河川管理の実情にも通じる問題を生じさせる可能性がある。そこでは、例えば、計画の堤防断面すら確保されていない堤防区間や、安全度の劣る河川堤防区間を放置したまま、その完成に百年以上は要する（少子・高齢社会での財政制約を考慮すると完成することがない）長期目標に位置づけられたダム、数百年から千年は要する高規格堤防（スーパー堤防）の無計画ともいえる整備が行われている。さらには、その位置づけが不明で合理的でない利根川の東京氾濫原側の堤防の腹付け・緩傾斜化、堤防一般部の浸透対策などが、全体としての優先順位づけや時間管理もなされないまま行われている河川管

理の混迷した実態がある。それが現実に行われている河川管理に問題があり、河川整備に対する時間管理概念の欠如が、全体としての合理性、整合性を欠いた対応となっている。

　これらのことから、本書は本格的でかつ実学として河川堤防を取り扱い、論じたものであり、ほかに類例のないものであると考える。筆者は批評家ではなく、むしろ河川堤防システムの整備と管理を含む河川管理の現場、インハウスでの経験を踏まえて、本書を出版するものである。

1.2　本書の構成

　本書は、上記の基本的立場と特徴を有するものであるが、具体的には以下のような内容で構成されている。

　構成される各部、各章は概念と理論はもとより、実河川における実態との関係を具体的に検討したものである。

　第Ⅰ部・第2章では、河川堤防システムの基本的な理論と視点について述べた。

　第Ⅱ部・第3章〜第7章では、河川堤防システムの基本的な理論と視点に関して、実際の河川（日本最大の河川を中心に検討）を対象として、その実態を明らかにした。すなわち、第3章では河川堤防システムの破たん、第4章では河川堤防システムの水理・水文学的な安全度、第5章では河川堤防システムの洪水被害からの検討、第6章では河川堤防システムの安全度、氾濫の深刻さ、被害からの複合的な検討について述べた。

　そして、第7章ではこれらの検討から得られた河川堤防システムの実態についての知見の総括的な整理と考察を行った。

　第Ⅲ部・第8章〜第15章では、河川と河川堤防システムに関する基本的で重要な事項について述べた。

　第8章、第9章では河川の安全度の評価と図化表示について述べた。

第8章では洪水危険度の評価と図化表示について、第9章では地形学的なアプローチでそれをさらに今日的に改良したものについて述べた。

第10章～第12章では、河川堤防システムの整備と管理や治水の基本的な背景、氾濫原の洪水の被害ポテンシャル、被害額の変化と対応について述べた。

第10章では都市化が急激に進行する流域を対象に、都市化が洪水流出に及ぼす影響、そして都市化による被害ポテンシャルの変化、それらによる洪水被害額（の期待値）の変化とその要因の分析、それに対して講じる治水対策（河川整備）の費用便益分析を行ったものである。

第11章では、都市化による洪水流出形態や被害ポテンシャルの変化に対応した、総合的な治水対策についての事後評価的な分析結果を示した。対象流域は、利根川の堤防に囲まれた中川・綾瀬川流域で、利根川の東京氾濫原での被害ポテンシャルの変化にまさに対応したものであり、利根川の河川堤防システムを検討するうえで重要である。

第12章では、第11章と同様の総合的な治水対策を講じたタイのバンコク首都圏を主たる対象として、被害ポテンシャルの増加の誘導・規制を論じたもので、都市計画論的な検討を行った結果を示した。

第13章では、河道の変化と河川堤防システムについて、長期的で不可逆的な河道の変化とその原因を明らかにするとともに、河道の変化が河川堤防システムの安全性などに及ぼす影響を考察したものである。

第14章では、河川の利用について、世界的な視点で、観光も視野に考察した。日本の場合を中心に、アジアの事例を取り上げ、河川情報ネットワークなどについて考察した。

第15章では、河川堤防の築造と整備、堤防技術の歴史的、国際的な検討を行った。堤防築造の歴史的経過、日本と欧米、中国での堤防技術の類似性と違いなどについて述べたものである。

第Ⅳ部・第16章～第18章では、以上の検討を経て、河川堤防システムの整備と管理において、何が問題か、今後何をなすべきかについて述べた。

第16章では、何がわかったか、何が問題か、を明確にし整理した。

第17章では、何をなすべきか、について述べた。

第18章では、これからの調査研究課題を示すとともに、それを実施する体制、さらには河川管理そのものとそれを支える体制についても述べた。

第Ⅰ部
河川堤防システムの基本理論

第2章
河川堤防システムの基本的な理論と視点

【本章の要点】

　本章ではまず、国の基幹的な社会インフラである河川堤防について、その整備や管理に関する現状認識を示すとともに、それに対応するための基本的立場を述べる。

　そして、河川堤防とそれが連続した河川堤防システムについて、その構造と安全確保の法的な責任の限界、河川堤防システムの安全性やシステムの破たん(堤防の決壊)、さらには計画高水位と堤防の構造の関係などの基本的事項を示すとともに、実河川(利根川)での河川堤防システムの現況と課題を示しつつ、河川堤防システムをみるうえでの理論と視点を示す。

　本章は、本書全体の基本的な理論と視点を提示するものである。

2.1　はじめに

　日本では、河川を整備し、稲作農耕文明を築き、社会が発展してきた[1]～[4]。特に、大河川の氾濫原が新田に開発されるようになった戦国時代から江戸時代初期以降は、大河川の流路の固定と堤防の整備が行われ、主要な氾濫平野が堤防により守られるようになった。その延長上で、明治以降、都市化・工業化が進展し、氾濫原に人口・資産が立地してきた。現在では、人口の約1/2、資産の約3/4が、堤防により守られた氾濫原に位置している[1],[3],[4]。したがって、河川堤防は国の人口・資産を守っている重要な社会基盤施設で

ある。

　本章では、長く連続した河川堤防システムを対象として、これからの時代の河川堤防システムの整備と管理の基本事項について、同じく堤防で国土を守っている世界の主要な国々とも比較しつつ、実河川での検討・考察を行った。

2.2　従来の研究と本章の基本的立場

　河川堤防は、道路などと同様に、国土の存立基盤を形成している基本的な社会基盤施設である。道路については、舗装、基盤・土質、橋梁などの講座が大学にあり、その研究と講義が行われているが、同様に重要な社会基盤施設である河川堤防については、そのような研究や講義は皆無である。これは、地盤条件が複雑である氾濫原に歴史的に築造されてきた河川堤防の取り扱いが容易でないこと、河川堤防の管理が河川行政の担当部局によって行われてきたこと、水害裁判などがその背景にあったと筆者は考えている。そして、かつては河川関連部局のインハウスで、河川堤防システムとしては"点"である堤防横断特性について、主として土質工学的な面から一部研究は行われたことはあるが、連続した河川堤防システムについての本格的な研究はほとんど行われていない。すなわち、河川堤防についての研究は、一部の土質工学的な研究などはあるものの[5)~9)]、連続した堤防システムとしての研究は皆無に近い。

　これまでの時代は、経験した実績洪水に対して、洪水防御で対象とする外力（降雨あるいは洪水流量）の計画規模を引き上げ、堤防などを整備するという河川の管理が行われてきた。これは、同じく堤防で国土を守ってきたオランダ、中国、ハンガリーなどでも同様である。

　しかし、これからの時代は少子・高齢(化)社会であり、介護・福祉・医療および子育てなどへの資源配分が不可避であり、河川整備に投資できる財政能力は確実に低下すると推察される[2),3)]。既に人口が減少しはじめ、人口の中位推定では21世紀末には人口が半分程度まで減少すると推定されており、国全体の財政能力も縮小する可能性が高い[4)]。そのような時代にあっては、

これまでの時代のように、いつ完成するか明示されない堤防を含む河川整備の計画を立て、河川の管理(広義の管理であり、河川整備を含む)を行う時代ではない(河川整備に係る従来の工事実施基本計画＜現在の河川整備基本方針＞などには、いつ完成するかの時間概念が示されていない)。これからは、河川堤防の現状を把握し、それをベースとして河川の管理を行う時代である。このような時間概念をもった河川堤防システムの管理に関する研究も皆無である。

　本章では、これまではほとんど研究されてこなかった連続した河川堤防システムを対象として、時間概念をもった整備・管理の基本事項を取り上げ、日本の実河川での検討とともに、世界の主要な国々とも比較検討しつつ考察を行った。その結果は、連続した堤防システムの整備・管理に係る基本事項を実証したものであり、これからの時代の河川堤防システムの整備・管理の基本となるものであると考える。

2.3　河川堤防と河川堤防システムの基本事項の検討

　ここでは、河川堤防と河川堤防システムの工学的な特性と法的な位置づけ、堤防システムの破たんである堤防決壊などの基本事項について、実河川での検討を含めて明らかにした。

2.3.1　河川堤防の構造と安全確保の法的な位置づけ

　日本の河川堤防は、連続した河川堤防システムの"点"である横断構造としてみると、図-2.1のようになっている(図中では、現在の一枚のりとした計画断面形状と、従来の小段を設けた計画断面形状を比較した)。基本構造は、①計画高水位、②堤防余裕高、③堤防天端(堤防の頂の部分)幅、④のり勾配(堤防斜面の勾配)で示される。これら4つの堤防諸元により、堤防の基本となる堤防の高さ(計画高水位＋余裕高)と堤防の厚さが規定される。

　河川堤防の法的な位置づけは、河川法の政令である「河川管理施設等構造令」[10]に示されている。すなわち、同令の構造の原則(第18条)において、"堤防は、護岸、水制その他これらに類する施設と一体として、計画高水位(高

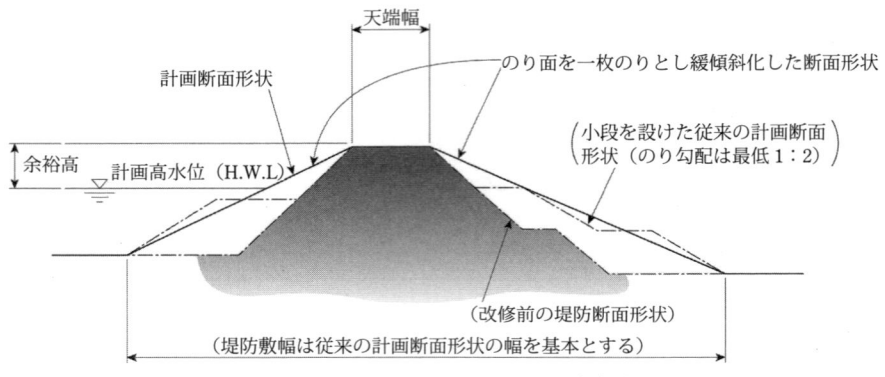

図-2.1　日本の河川堤防の基本構造[2),7),10)]

潮区間にあっては、計画高潮位)以下の水位の流水の通常の作用に対して安全な構造とするものとする"と規定されている。この中の"通常の作用"とは、日本の河川の特徴である短期集中降雨による洪水を想定しており、堤防の整備・管理の時点での工学的な知見からは予見できなかった作用には対応できないことが想定されている。このことから、法的には、計画に対応して完成した河川堤防は、計画高水位以下の洪水に対して安全を確保することが求められているが、計画高水位以上の規模の洪水に対しては、安全は保障されないことが知られる。すなわち、計画高水位以上の水位の洪水は超過洪水(計画規模の洪水に対して完成している河川では計画超過洪水、同規模の洪水に対して整備途上の河川では計画高水位を超える超過洪水)ということであり、そのような洪水で堤防が決壊しても、河川管理上の法的な責任は問えないといえる(その最終判断は、裁判で決することになる)。

　以上のように、河川堤防は横断面での堤防構造とその法的な位置づけはなされているが、長く連続した河川堤防システムの安全性に関しては明確な位置づけはない。

　なお、1970年前後のころにはいくつかの河川で河川管理の責任が水害裁判(訴訟)で問われ、筆者は1985年ごろに国(当時の建設大臣)の訴訟代理人としてその多くに関係した[1),4)]。多くの水害裁判は、河川整備の遅れの責任を河川管理者である国や機関委任を受けた都県に問う訴訟であったが、堤防

の管理や予見しうるものへの不対応に関するものもあった。河川堤防に関する裁判としては、洪水が長く継続し、堤防の堤内地側の構造にも問題があった昭和 51(1976)年の長良川の堤防決壊(浸透・漏水)、固定堰の周りで迂回流が生じて堤防が決壊した昭和 49(1974)年の多摩川の堤防決壊(河岸洗掘)などがある [1),4)]。河川管理者が敗訴した裁判に関しては、それを予見・教訓とした河川の管理が求められる。

2.3.2 河川堤防システムの破たん(堤防決壊)

堤防決壊の原因としては、決壊事例の検討から、以下の 4 つの原因を挙げることができる。すなわち、

① 堤防の上を洪水が越えることで生じる堤防越水による決壊
② 洪水流による浸食で生じる洗掘による決壊
③ 堤防一般部での降雨・洪水の浸透により生じる浸透・漏水による決壊(ボイリング・パイピング、そしてのりすべりによる決壊)
④ 堤防横断構造物(樋管)の周りの浸透・漏水による決壊

である。

利根川水系の過去約 80 年間の堤防決壊の原因を分析し推定すると、以下のようである [4),11),12)]。

① 越水による堤防決壊：28 か所
② 堤防一般部での浸透・漏水による堤防決壊：2 か所
③ 堤防横断構造物周りの浸透・漏水による堤防決壊：2 か所(うち 1 か所は施工中の場所)

利根川水系の堤防決壊個所を**図-2.2**に示した [4),11),12)]。

堤防決壊の原因調査については、土木研究所が昭和 40 年代に行った全国調査がある [5)]。そこでは、昭和 22(1947)年から 44 年までについて、堤防決壊の原因として、越水、のりすべり、漏水、洗掘、その他に分類し、越水 231 か所(82％)、洗掘 32 か所(11％)、漏水・のり面崩壊 15 か所(5％)、その他 5 か所(2％)としている。そして、昭和 20 年代に比べて 30 年代、40 年代は堤防決壊数が減少していること、昭和 40 年代に近いものは比較的小規模な断面の堤防が決壊しているとしている。

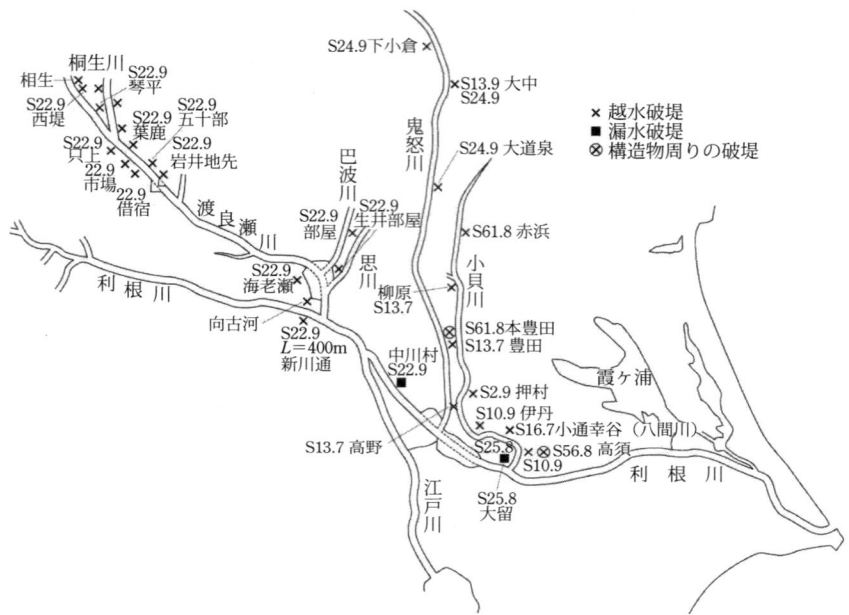

図-2.2 利根川水系の過去80年間の堤防決壊箇所と決壊原因[2),4)]

　上記の調査結果が示すように、堤防決壊の大半は堤防越水によるものである。近年になると、利根川水系の小貝川でみられたような堤防横断構造物（樋管）周りでの堤防決壊、同じく小貝川における断面が小さい堤防（弱小堤防）での浸透・漏水による堤防決壊（計画高水位を超えた水位が低下する段階で発生した）、長良川における堤防ののり尻付近の堤内地側に池があったために起きた堤防決壊（計画高水位には至らなかったが、長期間継続した出水で決壊）がある[3)]。

　このように、堤防越水が堤防決壊の主要な原因となることが多いが、越水が生じると必ず堤防が決壊するわけではない。土木研究所の石川忠晴らは、全国の堤防決壊の事例調査資料に基づき、堤防越水によっても決壊しなかった堤防の事例について、越水深と継続時間の関係を整理している[13)]。この調査の対象も、今日の堤防に比べると比較的堤防高の低い堤防（堤防高2～5m程度）についてのものである。この石川らの調査結果の図（●、○印）に、

利根川水系の昭和22(1947)年の堤防越水による決壊(利根川右岸、渡良瀬川)と昭和61(1986)年の小貝川の堤防越水による決壊事例(⊗印)、さらには昭和61(1986)年の小貝川の堤防決壊には至らなかった越水事例[14](■印)を重ねてプロットし、堤防越水深と継続時間の関係を示したものが図-2.3である。石川らのデータと昭和61(1986)年の小貝川の堤防決壊には至らなかった越水のデータは、堤防高が比較的低いものであり、堤防越水時には既に堤防の裏側(堤内地側)で洪水氾濫が生じていた可能性が高いものも含まれてい

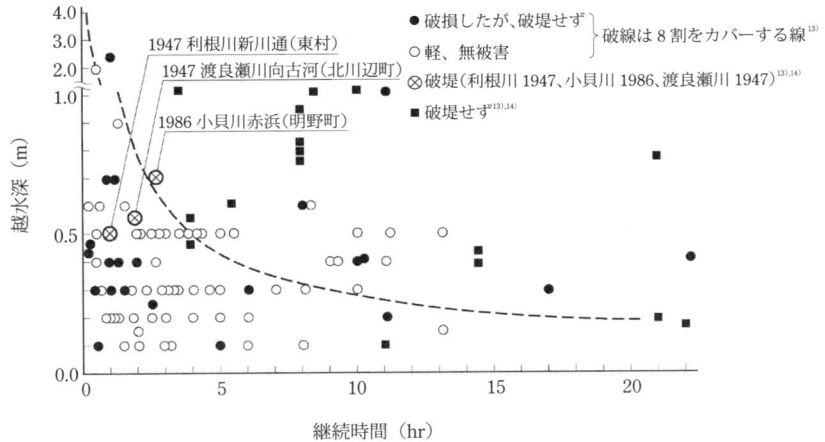

注) 図中には、越水により堤防が決壊して氾濫原に洪水が流入(すなわち決壊)したものを、建設省土木研究所、石川ほか(1982)[13]に合わせて破堤として表記した。

図-2.3 堤防越水深と継続時間の関係(堤防決壊したもの、決壊しなかったものを含む)

写真-2.1 堤防越水の写真(小貝川左岸、母子島地区対岸の明野側の堤防越水。堤防決壊には至らなかった)(出典:建設省下館工事事務所資料)

る。**写真-2.1** には、昭和 61（1986）年の小貝川洪水で、堤防越水は生じたが堤防決壊には至らなかった事例を示した（母子島地区対岸の明野側の堤防＜左岸＞）。

　石川らの元の図は、越水深 60cm で継続時間が 3 時間程度の越水に耐えられるような耐越水堤防を設計するうえでの参考として作成されたもので、越水によっても決壊（破堤）しなかったデータのみが示されている。そして、図中の 60cm で 3 時間を通る破線内に越水は生じたが破堤（決壊）しなかったものの 80％が入ることを示している。**図-2.3** では、それに昭和 61（1986）年の小貝川での越水でも決壊しなかった堤防のデータをプロットし、さらに利根川水系の国の直轄区間で越水により堤防決壊に至った実績事例のデータを加えた。堤防決壊のデータは破線に近いところにあることが知られる。堤防の条件（堤体の高さ、厚さ、のり勾配、樋管や基盤の土質など）や堤内地側の水位などが複雑に関係するので単純ではないが、**図-2.3** は、堤防越水深および継続時間と堤防の決壊・非決壊の関係を示す数少ない貴重なデータであると考えられる。

2.3.3　河川堤防システムとその安全性

　以上は、堤防横断面でみた堤防決壊に関するものであるが、河川縦断方向に長く連続した堤防システムの安全性は、河川縦断的にみた洪水位、堤防設計の基本となる計画高水位、堤防余裕高を加えた堤防天端高が支配的な要因となり、それに局所的な堤防洗掘、浸透・漏水、堤防横断構造物と堤防とのなじみ具合などが関係する。

　実河川において、実洪水時にどのような洪水位となり、計画高水位（H.W.L）と堤防天端高との関係はどうなるかを例示したものが**図-2.4**、**2.5** である。

　図-2.4 にみるように、利根川では、計画高水位、堤防天端高と実績水位との関係でみて、上流部の堤防区間の河道には比較的余裕があり、中流部は余裕が少ないことがわかる。江戸川については、その余裕がさらに大きい。**図-2.5** の小貝川でみると、実績洪水に近い 1 100m³/s のケースに示すように、洪水当時の現況河道の流下能力をはるかに上回る洪水であったため、上

2.3 河川堤防と河川堤防システムの基本事項の検討

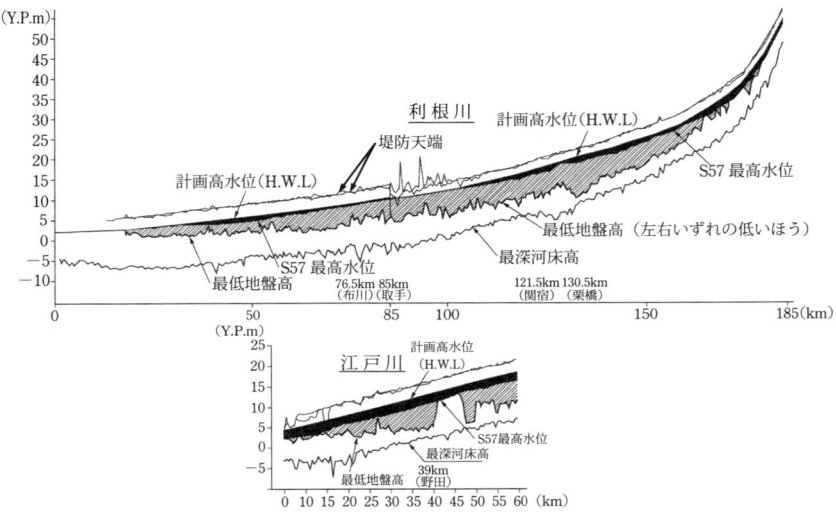

図-2.4(a) 利根川の実績水位(昭和 57(1982)年洪水)その 1：河川縦断面図[4]

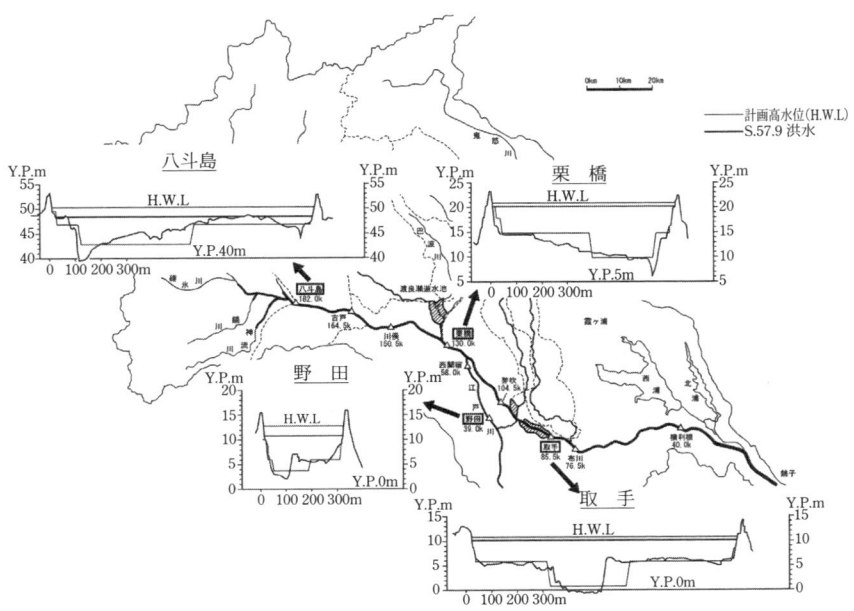

図-2.4(b) 利根川の実績水位(昭和 57(1982)年洪水)その 2：河川横断面図[4]

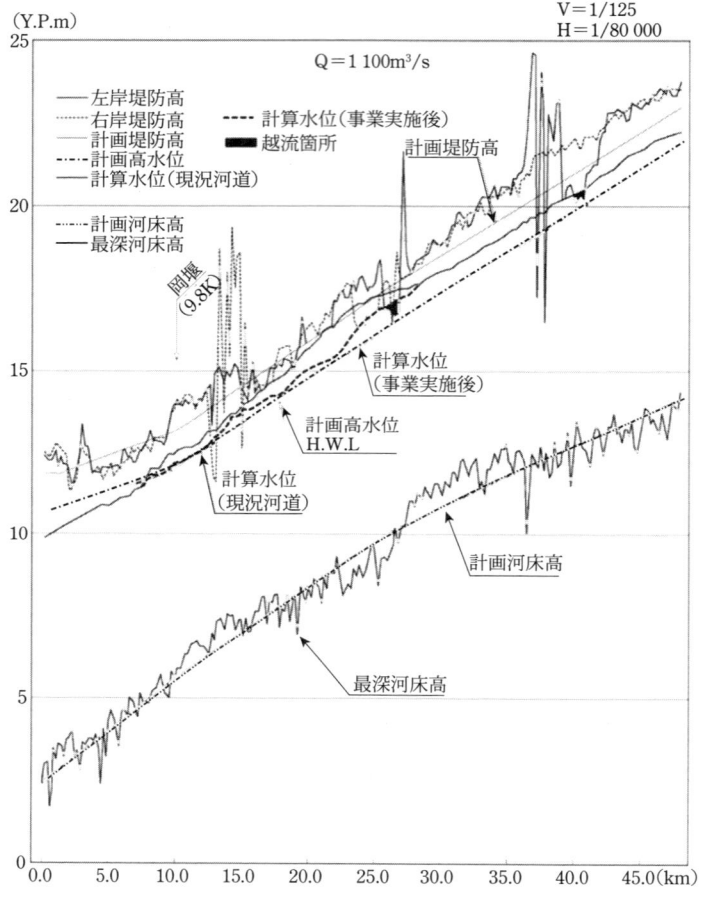

図-2.5 小貝川の洪水位と堤防天端などの縦断的な関係
(昭和61(1986)年洪水)[4]

流部では計画高水位を上回る水位となっていることがわかる。

　堤防の安全性は、堤防システムがどこで計画高水位を超えるか、堤防越水が生じるかといった堤防縦断的な特性に支配される。それに、堤防洗掘や浸透・漏水、堤防横断構造物と堤防とのなじみ具合などが関係する。

　このように、堤防システムの安全性は、堤防縦断のある地点での堤防横断特性のみならず、堤防縦断での堤防の状況と洪水位、堤防横断構造物の存在

2.4 計画高水位と堤防

と堤防とのなじみ具合などによって規定されることを理解する必要がある。このことは、これからの時代の堤防の整備と管理を考えるうえで重要である。

2.4 計画高水位と堤防

これからの時代の堤防システムの整備・管理について考えるうえで重要となる計画高水位と堤防について、いくつかの基本的事項を検討すると以下のようである。

2.4.1 計画高水位

計画高水位は、その川で治水計画上想定している洪水（基本高水）を、上流や中流でのダムや遊水地での洪水の貯留・調整を前提として、河道の洪水流下能力を高めるための堤防の引堤や嵩上げ、河道掘削などを行ったときに、その河道で計画の洪水を流しうる水位として定義される。その計画高水位は、

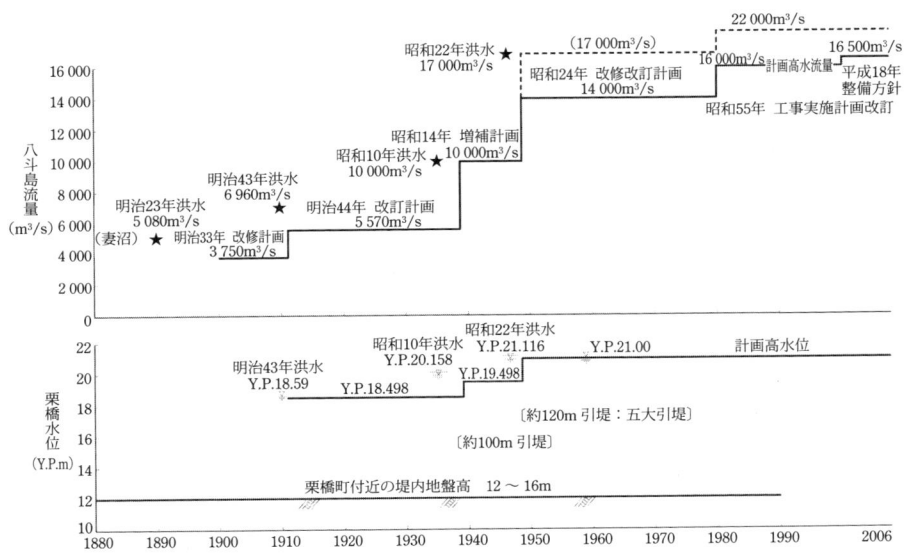

図-2.6 利根川の計画高水位・流量の変化（流量の実線：計画高水流量、同破線：基本高水流量）（『利根川百年史』建設省関東地方局、1989 などより作成）

堤防決壊時の被害を大きくしないため、できるだけ高くしないこと、できれば過去に経験した洪水位以下とするといった配慮がなされるのが普通である。

利根川のこれまでの計画高水位の変化を示したものが図-2.6である。図に示すように、経験した洪水に対して計画高水位が引き上げられてきたことがわかる。

堤防で国土を守っている中国(長江)、オランダ、ハンガリーでも、同様に経験した洪水を対象として計画高水位が引き上げられ、設定されてきている。

2.4.2　堤防と計画高水位

完成した堤防は、上述のように、計画高水位以下の水位の流水の通常の作用に対して安全な構造であることが法的に要請される。計画高水が発生した場合の洪水位は、計画で想定する状態(ダムや遊水地での洪水調節、河道の整備が計画どおり完成した状態)では、計画高水流量で計画高水位となる。しかし、計画で想定する状態にまで河川などの整備が進んでない状態(整備途上暫定状況下)では、計画高水流量以下の規模の洪水で計画高水位となり、それ以上の洪水では計画高水位を超過する。

計画で想定する状態で計画高水位を超える洪水外力を計画超過洪水、計画で想定する状態に至っていない状態で計画高水位を超える洪水外力を超過洪水と定義することができる(計画超過洪水は、概念的には超過洪水の一つである)。堤防の安全性確保の責任は、計画超過洪水であるか超過洪水であるかにかかわらず、法的には計画高水位を超える洪水かどうかで判断されることになる。

2.4.3　計画状態と現状

堤防整備の現況がどのような状態であるか推察する。国土交通省では、大河川の整備の現状は30～40年に1回程度発生する洪水(かつては戦後最大洪水と呼ばれた規模の洪水)に対して7割程度整備できているとしている。

堤防の完成の程度は、全国の国土交通省直轄区間長8 766.0kmのうち計画断面堤防となっている区間は7 888.7km(46.4％。堤防延長に対する比率)、そのうち利根川でみると区間長357.4kmのうち340.6km(同49.4％)となって

いる[16]。ここで注意すべきことは、計画断面の堤防が完成しても、上述のダムの整備や河道掘削などの河川整備が完成していなければ、計画高水に対して河川としては整備ができているとはいえないことである。

河川の整備は、投入できる資金（財政力）と整備に必要な費用との関わりで決まってくる。昭和50年代に行われた試算（それは建設省のインハウスで行われたもので、当時の年間予算で25年間にどの程度河川整備が進められるかというもの）では、全国のほとんどの大河川で当時の戦後最大洪水（約30年に1回程度発生する洪水）に対しての整備も完了しないという。そして、その当時の状況下で、長良川水害裁判で示された国側の陳述書では、計画で想定している状況までの整備には約100兆円の費用が必要であるが、当時の治水事業五箇年計画の年費用は約1兆円程度であることが記されている[16]。この前提では、その完成には当時の投資水準が維持された場合でも約100年が必要となる。

その後、河川整備への投資額は上昇したが、整備の費用も高騰したと推察される。さらに近年では、少子・高齢（化）社会の到来により投資額は減少し、今後は福祉・医療さらには子育てへの投資が急激に増加すると予測されることから、さらに減少すると推定される。これらのことから、計画で想定する状態への整備には従来の想定以上に長期間が必要となる。個々の河川での検討では、計画状態への整備には、現在の投資水準が長期間維持できたとしても数百年が必要という場合も多い。

以上のことから、これからの時代は、時間概念をもった河川の整備・管理の検討が重要である。これまでの時代のように、経験した洪水を参考とし、整備に長期間かかる河川整備計画を策定し、いつ完成するかわからないその計画をもって河川の整備や管理をする時代ではない。むしろ、時間概念をもって河川の整備・管理を考え、現在の河川と堤防の現況をベースとして、財政的な制約下で徐々にその能力を引き上げる整備とともに、超過洪水も含めた洪水への対応、河川の管理を行うべき時代である。

2.4.4　世界の堤防にみる計画のレベル、計画高水位と堤防の高さなど

日本では、同一河川の主要区間では、ある計画外力（計画高水。降雨から

算定されたハイドログラフ）に対して、計画高水位が設定され、それに余裕高を加えた高さの堤防が設けられる。すなわち、その主要区間内では、氾濫原の守るべき資産の状況に係わらず一定の計画レベルの洪水（水文学的に一定の発生確率＜再現期間＞の洪水）が設定されている。これに対して、堤防で国土を守っている主要な国々（オランダ、ハンガリー、中国＜長江＞、アメリカ＜ミシシッピ川下流＞）では、同一河川の主要区間でも計画のレベルが異なっている。すなわち、計画高水位が守るべき資産などの状況により異なり、堤防の高さも異なっている。

　その状況を**表-2.1**に示した。オランダでは堤防区間に応じて河川からの氾濫に対する1／1 250の外力から海水の氾濫に対する1／10 000の外力まで（海水の氾濫と河川氾濫が重なる部分ではその間の規模の洪水を設定。1／2 000～1／4 000）。中国（長江など）では重要区間は1級（1／100以上）で、そのほかの区間は2級（1／100未満～1／50以上）または3級（1／50未満～1／30以上）の外力など、ハンガリーでは一般部は1／100、重要都市などを守る堤防では1／1 000の外力に対応すべく、堤防区間に応じて計画のレベル（計画外力の規模＜再現期間が異なる外力＞）が設定されており、計画高水位が異なり、かつ余裕高も異なっている。なお、アメリカのミシシッピ川では、連邦堤防が設けられる区間では原則1／100の洪水を対象としているが、堤防が設けられない区間では計画高水位は設定されていない。また、連邦堤防でも1／500の区間があり、連邦堤防以外では例えば1／50の外力が設定されている区間がある。

　このように日本では、一定の計画レベルを設定（同一河川ではその再現期間の洪水に対する安全性を一律に設定）しているが、諸外国では、同一河川でも守るべき区間の資産などに応じて安全性が異なっており、守るべき区間の資産などにより再現期間の異なる安全性を設定している。前述の**図-2.4**には日本の利根川の計画高水位と堤防高を示したが、**図-2.7**には中国・長江のものを示した。利根川では、1／200の洪水に対しての計画高水位と計画流量規模に対応した一定の余裕高[10]を加えた堤防高が設定されている。一方、中国・長江では、主要な堤防区間の計画高水位として1954年洪水の実績水位を基本とした水位に対して、堤防の高さが区間により異なっており、

2.4 計画高水位と堤防

表-2.1 日本と堤防で国土を守っている世界の主要な国々の堤防の計画レベル、特徴、堤防諸元

	日本	中国	オランダ	ハンガリー	アメリカ	備考
計画レベル＝計画高水位	一つの川では河川の規模などに応じて同一計画高水位（最低限の基準）を加えた高さ	一つの川でも守るべき人口・資産などに応じて変えている。 1級 ≥1/100 2級 <1/100, ≥1/50 3級 <1/50, ≥1/30 4級 <1/30, ≥1/20 5級 <1/20, ≥1/10	外力の厳しさとともに資産などで安全度を変化させている。 ・ライン川の真水の氾濫 1/1 250 ・真水と海水の氾濫が混合する区間 1/2 000〜1/4 000 ・海水の氾濫 1/10 000	原則 1/100 で、ニューブ川のブダペストなどの3都市区間では 1/1 000	ミシシッピなど代表的主要河川の連邦堤防は都市域では最大可能降雨・洪水ベースの1/500相当規模の山付連邦堤防で囲まれた農地部は非連邦堤防で1/50規模相当である（氾濫原管理での最低基準。ただし、堤防の規模などの判断が優先されるので、都市域でも1/200のケースもあり）。 一般的に、連邦堤防を設ける区間では原則1/100の洪水を対象。連邦堤防が設けられない区間では計画高水位は設定されていない。	日本以外では、同一河川でも氾濫域の人口・資産あるいは外力の違いにより安全度（＝計画高水位）を変えている。
堤防の高さ＝計画高水流量に応じて変化 余裕高（最低限の基準）を加えた高さ	計画高水位に余裕高 ＝200 m³/s で 0.6m、10000 m³/s 以上は 2m	余裕高 Y=R+e+A R：波の影響分 e：風の影響分 A：安全のための嵩上げ高 ・Aの値 1級 1.0m (+0.5m以下) 2級 0.8m (0.4m) 3級 0.7m (0.4m) 4級 0.6m (0.3m)	場所によって異なる。 ・河川では平均 0.5m ・西部の海岸近くでは風の影響を考慮してより高い。	1.0m	従来工兵隊では計画高水位に対して 3 フィート＋0.9m の余裕高。局所流出や構造物周辺ではさらに余裕高を取るとされていた。 2000年4月の工兵隊の「堤防設計・施工マニュアル」で、余裕高概念は廃止、波浪その他のものは余裕高ではなく解析して必要高とするファクターとしての余裕不確定要素は廃止、波浪その他のものは余裕高ではなく解析して必要高とする	

表-2.1 つづき

	日本	中国	オランダ	ハンガリー	アメリカ	備考
計画レベル 堤防の形状		5級 0.5m（0.3m）			としてけ決めるとされている。ただし、既存堤防高との関連、本規定の適用実態などは不明である。	
堤防の厚さ1 ＝天端幅（最低限の基準）	計画流量規模に応じて変化 ・500 m³/s 未満で3m ・流量規模に応じて増加 ・10 000m³/s 以上は7m	一般的には下記のとおり。 ・堤防高 6 m以下 3m ・堤防高 6〜10 m 4m ・堤防高 10 m以上 5m 主要河川ではさらに幅を広くとる。 ・長江 8〜12 m ・黄河（一般部）7〜10 m ・同（緊急部）9〜12 m（部分的にはシルト堆砂への補強で50 m、一部では100 mのところもある）	・最低 3m（点検、維持管理、出水時のアクセスを考慮した天端幅）。 ・公道を天端に設ける場合はその道が幅を規定（一般的には上記最低幅よりは広い）。	最低限 4m。最低限により5mの場合も。6mは限られた場所のみ。	最低10〜12フィート≒3.05〜3.66m。道路利用と緊急対応で追加判断あり。	
堤防の厚さ2 ＝のり勾配（最低限の基準）	1:2	1:3 ・安全係数〜1:3 ・黄河では補強の結果として1:6の所もある	1:3	1:3	高い堤防などは、堤防の安定性評価から決める。安定性評価から決める勾配は施工上は1:2以上、メンテナンス上は1:3以上。	日本の堤防はのり勾配が急で、結果としての堤防の厚さが小さくなる。

		浸透対策が必要な堤防は1:5以上、のり面保護上はこれ以上が望ましい（施工直後、長期定常浸透状態、洪水位急降下時などで必要安全率が規定されている）。ただし25フィート≒7.62m以下で基礎地盤もよく浸透問題もない堤防は従来から運用されてきている堤防定規断面でよい。堤防の最小断面は、水防やメンテの観点から、天端幅3.05m(10ft)、のり勾配1:2とする。
		超過洪水に対して、堤内地の資産などの少ない堤防区間で最初に破堤させる場所を決めておく。その場合の上下流の堤防高の決め方などの規定もある。
その他、洪水水位を低下させるための特筆されるべき新しい対応	洪水を貯留・滞留するための「退田還湖」（湖内からの撤退、川の中からの撤退により洪水を貯留・滞留できるようにする政策、流域内での植林政策	洪水水位を上げないためのroom for the river（川に洪水を貯留させ、水位を下げるための部屋を与える）政策

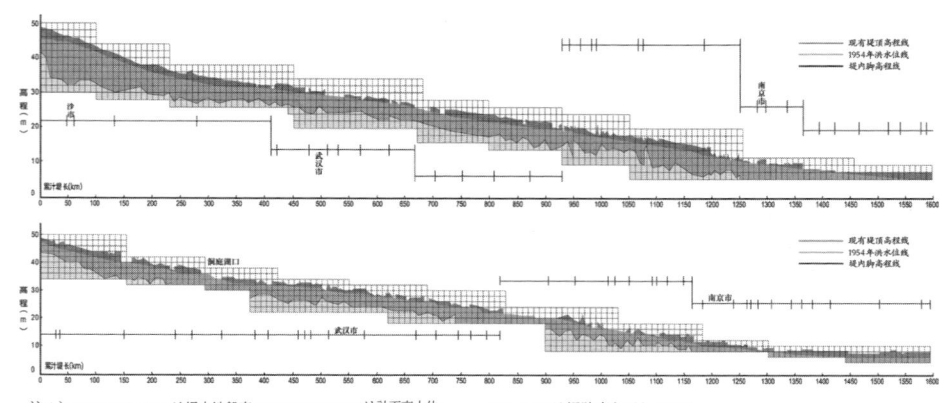

注1） ━━ 堤内御高程線は堤内地盤高、━━ 1954年洪水位線は計画高水位、━━ 現有堤頂高程線は堤防高を示している。
2）1954年洪水位は計画高水位(H.W.L)に相当する水位であるとして。

図-2.7 中国・長江の1954年洪水の実績水位（重要区間ではこの水位が計画高水位となっている）と堤防高（中国水利部長江水利委員会「長江流域地図集」1999を改変）

長江中下游干流堤防等級表 Middle and Lower Reaches of Yangtze embankment category

堤防名称 dike name	所在地 location	堤防等級 dike grade	超高(m) over the hight level	各注 remarks
松滋江堤	湖北松滋市	2級	1.5	
下百里洲江堤	湖北枝江市	3級	1.0	
荊江大堤	湖北荊州、監利	1級	2.0	
南線大堤	湖北公安県	1級	3.4	荊江分洪区南囲堤
荊南長江干堤	湖北江陵区、公安県 石首市、松滋市	2級	1.5～2.0	蓄洪区堤防超高 2.0m

注 1) 超高は余裕高である。
2) この表は歴史的に築造されてきた長江の堤防の等級と実際の余裕高を示している。なお、表-2.1は新設・改築される堤防の等級とそれに対応した最低限の余裕高を示しているが、この表に示される余裕高その最低基準値以上であり、基準を満たしている。

図-2.8 中国・長江の重要度に応じた堤防の安全度の設定例（長江水利委員会張金華氏講演資料、(独)科学技術振興機構「平成19年度　タイ国チャオプラヤ川・中国長江における流域水管理政策に関するシンポジウム報告書」(独)土木研究所、2008より作成）

この図からも、堤防の設計外力が区間により異なっていることが推察される。
中国・長江の重要度に応じた堤防の安全度の設定例を**図-2.8**に、オラン

2.4 計画高水位と堤防

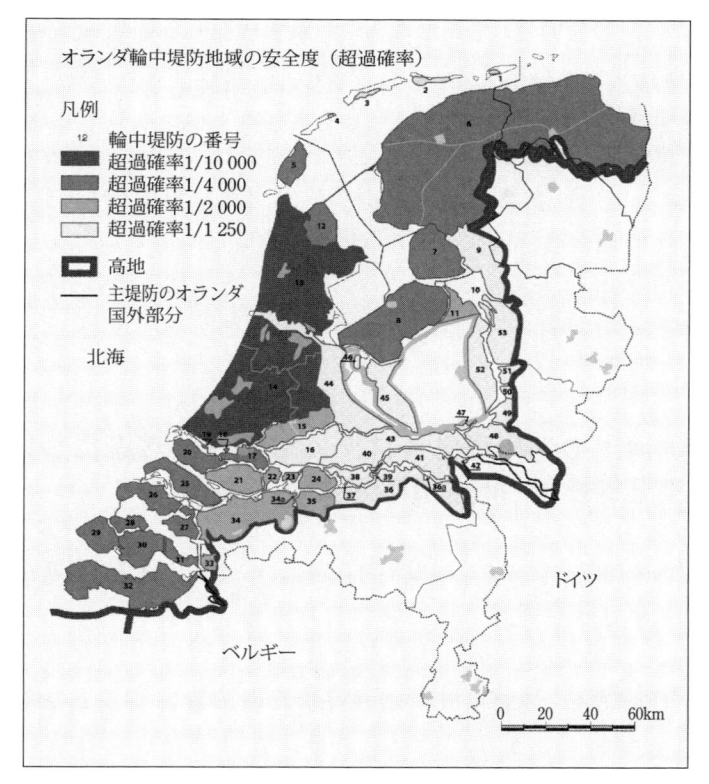

図-2.9 オランダの重要度に応じた堤防の安全度の設定[1),4)]

ダの重要度に応じた堤防の安全度を**図-2.9**に示した。

　計画で対象とする計画高水位は、オランダでも、中国でも、そしてハンガリーでも、日本と同様に、経験した洪水を参考にして引き上げてきている。中国・長江ではそのような洪水として1931年の洪水、1954年の洪水、1988年の洪水があり、1988年洪水は1954年洪水を多くの場所で上回るものであったが、計画高水位を引き上げると堤防決壊したときの氾濫が激しくなるとから、1954年の実績水位が計画の基本となっている。オランダでは1953年の実績水害(高潮水害)を基本として計画が策定されている。その計画は海からの氾濫に対応するもの(1 / 10 000 ～ 1 / 2 000)であったが、それにライン川の水害に対応する計画(当初は1 / 3 000で構想されたが、最終的には

27

1/1250で整備)を加えたものが現在の計画である。そして、その整備・補強が完了している。ハンガリーでも、経験した洪水とともに計画高水位を引き上げて堤防を整備してきている。

　ここで重要なこととして強調しておきたいことは、これらの国々と日本が大きく異なっているのは、計画レベルのみではなく、日本では前述のように計画に対応する整備の見通しが立たないのに対して、これら3つの国々では既にその整備が完了しているということである。すなわち、これら3つの国々では計画と現状が対応しているが、日本ではそのかい離が大きいということである。

2.5　実河川の河川堤防システムの現状と課題についての実証的検討（利根川水系での検討）

　実河川の河川堤防システムの現状と課題について、上述の基本事項を念頭に実証的に検討を行った。

2.5.1　計画高水位と実際の洪水位からみた河道、堤防システムの検討

　利根川の現況河道、堤防システムの下での現状をみたものが前述の**図-2.4**である。

　この**図-2.4**から以下のことが知られる。

① 計画高水位と実績水位との関係から、上流部には余裕があるが、中流部には余裕がないこと。

② 上記①には、上流部での河道掘削、砂利採取の影響があると推察される。下流部についても、河道掘削の効果があると推察される。

③ 計画高水位と実績水位との関係は、江戸川のほうが余裕があること。この理由として、江戸川への洪水分派量（分派率）が計画で想定しているものより小さいことがある（この問題を解決するためには、江戸川全川の低水路の幅を広げる必要がある）。**図-2.10**に利根川から江戸川への洪水分派量の計画と実績を示した。

④ 河川水位に与える河道の粗度の影響についても考慮する必要があるが、

2.5 実河川の河川堤防システムの現状と課題についての実証的検討（利根川水系での検討）

計画河道の粗度と実績洪水から逆算した粗度は**図-2.11**に示したようなものとなっている。河道の変化から推定した粗度の変化についてみると、低水路の河床低下と固定化、低水路と高水敷の川岸での樹木の繁茂、高水敷での植生の変化などが関係していること、この結果として利根川上

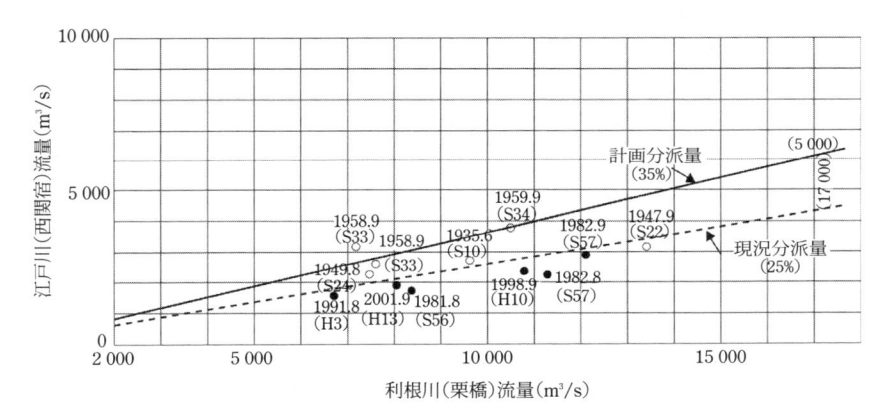

図-2.10 利根川から江戸川への分派量（計画、実績）（建設省／国土交通省「流量年表」（（社）日本河川協会より公表）などより作成）

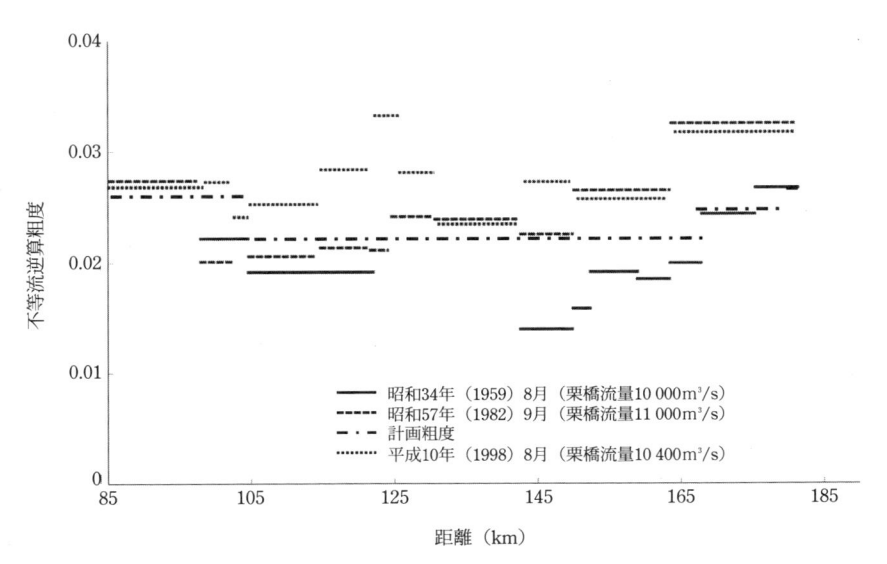

図-2.11 利根川の計画粗度と実績から逆算した粗度（建設省／国土交通省資料より作成）

流部や江戸川では計画で想定している河道の粗度よりも高くなっていることが知られている[17]。なお、利根川下流部の逆算した粗度は計画粗度に比較して若干低くなっているが、実績の洪水が生じたときの潮位による水位勾配の影響などがあると推察される。

2.5.2 洪水規模と洪水位

洪水流量の規模と洪水位の関係は、近似的にはマニングの流速公式を用いて次式で示すことができる。

$$v = 1/n \cdot R^{2/3} \cdot I^{1/2} \qquad (2.1)$$
$$Q = A \cdot v \qquad (2.2)$$

ここに、v：流速、R：径深、h：水深、n：粗度（低水路と高水敷の合成粗度）、A：河道の断面積（矩形水路の場合は、川幅B×水深h）。

河道を矩形水路で近似すると、川幅B、$R ≒ h$となり、流量の増加dQによる水位上昇量dhは次式で与えられる。

$$dh = 1/(1/n \cdot 5/3 \cdot B \cdot h^{2/3} \cdot I^{1/2}) \cdot dQ \qquad (2.3)$$

図-2.12には利根川の栗橋地点の河川水位と流量の関係を示したが、式(2.3)と同様の水位上昇が知られる。図には、不等流により流量と洪水位を解析した結果も併記している。利根川では、計画高水流量（八斗島で16 000 m³/s）付近では、1 000 m³/s の増加に対して約0.3mの水位の上昇があることがわかる。

また、堤防決壊による水位の変化は、次式で推定される。

$$dh/dx = \{i_0 - I_f - (2v - v_*) \cdot q_* / gA\} / \{1 - Q^2 B / gA^3\} \qquad (2.4)$$

ここに、x：流下方向の距離、i_0：水路勾配、q_*：水路に沿う単位長さあたりの横流入量 v_*：横流出流れのx方向の速度成分である。堤防決壊による場合は、横流出であり、$v = v (q < 0)$である。

河道を矩形水路で近似し、さらに等流で近似すると、次式を得る。

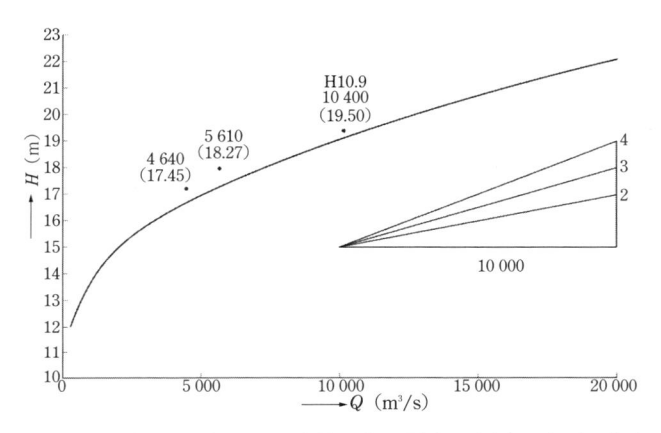

2.5 実河川の河川堤防システムの現状と課題についての実証的検討(利根川水系での検討)

図-2.12 流量の増加による水位の上昇(利根川)(建設省/国土交通省「水位年表」「流量年表」((社)日本河川協会より公表)などより作成)

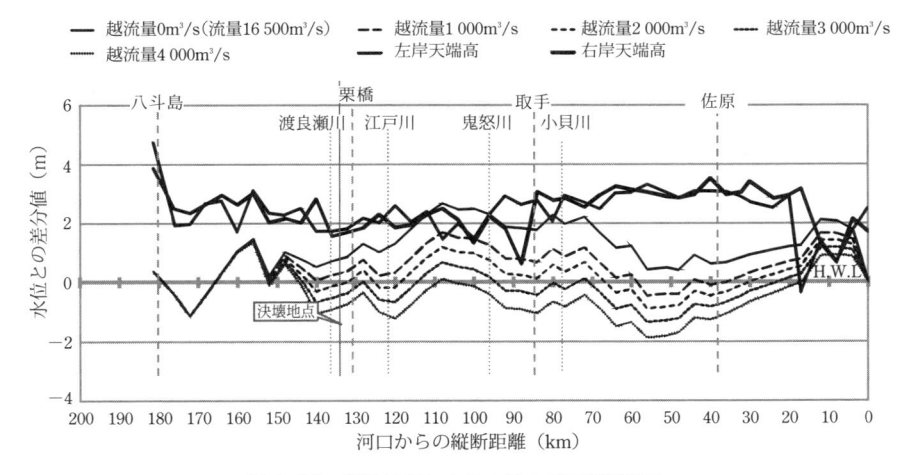

図-2.13 堤防決壊による水位の低下(利根川)

$$dh = \{v \cdot q_{*}/gBh\} / \{1 - Q^2/gB^2h^3\} \cdot dx \tag{2.5}$$

堤防決壊による水位低下について、昭和22(1947)年洪水での堤防決壊による洪水の流出量(最大約 4 000 m³/s、平均的には約 2 500 m³/s 程度、川幅

約600m、水深約9m、決壊幅約350m)を与えて水位の変化を計算すると、決壊による氾濫がない場合に比較して、約4 000m³/sの氾濫では、約2m程度の水位低下があると推定される。**図-2.13**には、利根川の現況河道について、不等流解析で求めた堤防決壊による氾濫がない場合の水位と堤防決壊があった場合の水位を示しており、堤防決壊による水位低下の程度がわかる。

2.5.3　河川水位と氾濫原の被害ポテンシャル

利根川の実績水位と計画高水位、堤防天端高の関係(**図-2.4 参照**)は**図-2.12**に示した流量の増加による水位上昇からも推察され、さらには**図-2.14**に示した水理解析の結果からも知られように、堤防越水による堤防決壊の危険性は堤防区間によって異なっている。

堤防決壊によって生じる被害額は、決壊による氾濫で被災する氾濫原の被害ポテンシャルによる[2),3),18)~20)]。

$$D=D(F, F_0, S) \tag{2.6}$$

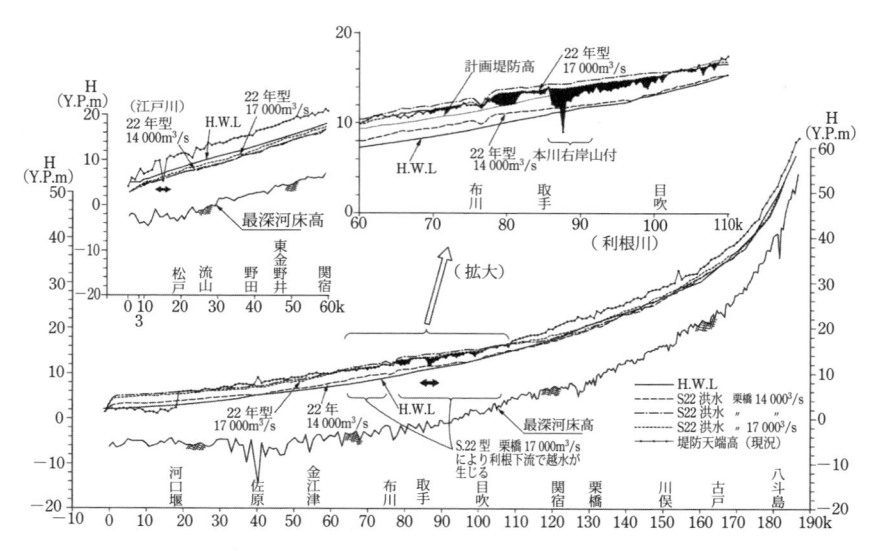

図-2.14(a)　洪水規模が大きくなった場合に堤防越水が生じる場所の推定
（昭和57（1982）年当時の河道と堤防での推定）その1：河川縦断面図[4)]

2.5 実河川の河川堤防システムの現状と課題についての実証的検討（利根川水系での検討）

$$\overline{D} = \int_{F_0}^{\infty} P_r(F) \cdot D(F, F_0, S) dF \quad (2.7)$$

ここに、D：被害額、F：外力（降雨や流量、水位などで与えられる。被害額との関係では、通常は氾濫水深による）、$P_r(F)$：外力Fの発生確率密度関数、F_0：治水施設の能力（無被害で対応できる治水の容量）、S：被害ポテンシャル（氾濫などの水害により被害を受ける対象物の量）、$\overline{D}$：年平均（確率平均）想定被害額である。

利根川本川の堤防決壊によって氾濫・浸水が生じる氾濫原を、標高、治水地形分類、過去の氾濫実績などを参考に区分・ブロック割したものが図-2.15である[20]。利根川右岸の東京まで氾濫流が至る東京氾濫原や下流左岸側の霞ヶ浦に至る氾濫原は、拡散型の氾濫が生じる区間である。東京氾濫原の対岸の堤防と渡良瀬川の堤防に囲まれた左岸側や、支流の小貝川の堤防に囲まれた区間などは、貯留型の氾濫となる区域である。

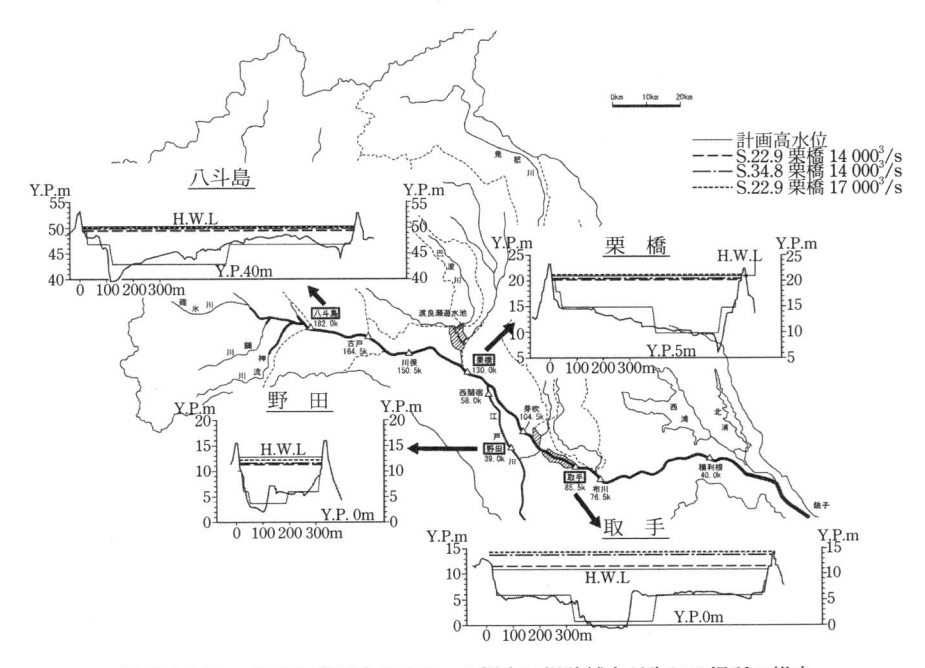

図-2.14(b) 洪水規模が大きくなった場合に堤防越水が生じる場所の推定
（昭和57（1982）年当時の河道と堤防での推定）その2：河川横断面図[4]

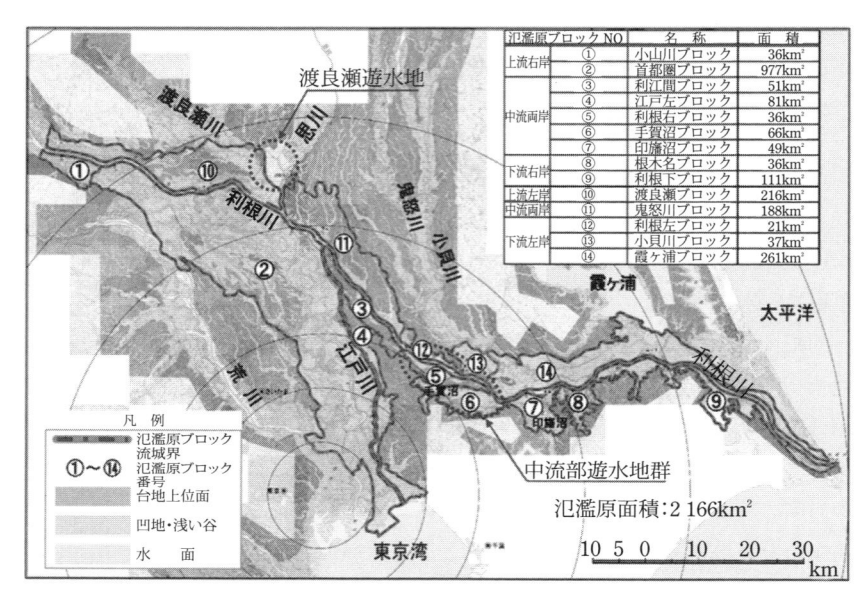

氾濫原ブロックNO		名称	面積
上流右岸	①	小山川ブロック	36km²
	②	首都圏ブロック	977km²
	③	利江間ブロック	51km²
中流両岸	④	江戸左ブロック	81km²
	⑤	利根右ブロック	36km²
	⑥	手賀沼ブロック	66km²
	⑦	印旛沼ブロック	49km²
下流右岸	⑧	根木名ブロック	36km²
	⑨	利根下ブロック	111km²
上流左岸	⑩	渡良瀬ブロック	216km²
中流両岸	⑪	鬼怒川ブロック	188km²
	⑫	利根左ブロック	21km²
下流左岸	⑬	小貝川ブロック	37km²
	⑭	霞ヶ浦ブロック	261km²

図-2.15 治水地形分類図上に示した氾濫原の区分（ブロック割）（国土地理院「地形図」、「治水地形分類図」を参照し、浸水実績などを考慮して作成）

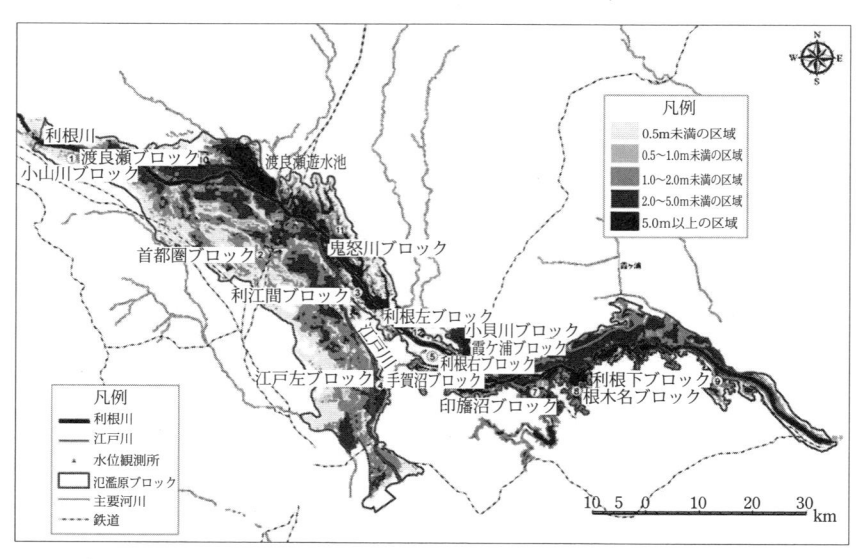

図-2.16 利根川の浸水想定区域（左：利根川上流区域、右：利根川下流区域）（国土交通省利根川上流河川事務所、同利根川下流河川事務所「浸水想定区域図」より作成）

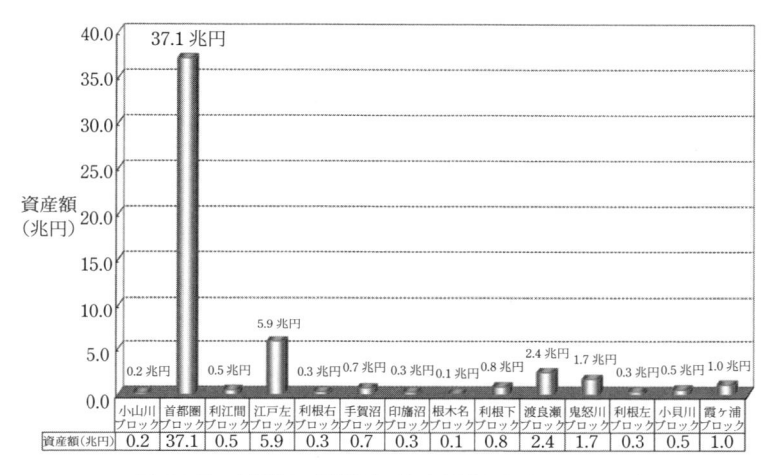

2.5 実河川の河川堤防システムの現状と課題についての実証的検討（利根川水系での検討）

図-2.17 利根川の氾濫原の資産額（被害ポテンシャル）

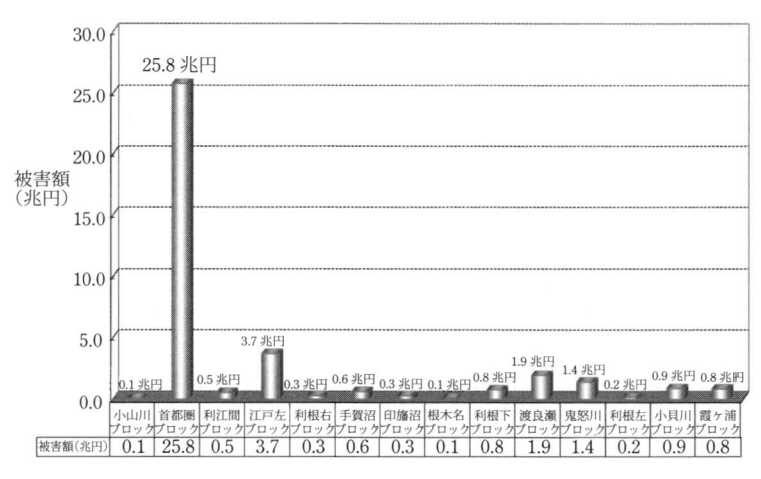

	小山川ブロック	首都圏ブロック	利江間ブロック	江戸左ブロック	利根右ブロック	手賀沼ブロック	印旛沼ブロック	根木名ブロック	利根下ブロック	渡良瀬ブロック	鬼怒川ブロック	利根左ブロック	小貝川ブロック	霞ヶ浦ブロック
資産額(兆円)	0.2	37.1	0.5	5.9	0.3	0.7	0.3	0.1	0.8	2.4	1.7	0.3	0.5	1.0

図-2.18 利根川の氾濫による被害額の推定値
（浸水深は想定氾濫の水深による）

	小山川ブロック	首都圏ブロック	利江間ブロック	江戸左ブロック	利根右ブロック	手賀沼ブロック	印旛沼ブロック	根木名ブロック	利根下ブロック	渡良瀬ブロック	鬼怒川ブロック	利根左ブロック	小貝川ブロック	霞ヶ浦ブロック
被害額(兆円)	0.1	25.8	0.5	3.7	0.3	0.6	0.3	0.1	0.8	1.9	1.4	0.2	0.9	0.8

利根川の浸水想定区域は**図-2.16**のように示されている。

氾濫原の資産などの被害ポテンシャルおよび上記の**図-2.16**の想定氾濫が生じた場合の被害額を**図-2.17**、**2.18**に示した。すなわち、**図-2.17**は氾濫原各ブロックの資産額を、**図-2.18**は**図-2.14**の想定氾濫が生じたときの

洪水被害額を示している。被害額は資産と浸水深に対応した被害率より算定したが、その被害率は「治水経済調査マニュアル（案）」（国土交通省）に示されるものを用いた。

以上の解析結果などより、以下のことが明らかになった。

① 根川上流右岸側の東京氾濫原の首都圏ブロックは、氾濫区域も広く、被害額が最も大きくなる。昭和22（1947）年の堤防決壊は、このブロックを守る堤防で生じており、最悪の場所での堤防決壊であったといえる。その氾濫は、当時の河道と堤防の状況（下流および対岸の堤防高より低かったこと）から、必然的なものであったといえる[4),11),12)]。現在、この区間の河川堤防に余裕があることは、被害の視点からは、その被害が生じる可能性が相対的に低いことを示しており、合理的といえる。

② 中流部の河道と堤防区間は余裕がないが、この区間の両岸には3つの遊水地があり、被害ポテンシャルも相対的に小さい。この面で、被害の視点からは、被害額の小さい区間での被害の発生が想定され、合理的といえる。

③ 渡良瀬川の堤防との間の区間、小貝川の堤防との間の区間では、被害額は大きくないものの、堤防決壊による氾濫水深は大きく、被害が深刻なものとなる可能性がある。

④ 江戸川は東京氾濫原を囲む堤防であり、この区間に余裕があることは、被害の視点からは合理的といえるが、江戸川への洪水分派量が計画に比較して少ないことは、本川中・下流への負荷を与えている。江戸川への洪水分派量を増やすことは、東京氾濫原の危険性を増し、それに伴う被害の面での検討とともに、全川にわたる低水路の拡幅という大規模な改修を考慮する必要がある。

⑤ 超過洪水を考慮した場合の堤防決壊の可能性、堤防決壊による氾濫で生じる被害を考慮した場合、被害ポテンシャルの高い東京氾濫原を守る堤防に余裕があり、被害ポテンシャルの低い中流部の河川堤防に余裕がないという現在の利根川の現状は、被害の視点からは合理的であると推察することもできる。

⑥ 超過洪水を考慮した場合、ⅰ）被害ポテンシャルの高い地区の堤防の計

画高水位を高く取り堤防を整備する(これは諸外国で行われている方法)、ⅱ)利根川上流区間よりさらに上流の河川の安全度を相対的に低く設定して整備する、ⅲ)被害ポテンシャルの相対的に低い区間での計画高水位を低くして堤防を整備する(これは諸外国で行われている方法)、ⅳ)河川の水位上昇を抑制する遊水地の整備により堤防の安全性を高める、ⅴ)高規格堤防(スーパー堤防)の整備には現在の投資水準が持続されたとしても数百年〜千年程度の年数を必要とすると推定されるが[21]、その高規格堤防整備箇所で、堤防の盛り土高さを計画高水位とし、余裕高の盛り土を行わないことで決壊箇所を整備箇所に特定するなどにより、例え一部区間での高規格堤防の整備であってもその効果が周辺・上下流の区間に及ぶようにするなどの河道と堤防整備による対応を考えることが望ましい。

2.6 これからの時代の河道、河川堤防システムの整備と管理について

　本論文では、堤防システムの基本事項を検討するとともに、実河川での現況と課題について実証的に検討を行った。それを基本として、財政制約がさらに厳しくなり、河川整備の進捗も大きくは期待できない時代の河道整備、特に河川堤防システムの整備と管理に係る基本的な事項について考察する。

2.6.1　確率的な公平性の視点

　日本では、20世紀後半になって確率水文学を導入して、ある確率で生起する洪水に対して、同一河川の主要区間では氾濫原の被害ポテンシャルに係わらず一律の安全性を確保することを目指した河道、河川堤防システムの整備が計画されるようになった。これは、ある意味ではどこでも同じ安全性(確率的な安全性)を想定したものであるので、確率的な公平性の視点のものであるといえる。しかし、それはどこで堤防決壊するかがわからず、被害の視点、危機管理の視点(危険を特定してあらかじめ備えるという危機管理の視点)からは適切とはいえないものである。

戦前の河川整備は重要な場所をより高い安全性で守ることが行われてきたこと、前述のように、諸外国では現在もそのように重要性に応じて守るレベルに差をつけていることなども考慮すると、被害の視点や危機管理の視点からの河川堤防の整備・管理が考えられてよいであろう。いつ完成するかわからない計画状態についての空想上の議論ではなく、現在の河道や河川堤防システムの現状を評価し、それを放置することも含めて、実河川で現実的の河川堤防システムの整備・管理を行ううえでもそれは重要である。

2.6.2 被害の視点

被害からの視点は、上記 2.5.3 でも示したように、連続した堤防システムで守る氾濫原の被害ポテンシャルの状況に対応させて守るレベルを設定し、上下流、左右岸で安全度に差を設けて対応するというものである。日本では、河川間では河川の重要度に応じて守るべきレベルは変えているが、同一河川の主要区間においては守るべき氾濫原の被害ポテンシャルに応じて安全度に差を設けることはされていない。一方、同じく堤防で国土を守っているオランダ、中国、ハンガリーなどでは、守るべき氾濫原の被害ポテンシャルに応じて、同一河川でも場所により安全度に差を設けて対応している。

被害の視点、守るべき氾濫原の被害ポテンシャルの視点からみると、昭和 22（1947）年洪水での越水による堤防決壊が生じた河川整備の状況は、最悪のものであった。一方、昭和 61（1986）年洪水での小貝川左岸の明野町赤浜での越水による堤防決壊は、歴史的経緯、被害の視点からは是認できるものであったといえる[4]。

被害の視点からみると、上記 2.5.3 の⑤、⑥に示したような超過洪水への河川堤防システム、河道の整備と管理のシナリオ・視点が開けてくる。

2.6.3 時間概念の視点

日本では、上述のように、河川整備の計画と現状との間のかい離が大きい。これに対して、オランダ、中国、ハンガリー、アメリカでは計画に対応した河川整備、堤防システム整備がほぼ完了している。したがって、計画状態での河川の管理と実河川の管理を同一のものとして行うことができる。

少子・高齢(化)社会での河川整備、特に堤防システムの整備と管理においては、いつ完成するかわからない、現状とはかい離した計画状態(これはある面では空想的な状態であるが、現在は現状と計画という実質的に異なる2つのことが混在するなかで河川管理が行われている。例：計画状態で必要な治水面でのダムの整備と現状の安全性を高めるうえで重要な堤防整備などの対策が不明確で混在している)ではなく、現実の河川の安全性を評価し、対応すべきである。

　すなわち、河川の整備と管理において、時間概念をもった対応が必要であり、これからの時代の財政制約下では、この視点がさらに重要になる。いつ完成するか不明な計画を策定し、時間概念が明確でない河川整備を行うという河川管理をする時代ではなく、現実をベースとした河川の整備と管理が必要といえる。

2.6.4　超過洪水を考慮した河川堤防システムの整備と管理

　これからの時代は、時間概念の視点でも示したように、現実の河川堤防システムの安全性を評価し、生じる可能性のある超過洪水を考慮して、河川堤防システムを限られた財政の下で徐々にではあるが的確かつ着実に整備するとともに、危機管理を含めた堤防管理を行うことが望ましい。そのような超過洪水を考慮した河川堤防システムの整備と管理のシナリオとしては、利根川を例とすると、上記2.5.3での分析結果に対応して、氾濫原の被害ポテンシャルと河川堤防システムの安全性との関係から、以下のような対応シナリオが考えられる。

① 超過洪水を考慮した場合の堤防決壊の可能性、堤防決壊による氾濫で生じる被害を考慮した場合、被害ポテンシャルの高い東京氾濫原を守る堤防に余裕があり、被害ポテンシャルの低い中流部の河川堤防に余裕がないことから、現在の利根川の現状は比較的よい状態にあり、現状を放置する。

② 被害ポテンシャルの高い地区の堤防の計画高水位を高く取り堤防を整備する(これは諸外国で行われている方法)。

③ 利根川上流区間よりさらに上流の河川の安全度を相対的に低く設定し

て整備する。
④ 被害ポテンシャルの相対的に低い区間での計画高水位を低くして堤防を整備する。
⑤ 河川の水位上昇を抑制する遊水地の整備により堤防の安全性を高める。
⑥ 高規格堤防整備箇所で、堤防の盛り土高さを計画高水位とし、余裕高の盛り土を行わないことで決壊箇所を整備箇所に特定するなど、高規格堤防の整備の効果が周辺・上下流の区間に及ぶようにする（部分的な整備の効果が周辺にも及ぶように整備する）。

2.7　おわりに

　本章では、ほとんどその研究が行われていない河川堤防、連続した河川堤防システムの管理についての基本事項について、その概念の整理を行うとともに、実河川でいくつかの検討・検証を行った。

　そして、これからの少子・高齢（化）社会においては、これまでの公平性の視点に加えて、被害の視点・危機管理の視点、そして時間概念を考慮した河川の整備と管理の必要性を示すとともに、河川堤防システムの破たんである超過洪水による堤防決壊を考慮した、河川の整備と管理のシナリオ・対応を設計・提示した。

　超過洪水を考慮した河川堤防システムの整備・管理はこれからの時代にはますます重要となるものであり、本章では基本的な考え方を示したが、次章以降で具体的な河川を対象としたより詳細な検討結果を示す。

　［追記］
　本文は、河川管理・利根川研究会での議論や共同での研究・検討・発表、さらには出版した文献[3),4)]、複数回の国際堤防システム・シンポジウムなどを踏まえつつ総合化したものである。

《参考文献》

1) 吉川勝秀『人・川・大地と環境』技報堂出版、2004、pp.248-255
2) 吉川勝秀『河川流域環境学』技報堂出版、2005、pp.153-170
3) 吉川勝秀『流域都市論』鹿島出版会、2008、pp.169-219
4) 吉川勝秀編著『河川堤防学』技報堂出版、2008、pp.1-278
5) 建設省土木研究所土質研究室「河川堤防の土質工学的研究」『土木研究所資料』No.688、1971、pp.6-35
6) 建設省土木研究所河川研究室「越水堤防調査最終報告書－解説編－」『土木研究所資料』No.2074、1984、pp.1-57
7) 中島秀雄『図説 河川堤防』技報堂出版、2003、pp.69-72
8) 岡二三生「河川堤防の調査、再生と強化法に関する研究」『国土交通省・建設技術研究開発費補助金研究成果報告書』2007、pp.1-256
9) Nakagawa H, Utsumi T, Kawaike K, Baba Y, Zhang H, Awal R : Erosion of unsaturated river embankment due to overtopping. Proc. Of the 17th Congress of the PAD-IAHR, in the USB, 2010, pp.1-8
10) 国土開発技術研究センター編、(社)日本河川協会(編集関係者代表：吉川勝秀)『解説・河川管理施設等構造令』山海堂、2000、pp.125-126
11) K. Fukunari, M. Miyamoto and K. Yoshikawa : An Empirical Study on Safety Management for River Levee Systems, Proceedings of IS-KYOTO, International Society for Soil Mechanics and Geotechnical Engineering, 2009, pp.559-565
12) 福成孝三・白井勝二・吉川勝秀「河川堤防システムの安全管理に関する実証的研究」『建設マネジメント研究論文集』Vol.14、2007、pp.311-320
13) 建設省土木研究所河川研究室・石川忠晴ほか「越水堤防調査中間報告書－解析偏－」『土木研究所資料』No.1760、1982、pp.5-72
14) 吉本俊裕・末次忠司ほか「昭和61年8月小貝川水害調査」『土木研究所資料』No.2549、1988、p.116
15) 井上章平「陳述書」『岐阜地方裁判所民事部第二部(損害賠償請求事件：岐阜地裁昭和52年(ワ)第317号・昭和54年(ワ)第453号の証人陳述書)』1981
16) 日本河川協会監修『河川便覧2006(平成18年版)』国土開発調査会、2006、pp.96-99
17) 建設省土木研究所河川研究室・石川忠晴ほか「利根川・江戸川の河道粗度係数について」『土木研究所資料』No.1943、1983、pp.1-74
18) 山口高志・吉川勝秀・角田 学「都市化流域における洪水災害の把握と治水対策に関する研究」『土木学会論文報告集』No.313、1981、pp.75-88
19) 吉川勝秀「都市化が急激に進む低平地緩流河川流域における治水に関する都市計画論的研究」『都市計画論文集』日本都市計画学会、Vol.42、No.2、2007、pp.62-71
20) 吉川勝秀・本永良樹「低平地緩流河川流域の治水に関する事後評価的考察」『水文・水資源学会誌(原著論文)』Vol.19、No.4、2006、pp.267-279
21) 伊藤拓申・伊藤 学・吉川勝秀「高規格堤防の整備に関する調査と考察」『第36回土木学会関東支部技術研究発表会講演概要集(CD-ROM)』Ⅱ-72、2010

22) 伊藤　学・白井勝二・福成孝三・竹谷公男・吉川勝秀「連続した堤防システムの安全の実管理に関する基礎的研究」『水文・水資源学会 2009 年度総会・研究発表会要旨集』2009、pp.10-11
23) 長坂丈巨・中村要介・伊藤　学・吉川勝秀「連続した堤防システムの安全性の実管理における想定被害状況からの考察」『水文・水資源学会 2009 年度総会・研究発表会要旨集』2009、pp.12-13
24) 鈴田裕三・木下隆史・吉川勝秀「はん濫流の挙動を推定する地形学的アプローチ」『水文・水資源学会 2009 年度総会・研究発表会要旨集』2009、pp.36-37
25) 吉川勝秀「河川堤防システムの整備・管理に関する実証的考察」『水文・水資源学会誌（原著論文）』Vol.24、No.1、2011、pp.21-36

第Ⅱ部
河川堤防システムの実際

第3章
河川堤防システムの破たん（堤防決壊）の原因

【本章の要点】
　本章では、河川堤防システムの破たんといえる堤防決壊の原因と実態について述べる。
　堤防決壊は、基本的には河川水位（高さと継続時間）、降雨量に関係し、堤防の形状と構造、基礎地盤の土質の構造などが関係する。単に結果としての堤防決壊の原因を述べるのではなく、河川堤防システムとの関係から堤防決壊について考察する。
　本章では、堤防決壊の原因（越水、堤防一般部の浸透・漏水、堤防横断構造物＜樋管、樋門＞周りでの漏水、洗掘）とその実態を示す。堤防決壊は越水によるものが圧倒的に多いこと、構造物周りの漏水によるものは構造的・累積的な問題をはらんでいること、堤防一般部の浸透・漏水に関しては数が少なく、堤防に構造的な問題があった場所で生じていることなどを示す。また、洗掘によるものは、近年、被災後の災害復旧・改良工事により護岸・水制などの洗掘対策が行われるようになって、大幅に減少している

3.1　堤防決壊の原因とその実態

3.1.1　堤防決壊の原因
　河川堤防の破たん、すなわち堤防決壊の原因は、第2章で示したように、次の4つである。

(1) 越水による決壊

洪水が堤防の上を越えて堤内地(人の住む側の氾濫原)に流出することで発生する。通常は、堤防天端を越えた水が堤防のり尻を洗掘し、堤体が崩落し

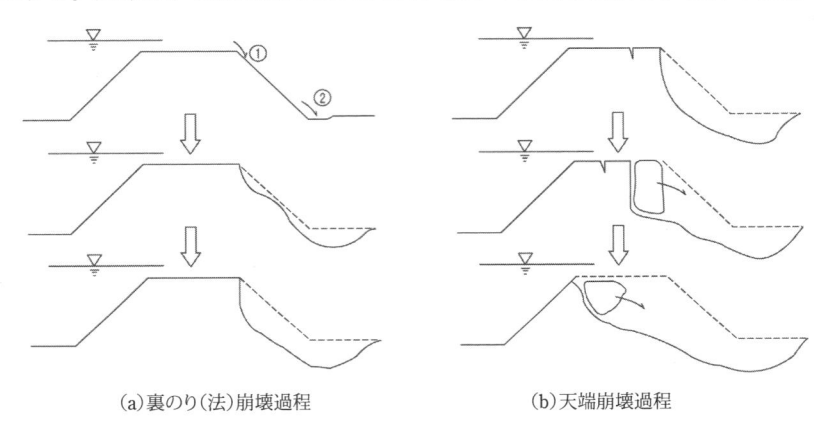

(a)裏のり(法)崩壊過程　　(b)天端崩壊過程

図-3.1 堤防の越水により、のり尻の洗掘が進行して決壊に至る概念図[1),2)]

堤防上に土のうを積んで越水を防ぐ　　さらに水位が上昇して越水が始まる

堤防を越えた水が滝のように落ち、堤防を浸食　　堤防が決壊し、氾濫原が浸水

写真-3.1(a) 昭和61(1986)年の小貝川明野での越水による堤防決壊(地上写真)[3)]

て堤防の厚さが薄くなり、ついには堤防決壊に至る。その様子は、土木研究所での堤防実験(**図-3.1**)や比較的近年の小貝川の明野(昭和61(1986)年)での堤防決壊(**写真-3.1(a)**、**(b)**)、円山川(平成16(2004)年)の堤防決壊(**写真-3.2、図-3.2**)から知ることができる[1]～[3]。

堤防越水による堤防決壊はほかの決壊原因によるものより圧倒的に多い。

越水による堤防決壊については、越水深および継続時間との関係が、大変おおまかではあるが一つの目安となると考えられる。その関係を第2章**図-2.3**に示した。

越水による我が国最悪の事例は、昭和22(1947)年の利根川右岸、東京氾濫原での決壊である。その堤防決壊は、当時の利根川の能力を超える洪水によってもたらされたものであるが、起こるべき場所での決壊であった(**写真-3.3(a)**、**(b)**)[3]。その氾濫流は、利根川上流右岸側の東京氾濫原、すなわち埼玉平野を数日かけて流下し、東京にまで至った(**図-3.3**)。決壊当時の河

堤防を越水している様子(堤防正面からの写真) 　　堤防を越水している様子(堤防方向からの写真)

洪水が氾濫し、氾濫原が満水した様子(ここはかつては"鳥羽の淡海"と呼ばれた地区。あたかもそれが再現したかのような風景が出現)　　決壊箇所の仮締め切りが完成。その氾濫原側には落堀が出現している

写真-3.1(b)　昭和61(1986)年の小貝川明野での越水による堤防決壊(航空写真)[3]

写真-3.2 平成16(2004)年の円山川での越水による堤防決壊(決壊翌朝の写真)[3]

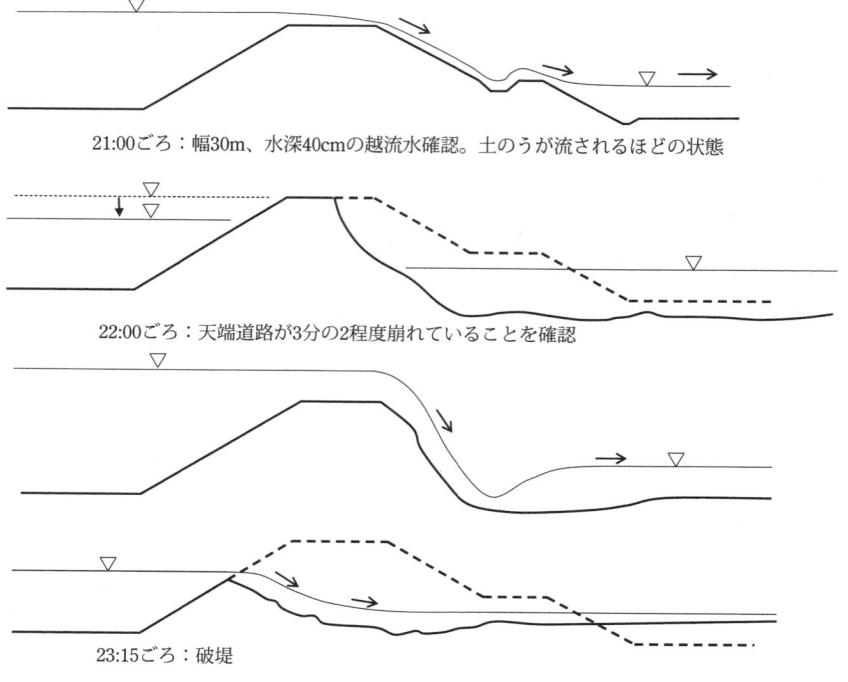

21:00ごろ：幅30m、水深40cmの越流水確認。土のうが流されるほどの状態

22:00ごろ：天端道路が3分の2程度崩れていることを確認

23:15ごろ：破堤

図-3.2 平成16(2004)年の円山川での越水による堤防決壊過程の推定[3]

3.1 堤防決壊の原因とその実態

写真-3.3(a) 昭和22(1947)年の利根川右岸での越水による堤防決壊[3]（この堤防決壊による氾濫流は、東京にまで至った。利根川の東京氾濫原側での堤防決壊である）

　川堤防の状況は、右岸側は**図-3.4**に示すように、下流側から堤防の嵩上げと川表側の堤防腹付けが行われてきていたが、決壊地点より上流は明治改修による従来の堤防のままであった。決壊地点には県道が通り、川裏には上下流に坂道があって、そこに越水した水が集中して決壊に至ったといわれている。対岸の堤防は、決壊地点の下流と同様の嵩上げ堤防腹付けが行われていた。このため、右岸側が左岸側より低い状態にあった。

　一方、堤防決壊が、氾濫原の自然的、歴史的な経過や開発の状況（被害ポテンシャル）からみて、結果的に最悪ではない場合もある。その例は、昭和61(1986)の小貝川左岸、明野での堤防決壊（**写真-3.1**(a)、(b)参照）である[3]。そこは、かつて万葉集にも詠われた鳥羽の淡海（とばのあわうみ）の地区であり、氾濫原の開発は右岸側よりも遅れ、築堤が行われたときには堤防の高さを右岸側より低くしていたという歴史的な経過があった。昭和61(1986)年の堤防決壊当時の堤防は、橋を渡った県道が左岸堤防天端の上を走っており、その部分のみが上下流の堤防より約2m低いままであった。そのためその部分で越水が生じて堤防決壊に至った。氾濫流はかつての鳥羽の淡海を再現さ

民家の建物と比較してはるかに高い堤防であることがわかる

堤防の中段の堤防小段(堤防には4段の堤防小段がある)でゴルフの練習をしている人と比較すると斜面の大きさがわかる

人の後ろに長大な堤防斜面が広がる(左上に向かって搬路が長く続いている)

堤防天端より川の中側をみたものであるが、川の中を走るトラックやその車列と比較すると堤防の大きさがわかる

写真-3.3(b) 昭和22(1947)年に堤防決壊した利根川の現在の堤防(決壊箇所近傍の堤防。中国・長江の荊江大堤防などと比較しても、世界最大級の高さの河川堤防である)

せたかのように氾濫原に広がった。なお、このような周辺より低い堤防が、氾濫原の開発と堤防整備の歴史的な背景から設けられている場所もある。その例として、後述の木曽川水系揖斐川の支川大谷川の洗堰(越水堤防)がある。そこでは、氾濫箇所が特定されており、越水は生じても堤防決壊はしないように堤防の整備(洗堰という越水堤防の整備)がなされている。

なお、堤防を洪水が越水しても堤防が必ず決壊するわけではない。その例として、昭和61(1986)年の小貝川の母子島地区の対岸(当時の明野町側)での堤防越水があるが、その状況を、第2章**写真-2.1**に示した。この場合には、堤防越水が生じた段階では、堤防のり尻部分は既にほかの箇所からの氾濫水により浸水していた。

越水による堤防決壊は、計画高水位を超え、さらに堤防天端高を超えた洪水位で発生する。

3.1 堤防決壊の原因とその実態

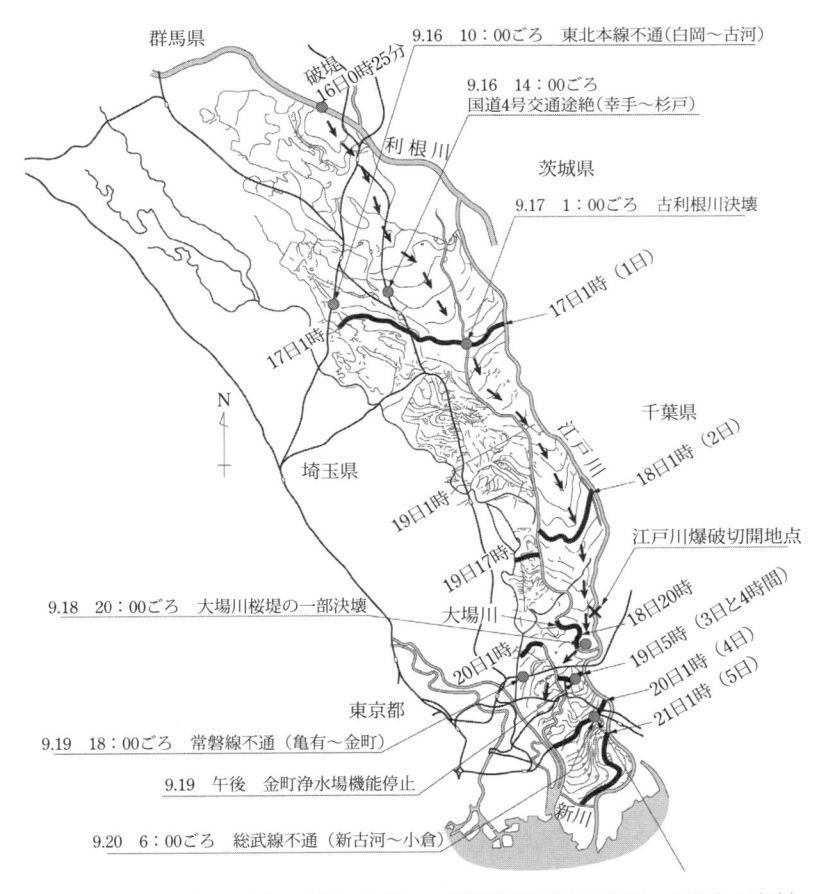

図-3.3 昭和22(1947)年の利根川右岸での堤防決壊(東京氾濫原への洪水の流出)

(2) 洗掘による決壊

洪水流によって堤防そのもの、あるいは堤防前面の高水敷が洗掘され、それが進行して堤防決壊に至る。堤防前面(川表)に高水敷があると、洪水流による直接的な洗掘作用は軽減される。また水制があると洪水流に同様の効果がある。低水護岸や高水護岸は、洪水流による洗掘を、低水路の河岸や堤防の表面で直接的に防ぐために設けられる。

洗掘による堤防決壊は越水ほどではないが比較的多く生じてきた。近年の

51

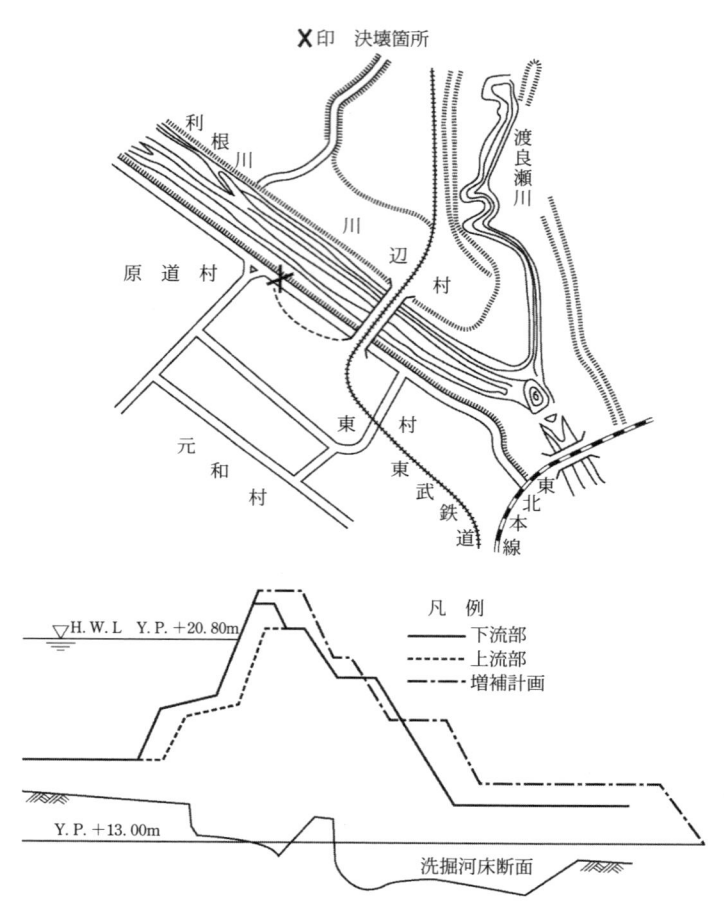

図-3.4(a)　昭和22(1947)年の利根川右岸(当時の埼玉県東村)での決壊箇所付近の堤防の状況その1(堤防横断面図)

　洗掘による堤防決壊としては、昭和49(1974)年の多摩川における堰を迂回した流れによるものがある(**写真-3.4**)。この水害では被災した住民が国の河川の管理に瑕疵があったとして提訴し、最高裁まで争われた(国の敗訴)。筆者は被告である国(建設大臣＜当時＞)の訴訟担当として裁判に携わり、多くの知見を得た。

　また、比較的近年の平成7(1995)年の新潟県関川での洗掘による河岸浸食

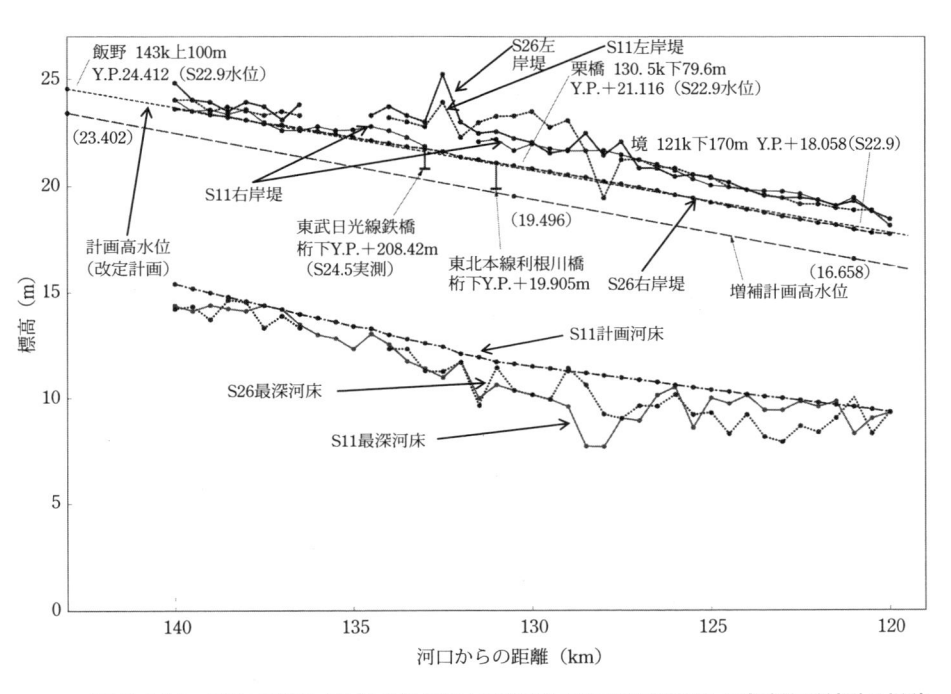

図-3.4(b) 昭和22(1947)年の利根川右岸(当時の埼玉県東村)での決壊箇所付近の堤防の状況その2(堤防縦断図)

と堤防の決壊(**写真-3.5、3.6**)、平成10(1998)年の阿武隈川支川荒川での洗掘による堤防決壊がある(**写真-3.7**)。

洗掘による堤防決壊は、実際に洗掘が発生した高水敷や低水路の河岸の災害復旧工事で、護岸や水制などの浸食防止対策が実施されるようになってからは、大幅に減少しているようにみえる。

また、多摩川の水害からの教訓として、固定堰の撤去や可動堰化、さらには取り付け護岸部の抜本的な補強(直立した擁壁化や洗掘力に対して安全な護岸化)が行われるようになった。筆者はこのような観点から、鬼怒川の鎌庭の床止め(2基あるうちの下流側の床止め)の取り付け護岸部の補強や柔構造で設計した石下の床止め(流れに対して単体で安定するブロックを力学的に設計し、安全をみて連結して設置)での擁壁タイプの取り付け護岸の整備などを行っている[4),5)]。

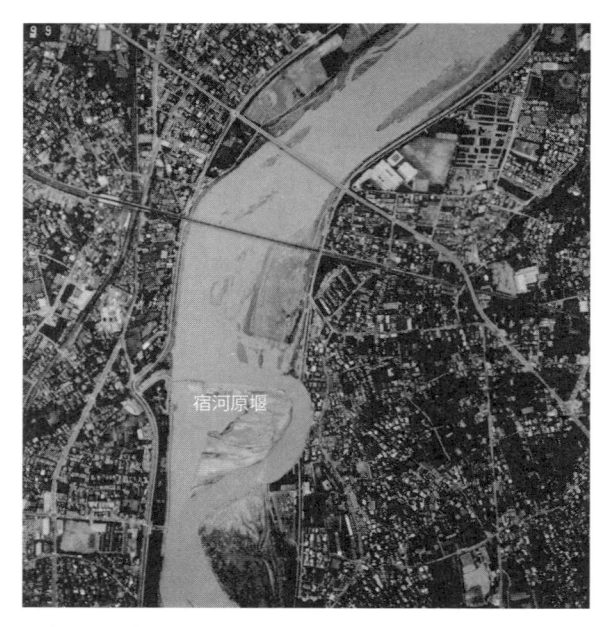

写真-3.4 多摩川の昭和49(1974)年の洗掘による堤防決壊
(航空写真。宿河原堰を迂回した流れにより左岸側が決壊)

泉橋から学校橋付近。上:平成6.6.13、下:平成7.7.13

写真-3.5 平成7(1955)年の新潟県関川での河岸浸食と堤防決壊(平面航空写真)

3.1 堤防決壊の原因とその実態

写真-3.6 平成7(1955)年の新潟県関川での河岸浸食と堤防決壊(斜め航空写真)

① 欠けはじめ 8:29ごろ 　　　② 8:30ごろ

③ 8:35ごろ 　　　④ 8:37ごろ 　　　⑤ 堤防決壊 9:00ごろ

写真-3.7 平成10(1998)年の阿武隈川支川荒川の洗掘による堤防決壊(経過写真)

　これらの対策は、実際に洪水で生じた事象をもとにした順応的な管理であるといえる。
　洗掘による堤防決壊は、河川水位が計画高水位を超えなくても発生する可能性がある。多摩川の宿河原堰での洗掘による堤防決壊は、ほぼ計画高水位に達する洪水での決壊であった。

(3) 堤防一般部での浸透による決壊
　堤防一般部で、降雨の浸透やその後の洪水での河川水の浸透により堤防決壊が生じる場合がある。堤防決壊に至るまでに、堤防の堤内地(人の住む側)

55

での噴砂現象(いわゆるガマが噴く現象、ボイリング)や、さらには堤防基盤に水みちが川の中までつながったパイピング現象が観察される場合もある。しかし、これらの現象が生じた例は多数あるが、堤防決壊にまで至ったものはほとんどないのが実態であろう。

　浸透による堤防決壊は、最終的には湿潤化した堤防ののり(法)すべりにより生じる。

　上述のとおり、堤防一般部の浸透による堤防決壊は数少ない。建設省直轄の堤防区間では、昭和28(1953)年の遠賀川での決壊(**図-3.5**)、昭和25(1950)年の小貝川での決壊(**図-3.6**、**写真-3.8**)、昭和51(1976)年の長良川(**写真-3.9**、**3.10**、**図-3.7**(a)、(b))での堤防決壊があげられるのみである。

　遠賀川の決壊では、堤防は明治40～43年ごろに築造されたもので、**図-3.5**にみるように、堤防断面は特段問題なかったと推定される。当該堤防は公害により地盤沈下していた地域内にあるが、その原因は堤防基盤に透水層があったことによるとされている。それは、堤外地に大きな池があったが

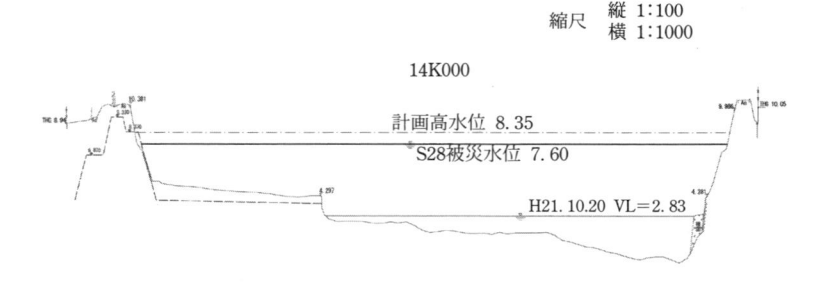

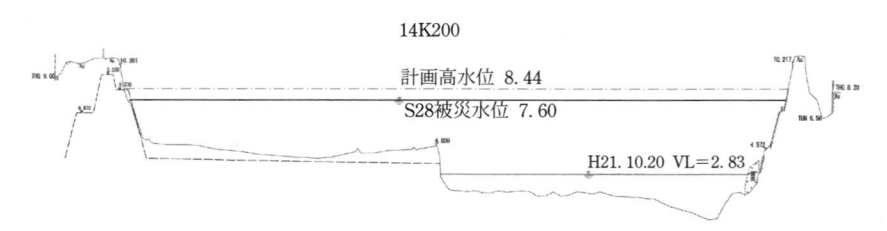

図-3.5　昭和28(1953)年の遠賀川堤防決壊当時の堤防と河道の断面図

3.1 堤防決壊の原因とその実態

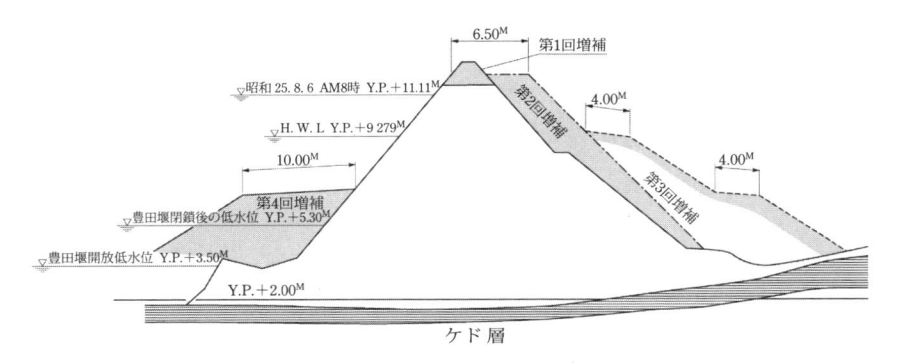

図-3.6 昭和25(1950)年の小貝川堤防決壊当時の堤防断面図(地層図を含む)

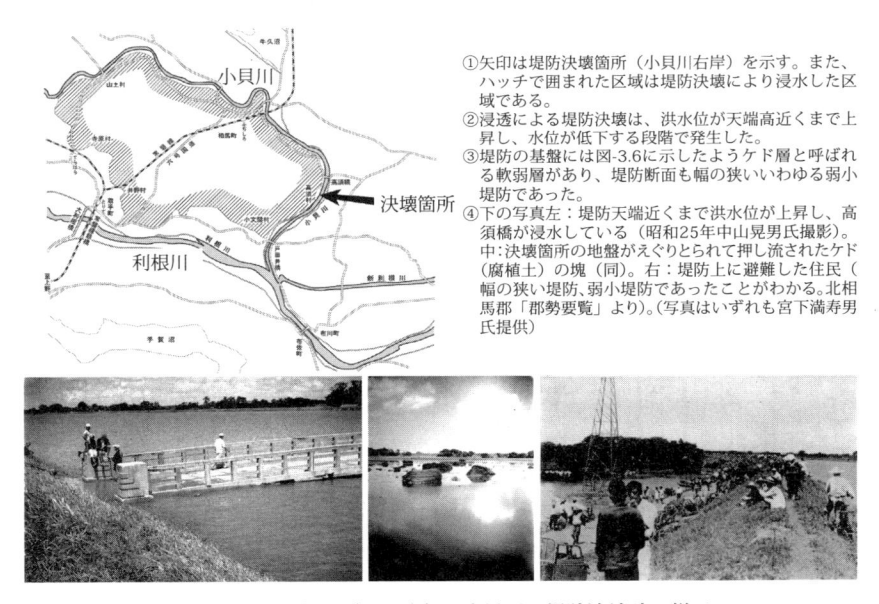

①矢印は堤防決壊箇所（小貝川右岸）を示す。また、ハッチで囲まれた区域は堤防決壊により浸水した区域である。
②浸透による堤防決壊は、洪水位が天端高近くまで上昇し、水位が低下する段階で発生した。
③堤防の基盤には図-3.6に示したようケド層と呼ばれる軟弱層があり、堤防断面も幅の狭いいわゆる弱小堤防であった。
④下の写真左：堤防天端近くまで洪水位が上昇し、高須橋が浸水している（昭和25年中山晃男氏撮影）。中：決壊箇所の地盤がえぐりとられて押し流されたケド（腐植土）の塊（同）。右：堤防上に避難した住民（幅の狭い堤防、弱小堤防であったことがわかる。北相馬郡「郡勢要覧」より）。(写真はいずれも宮下満寿男氏提供)

写真-3.8 昭和25(1950)年、小貝川の堤防決壊時の様子

（堤防より約30m離れた位置）、住民が魚を捕るために、この池を干そうとしたができなかったため、池が透水層に通じていたと推定している。

小貝川の堤防決壊では、**図-3.6**に示すように、この堤防は堤防の幅が十分でなく、かつ堤防基盤にケド層といわれる軟弱地盤層があった。ほぼ堤防天端に達した水位が低下するときにのり（法）すべりにより堤防決壊した。**写**

57

● 第 3 章 ● 河川堤防システムの破たん（堤防決壊）の原因

写真-3.9　昭和 51（1971）年、堤防決壊時の長良川の氾濫の様子

昭和50年　　　　　　　　　　　　　　　昭和57年

写真-3.10　昭和 51 年（1971）年、長良川の堤防決壊前に撮影された堤防付近の航空写真（丸で囲ったところが決壊箇所。堤防のり尻に池がみえる）

真-3.8 の下左の写真は、木橋（高須橋）のほぼ高さまで洪水位が上昇したときの様子を、下中は堤防決壊口の様子（当時は堤防補強工事中で、トロッコの軌道が見える）を、下右は高須橋付近の堤防上に避難した人々の様子を示す。下右の写真より、当時の堤防の天端幅が狭く、いかに弱小堤防であったかがわかる。

　長良川の堤防決壊では、**図-3.7**（a）にみるように、堤防はほぼ計画の堤防断面を満たすものであったが、対岸に比較して堤防の高さが高く、かつ堤防の裏のり（法）尻に池があり、浸透に対しての地形的には危険性が高かったこと、そして、基礎地盤にも浸透を助長する透水層が複雑に形成されていた可能性があることが示唆されている。この水害では、水害訴訟が提起され、堤

3.1 堤防決壊の原因とその実態

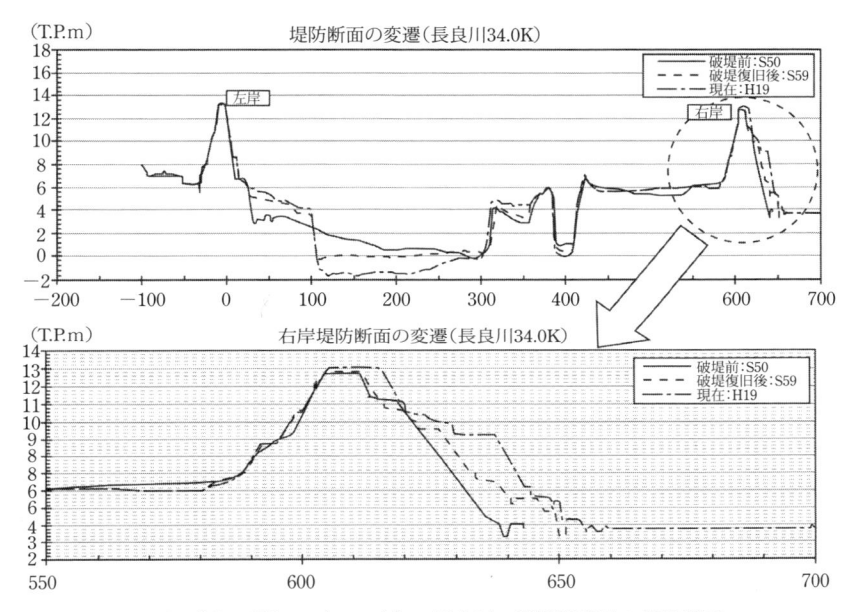

図-3.7(a) 昭和 51(1971)年、長良川の堤防決当時の堤防断面

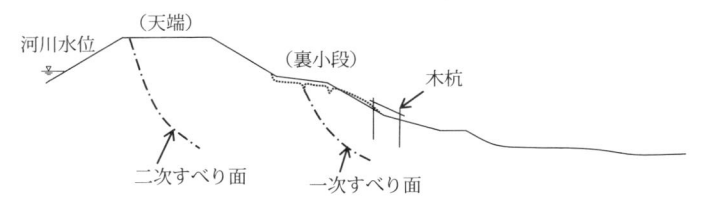

この堤防は、図のように、水防活動で堤防裏のりに杭打ちが終了した直後に、決壊箇所中央部付近の裏小段を上端とする一次すべりが発生した。2、3分後に二次すべりが発生し、堤防天端までの残る部分が表のり肩付近より堤内地側にすべり落ち、決壊に至った[3]。水害裁判では、長雨、長洪水、堤防のり下の池の存在、堤防基盤部の地層に浸透層があったことが、決壊の原因として指摘されている（この裁判には筆者も被告の建設大臣（当時）の訴訟代理人として裁判に従事した）。

図-3.7(b) 昭和 51(1971)年、長良川の堤防決壊の様子

防決壊の原因について、原告と被告双方が堤防の安定性の検討や水みちの形成などについて解析を行い、審議がなされた（国側勝訴）。筆者はこの堤防決壊による水害裁判に、被告の建設大臣（当時）の訴訟代理人として従事した。堤防裏のり（法）にあった池の存在は、実際に生じた洪水時に、漏水の兆候を発見するうえでも問題であった可能性がある。

このように、遠賀川の場合には、事前の堤外地側の池の水のかき出しで水みちのようなものがあったと推察されていること、小貝川の場合には、堤防の厚さが薄い、いわゆる弱小堤防であり、その基盤にはケド層と呼ばれる軟弱地盤層があったこと、長良川の場合には、堤防はほぼ計画の断面を有していたが、堤防のり尻に池があって構造上問題があったこと(落堀ともいわれている)など、特殊な問題があった箇所である。いずれにしても、いわゆる問題のあった箇所での決壊であったといえる。小貝川や長良川の場合において、決壊以前の実際に生じた洪水で、浸透に関わる兆候があったかどうかは明確でない。

そのような問題のある箇所で、実際の洪水時の問題の観察などを踏まえて、上述の洗掘対策のような対応が求められる。数少ない堤防決壊の例をもとに、広範囲の対策を構想・計画するのではなく、問題個所の補強が重要である。全国をみると、堤防のり尻に池や旧河道の締切り部などに類する形状の湿地やくぼ地があっても、そこを補強することなく放置している場合もあるが、そのような箇所こそ早急に補強すべきといえる(**写真-3.11**)。

浸透による堤防の損傷(堤防内地側での漏水と噴砂現象、降雨と河川水の浸透による堤防ののり<法>崩れ)について、それが明確に意識されるようになったのは、昭和57(1982)年の洪水のころからであった。その年の利根川では、洪水により**図-3.8**に示すような堤防漏水やのり(法)すべりが発生した。**図-3.8**は、当時筆者らが建設省(現・国土交通省)の事務所(建設省関東地方建設局の江戸川、利根川上流および下流工事事務所)において行った

写真-3.11 堤防のり尻にある池(利根川水系E川右岸の池。釣り堀になっている)

3.1 堤防決壊の原因とその実態

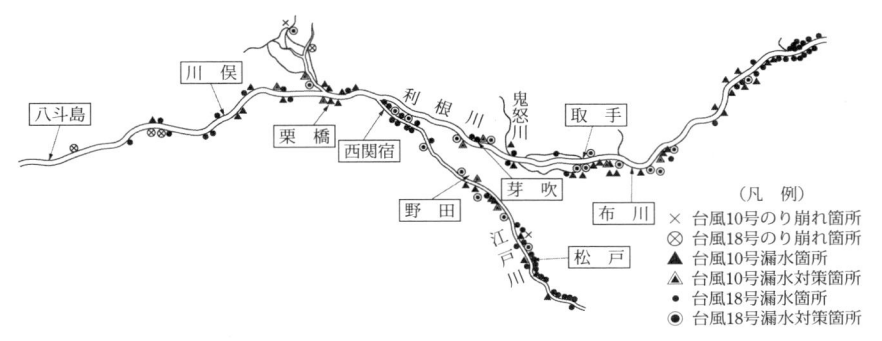

（図）

（凡例）
× 台風10号のり崩れ箇所
⊗ 台風18号のり崩れ箇所
▲ 台風10号漏水箇所
△ 台風10号漏水対策箇所
● 台風18号漏水箇所
◉ 台風18号漏水対策箇所

図-3.8 昭和57（1982）年洪水での利根川の浸透による堤防損傷（漏水、のり崩れ）箇所

調査の結果であり、このころから出水後の災害復旧工事として漏水対策が一般的に実施されるようになった。筆者は、その初期の漏水（浸透）対策の立案と実施に関わった経験がある（建設省関東地方建設局の事務所と河川部）。そして、全国的にも、建設省河川局と各地方建設局の河川部局および北海道開発局が堤防漏水についての調査を開始し、筆者はそのための漏水ワーキングの立ち上げと調査の実施、全国での調査の連絡調整などに当たった。当時調査に係わった人の多くは、その後はほかの分野の仕事に移ったが、北海道開発局から参加した瀬川明久は、その後も一貫して北海道でこの漏水対策の調査を行い、多くの成果を出している[6]。

浸透による堤防一般部での堤防決壊は、計画高水位を超えなくても発生する。例として、昭和28（1953）年の遠賀川での浸透による堤防決壊、昭和51年（1971）年の長良川の堤防決壊（計画高水位以下の水位であったが、長期間継続した洪水により決壊）がある。昭和25（1950）年の小貝川の堤防決壊は計画高水位を超え、ほぼ堤防天端に達した洪水位が低下する段階で発生している。

堤防一般部での堤防の被災（堤防決壊には至らない浸透による堤防の損傷）の要因とメカニズムを概念的に示すと**図-3.9**のようになる。この図から、例えば堤防のり（法）尻に池がある場合、堤防の幅が狭く、堤防斜面が急な勾配（急勾配ののり＜法＞面）である場合、堤防基盤に軟弱な層がある場合や透水層がある場合などには、浸透による堤防のり（法）面のすべりなどが生じや

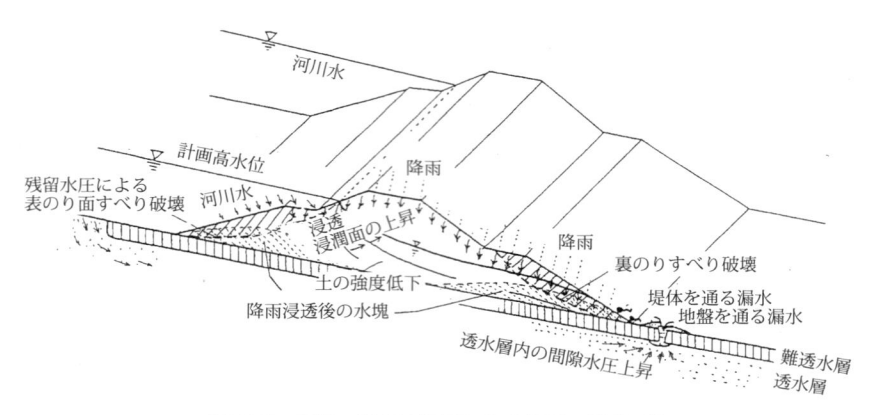

図-3.9　堤防一般部の浸透による損傷の概念図[3]

すくなることが推察される。

(4) 堤防横断構造物である樋管・樋門周りでの浸透・漏水による決壊

堤防横断構造物である樋管・樋門周りでの浸透・漏水による堤防決壊は、これまではその発生は限られたものであった。建設省(現・国土交通省)の直轄管理区間では、昭和56(1981)年の小貝川の龍ヶ崎市高須での決壊(**写真-3.12**)と、同じく昭和61(1986)年の小貝川の石下町豊田(**写真-3.13、3.14**)での決壊があるのみである。しかし、この原因による堤防決壊は、今後その可能性が大きくなる。

昭和56(1981)年の小貝川の龍ヶ崎における堤防決壊は、この原因による堤防決壊の最初の例といえる。筆者は当時、建設省土木研究所で実施していた洪水防御研修(国際協力事業団＜当時＞の国際支援プログラム)において、アジアなどの各国からの研修生のトレーニングを担当しており、決壊現場に研修生とともに訪れた。堤防の決壊は高須樋管の箇所で発生したものであり、決壊口からは小貝川の河川水とともに利根川からの水(逆流水)が氾流出、氾濫した。インドからの研修生は、自国の場合と比較して、日本の水防活動の体制が貧弱であると指摘した。

昭和61(1986)年の小貝川の豊田での堤防決壊のときは、筆者は建設省河川局治水課(東京霞が関)で洪水対応にあたった。決壊前日から水防当番で泊

3.1 堤防決壊の原因とその実態

上：堤防決壊後半日の風景
下：利根川からの濁った水が逆流して氾濫原に流入している（このころ、筆者は海外からの洪水防御研修＜JICA＞に参加していた約10か国のエンジニアと現地視察をした）。

写真-3.12 昭和56（1981）年の小貝川の龍ヶ崎市高須での決壊

写真-3.13 昭和61（1986）年の小貝川の石下町豊田での堤防決壊

まり込み、全国の洪水対応の情報収集や指導をしている際に、小貝川上流での堤防決壊と氾濫の連絡を受けた。翌日には、小貝川上流の広範囲の氾濫や中流左岸側の明野での越水による堤防決壊を、そして豊田樋管での堤防決壊の連絡を受けた。その後、この洪水の被害に関して、国会対応も含む洪水対応に関わった。この洪水では、小貝川に加えて、関東の那珂川や東北の吉田

● 第 3 章 ● 河川堤防システムの破たん（堤防決壊）の原因

写真-3.14 昭和 61（1986）年の小貝川の石下町豊田での堤防決壊に至るプロセスの写真

① 堤防裏側（堤内地側）に水が漏れ出す
② 川表側での水防活動
③ 堤防裏側の水漏れが激化
④ 堤防天端に亀裂が発生
⑤ 堤防が陥没する
⑥ 押し出すように堤防が決壊
⑦ 流れ出る洪水（川表側での水防資材も流出）
⑧ 堤防が完全に決壊

川などでも堤防決壊と氾濫が生じた。小貝川の豊田の堤防決壊などの氾濫については、NHK 記者と被災直後の現地視察などを行った。

昭和 61 年の洪水の約 2 年後には、小貝川（と鬼怒川）を管理する建設省関東地方建設局の下館河川事務所（当時）の所長として、昭和 61（1986）年洪水の災害に対応するための河川激甚災害対策特別緊急事業の実施などの河川管理の仕事に携わった[7], [8]。

かつては自然に合流していた支川の合流点に、本川に高い堤防が設けられたことで、支川を本川に合流させるために樋管・樋門が設けられることとなった。そして、樋管・樋門上とその周辺の堤防の自重による圧密沈下による不等沈下があり、さらなる堤防の嵩上げなどもあって、樋管・樋門が損傷することから、その損傷を防止するために樋管・樋門の函体の下に支持層にまで達する杭基礎が設けられるようになった。このため、樋門・樋管の函体には

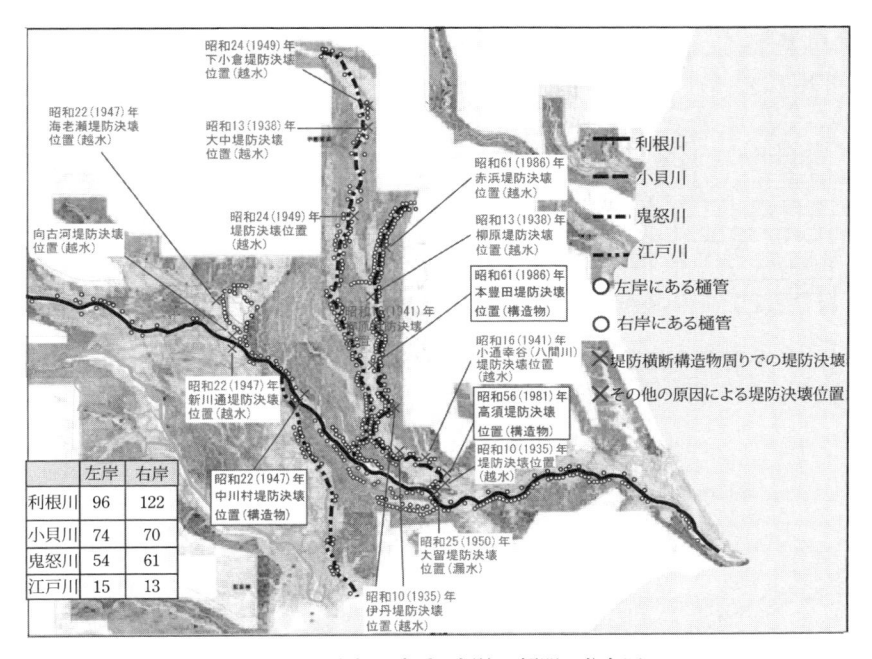

図-3.10 利根川水系の樋管・樋門の分布図

	左岸	右岸
利根川	96	122
小貝川	74	70
鬼怒川	54	61
江戸川	15	13

損傷が生じなくなったが、函体が支持杭で上につっぱる形で、函体の底面や側面に空洞が生じる可能性が高くなり、堤防の安全性にとっては構造的な問題を生じさせることとなった。この問題は、かつて洪水のたびに損傷・流失していた堰がコンクリートの固定堰となり、同様に木橋がコンクリートと鉄の橋となって、洪水に対して安全なものとなったが、その結果としてそれらの構造物の周辺で氾濫や堤防決壊が生じるようになったことと、類似している。特に、支持杭をもつ樋管・樋門が設けられるようになってから、潜在的であったこの問題が顕在化してきた。今もこの問題は解決されていない。なお、摩擦杭で支持された樋門・樋管においても、その程度は支持杭の場合よりも相対的に緩和されるが、同様の問題が生じる。

　上述の小貝川の龍ヶ崎樋管は支持杭により設置された樋管であった。被災後、支持杭をもった樋管として再建されたが、その後、撤去され現在はなくなっている。小貝川の豊田樋管は摩擦杭で設けられた樋管であった。被災後、

● 初期状態　　　　　　　　　　　　　● 堤防の沈下進行後

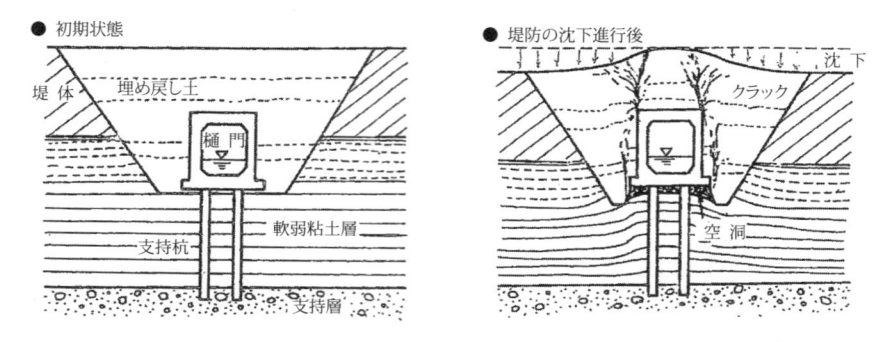

図-3.11　杭で支持された堤防横断構造物に生じる変形と空洞の概念図[3]

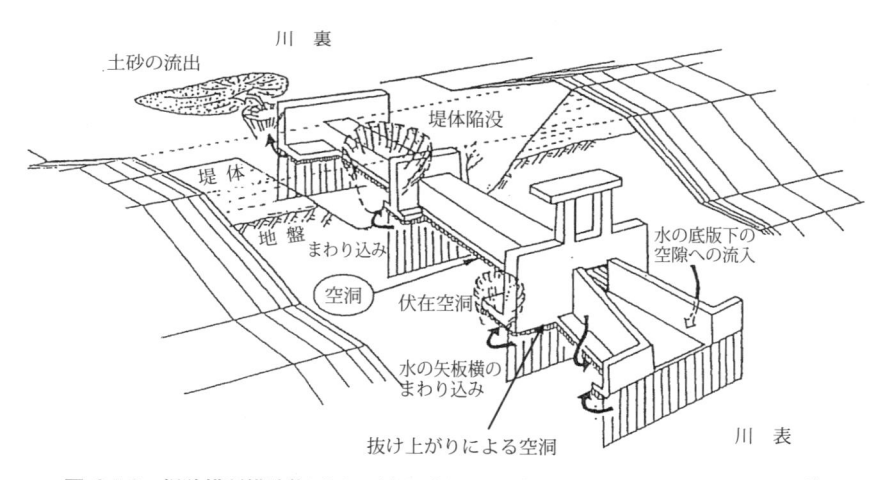

図-3.12　堤防横断構造物周辺の空洞と浸入した水が漏水を生じる経路の概念図[3]

決壊した場所のすぐ下流の排水機場の樋管と統合する形で、支持杭で支えられた樋管として再建され、現在に至っている。

また、利根川下流では昭和57(1982)年の洪水時に、布鎌樋管で漏水が発生し、水防活動により漏水対策が大規模に実施された[3]。その布鎌樋管は、現在は撤去されて下流の排水機場の樋管に統合されている。

利根川水系の下流部に存在する樋門・樋管の状況を**図-3.10**に示した。このように、特に河川の中下流域には、この原因による堤防決壊の潜在的な危

3.1 堤防決壊の原因とその実態

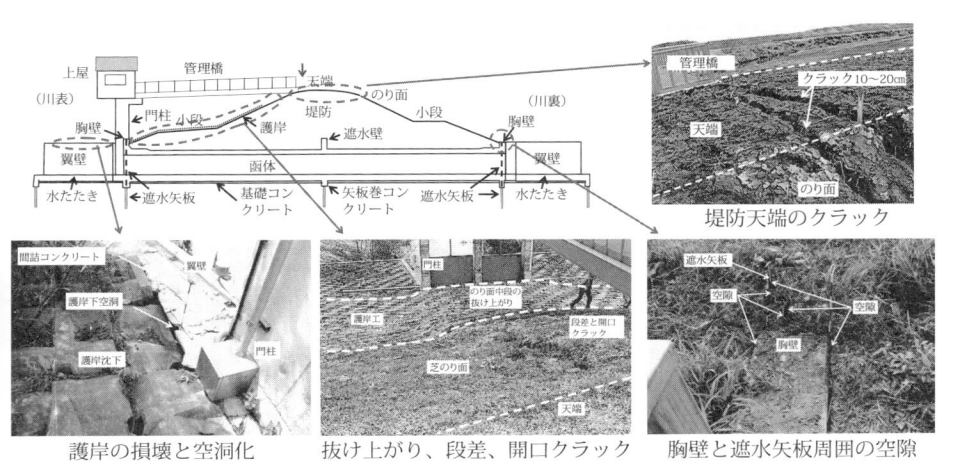

図-3.13 堤防横断構造物周りの表面に現れた変形[9]

険性が多数存在している。

　杭(特に支持杭)で支持された堤防横断構造物(樋管・樋門)に生じる変形と空洞、そして空洞と侵入した水が漏水を生じる経路の概念図をそれぞれ図-3.11、3.12に示した。また、実際に開削調査により堤防横断構造物周辺に生じた変形(緩み)と空洞について調査した事例を図-3.13、3.14に示した[6]。

(5) その他

　洪水による堤防決壊ではないが、地震によって堤防が損傷する場合がある。特に堤防が設置されている基礎地盤が砂質土で液状化すると、その損傷が大きなものとなる[3]。地震による堤防の損傷をそのままにして洪水があると堤防決壊につながる可能性がないともいえないことから、これを堤防決壊の原因の一つに入れる人もいるが、本書では注意にとどめておくこととする[3]。

　このほかにも、洪水による堤防決壊ではないが、一度上昇した洪水位が低下するときの堤防のり(法)面のすべり、主として雨水の堤体への浸透による堤防裏のり(法)面のすべり、乾燥した気候下で生じる乾天亀裂の発生、軟弱地盤上で堤防の盛り土の施工中、あるいは完成後すぐに堤防が沈下・消失と

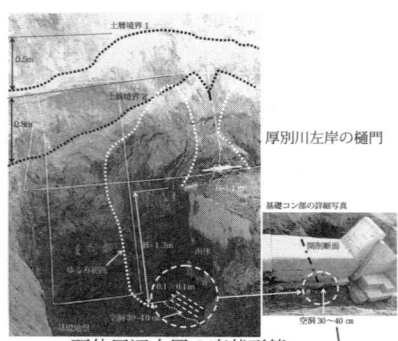

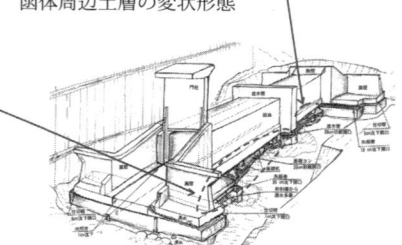

図-3.14 開削調査による堤防横断構造物周りの変形と空洞（緩み）の調査結果[9]

いった堤防の損傷がある。

堤防決壊の原因について、第2章に示した昭和22(1947)年から昭和44(1969)年までの実態調査を行った土木研究所では、当時は上記の(4)の原因による堤防決壊がなかったことから、

① 越水
② 洗掘
③ 漏水・のりすべり
④ その他

に分類して原因を示している。

3.1.2 堤防決壊の実態（発生の頻度、割合）

堤防決壊の実態（発生の頻度、割合）は、第2章に示した利根川水系の実績[3]

や全国調査の結果からみて、最も多いのが(堤防決壊の大半が)越水による堤防決壊である。

そして、堤防洗掘によるものが次いで多かった。しかし、上に述べたように、洪水で低水路の河岸や堤防そのものが洗掘により損傷を受けると、その災害復旧工事で護岸や水制などの堤防の洗掘による決壊を防ぐ、あるいは損傷を防ぐための対策が講じられるようになってから、洗掘による堤防決壊は、大幅に減少している。

堤防一般部での堤防決壊は、国土交通省の直轄管理区間でみても数は少ない。

堤防横断構造物である樋管・樋門周りでの堤防決壊は、昭和56(1981)年の小貝川での堤防決壊以降、顕在化した問題であるといえる。

また、洪水の規模と堤防決壊の関係についてみると、第2章の利根川の過去80年間の堤防決壊を示した**図-2.2**、昭和22(1947)年洪水のように、河川の流下能力を大きく上回る洪水では、上流区間での堤防決壊が決壊し、その氾濫によって中流や下流の洪水流量が減じ、堤防は決壊していないことも知られる。

堤防決壊の実態について、瀬川は、北海道の石狩川水系で連続堤防システムが整備された以降の近年の規模の大きな水害、昭和50(1975)年洪水と昭和56(1981)年洪水での堤防決壊事例を詳しく調査し、下記のような実態を明らかにしている(**表-3.1**)[3),9)]。

① 越水(1975年洪水4件、1981年洪水10件)
② 堤防一般部の浸透(1975年洪水0件、1981年洪水1件＜基盤の浸透・漏水＞)
③ 堤防横断構造物(樋管・樋門)周りの浸透・漏水(1975年洪水2件。ただし、決壊地点では越水が生じていたので、越水による決壊でもある。1981年1件)

この調査でも、堤防越水による決壊が14件、堤防一般部の浸透による決壊(基盤漏水とのり(法)すべりと推定されている)1件、堤防横断構造物周りでの決壊3件(ただし、そのうちの2件は越水が同時に発生。洪水位は堤防天端にほぼ達したが、越水はしなかった決壊は島松川右岸で発生)となって

表-3.1 石狩川水系における昭和50(1975)年洪水、昭和56(1981)年洪水による堤防決壊[9]

番号	決壊箇所名	決壊原因	計画高水位(m)	最高洪水位(m)	現況築堤高(m)	越水深(m)	決壊日時	決壊延長(m)	浸水面積(ha)	滞水時間	治水地形
1975-1	石狩川豊廣築堤	越水	11.03	10.35	9.86	0.49	8/24/19:30	75	645	79	自然堤防
1975-2	第2幹線上流右岸築堤	越水樋門漏水	13.44	13.44	13.14	0.3	8/24/18:30	100	4065	92	旧湿地
1975-3	産化美唄川左岸築堤	越水樋門漏水	18.34	18.34	18.04	0.3	8/24	100	1670	66	旧湿地
1975-4	石狩川左岸大曲左岸築堤	越水	17.7	17.24	16.89	0.35	8/24/14:00	80	4065	89	旧河道
1975-5	石狩川左岸大曲左岸築堤	越水	18	17.38	17.1	0.28	8/24/14:00	100	4065	89	旧河道
1975-6	黄臼内川左岸築堤	越水	19.63	19.43	19.13	0.3	8/24/12:00	40	80	不明	旧河道
1981-1	真勲別川築堤	越水	1.85	3.18	2.96	0.22	8/6/0:00ごろ	41	193	90	旧湿地
1981-2	真勲別川築堤	越水	1.85	3.18	2.95	0.23	8/6/0:15	35	193	90	旧河道
1981-3	島松川左岸築堤	樋門漏水	9.53	9.53	10.53	-1	8/6/0:00	60	304	444	旧河道
1981-4	漁川左岸築堤	地盤漏水	10.8	10.55	11.8	-1.25	8/23/21:15	60	1084	30	旧湿地
1981-5	瞼淵川左岸築堤	越水	10.11	10.75	10.65	0.1	8/5/14:25	70	387	125	旧河道
1981-6	幌向川右岸築堤	越水	9.98	11.1	10.9	0.2	8/6/2:35	70	1143	78	旧湿地
1981-7	幌向川右岸築堤	越水	9.98	11.1	10.9	0.2	8/6/2:35	180	1143	78	旧湿地
1981-8	石狩川右岸下新篠津築堤	越水	9.96	10.9	10.66	0.24	8/6/2:30	150	738	68	旧湿地
1981-9	石狩川右岸下新篠津築堤	越水	9.96	10.9	10.66	0.24	8/6/2:30	220	738	68	旧湿地
1981-10	産化美唄川左岸築堤	越水	18.34	18.5	18.35	0.15	8/6/5:00	300	846	96	旧湿地
1981-11	奈井江川右岸築堤	越水	19.79	20.28	20.04	0.24	8/6/1:30	120	65	73	旧河道
1981-12	大鳳川左岸築堤	越水	38.79	39.42	39.1	0.32	8/5/17:00	50	279	36	旧湿地

注：1975-2,4,5 および 1981-1,2、1981-6,7、1981-8,9 は同一氾濫地区である。

おり、この調査でも堤防越水による決壊が最も多い。そして、特徴的なこととして、堤防横断構造物周りでの堤防決壊が3件も発生していることである。堤防一般部での浸透による決壊は1件のみである。

石狩川水系は泥炭性の軟弱地盤であり、堤防の沈下が大きく、支持杭で支えられた堤防横断構造物の樋管・樋門では、その抜け上がりや空洞が発生しやすい。昭和50年以降、この問題が顕在化したといえる。

以上みたように、堤防決壊の原因としては、どの時代をとっても越水によるものが大半であり、近年、すなわち昭和50年代以降になって、支持杭で支えられた堤防横断構造物である樋管・樋門周りでの堤防決壊が発生していることが知られる（上述の北海道の調査で3件、小貝川で2件）。堤防一般部での浸透によるものは、上述の戦後の建設省（現・国土交通省）直轄区間でその期間内（約65年間）に3件、近年の北海道の上記調査で1件（堤防基盤からの浸透）であり、数は少ないことが知られる。

なお、参考としての情報であるが、筆者が開催した国際堤防シンポジウム（2008年）で、日本と同様に国土の多くを堤防で守っているハンガリーのナジー氏（元ハンガリー水管理局、現ブダペスト工科大学）は、ハンガリーでの堤防決壊の原因として、越水68.2％、堤防基盤崩壊7.8％、故意の切断7.6％、波による浸食0.6％、構造物周り4.6％、堤防安定上の問題6.3％、理由不明3.4％であることを示している。ハンガリーでも、堤防越水による決壊が大半であることが知られる。

3.2　堤防決壊への対応

堤防の決壊についての4つの原因を述べた。その対策を考える場合には、以下のことに注意する必要がある。

3.2.1　対策を検討し、示す場合の問題点

それは、土質工学的な文献などでは、対策について問題のある記述があるからである。その問題とは、以下のようなものである。

(1) 投資制約や現実の必要性、対策の効率性を考慮しない（時間管理概念の欠如した）対策を記述する問題

　これは、よく土質工学的な堤防補強でみられる問題である。それは、既に述べたように、外力（洪水水位の継続時間。ハイドログラフ）の特性を考慮せず、欧米の堤防設計を日本にも導入しようとするものである。そこでは、欧米の河川に多くある運河兼用の河川堤防（この場合にはほぼ船舶の航行条件を維持するためにほぼ1年中高水位が継続する）などにみられるような、例えば極端なものでは堤防の中央部に浸透を防止するために難透水性のセンターコアを入れるような堤防補強などまで示されることがある。

　また、堤防一般部での堤防決壊の実例は、その数は極めて限られており、特殊な堤防条件や堤防周辺、堤防基盤の条件によるものであるので、そのような問題個所のみについて浸透に対する堤防補強を行えばよいのに、あたかも全区間あるいは一連区間を補強する対策を示すことである。

　浸透対策は、基本は堤防内に雨水や洪水の水を入れないことだが、その対策を過度に一般化すると問題である。本来、浸透補強は、治水投資の優先度を考慮して、必要最小限の対策が考えられるべきである。

　土質工学的な文献などに示される対策については、このような面で検討が欠落し、場合によっては外力などの認識に問題がある（つまり堤防システムは日本の短期集中洪水を対象に整備されてきているのに、浸透のみについて長期間継続する外力を設定するのは相対的に過大である）ので、注意を要する。

　つまり、河川整備や補強の時間管理概念（いつまでにその補強対策が実施されるか、実現するかという管理概念）が全く欠如している。第2章に示したように、堤防の計画断面の確保すら約50％しか行われていない状態で、過度の浸透対策を一連の区間や全区間での実施することは、論外であるといえる。

　なお、これと同様に、堤防の越水対策として耐越水堤防、越水に対策補強対策について議論する場合にも、同様の誤りがある場合がある。越水は堤防システムのある区間、ある箇所で生じるので、その場所での対策を考えればよいのであって、全区間の堤防についてそのような対策をすることは、時間管理概念の欠如したものであるといえる。

3.2 堤防決壊への対応

(2) 実際の洪水時の状況を考慮しない対策という問題

洪水時の堤防決壊の危険性は、洪水時の水位と計画高水位、堤防天端の高さとの関係が重要な指標となる。現実の河川では、それらの関係は、第2章の**写真-2.1**および**図-2.4**に昭和57(1982)年当時の利根川について、また**図-2.5**に昭和61(1986)年当時の小貝川について示した。

昭和57(1982)当時の利根川についてみると、第2章の**図-2.4**に示したように、上流区間には計画高水位や堤防天端までに余裕があるが、中流区域にはその余裕が小さいことがわかる。さらに流量規模を大きくすると、第2章の**図-2.14**に示すように、取手付近で堤防天端を越える洪水となることが知られる。この付近の左岸側の小貝川合流点付近の下流側は、小貝川の流路を下流側に付け替える計画があったことなどから、当時は堤防の余裕高がその上下流側より低くなっていた(その後、この解析結果をもとに、余裕高を上下流と同程度にするように盛り土された)。

昭和61(1986)年の水害当時の小貝川についてみると、第2章の**図-2.5**に示すように、実際に生じた洪水の規模は当時の河道の流下能力をはるかに上回り、上流区間では計画高水位をほぼ全域で上回り、堤防天端の低かった約40km地点(当時の明野市赤浜)では堤防越水が発生し、決壊した。さらにその下流の約25km地点(当時の石下町豊田)では、堤防越水は生じなかったが、計画高水位をはるかに超える洪水位で、豊田樋管周りで堤防決壊が生じている(本章**写真-3.12**、**3.13**参照)。

すなわち、洪水時の水位と計画高水位、堤防天端の高さとの関係は地区によって異なり、一様ではない(図面的にいうとそれらは平行したものではない)。計画高水位に近い高さまで水位が上昇する区間もあるし、余裕のある区間もある。洪水の規模を大きくすると、余裕のない区間で堤防を越える。

このような洪水の水位との関係で、越水による決壊の危険性が高い場所がわかる。水位が高いことは堤防一般部での浸透による決壊や堤防横断構造物周りでの堤防決壊の危険性も高い。

このような洪水位との関係で、どの区間での堤防補強が必要か、あるいは上下流や左右岸での被害ポテンシャルなどの状況からどの区間を補強することなく放置するかなどの検討が必要である。そして対策についても、どのよ

うな対策が財政制約(投資の可能性)のもとで必要かつ効率的かについての検討が必要である。

3.1.1で言及したように、例えば堤防越水による決壊に関して、ある箇所で高さの低い越水堤防を設けて氾濫を特定すると、その周辺の堤防越水の危険性は緩和される。木曽川水系揖斐川の二次支川、すなわち支川杭瀬川の支川大谷川左岸に、現在もそのような対策が講じられている場所がある。大谷川右岸側には、「洗堰」と称される堤防を低くした越水堤防がある(**写真-3.15**)[12]。この地域は、江戸時代は大垣のまちを守る遊水地であったが、その後明治時代にいくつかの輪中堤防が設けられている。その大谷川右岸側の遊水地域には、第二次世界大戦後に食糧増産のため、土地改良事業(昭和29(1954)～30(1955)年)が行われ、堤防が築造された。築堤は従来の遊水地を締め切ることとなるため、大谷川の水位の上昇を抑えるために**写真-3.15**のように一段低い高さの洗堰(延長110m、越水部の標高7.20m)を設置している。水害の頻発や氾濫原内の荒崎地区などの土地利用の変化(氾濫原の開発)から、昭和55(1980)年に洗堰の越水部の高さは60cm嵩上げされている。その後、平成14(2002)年にも水害が発生し、被害を受けた住民は水害訴訟を提起している(高裁で控訴審中。一審は県＜国＞側勝訴)。類似する歴史を経てきた小貝川左岸側の明野地区(万葉の時代から鳥羽の淡海と呼ばれてきた地区)でも、上述のように堤防の一部が低いままであったことから、昭和61(1986)年に堤防が決壊し、結果として周辺や下流の洪水位の上昇を緩和し

写真-3.15 堤防を低くした洗堰(木曽川水系揖斐川支流杭瀬川の支流大谷川右岸。左：川の中側からの眺め、右：川の外側、氾濫原側からの眺めで、越水による堤防のり尻の洗掘を防ぐウォーター・クッション＜池＞が見える)

ている。

(3) 問題個所の対策を一般化してしまう問題

　この問題については、既に述べたように、ある箇所での対策を、危険な場所を特定せず、一般化して一連の区間で、あるいは全川的に講じるとすることは、投資制約やその完成までの期間(あるいはそもそも完成することが期待できない場合もある)という時間管理概念の欠如した議論となり、問題である。危険な場所を特定しない一般化は、現実の河川管理(河川管理上の課題を解消あるいは軽減するための河川整備を含む広い意味での管理)を認識しない議論となる。

(4) すべての原因に対応するとした高規格堤防(スーパー堤防)の整備にみる過大の問題、時間管理概念の欠如の問題

　高規格堤防(スーパー堤防)は、上記の4つの原因でも、さらには地震でも決壊しないものとするため、その断面を極端に広げ、ゆるい勾配とした土の堤防である。堤防の上は都市や家屋、公園緑地などの土地利用が許容されている。

　この堤防は、治水概念上は究極の堤防である。しかし、それは投資の可能性と制約を考慮しない、全く時間管理概念を欠いたものとなっている。すなわち利根川を例としてみると、高規格堤防は重要区間すべてに整備するとしており、その整備が進められてきた。しかし、これまでの投資が将来にわたって継続できるとしても(そもそも少子・高齢社会の投資制約下ではそのようなことは不可能といえるが)、完成までに約400年から約1000年かかる[5]。

　すなわち、この高規格堤防の問題は、上記(1)〜(3)のすべての問題を含んだものである。概念のみの究極の堤防は、現実の時間管理概念のもとでは、全く見通しを欠いたものであるといえる。

　なお、筆者は利根川の東京氾濫原側において高規格堤防の整備を念頭に、この堤防の制度化にも取り組んできた。しかし、現在のような箇所を特定しない整備、さらには計画高水位ではなく堤防天端の高さにまで盛り土をするといった整備は問題であると考え、指摘してきた。高規格堤防の整備は、箇

所を特定して整備すること、そして、少なくとも堤防の盛り土の高さは、その高規格堤防整備箇所以外の河川区間では通常堤防の整備が計画高水位の高さを基本として整備されてきていることから、計画高水位とすべきである。また、現在のように堤防天端まで盛り土をすると、その地点には効果があるが、周辺上下流への効果は期待できない。したがって、全区間での堤防整備が必要となるが、その整備には上述のような期間が必要となり、現実的ではない。高規格堤防は、その地点での整備でその地点の絶対的な安全が確保されるだけではなく、その地点での整備が少なくともその上下流にも効果を及ぼすように整備すべきである。初期の高規格堤防(淀川の出口地区や利根川の栄地区)の高規格堤防の盛り土の高さは計画高水位である。この高規格堤防整備のあり方については、拙編著『河川堤防学』[3]を参照されたい。

3.2.2　4つの堤防決壊原因に対する対策の要点

　以上のことを前提に、ここでは4つの堤防決壊の原因に対応する対策を述べておきたい。

　対策は、日本の降雨、洪水を対象として整備され、管理されてきた河川堤防システムの現況をベースに検討し、一定の期間内にその対策が実現できること、すなわち時間管理の概念をもって実施されるべきものである。現実を踏まえた時間管理の概念がない対策の計画が議論されることが多くみられるが、それは現行の河川整備を含む河川管理、土質工学的な堤防補強論などにみられるもので、架空の議論であり、現実の対応としては適切でない。

　この点に配慮して、以下に原因別の対策について、その要点について簡潔に述べる。

（1）越水による堤防決壊への対策
　まず、堤防を越える箇所がどこかを特定することが重要である。その場所を放置することは適切かどうかを検討する。放置できない場合は、例えば
　　ⅰ）河道の水位を河道掘削などで変更できないか。その対応は経済的に妥当か。
　　ⅱ）河道の水位を変更できない場合は、余裕高や堤防の高さの変更を検討

する。

iii） そのような検討を経て、堤防越水が発生する場所が特定されると、遊水地の越水堤防や拙編著『河川堤防学』[3]に示した木曽川水系に現在もある越水堤防のような堤防を設けることを検討する。

iv） あるいは、越水に対して絶対的な安全は期待できないが、堤防裏のり尻（人の住む側ののり尻）に洗掘防止の施設（シートや石詰めるマットなど）を設けて補強する。また、堤防天端をしっかりした不透水性の舗装をすることで、補強する。

といった対策が考えられる。

　土質工学的な堤防に関する書物やこれまでの河川工学の書物では、上記iv）のみについて議論しているのが普通であるが、対策は上に例示したように多面的に検討する必要がある。

　なお、越水が生じる堤防箇所や区間が特定された場合、氾濫原の被害ポテンシャルや歴史的経過を踏まえて放置することも、被害の視点や危機管理の視点からは検討に値する場合がある。そのことを考えるうえで参考となる具体的な事例を示しておきたい。昭和22（1947）年の利根川の東京氾濫原側での決壊（当時の埼玉県東村での決壊）は、当時の河川の能力をはるかに上回る洪水で、決壊地点のすぐ下流の鉄道橋梁に草と流木が引っかかって河道を閉塞させて水位が堰上がったこともあるが、左右岸の堤防の高さがあきらかに違っており、結果として起こるべき箇所で堤防が決壊したという、最悪の事例となった。被害ポテンシャルを考慮すると、このような左右岸の堤防を高さが違うままで放置すべきではなかったといえる[3]。一方、昭和61（1986）年の小貝川の左岸側での決壊（明野町赤浜）は、当該箇所の堤防の高さが道路橋梁の取り付け部で低かったことで、その場所で必然的に決壊した。この地区では歴史的な経過から、左岸側の堤防は右岸側よりも低くするということがかつて行われていた。すなわち、万葉集にも詠まれたこの地区は、かつては鳥羽の淡海（騰波ノ江ともいう）と呼ばれた地域で、下流側で鬼怒川が小貝川に合流し、そこがせき止められて上流に淡海（あわうみ）が形成されていた。そして、その開発は右岸側から行われ、右岸側には堤防が設けられたが、左岸側は無堤の時代があった。その後左岸側で水田整備が行われて水

害を軽減するための堤防が設けられるが、その堤防は右岸側よりも低くするということが行われていた[7],[8]。そのような経過もあって、左岸側は堤防決壊当時も水田地域であり、被害ポテンシャルは相対的に低いとみられていた。その左岸側での決壊であった。この例は、堤防の高さが違うまま放置していたものであり、堤防決壊を肯定するものではないが、結果として、歴史的経過や被害ポテンシャルという面で、また小貝川の遊水機能をもっていた地域での氾濫であるといったことから、最悪の結果ではないともいえる。

（2）洗掘による堤防決壊への対策

この対策は、「河川管理施設等構造令」[9]にも示されるように、堤防はその前面の高水敷や低水路の河岸の護岸（低水護岸）、水制と一体となって堤防の安全性を確保することが基本である。例えば、堤防前面に十分な高水敷がある場合とない場合では、堤防の洗掘に対する安全性は大きく異なる。堤防前面に高水敷がない場合は、堤防前面に護岸や床止め、さらには流勢を抑えるための水制を設けるなどの対策を講じることとなる[10]。

洗掘に対する対応は、実際に発生した洪水での堤防決壊には至らなかった被災実態を観察し、対策を実施すべきかどうか、実施する場合はどのような対策とするかを検討し、できるだけ災害復旧工事で対応するといった、実際の現象を踏まえつつ順応的に対応することが望ましい。

近年は、そのような災害復旧での護岸などの整備により、洗掘による堤防決壊は大幅に減少しているようにみえる。

ただし、昭和49（1974）年の多摩川の宿河原堰周りで起きた堤防決壊のような構造物周りでの洗掘による堤防決壊の危険性は、その危険性を高める河床低下がほぼすべて大河川で起きており、今後もその傾向は回復することはないことから、注意を要する。すなわち、河床の低下は堰や床止めなどの周辺の洗掘力を増大させ、年々その作用力が増加するからである。洪水でそのような構造物周りの取り付け護岸などが被災した場合は、河床低下の進行とともに作用力が年々増加していることから、原型復旧ではなく、増加する作用力に対応できる改良復旧が必要である。

堤防の洗掘に対する対応の考え方、理論と具体的な方法、護岸などの力学

河川の横断形状	浸食による堤防の安全確保の基本的な考え方
一洪水で削り取られる幅より高水敷幅が広い場合	浸食に対する堤防の安全を確保するうえで、通常は護岸・水制などの河岸防御を行う必要はない。 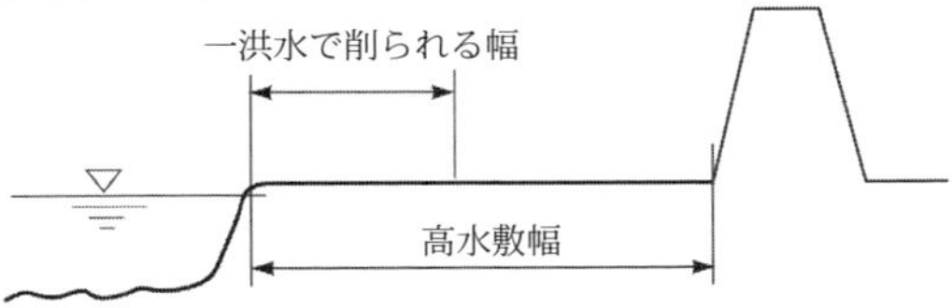
一洪水で削り取られる幅より高水敷幅が狭い場合	浸食に対する堤防の安全を確保するために、護岸・水制などの河岸防御が必要となる。 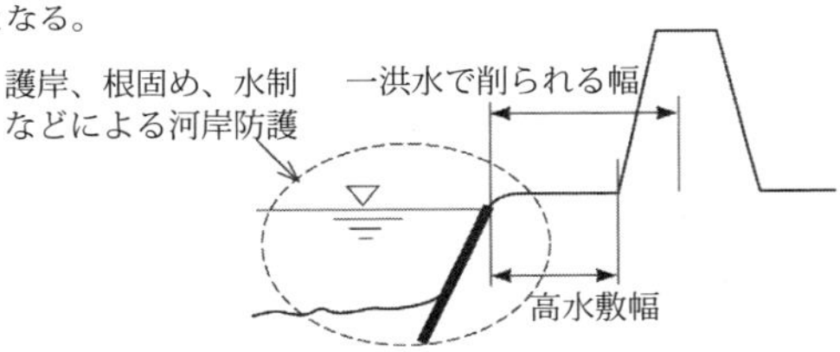

図-3.15 洗掘による河岸、堤防防御の考え方[3]

設計法について、拙編著『河川堤防学』[3]に詳しく示したが、その要点のみを示すと以下のようである。すなわち、堤防の前面に広い高水敷があり、1つの大洪水で浸食される幅以上の幅があれば、通常は護岸や水制(河岸から川の中方向に突き出して設けられる施設で、洪水流を川の中心部に押し出す機能をもつ)などの河岸を防御する対策は必要がないことを、その反対に幅がそれ以下であれば河岸を防御するための対策が必要であることを示している(図-3.15)。

(3) 堤防一般部での浸透決壊に対する対策

この原因による堤防決壊の実例は多くはなく、限られたものである。その対策は、土質工学的な書物に多く示されているが、それをみるうえでの注意は上記3.2.1に示したとおりである。

再度要点を確認すると、堤防システム自体が日本の短期集中型の洪水に対して整備されている現状を考慮すべきである。その現状に対して、例えば洪水の継続時間の長い外力(洪水ハイドロ)に対する堤防とすること、さらには

欧米の大河川は運河兼用の河川が大半で、多数の堰（水閘門）が設けられ、堰上流区間ではほぼ1年中高い水位が航行のために維持されているが、そのような箇所の、例えば浸透と漏水を防止するために難透水性のセンターコアを設けた堤防などを日本に適用するとする議論は問題が多い。

このことを具体的にみるために、以下にその基本的な資料を示す。

(a) 河川の特徴と洪水のハイドログラフ

欧米などの河川の勾配と流路延長を**図-3.16～3.18**に、そしてそれにほぼ対応する洪水ハイドグラフを**図-3.19～3.23**に例示した。

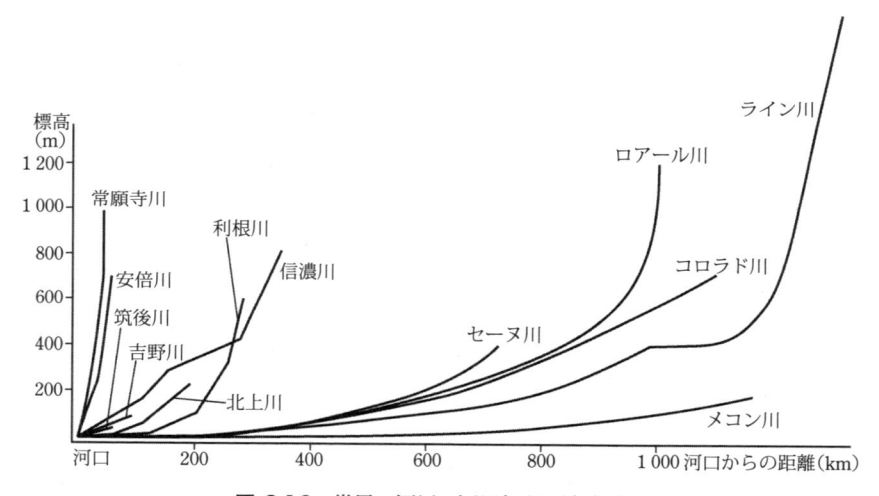

図-3.16 世界の河川の河川勾配と流路延長

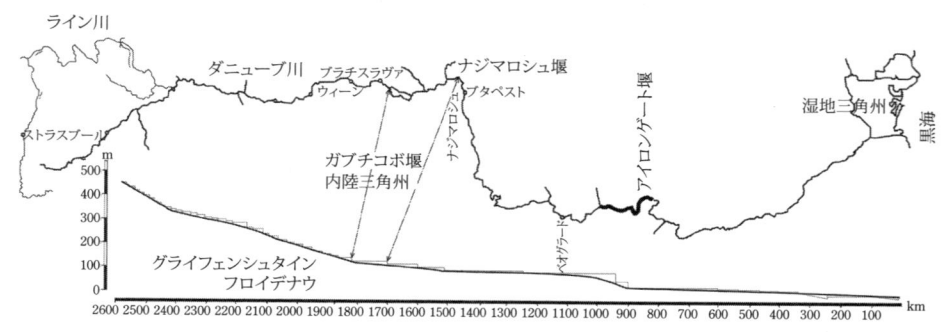

図-3.17 ドナウ（ダニューブ）川の河川勾配と流路延長（参考文献10）より、一部改変

3.2 堤防決壊への対応

上流：宜昌より上流	中流：宜昌－湖口	下流：湖口より下流
長さ4 500km	長さ960km	長さ840km
流域面積100万km²	流域面積68万km²	流域面積12万km²

山地河川であり、河床勾配が急で、比較的、洪水氾濫が少ない。

平野河川であり、河床勾配が緩やかで、洪水氾濫が起こりやすく、洪水防御の重点地域である。

図-3.18　中国・長江の河川勾配と流路延長

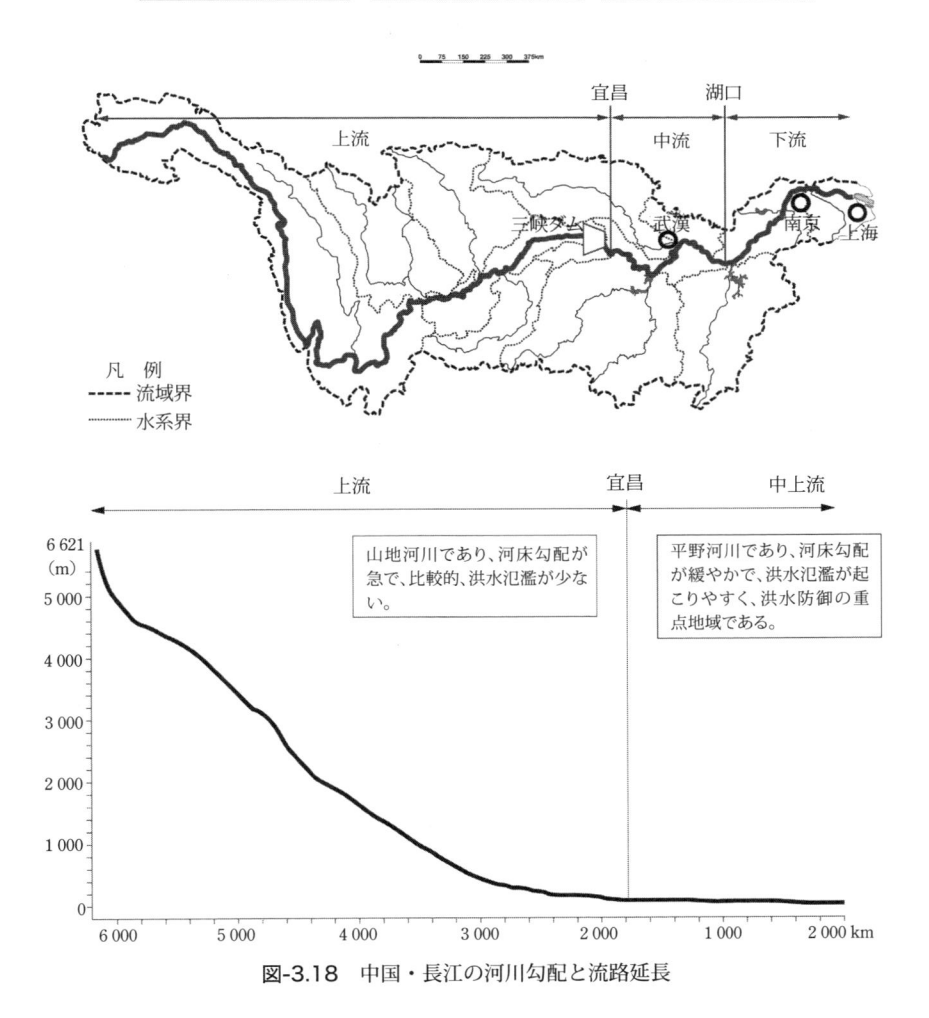

図-3.16〜3.18でみるように、日本の河川では流路延長は最大でも約300km程度であるが、欧米の大河川は1000kmを超えて、長江などでは6000kmにも及び、河川勾配は日本の河川に比較するとはるかに緩い。日本の河川は、流路延長が短く、河川勾配が急であり、台風や低気圧での集中した降雨で発生するという気象条件もあり、したがって洪水流出も短時間であることが示唆される。

図-3.19〜3.23にみるように、日本の洪水ハイドログラフは、洪水の主要な部分は2〜3日のうちに流出していること、特に長雨、長洪水であったことで知られる昭和51(1976)年の長良川の洪水でも、警戒水位を超えていたのは約4日間であったことがわかる。一方、欧米の河川では、河川の規模にもよるが、主要な洪水は10日以上、長いと100日程度にも及ぶことが知られる。

欧米では、上述のようにほとんどの大河川は運河兼用の河川となっている。そして、例えば第15章で詳述するように、ダニューブ(ドナウ)川のガブチコボ堰(水閘門)の上流の河川堤防(運河兼用)[11]では、航行条件を改善するために高い一定の水位ほぼ1年中継続するハイドログラフになる。そのような河川堤防で講じられている浸透対策を、洪水の特性を考慮せず、日本の河川

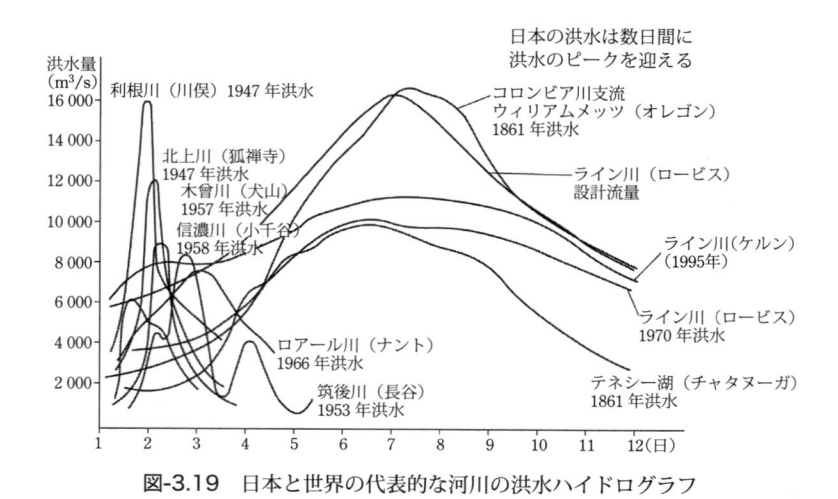

図-3.19 日本と世界の代表的な河川の洪水ハイドログラフ

堤防に適応しようとすることは、過大な対策となる。

(b) 洪水ハイドログラフと堤防の厚さ(形状)、歴史的な築造の経過

洪水ハイドログラフに示されるように洪水の継続時間が長い場合には、堤防断面は厚くなるのが普通である。堤防の厚さを規定する要素は、堤防天端幅と余裕高、およびのり(法)勾配である。各国の堤防についてのその関係を第2章の**表-2.1**に示したが、日本では最低基準として1：2(縦に1、横に2の勾配)であるが、オランダやハンガリー、中国・長江では1：3と緩くなっている。ただし、日本では高い堤防(規模の大きな堤防)の斜面の途中に小段と呼ばれる平場を設けてきたことから、それを含めた実質的な斜面の勾配は1：2.7程度となっており(第14章参照)、1：3に近いものである。

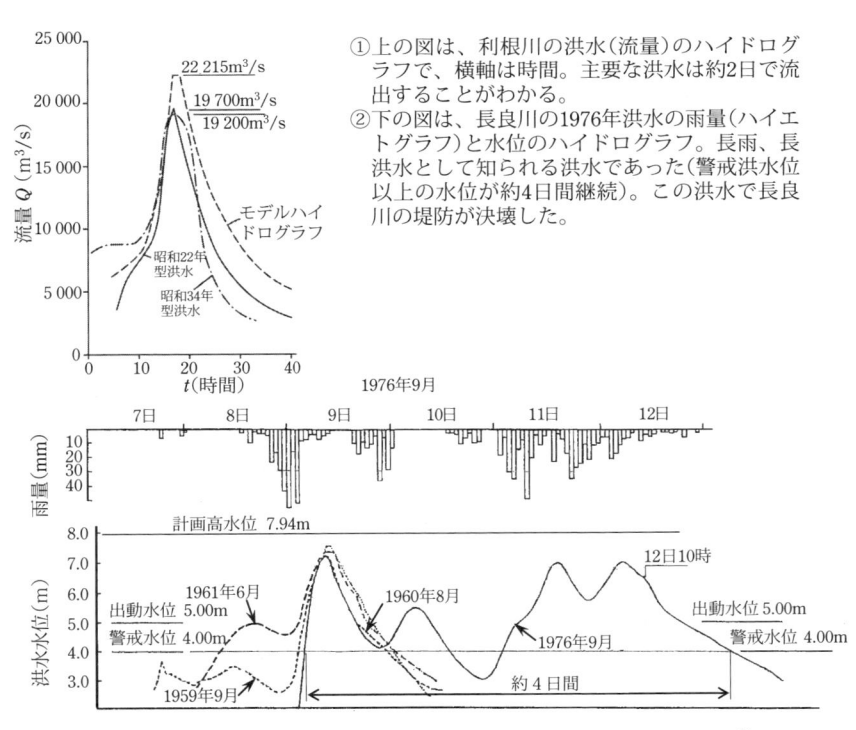

① 上の図は、利根川の洪水(流量)のハイドログラフで、横軸は時間。主要な洪水は約2日で流出することがわかる。
② 下の図は、長良川の1976年洪水の雨量(ハイエトグラフ)と水位のハイドログラフ。長雨、長洪水として知られる洪水であった(警戒洪水位以上の水位が約4日間継続)。この洪水で長良川の堤防が決壊した。

図-3.20 利根川の主要洪水と長良川(昭和51(1976)年堤防決壊時)[3]の洪水ハイドログラフ

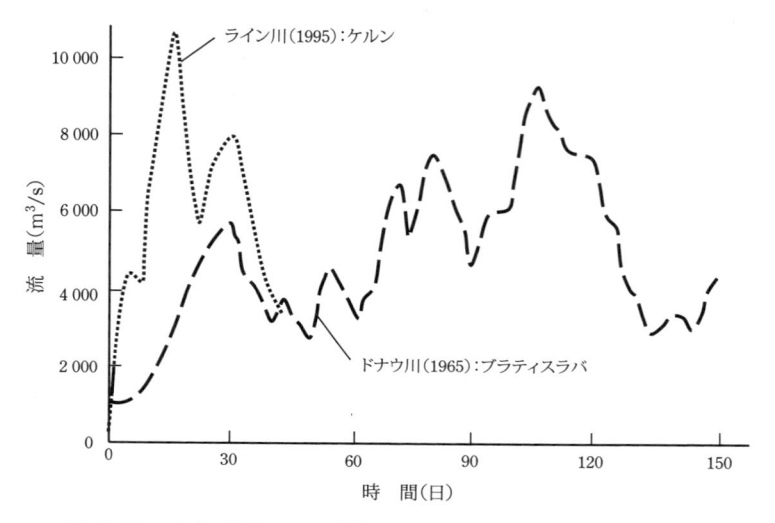

図-3.21　ライン川とドナウ（ダニューブ）川の洪水ハイドログラフ[3]

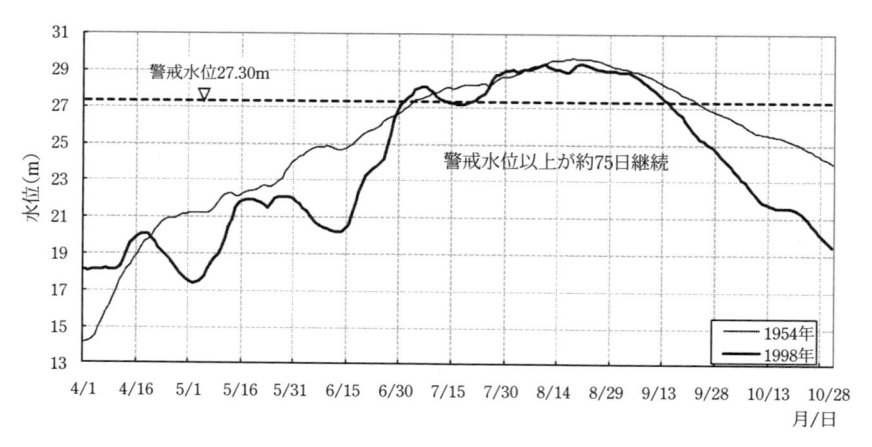

図-3.22　中国・長江の洪水ハイドログラフ

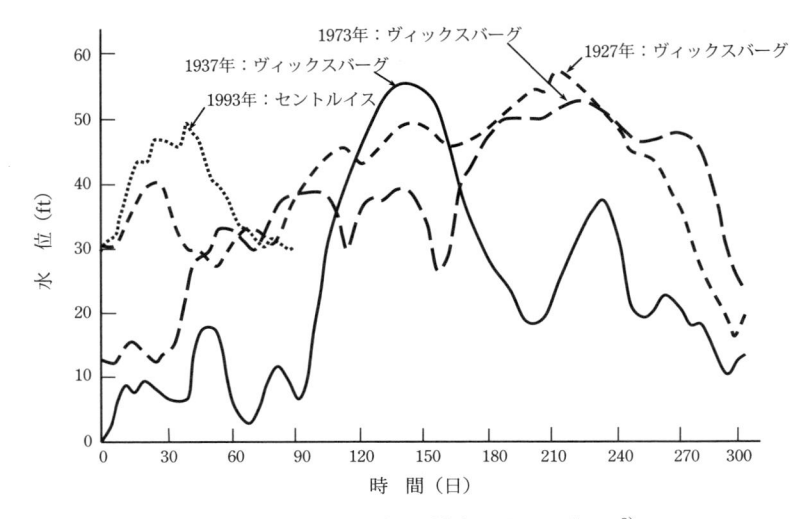

図-3.23　ミシシッピ川の洪水ハイドログラフ[3)]

　利根川の堤防断面の変遷を図-3.24～3.26に、同様に淀川の堤防の変遷を図-3.27に示した。大洪水を経験しつつ計画規模を引き上げ、その嵩上げと拡幅が逐次行われてきたことがわかる。

　ハンガリーの堤防とその堤防断面の変遷、堤防決壊と水防活動について、図-3.28、3.29および写真-3.16に示した。ハンガリーでは、図-3.28に示すように、ドナウ(ダニューブ)川よりも、支流のティサ川流域により多くの堤防があり、洪水問題もより深刻である。この国でも、大洪水を経験しつつ計画規模を引き上げ、堤防の嵩上げと拡幅が逐次行われてきたことが知られる。写真-3.16には堤防決壊と水防活動について示した。

　オランダの堤防築造と堤防の安全度、堤防の現況、安全度評価に係わる洪水規模と発生確率について、写真-3.17、3.18および図-3.30、3.31に示した。元々輪中堤防で国土をつくってきた国であり、堤防築造とその管理の歴史は、オランダの国の歴史よりも古い。大河川の整備が始まったのは1850～1930年ごろであり、その後、1953年の高潮災害を経て、世界でも最も高い安全度をもつ堤防システムが形成されてきた。しかし、1993年、1995年のライン川の大洪水を経て、その補強や見直しが進められている。

図-3.31には、1993年、1995年の大洪水を経験して議論されている安全度と河川流量の関係の図を示した。限られた過去のデータで発生確率を評価するしかないが、新しいデータが加わると、安全度の評価が変わる可能性があることを示している。

中国・長江の堤防の安全度と堤防の現況、そして堤防変遷と水防活動につ

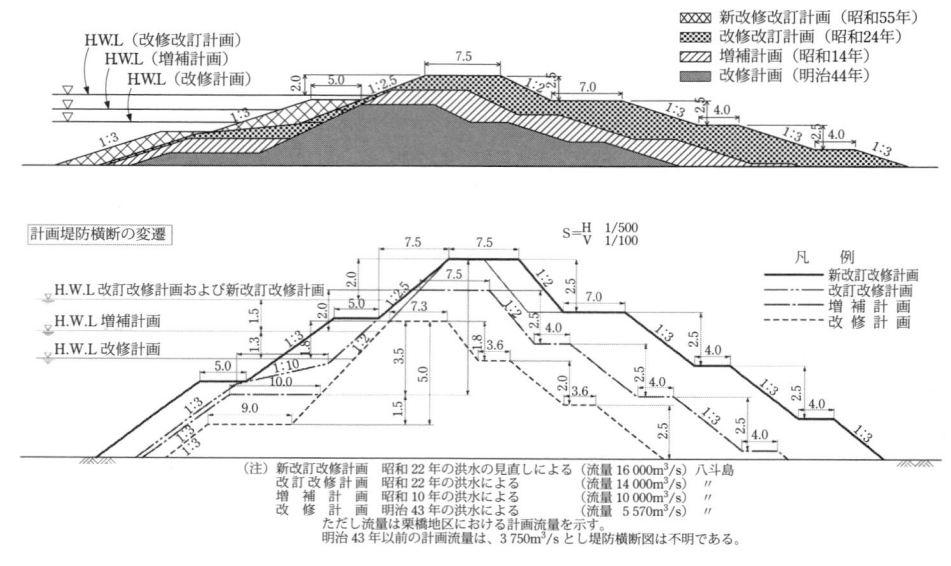

図-3.24(a) 利根川の堤防断面の変遷（利根川上流の計画断面の変化）

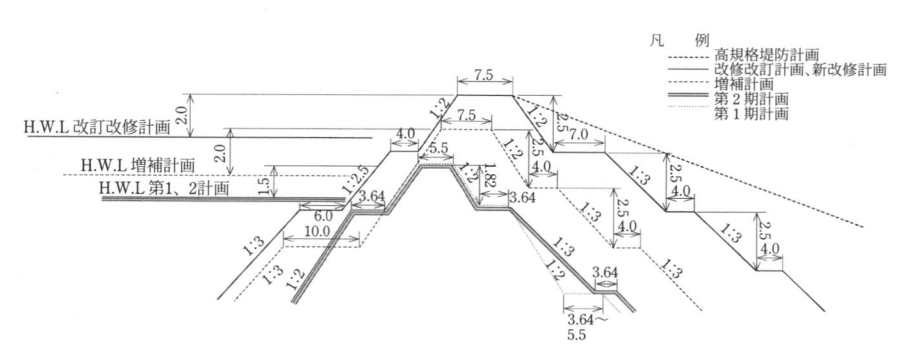

図-3.24(b) 利根川の堤防断面の変遷（利根川下流の計画断面の変化）

いて、**図-3.32〜3.34**、**写真-3.19〜3.21**に示した。

中国・長江では、**図-3.32〜3.34**に示したように、堤防の安全度はそれによって守る氾濫原の資産などの状況に応じて変えている（計画水位は過去の大洪水に対するものであるが、堤防の形状により安全度に差がある）。現状の堤防の安全度のレベルは、**表-3.2**に例示するとおりであり、1級は1/100以上、2級は1/50〜1/100未満、3級は1/30〜1.50未満である。

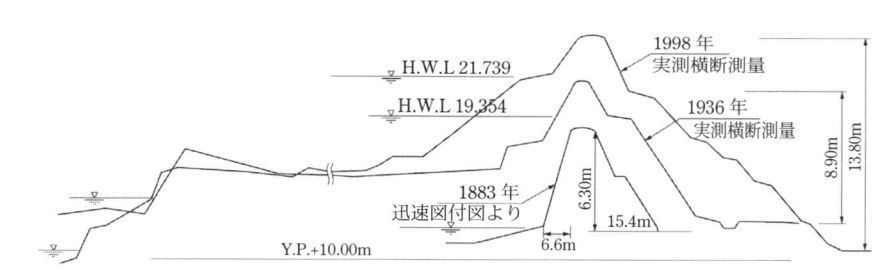

図-3.24(c)　利根川の堤防断面の変遷（利根川133km地点の堤防横断面図）

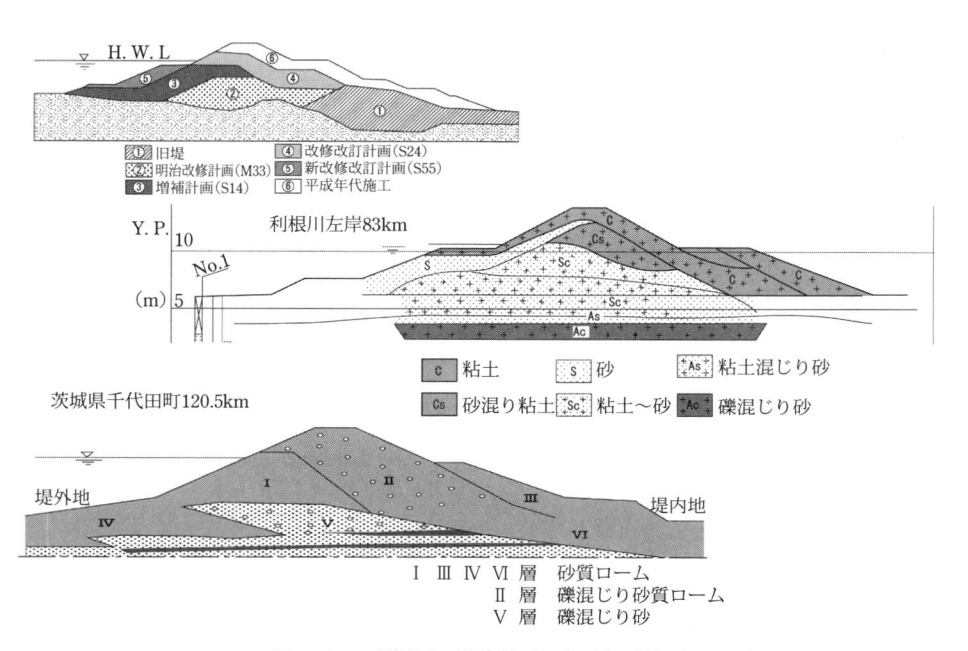

図-3.25　利根川の堤防断面の変遷（開削調査その1）

利根川堤防の例

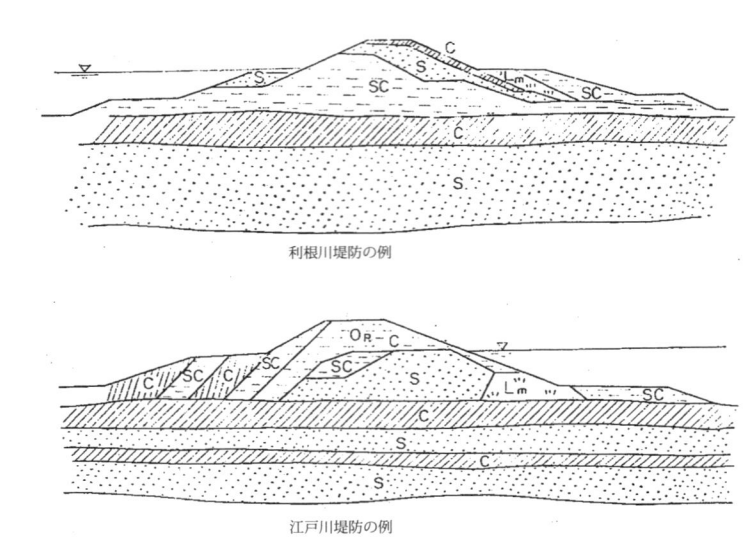

江戸川堤防の例

図-3.26 利根川と江戸川の堤防断面の変遷（開削調査その2）

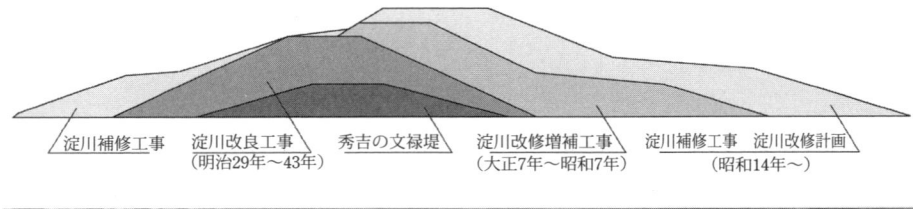

淀川補修工事／淀川改良工事（明治29年〜43年）／秀吉の文禄堤／淀川改修増補工事（大正7年〜昭和7年）／淀川補修工事／淀川改修計画（昭和14年〜）

図-3.27 淀川の堤防断面の変遷（開削調査）

　そして、長江治水の重要地点である荊江の大堤防を含む河道の現況の安全度は、三峡ダムが完成した現在では1／1000程度となっている（**表-3.2**）。
　堤防は土の堤防が原則であるが、重要堤防（1級堤防）である武漢市の堤防では、**写真-3.19**(b)に示すように、コンクリートの直立堤防が設けられて

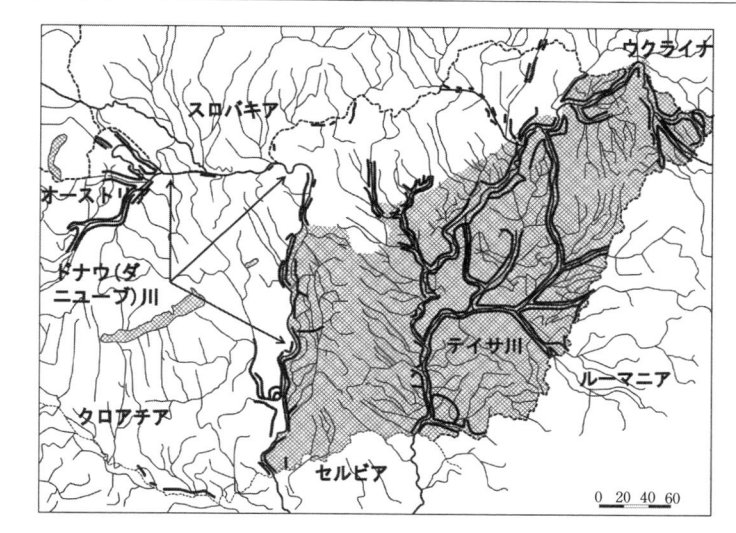

図-3.28 ハンガリーのドナウ（ダニューブ）川とティサ川の堤防（平面図）
（堤防の総延長4 200km。国土の23％にあたる 21 200km² の氾濫原を守っている）

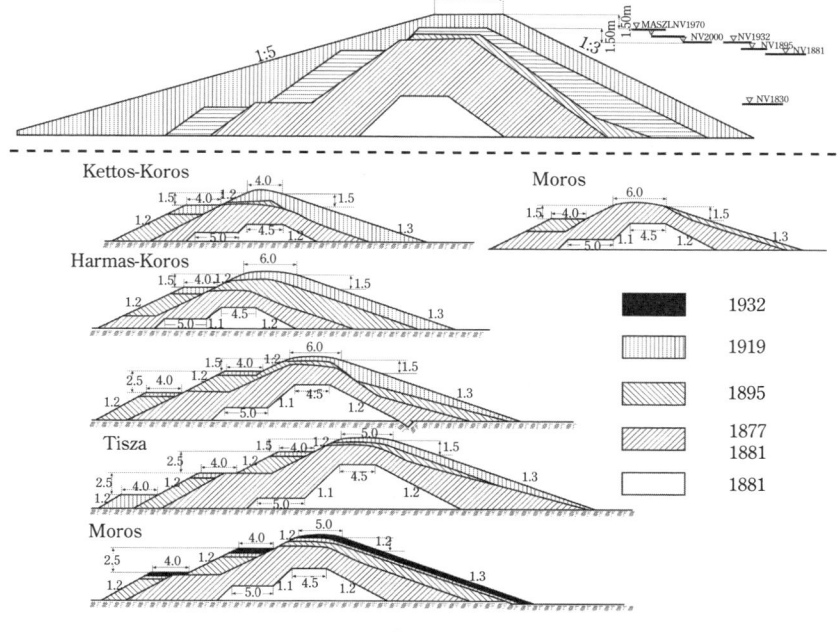

図-3.29 ハンガリーの堤防断面の変遷

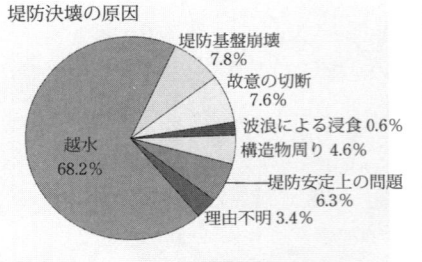

●第3章● 河川堤防システムの破たん（堤防決壊）の原因

写真-3.16　ハンガリーの堤防決壊と水防活動

1850～1930年にかけて河川を固定・制御

1953年の高潮災害が現在の治水計画、堤防整備の基本となっている。

写真-3.17　オランダの堤防築造の歴史

3.2 堤防決壊への対応

写真-3.18 オランダの堤防の現況（1995年洪水時）

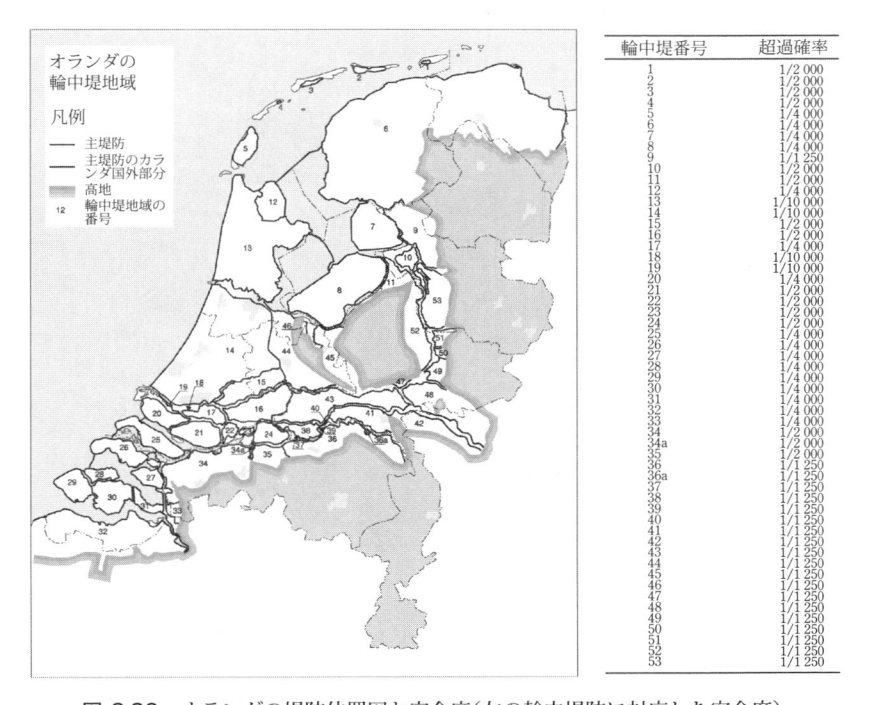

輪中堤番号	超過確率
1	1/2 000
2	1/2 000
3	1/2 000
4	1/2 000
5	1/4 000
6	1/4 000
7	1/4 000
8	1/4 000
9	1/1 250
10	1/2 000
11	1/2 000
12	1/2 000
13	1/10 000
14	1/10 000
15	1/2 000
16	1/2 000
17	1/4 000
18	1/10 000
19	1/10 000
20	1/4 000
21	1/2 000
22	1/2 000
23	1/2 000
24	1/2 000
25	1/4 000
26	1/4 000
27	1/4 000
28	1/4 000
29	1/4 000
30	1/4 000
31	1/4 000
32	1/4 000
33	1/4 000
34	1/2 000
34a	1/2 000
35	1/2 000
36	1/1 250
36a	1/1 250
37	1/1 250
38	1/1 250
39	1/1 250
40	1/1 250
41	1/1 250
42	1/1 250
43	1/1 250
44	1/1 250
45	1/1 250
46	1/1 250
47	1/1 250
48	1/1 250
49	1/1 250
50	1/1 250
51	1/1 250
52	1/1 250
53	1/1 250

図-3.30 オランダの堤防位置図と安全度（左の輪中堤防に対応した安全度）

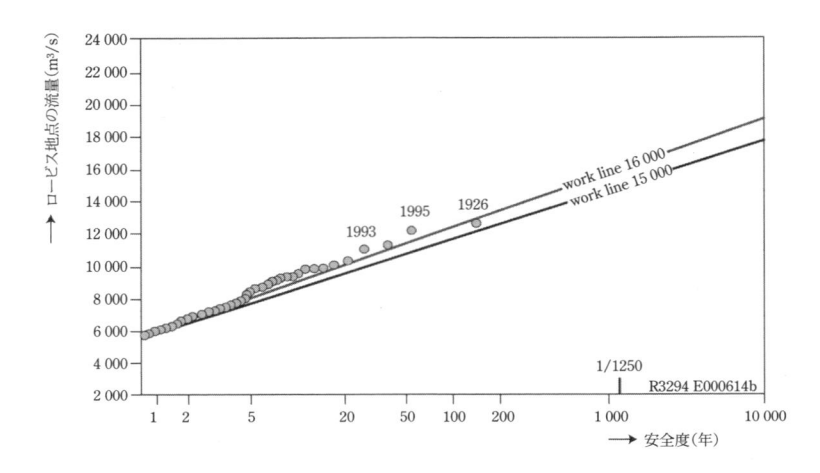

● 第 3 章 ● 河川堤防システムの破たん（堤防決壊）の原因

図-3.31　オランダのライン川洪水の発生確率
　　　　（ロービス地点。1993 年、1995 年洪水前と後）

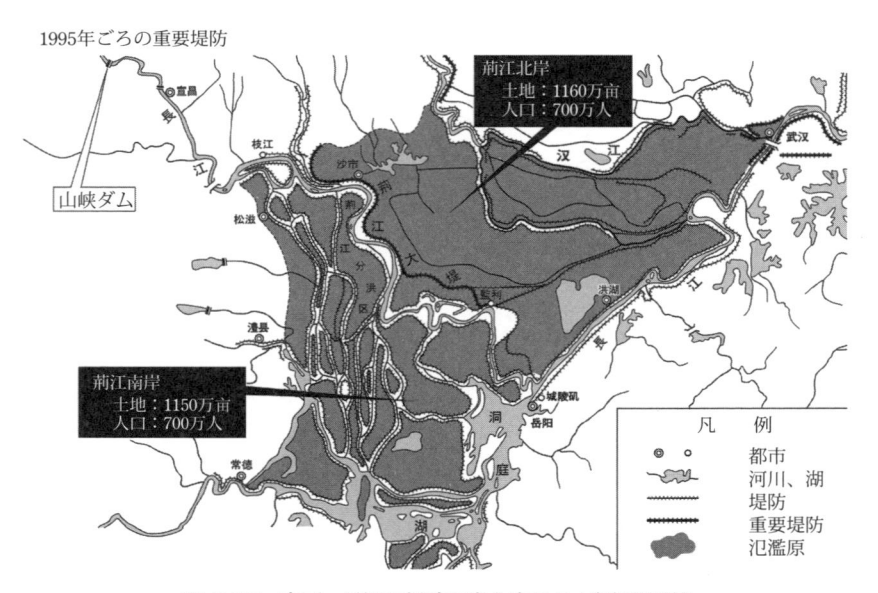

図-3.32　中国・長江の堤防の安全度その 1（重要堤防）

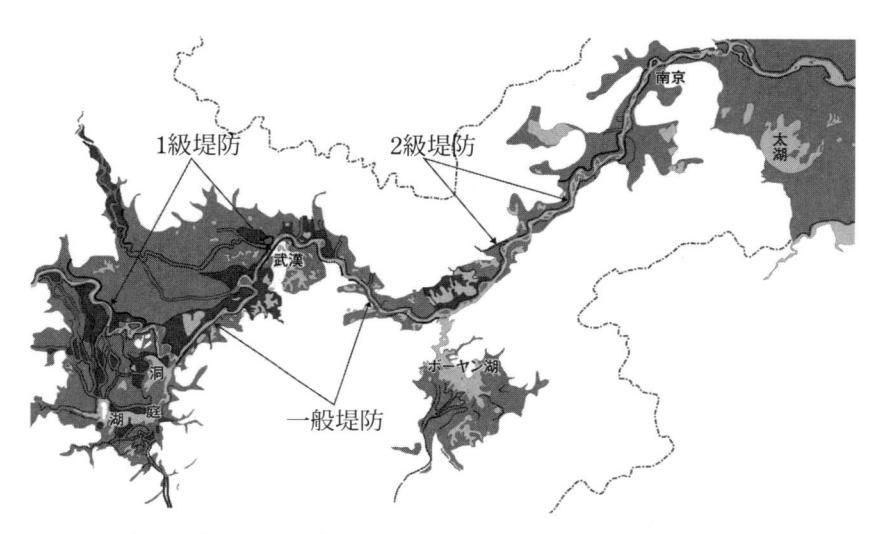

図-3.33 中国・長江の堤防の安全度その2(1級、2級、普通堤防)
　　　　　長江の堤防は、現在は3種類に分類されている。1級堤防(重点堤防)、2級堤防(重要堤防)、一般堤防(輪中堤防などを含む)である。

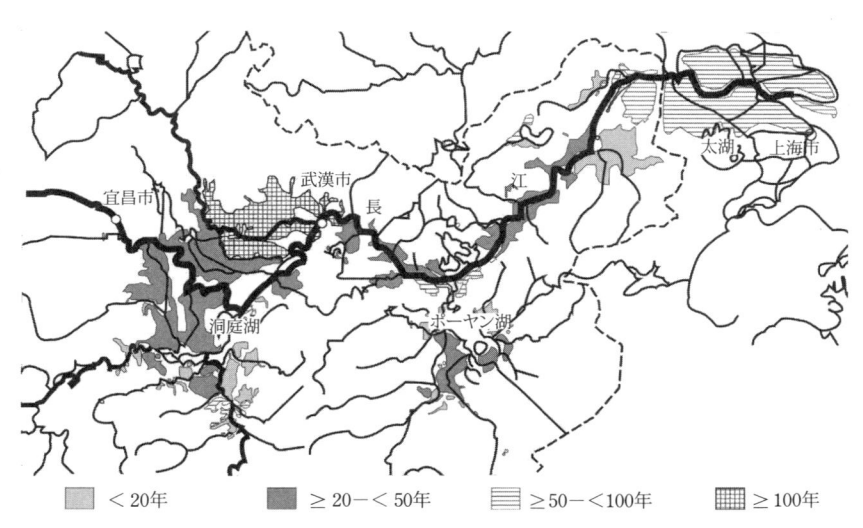

< 20年　　　≥ 20-< 50年　　　≥ 50-< 100年　　　≥ 100年

図-3.34 中国・長江の堤防の安全度その3(氾濫原の重要度に対応した堤防の安全度)

●第3章● 河川堤防システムの破たん（堤防決壊）の原因

写真-3.19(a)　長江の堤防その1
（一般部の土堤防。上は図-3.32の荊江大堤防）

写真-3.19(b)　長江の堤防その2（武漢市内の特殊堤防＜重要堤防＞）

表-3.2 中国・長江の堤防の安全度その4（代表的地点の現況の安全度）

(a) 長江中下流の堤防の等級（安全度に対応）

堤防名称	所在地	堤防等級	余裕高（m）	注
松滋江堤	湖北滋市	2級	1.5	
下百里洲江堤	湖北枝江市	3級	1	
荊江大堤	湖北荊州、監利	1級	2	
南線大堤	湖北公安県	1級	3.4	荊江分洪区（遊水地）の南囲堤防
荊江長江干堤	湖北荊陵区、公安県、石首市、松遊市	2級	1.5〜2.0	蓄洪区（遊水地）堤防

(b) 代表的地点（荊江大堤）の現況の安全度（堤防＋遊水地＋三峡ダム）

地点	堤防のみ	堤防＋遊水地	堤防＋三峡ダム	堤防＋遊水地＋三峡ダム
荊江	約10年	約40年	約100年	約1000年

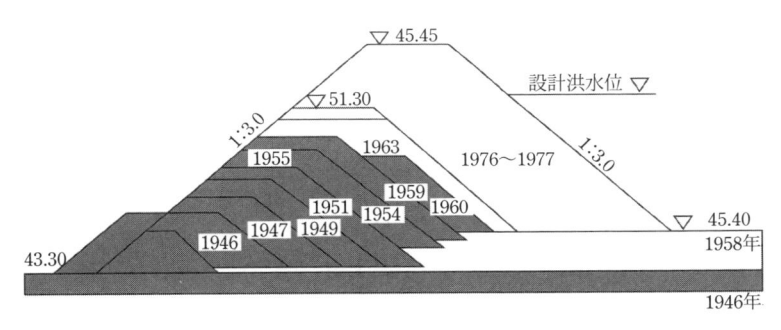

図-3.35 中国の堤防の変遷（黄河の例）

いる。

　この国でも、堤防は**図-3.35**に黄河の例を示したように、歴史的に逐次整備されてきている。このため、その安全性は明確ではなく、洪水中には人海戦術で巡視、点検を行っている（**写真-3.20**）。中国では、世界でも最も充実した水防体制がとられ、水防活動が行われていることが知られる。防洪法では、それぞれの組織の水防体制とともに、市民の役割が規定されている（**写真-3.21**）。そこでは、"あらゆる組織と個人は、洪水制御施設を守り、洪水制御と水防活動に従事する責務があり、人民解放軍、武装警察、市民軍（民兵）は緊急時には水防活動を支援する任務がある"としている。**写真-3.21** 右下は、

● 第 3 章 ● 河川堤防システムの破たん（堤防決壊）の原因

長江の堤防は歴史的に徐々に建設されたものであり、その延長は長く、すべての危険箇所を検出することができない。このため、高さが十分あっても、洪水期には人海戦術により、1日24時間堤防を巡視する。

写真-3.20 中国・長江の堤防変遷と出水時の巡視による点検

(1) 中央政府の役割
(2) 排水域組織の役割
(3) 地方自治体の役割
(4) 市民の役割：あらゆる組織と個人は、洪水制御施設を守り、洪水制御と水防活動に従事する責務があり、人民解放軍、武装警察、市民軍(民兵)は緊急時には水防活動を支援する任務がある

写真-3.21 中国の水防体制と水防活動

1998年の大洪水で、洪水対応の総指揮を執った朱鎔基首相（当時）と人民解放軍の指揮者である。後に、この洪水を経験して、朱鎔基首相が32文字の治水方針を示している。すなわち、①封山植樹、退耕還林（伐採のための入山を禁じ、植樹する。急傾斜地の耕地を森林に戻す）、②退田還湖、平垸行洪（干拓地の田圃を湖に戻す。輪中堤防を撤去し、洪水を円滑に流す）、③以

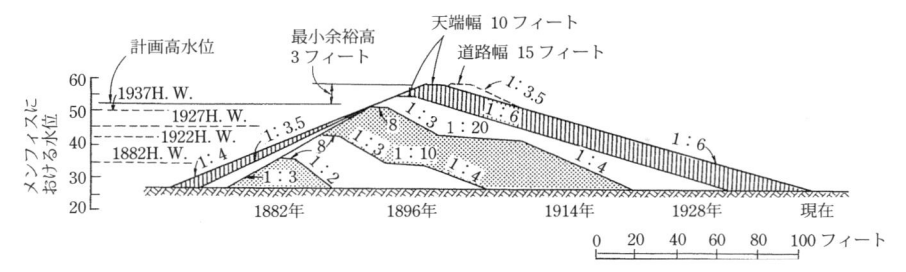

図-3.36 ミシシッピ川の堤防断面の変遷

工代賑、移民建鎮(救済の代わりに河川工事の仕事を与える。遊水地内の住民を移転させ、洪水に安全な町を建設する)、④加固幹堤、疎浚河道(本川の堤防を補強する。河道を浚渫し、流下能力を確保する)である。流域を含む総合治水対策であり、その中に堤防強化や洪水の流下能力、貯留能力の強化が位置づけられている。日本と違い、それが一定の期間内に実施、実践されることがこの国の力であるといえよう。

アメリカは、オランダやハンガリー、中国などに比較して、その建国の歴史も浅い。さらに、もともと氾濫原での経済活動の歴史もなかったことから、堤防に守られた範囲も国全体でみると大きくはなく、堤防築造の歴史も浅い。そのアメリカでも、**図-3.36**に示すように、ミシシッピ川の河川堤防でみると、上記の国々と同様に、河川堤防は逐次嵩上げと拡幅が行われてきたことが知られる。

浸透に関する基本事項である洪水の継続時間や堤防築造の歴史などについて、世界的な視野でみると以上のようなことが知られる。堤防築造の歴史は、いずれの国においても同様に、大洪水を経験しつつ、堤防の嵩上げや拡幅が行われてきたことが知られる。

浸透に対する対策はまず、浸透決壊への対策が必要な箇所はどこか特定する必要がある。昭和51(1976)年の長良川での同様の堤防決壊は、堤防裏のり尻に池があり、浸透決壊を考慮した場合に、明らかな弱点箇所であった。また、昭和25(1950)年の小貝川の利根川合流地点直上流の決壊(大留)は、堤防の断面積が薄く、地盤にケド層と呼ばれる軟弱な地盤があり、弱点箇所であった。例えばこのような堤防の浸透決壊に対する弱点箇所を特定し、池

を埋めて盛り土をして堤防補強をする、堤防断面を広げて補強することなどの対策が求められる。

また、堤防決壊にまでは至らなかったが、堤内地（堤防の人の住む側）での洪水時の噴砂現象（ボイリング。ガマが噴くと呼ばれる現象）、それが水路で河川とつながったとみられるパイピング現象、さらには堤防ののりすべり崩壊といった兆候をとらえ、上述の堤防洗掘に対する対策のように、順応的な対策を講じることが重要である。

（c）浸透による堤防決壊への対応策

浸透による堤防決壊への対応策の基本は、堤体に雨水や洪水の水をできるだけ入れない（浸透させない）、入った水を排出することである。堤防基盤からの浸透、漏水は、それが直ちに堤防決壊につながるものではない場合が多いが、その対策としては基盤からの浸透を遮断・軽減することである。

ⅰ）堤体への雨水の浸透を遮断・軽減する対策：堤防への雨水の浸透を遮断・軽減するために、堤防天端を難透水性の舗装にする、堤防のり面上を難透水性の土壌にする、雨水の浸透を防止・軽減するシートなどをのり面へ設置する（シートは土で埋め戻す）などの対策。

ⅱ）堤体への河川の洪水の浸透を遮断・軽減する対策：堤防の川表（河川側）のり（法）面を難透水性の土壌とする、シートなどを置いて浸透を遮断・軽減する、堤防の中に矢板や難透水性のセンターコアを設けて浸透水を遮断・軽減するなどの対策。

ⅲ）堤体に浸透した雨水や河川の洪水を排出する対策：堤体内に浸透した水を排出して浸潤線を低下させるための排水施設（砕石などによる排水ドレーン）を設置するなどの対策。

ⅳ）基盤からの浸透・漏水に対しては、それを遮断・軽減する対策：矢板により遮断（矢板の耐久性の問題がある）する、基盤への河川水の流入を抑制するためにブランケットと呼ばれる難透水性の層を高水敷に設けるなどの対策。

といったことを、対策の必要性が特定された地点の堤防について検討し、実施する。

繰り返しになるが、例えば根拠も明確でない堤防のり面の緩傾斜化を一連

の区間で実施する(実際に、そのような対策が利根川の東京氾濫原側の堤防で行われている)、あるいは上記のⅰ)〜ⅳ)を足し合わせた対策を一連のあるいは長い区間で実施することなどは、対策としても、優先順位としても、さらには整備の財政的などの面での時間管理の概念からしても問題が多い。

堤防の浸透に対する安定についての考え方と解析方法などは拙編著『河川堤防学』[3)]に示したが、その要点を示すと以下のようである。

堤防一般部の浸透(漏水)による安定性の判定は、土質力学的に堤防のり面(斜面)ののりすべりに対する安定性の判別によって行われる。また、堤防基盤からの漏水の判定には、河川内の水位と堤内地盤高との差、その区間の距離から動水勾配を求め、その押し流す力と砂(土砂)の水中での重力との釣り合いから、水と砂の噴出の可能性を検討し、判定できる。

基盤からの漏水の検討は堤防裏のり尻付近を想定して行う。すなわち、**図-3.37** に示す鉛直土柱内に上向きの浸透水がある場合を考える。このとき、水頭差を徐々に大きくすると、ある水頭差 h に達したところで土柱底面における上向きの力と下向きの力とが釣り合う限界状態が生じ、次式が成り立つ。

$$(L+Z+h)A\gamma_w = ZA\gamma_w + LA\frac{\rho_s+e}{1+e}\cdot\gamma_w \qquad (3.1)$$

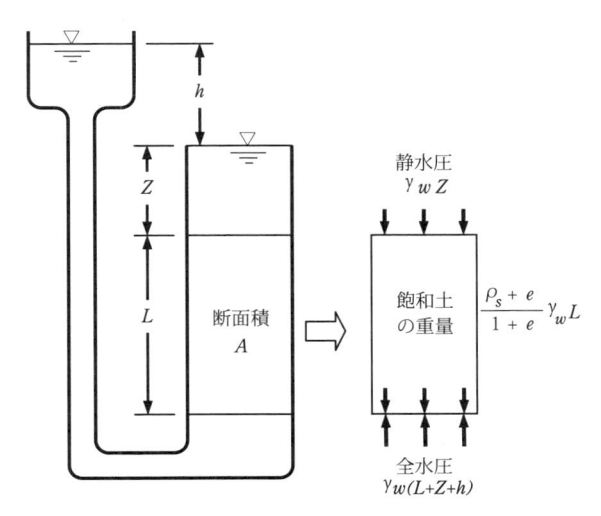

図-3.37 堤防裏のり尻でのクイックサンドの発生の原理

これより、次式が得られる。

$$\frac{h}{L} = i_c = \frac{\rho_s - 1}{1 + e} \tag{3.2}$$

ここに、i_c ： 限界動水勾配
　　　　ρ_s ： 土粒子の密度
　　　　e ： 土の間隙比

すなわち、動水勾配が i_c より大きくなると、土は浮いた状態となり、クイックサンドと呼ばれる現象を生じるようになる。これと同様の現象が洪水中に堤防の裏のり(法)尻付近でみられることがあり、これをボイリングと呼んでいる。

上式において、一般的な値として、土粒子の密度 $\rho_s = 2.6 \sim 2.8$、間隙比 $e = 0.7 \sim 1.0$ を与えると、限界動水勾配は $i_c = 0.8 \sim 1.0$ となる。

堤防一般部での浸透に対する堤防の安全性は、非定常浸透流計算および円弧すべり法による安定計算によって照査することができる[3]。

浸透流の解析は非定常の飽和・不飽和浸透流解析を行うことを原則である。

堤体の安定解析は、円弧すべり法により行う。円弧すべり法による安定解

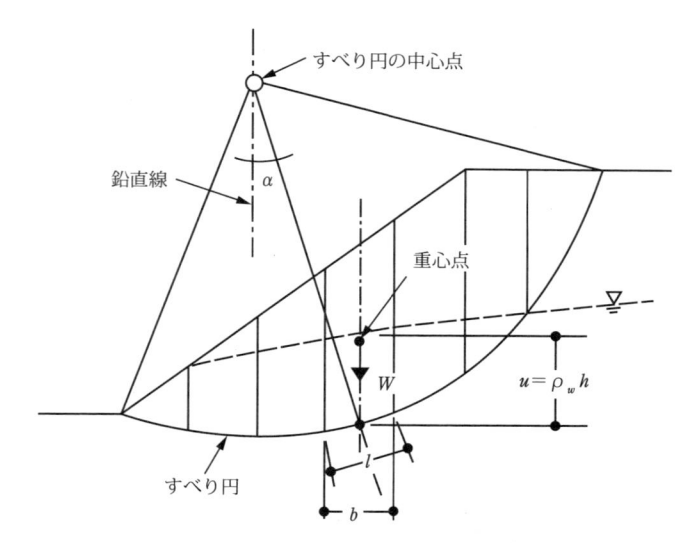

図-3.38 円弧すべり法による安定解析の概念図[3]

析には数多くの方法があるが、ここでは全応力法に基づく簡便分割法と呼ばれる方法を示す。

安定解析は、複数の円弧中心と複数の円弧半径に対する安全率の中で最小の値を与える円弧と安全率を求めるものである。安全率は次式で与えられる（**図-3.38**）。

$$F_s = \frac{cl + (W - ub) \cdot \cos\alpha \cdot \tan\phi}{W \cdot \sin\alpha} \tag{3.3}$$

ここに、F_s：安全率
　　　　u：すべり面の間隙水圧（tf/m^2）
　　　　W：分割片の重量（tf）
　　　　c：すべり面に沿う土の粘着力（tf/m^2）
　　　　l：円弧の長さ（m）
　　　　ϕ：すべり面に沿う土の内部摩擦角（°）
　　　　b：分割片の幅（m）

堤防裏のり（法）先の地盤におけるパイピングなどの浸透破壊に対する安全性の検討は、その原理を上に述べたが、この浸透流解析を用いてより厳密に、局所動水勾配を求めて行ことができる。

浸透流解析の結果から得られた全水頭ψあるいは圧力水頭ϕをもとに、裏のり（法）尻近傍の基礎地盤については、次式によって与えられ、鉛直方向ならびに水平方向の最大値を求める（**図-3.39**）。

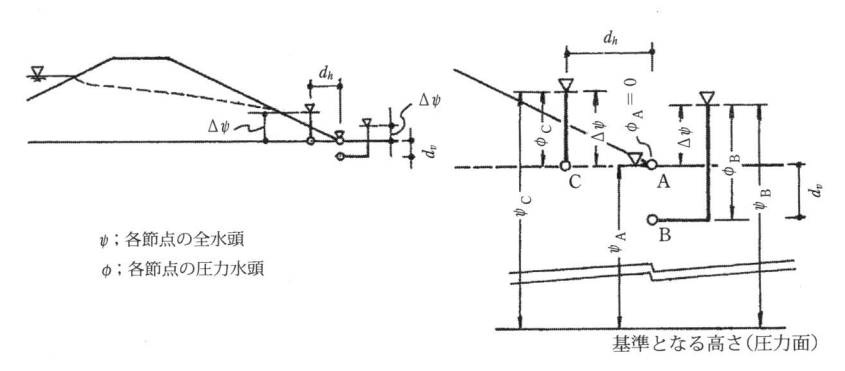

図-3.39　局所動水勾配の算出の考え方

$$i_v = \frac{\Delta\psi}{d_v} = \frac{\Delta\phi - d_v \cdot \rho_w}{d_v} \quad (鉛直方向) \tag{3.4}$$

$$i_h = \frac{\Delta\psi}{d_h} = \frac{\Delta\phi}{d_h} \quad (水平方向) \tag{3.5}$$

ここに、i_v ；鉛直方向の局所動水勾配
　　　　i_h ；水平方向の局所動水勾配
　　　　$\Delta\psi$；節点間の全水頭差(m)
　　　　$\Delta\phi$；節点間の圧力水頭差(m)
　　　　d_v ；節点間の鉛直距離(m)
　　　　d_h ；節点間の水平距離(m)
　　　　ρ_w ；水の密度($\rho_w = 1.0 t/m^3$)

　堤防裏のり(法)尻近傍の堤内地地盤の表層が粘性土で被覆されている場合には、透水層内の水圧が粘性土からなる表層の下面に揚圧力として働き、表層を持ち上げ、破壊することにより、漏水が発生する場合がある。これについては、次式により安全性が検討できる。

$$G/W = (\rho_t \cdot H)/(\rho_w \cdot P) > 1.0 \tag{3.6}$$

ここに、G ：被覆土層の重量(tf/m²)
　　　　W ：被覆土層底面に作用する揚圧力(tf/m²)
　　　　ρ_t ：被覆土層の密度(t/m³)
　　　　H ：被覆土層の厚さ(m)
　　　　ρ_w：水の密度(t/m³)
　　　　P ：被覆土層底面の圧力水頭(全水頭と位置水頭の差)(m)

(4) 堤防横断構造物(樋管・樋門)周りでの堤防決壊への対策

　この原因による堤防決壊は、小貝川の2つの事例、北海道における石狩川水系の島松川事例[3]があるが、これまでは多くはない。しかし、戦後の堤防整備により多くの樋門・樋管が設置されたこと、しかもその樋管・樋門が堤防の盛り土の圧密沈下で損傷することを避ける理由から支持地盤まで打ち込んだ支持杭で支えられるようになったことから、近年になって問題が発生し、

顕在化したものである。世界的にみても、支川の合流地点に、水門ではなく、樋管・樋門がこれほど多く設けられた国はない。**図-3.10**(前出)には利根川に存する樋管・樋門の所在を例示した。石狩川では、瀬川の調査[6]によると、約550か所にこのような樋管・樋門がある。

この堤防横断構造物周りでの堤防決壊の危険性は、支持杭で支えられた樋管・樋門が増えるほど、また圧密沈下が進行し、洪水を経験するほど危険性が累積的に増大する可能性が高い。しかもこの原因による堤防決壊は、河川の洪水位が計画高水位以下でも発生する可能性がある(昭和56(1981)年の小貝川高須樋管での堤防決壊は、計画高水位より低い洪水での決壊である)。

この対策としては、抜本的には支持杭で支えられた樋管を撤去することである。現実に、堤防横断構造物周りで浸透・漏水で決壊した樋管(小貝川高須樋管)や漏水問題が発生した樋管(利根川下流の布鎌樋管)はその後撤去されている。

次に、樋管・樋門の水門化があげられる。その水門は、河川水の浸透に対して遮水カーテンを有する構造が望ましい。水門の場合には、圧密沈下に対する対応が比較的容易で、浸透による損傷がわかりやすいという利点がある。ただし、費用の面での課題はある。

補強対策としては、樋管周りにできた空洞のグラウトによる充填・遮水の強化、樋管・樋門前面(本川側)での矢板などでの遮水部分の補修、補強などの対策がある。

また、この問題の特定のために、連通管での水路調査などが重要である。

樋管・樋門の設置については、筆者が建設省(当時)河川局において河川管理を担当した昭和60(1985)年ごろには、支持杭を有する構造のものの設置を禁止することとした。長大な支持杭にかける費用を圧密沈下に柔軟に対応するための樋管・樋門の函体にかけ、柔構造の樋管にすることを求めた。その第1号は鬼怒川の高野樋管で、筆者が下館河川事務所長の時代に設けられた。この樋門・樋管の設置は必ずしも容易でなく、設置時に函体に損傷が生じ、それを改良設計して設置した。この柔構造の樋管の設計に関しては今後とも改善・改良が必要である。しかし、樋門・樋管の損傷を防止するために堤防が決壊するということは避けなければならないので、後戻りはない。

柔構造の樋門・樋管のかわりに、広い範囲の地盤改良をして膨大な費用をかけて無基礎杭の樋管を設けるものがみうけられるが、柔構造の樋門・樋管そのものに費用をかけて改善する工夫、あるいは水門とすることが検討されてよい。

　なお、支持杭に支えられた樋管・樋門を禁止したと同時に、摩擦杭による樋管も程度は低いが、不等沈下による問題を抱えることから基本的に禁止することとしてきた(昭和61(1986)年の洪水で決壊した小貝川の豊田樋管は摩擦杭で支えられた樋管である)。

　堤防横断構造物の安全性の検討は、不等沈下量の推定したり、有限要素法を用いてある程度行うことができる。その方法については、拙編著『河川堤防学』[3]や瀬川の研究[16]を参照願いたい。

(5) その他

　堤防システムの破たん、すなわち堤防決壊への対応について基本的な事項を述べた。土質工学的な堤防論[13]をみる場合には、上述のことを念頭に置く必要がある。そのような堤防論では、ある地点の"点"で検討した堤防断面を、あたかも全河川区間、あるいは長い区間の堤防に適用するかのように記述されている。それは、既に述べてきたように、歴史的に築造してきた堤防を広範囲に再整備することとなり、財政的にも実施可能でないのが普通であり、また効率的にも工学的にも適切でない。

　現実的な対応では、ある地点での堤防断面で検討した対応策を河川全川にわたって講じることはなく、河川堤防システムの縦断的な対応、すなわち線(システム)としての対応では、必要な場所について堤防を補強、強化することで足りるのである。

　また、堤防システムの管理に関して、堤防の弱点箇所の補強とは違い、極端ではあるが特徴的な対応の事例は、上述の木曽川水系揖斐川の支川大谷川の洗堰(越水堤防)にみることができる[12]。そこでは、河川縦断的な"線"としての堤防システムにおいて、ある場所に短い区間で高さの低い洗堰という決壊しない堤防を設け、河川堤防システムの破たんを避ける方策を講じている。堤防を補強、強化するにしても、あるいはその反対に堤防の安全度を下げた

ままで放置するにしても、問題のある箇所で対策を考えることが基本である。

《参考文献》

1) 建設省土木研究所河川研究室「越水堤防調査最終報告書－解説編－」『土木研究所資料』No.2074、1984、pp.1-57
2) 建設省土木研究所河川研究室・石川忠晴ほか「越水堤防調査中間報告書－解析編－」『土木研究所資料』No.1760、1982、pp.5-72
3) 吉川勝秀編著『河川堤防学』技報堂出版、2008
4) 福成孝三・白井勝二・吉川勝秀「河川の土砂収支・河床変動の実態と河道管理に関する実証的研究」『水文・水資源学会誌(原著論文)』Vol.24、No.2、2011、pp.85-98
5) 伊藤拓平・伊藤 学・吉川勝秀「高規格堤防の整備に関する調査と考察」『第36回土木学会関東支部技術研究発表会講演概要集(CD-ROM)』Ⅱ-72、2010
6) 瀬川明久「泥炭性軟弱地盤上の堤防の横断構造物(樋門)周辺の安全性に関する実証的研究」2011(博士論文提出予定)
7) 吉川勝秀『人・川・大地と環境』技報堂出版、2004
8) 吉川勝秀「都市と河川の新風景(1)2000年の流域発展と河川整備－鬼怒川・小貝川」『季刊 河川レビュー』Vol.39、No.149、2010夏、pp.60-69
9) (財)国土開発技術研究センター編・(社)日本河川協会(編集関係者代表：吉川勝秀)『改定 解説・河川管理施設等構造令』山海堂、2000
10) 吉川勝秀編著『多自然型川づくりを越えて』学芸出版社、2007
11) Masahiro Murakami, Libor Jansky : The Danube River, conflict or compromise -Damming or removing the dams-(ドナウ河のダム撤去問題、紛争か和解か？)、『四万十・流域圏学会誌』Vol.1、No.1、2002、pp.55-66
12) 岐阜県「相川・大谷川・泥川の河川整備について」『岐阜地方裁判所民事第一部(平成16年(ワ)第448号、平成17年(ワ)第371号損害賠償請求事件判決および甲第3号証)』2003
13) 中島秀雄『図説 河川堤防』技報堂出版、2003
14) Kozo Fukunari, Kimio TAKEYA Mamoru MIYAMOTO and Katsuhide YOSHIKAWA : An Empirical Study on Safety Management for River Levee Systems, TC-H1-2, WCWF (World City Water Forum, Inchon, Korea), 2009.8
15) K. Fukunari, M. Miyamoto and K. Yoshikawa : An Empirical Study on Safety Management for River Levee Systems, Proceedings of IS-KYOTO, International Society for Soil Mechanics and Geotechnical Engineering, 2009, pp.559-565
16) 瀬川明久・港高 学・吉川勝秀「樋門周辺堤防の変状に関する実証的考察」『安全問題研究論文集2007年度』Vol.2、2007、pp.119-124
17) 福成孝三・白井勝二・田中長光・吉川勝秀「河川堤防システムの量的・質的な安全管理」『安全問題研究論文集2007年度』Vol.2、2007、pp.125-130

18) 福成孝三・白井勝二・吉川勝秀「河川堤防システムの安全管理に関する実証的研究」『建設マネジメント研究論文集』Vol.14、2007、pp.311-320
19) 福成孝三・白井勝二・田中長光・吉川勝秀「河川堤防の安全管理のための実証的研究」『安全工学シンポジウム論文集』2007、pp.277-280
20) 瀬川明久・港高　学・吉川勝秀「浸透流解析のためのモデル設定についての考察」『地下水地盤環境に関するシンポジウム2006発表論文集』2006、pp.61-68
21) 瀬川明久・港高　学・吉川勝秀「樋門周辺の沈下と変状の経時的挙動について」『地下水地盤環境に関するシンポジウム2006発表論文集』2006、pp.53-60
22) 瀬川明久・港高　学・吉川勝秀「低湿地堤防の弱点箇所と安全性に関する考察」『河川技術論文集』Vol.13、2007、pp.309-314（再掲）
23) 瀬川明久・港高　学・吉川勝秀「石狩川下流の開発と堤防整備の歴史について」『第26回建設マネジメント研究論文集』Vol.15、2008、pp.429-440

第4章
河川堤防システムの水理・水文学的な安全度（洪水の水位・流量・発生頻度）

【本章の要点】

　本章では、河川堤防システムを含む河川の治水安全度として、水理・水文的な安全度、すなわちどのような確率で治水能力以上の洪水が発生するかを検討する。

　日本では、例えば利根川などの1級河川では、その主要な河川区間において、将来的な目標とする治水安全度を200年に1回程度発生する洪水（基本高水）に設定している。これは水理・水文学的な確率で治水安全度を表現したものである。しかし、それはいつ達成されるかわからない（多分達成されることのない）空想的なものである。

　本章では、利根川の主要区間（上流、中流、下流、および派川の江戸川）を対象に、公表・公開されることのなかった安全度の実態を明らかにする。すなわち、主要区間の安全度は目標としている1/200をはるかに下回り、かつ、各区間でアンバランスがあることを示す。そして、河川の整備と管理は、空想的な超長期の目標に対してではなく、この現況評価をベースに、合理的、実践的に行われるべきものであることを示す。

4.1　はじめに

　河川堤防は、国土や地域を洪水から守る基幹的な社会基盤施設である。しかし、その研究は極めて少なく、大学においてもその教育は全くといってよ

いほどなされていない。同様の社会基盤施設である道路に関しては、舗装工学、橋梁工学、土質(基盤)工学などとしてその研究がなされ、大学などにおいてもその教育がなされていることと比較すると、異常ともいえる状況にある。

　河川堤防の研究は、一部の土質工学的な研究はあるが、それは長い河川堤防システムとしてみると"点"での研究であって[1),2)]、本来あるべき河川堤防のシステムとしてのものではない。

　河川堤防のシステムとしての評価と管理のあり方に関して、筆者らは河川堤防システムの水理学的な特性からの検討、被害の視点からの検討を行ってきている[3)〜7)]。

　本章では、特に河川堤防システムの水理学的な評価と管理のあり方について検討し、その結果を報告する。

4.2　本章の基本的立場

　本章は、河川堤防のシステムとしての評価と管理のあり方を研究するものである。したがって、河川堤防に求められる機能、計画で対象とする洪水のみでなく後述の超過洪水も視野に入れた検討、計画と現状とのかい離に係わる時間管理の視点からの河川堤防の整備を含む管理のあり方に関する考察、さらには国際的な比較研究による考察などを含めて研究を行った。これらについては、基本的には河川堤防システムの水理学的な評価と管理のあり方という観点から検討した。被害の視点からの河川堤防システムの評価と被害の視点を含めた管理のあり方の検討は別途の論文で詳細に論じた[5)]。

　また、本章では、水理学的・理論的な検討に加えて実河川での解析・検討結果も随所で述べ、実河川での河川堤防のシステムとしての評価と管理のあり方について考察する。

4.3 河川堤防と河川堤防システムに関する基本的な事項・視点

ここでは、河川堤防と河川堤防システムを評価し、管理のあり方について検討・考察を行ううえでの基本的な事項について整理して述べる。

4.3.1 河川堤防の設置・管理の基準と責任限界

河川法に基づく政令「河川管理施設等構造令」[8]に示されるように、河川堤防の設置・管理には、完成した堤防（新築・改築した堤防）では"計画高水位以下の流水の通常の作用"に対して安全が求められている（第2章図-2.1参照）。

この計画高水位以下の洪水位までが、法的な河川堤防の責任限界であるとされている。また、計画高水位以下の流水の"通常の作用"は、それまでの知見から予測されない特異な作用は除くとされている。この政令の制定時期に、多摩川での堰を迂回する流れで堤防が決壊した水害裁判が進行中で、その迂回流を含む予見可能性が裁判で争われていた[9]。

4.3.2 計画と実態のかい離：時間概念を導入した管理が必要

我が国では、多くの場合、河川堤防および河道の管理に関して、現実と計画が混同されて論じられている。例えば、河川堤防を含む河道の整備状況は30～40年に1回程度発生する洪水（かつては戦後最大洪水と呼ばれた規模の洪水）に対して7割程度整備が行われた状態であるとされているが、計画で位置づけられているダムについては計画が完了した時点での安全度で議論されている。

なお、堤防の整備に関しては、堤防の完成の程度は、全国の国土交通省直轄区間長8 766.0kmのうち計画断面堤防となっている区間は7 888.7km（堤防延長に対する比率46.4％）、そのうち利根川でみると区間長357.4kmのうち340.6km（同49.4％）となっている[4]。ただし、注意すべきことは計画断面の堤防が完成しても、上流でのダムの整備や河道掘削などの河川整備が完成し

ていなければ、計画高水に対して河川としては整備ができているとはいえないということである。

　河川の整備には長い年月が必要であり、河川管理をしている事務所単位では、整備に要する費用と投入できる予算との兼ね合いでその河川整備の完成までに必要な年数が試算できるはずである。多くの場合、百年の単位の年数が必要となるであろう。公にされた資料としては、例えば長良川水害裁判における国側の井上陳述書[10]での記載がある。そこでは、当時の河川の整備に係わる計画で必要とされる費用と治水事業五箇年計画での投資額が示されているが、それによると整備完了までに約百年が必要とされることになっている。多くの社会基盤整備に要する費用に関しては、その後の社会・環境条件（環境面への配慮、地元への配慮など）の変化によるコスト・オーバーラン（当初の必要予算額が大幅に増加すること）があり、また、今日はもとより将来においては少子・高齢社会での社会基盤整備への投資制約がある（第15章**図-15.8、図-15.9**参照）。これらを考慮すると、さらに長い年月が必要とされるであろう。また、河川整備がどの程度行われるかに関しては、河川整備計画の策定時に今後20～30年間での河川整備の内容が示されるが、そこに示される治水整備量は極めて少なく、整備全体量には程遠いことが実感されるであろう。

　これは一つの例であるが、大河川において整備されている高規格堤防（スーパー堤防）は、河川堤防としては究極の堤防といえるが、既にその整備が始まって約25年が経過しているが、全体の整備計画に対して約5％程度の整備しか行われていない。現在までの投資水準が継続すると仮定しても、その完成には荒川や江戸川で約400年、利根川では約1000年が必要となるが、前述のとおり、これからの少子・高齢社会での投資制約を考慮すると、さらに長い年月が必要となる[12]。

　我が国での河川堤防システムの整備を含む管理のあり方の議論では、時間概念が欠如している場合が多々ある。河川堤防システムの評価と管理のあり方に関しては、いつ完成するかわからない計画完了時点での状況で議論するのではなく、現況での議論をすべきである。

　なお、河川堤防で国土を防御しているオランダ（1／1250～1／10000の

安全度)、ハンガリー(1／100、三大都市域などは1／1 000の安全度)、中国・長江(氾濫原の資産により安全度を変えている)、アメリカ・ミシシッピ川下流域(既往洪水の気象条件が最悪に重なった状況での洪水流量、1／500程度)では、**表-4.1**に示すように、既にその計画での河川堤防が整備されており、計画と現況のかい離は基本的にないと考えてよい。このような場合は、計画完成状態での河川管理の議論が正当性をもつが、日本では全くそれが成り立たず、時間概念をもった議論が必要である。

4.3.3 安全性に係わる公平性の原理とその妥当性の考察

　戦前では、河川整備は、社会的、財政的、技術的などの面で多くの制約があり、多くの河川の地先で洪水に対する安全度に差があった。例えば、利根川上流の中条堤防と対岸の堤防の安全度の差、利根川支流の小貝川の下妻地区の左右岸の堤防の高さの差、木曽川支流の堤防を切り下げた越水堤の設置[3]などである。これらの安全度の差は、河川堤防整備の年代的な前後を考慮(先に整備された地域よりは低い堤防とすることなど)、氾濫原の資産の大小などを考慮したものであり、被害の視点や危機管理の視点などからは合理的なものであったといえる。

　戦後になると既往最大洪水に対応するというそれまでの河川整備の計画から、ダムなどの整備も加わったこともあって、確率水文学を導入した計画高水の設定がなされるようになった。そして、この確率的な洪水流量を対象として、一連の区間では一定の安全度の洪水、例えば1／200(200年に1回程度発生する洪水)に対応すべく河川整備が計画されるようになった。その一連の区間では、確率水文学的にみて一律の安全度とするものであり、その面では、公平性の確保がなされるようになった。このことは、一見合理的とみえるが、氾濫原の資産の状況には関係なく安全性が設定され、また理論的にはどこが堤防決壊するかわからないこととなり、被害の視点、危機管理の視点からは不合理なものとなった。

　日本では、大河川の一連区間では、既往の洪水位を参考として計画高水位を定め、流量の発生確率でみた安全度は同じとしている。そして、流量規模に応じて堤防の厚さと計画高水位上の余裕高を定めて堤防を設けるものとし

表-4.1　河川堤防の整備に関する国際比較[4),11)]

国	堤防の基本条件	氾濫原の人口・資産（被害ポテンシャル）などへの配慮	備　考
日本	計画高水の発生確率を設定。既往洪水を参考に計画高水位を設定（引き上げ）。重要な大河川では1/200の洪水を対象。計画流量に応じて堤防の厚さ、余裕高を設定。	氾濫原の被害ポテンシャルを考慮しない。	堤防を含む河道整備には長い年月が必要。現況の整備率は30〜40年に1回程度発生する洪水に対して7割程度で、この現状での議論が必要。
オランダ	1/1 250〜1/10 000の洪水位で計画高水位を設定。余裕高は一定。	氾濫原の被害ポテンシャルと被害の深刻さ（高潮災害、塩水の氾濫）を考慮。	堤防整備は基本的に完了。
ハンガリー	既往洪水位に対応して計画高水位を設定（引き上げ）。大河川では1/100、三大都市域などでは1/1 000。余裕高は基本的に一定。	氾濫原の被害ポテンシャルを考慮。	堤防整備は基本的に完了。
中国・長江	既往洪水で計画高水位を設定。氾濫原の被害ポテンシャルを考慮して安全度を設定（第1級〜5級。1/100〜1/10）。等級により堤防の厚さや余裕高が変化。	氾濫原の被害ポテンシャルを考慮。	堤防整備は基本的に完了。三峡ダム下流では安全度は1/1 000。
アメリカ・ミシシッピ川下流区域	オハイオ川とミシシッピ川下流域：既往洪水を発生させた気象条件が最悪で重なった場合の洪水を設定（約1/500）。	既往洪水対応の伝統的な治水で、氾濫原の被害ポテンシャルを考慮しない。	堤防整備は基本的に完了。
同河川のその他の区域	堤防整備をする場合は、その地先での1/100の計画高水位を設定。この場合の堤防は地先防御の堤防で、長い区間連続して整備されない場合が多い。	被害ポテンシャルは堤防整備をするか否かを議論する場合に考慮。堤防整備区間内の場所的な被害ポテンシャルは考慮しない。	

ている[8]。

　河川堤防の設置の考え方を国際的に比較して整理してみると**表-4.1**のようになる。表より、日本とアメリカ以外では、同一河川でも氾濫原の資産（被害ポテンシャル）や被害を考慮して安全度を変えていることが分る。

4.3.4　河川堤防を含む河道の変化

　我が国の大河川の河川堤防を含む河道は、時代とともに大きく変化してきた。いまだ整備途上であることから、当然のこととして計画で想定している河道との差異があり、加えて上下流バランスの喪失などが発生している。このことは、十分認識する必要がある。

　本章で取り上げた利根川でみると、以下のような大きな変化が生じている[13]。

① 戦後最大洪水である昭和22（1947）年洪水時点やその後しばらくは、洪水時に土砂が流下し、河川は土砂で覆われ、河床の上昇もみられた。

② その後、河川の流下能力を確保するため、上流や下流での河道掘削（低水路の土砂の搬出）が行われ、河床が低下するとともに低水路の拡幅が行われ、洪水の流下能力が拡大した。

③ それに加えて、河川の砂礫や砂が建設材料として採取され、さらなる河床の低下などが発生した。これにより洪水の流下能力はさらに増大した。その一方で、河床低下による護岸や橋梁の橋脚、堰などの構造物への悪影響、取水障害などが顕在化した（**図-4.1**）。

④ 低水路と高水路の明確な分離、深い低水路の形成、高水敷と低水路の岸での樹木の繁茂は、高水路と低水路の洪水流の混合を助長し、その結果としての河川の粗度が上昇した[14]。利根川上流域では粗度の上昇の影響より河床低下による流下能力の増大が生じている。しかし、江戸川では粗度の増大により洪水位の上昇が生じている。

⑤ 江戸川への洪水分派率（したがって分派量も）は計画で想定している値に比例して減少している。これは、現在の計画の分派率は昭和30（1955）年代の利根川、江戸川の状況下での分派率を基に設定しているが、現在は利根川本川の河床の低下などにより、分派量（分派率）が減少して

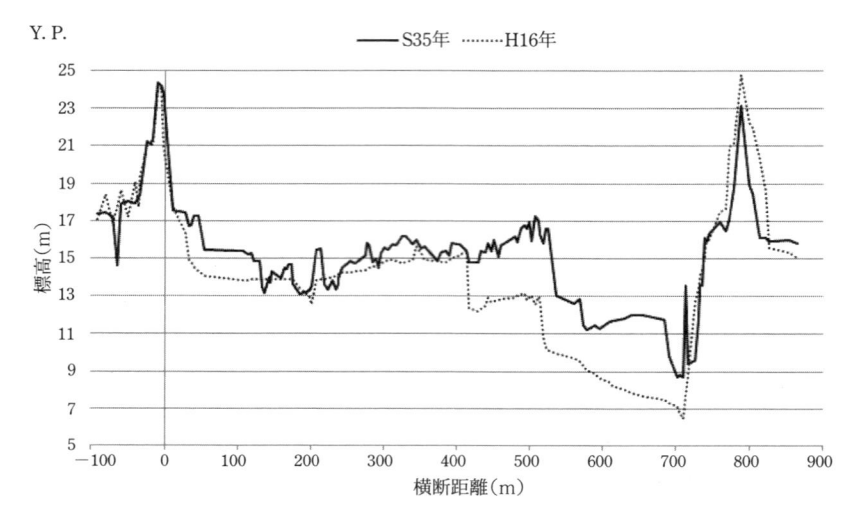

図-4.1 利根川の河道の変化（河口より 130km（栗橋付近）の利根川上流区域の例。国土交通省資料より作成）

いる。江戸川の粗度の増大による水位上昇も原因の一部となっている。

4.3.5　河川堤防の決壊：河川堤防システムの破たん

　河川堤防システムは洪水の氾濫を防ぐものである。よって河川堤防の決壊（堤防が洪水時に崩壊し、そこから洪水流が氾濫原に流入する）は、その能力を上回る洪水によってシステムが破たんしたことを示すものである。その原因として、以下のものがあげられる[1),3),15),16)]。

① 越水による堤防決壊：洪水流が河川堤防を越えて流れ、堤防のり尻部から堤防が崩壊し、洪水流が氾濫原に流入。堤防決壊の大半はこれによっている。

② 洗掘による堤防決壊：洪水流が高水敷や堤防のり尻を洗い、土砂を流出させてついには堤防が崩壊し、洪水流が氾濫原に流入。かつてはこの原因での堤防決壊も多かったが、その後、危険性の高い場所で護岸などの災害復旧工事がなされ、その割合は減少。事例に多摩川（昭和49（1974）年。宿河原堰（固定堰）を迂回する洪水流による）[9)]など。

③ 堤防一般部での漏水(浸透)による決壊：降雨や洪水が堤防に浸透し、あるいは基盤を伝って漏水し、最終的には堤防がのりすべりにより崩壊し、洪水流が氾濫原に流入。事例に小貝川(昭和25(1950)年、軟弱地盤上の幅の狭い弱小堤防)、遠賀川(昭和28(1933)年。堤防基盤の漏水)、長良川(昭和51(1976)年、堤防のり尻に池が存在[9]。3つの洪水が連続して発生)など。数は少ないが計画高水位以下の洪水でも堤防が決壊する可能性があり、社会的に問題が大きい。すなわち、土でできている堤防が計画高水位を超え、さらに堤防天端も越える洪水により決壊したことは法的・社会的に是認できるとしても、計画高水位以下の水位で決壊したことは容認しがたい。

④ 樋管などの堤防横断構造物周りの漏水による決壊：特に支持杭で支えられた樋管と周辺堤防の沈下との間で不等沈下が生じ、構造物周りに生じた空洞から漏水し、堤防が決壊して洪水流が氾濫原に流入。昭和56(1981)年の小貝川・高須、昭和61(1986)年の小貝川・豊田での決壊事例がある。数は少ないが計画高水位以下の洪水でも堤防が決壊する可能性があり、上記③と同様に社会的にみて問題が大きい。日本では、水田と河川の歴史的な関係の延長上で堤防が建設されてきた[3]。その堤防を横断する多数の樋管が存在し、かつ不等沈下により空洞が発生したという問題であり、不等沈下の進行に加えて洪水による土砂の流失・水みちの形成は経時的に累積して進行するものであり、今後の重要な課題の一つである。

河川堤防システムの安全度は、①河川の水位とその継続時間、洪水流量、さらには降雨量という外力と、②堤防決壊の原因である越水、洗掘、堤防一般部の浸透、堤防横断構造物周りでの決壊の可能性から決まる。②の各原因による決壊は、いずれも①の外力との関係で決まるものである。

第3章でみたように、堤防決壊の圧倒的に多くは越水によるものである。また、堤防決壊を決める外力のもっとも支配的なものは洪水位とその継続時間であるといえる。

河川堤防システムの安全度は、便宜的に下記のように表すことができる。

河川堤防システムの安全度 ST = ST(①の外力、②の堤防決壊の可能性)
≒ ST1(①外力＜水位とその継続時間、洪水流量、さらには雨量＞、
②それぞれの原因による堤防決壊の可能性)　　　　　　　(4.1)

そして、式(4.1)は、堤防越水による決壊が大半であり、ほかの決壊原因による決壊が相対的に小さいとして、河川堤防システムの安全度が堤防越水深によって支配されると仮定すると、以下のように単純化して表示できる。

河川堤防システムの安全度 ST ≒ ST1(＜洪水位−計画高水位または堤防天端高＞とその継続時間)　　　　　　　　　　　　　　　(4.2)

この式は、堤防システムの水理・水文学的な安全度を示すものであり、従来から河川の流下能力により代表されるとして用いられてきた概念に対応する。この場合に、河道で計画高水位以下の水位で流しうる流量でみる場合と、河道で堤防天端高以下の水位で流しうる流量でみる場合が考えられるが、「河川管理施設等構造令」[8]にも規定されるように、そもそも河川堤防は"計画高水位以下の水位の流水の通常の作用"に対して安全であるように設置されるものであることから、前者の計画高水位でみることが普通である。

　本論文では、堤防決壊の原因として、その可能性が最も多い堤防越水の場合を取り上げて検討する。
　土木研究所の昭和22〜44年の堤防決壊の調査では、約82％が越水によるものである[17]。また、筆者らの利根川水系の80年間の堤防決壊の調査では32か所で決壊しているが、そのうちの28か所は越水によるものである[3),4),15),16)]。なお、漏水による堤防決壊については、参考文献[3),15),16),18)]に示したが、今後さらに検討を加えたいと考えている。

4.3.6　越水による堤防決壊：堤防、越水深、継続時間など
　越水による堤防決壊について、参考とされてよい知見を整理しておきたい。
　堤防を洪水が越水しても、かならずしも堤防決壊に至るわけではない[3),4)]。
　土木研究所・石川らは、耐越水の堤防補強、すなわち越水堤防整備におけ

4.3 河川堤防と河川堤防システムに関する基本的な事項・視点

る基本的な情報として、比較的小規模から中規模の堤防(2～5m)堤防の越水に関する情報を整理し、越水が生じても決壊しない条件として、概ね60cmで3時間の越水を結ぶ線を示している(堤防が決壊することを推定するのではなく、堤防が決壊しないことを推定する線を示している)[19]。それにより、越水深60cmで3時間の越水に耐える堤防の整備について検討している。この3時間には、堤防を洪水が越え始めてから3時間あれば氾濫原の住民の避難などもある程度可能であろうとの意味も込められているようである。

図-4.2には、石川らによる図に、吉本・末次らによる昭和61(1986)年の小貝川洪水時の情報(これも上流域の比較的小規模～中規模の堤防。■印)[20]、さらには利根川の堤防決壊に関する情報(⊗印)[3]を重ねたものを示した[4]。

小規模～中規模の堤防では、堤防越水が生じた際には既に堤内地側に氾濫が生じていることが多く、その氾濫水がクッションとなってのり尻の洗掘が抑えられ、のり尻の洗掘から堤体崩壊が順次進んで堤防決壊に至るというプロセスが生じないことがあると推察される。

越水による堤防の決壊は、堤防自体の強度(土質、締め固め、乾燥の状況など)にもより、また堤内地側に氾濫が生じているかどうかなども関係し、

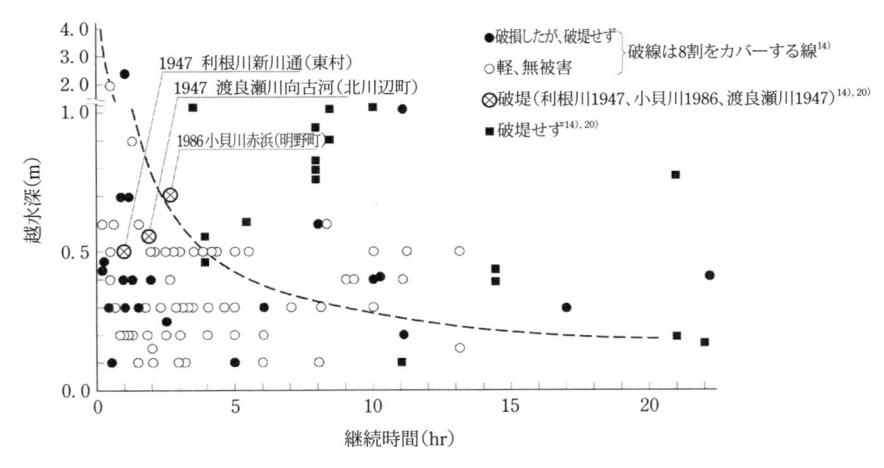

図-4.2 堤防越水深と継続時間の関係（堤防決壊したもの、決壊しなかったものを含む）

●第4章●河川堤防システムの水理・水文学的な安全度(洪水の水位・流量・発生頻度)

厳密には個々個別の箇所の堤防で検討する必要があり単純ではないが、上述の越水深60cm、継続時間3時間は越水による堤防決壊の検討はもとより、水防活動や避難の参考となる一つ目安として示しておきたい。

4.3.7 超過洪水：計画超過洪水と河道の能力を超える超過洪水

かつて、我が国で既往最大洪水を対象として治水計画を立案し、一定の期間内にその整備を目指した時代には、その治水整備が完了すると、計画高水位を超える洪水が計画超過洪水であった。また、**表-4.1**に示した堤防で国土を守っている国々では、計画に基づいて堤防および河道の整備が基本的には完了しており、計画高水位を超える洪水が計画超過洪水である。

日本では、上述のように、計画と現況のかい離が著しく大きい。この場合、計画どおりの堤防や洪水調節施設を含む治水施設の整備が見通せないので、計画超過洪水で議論をすることは空想的であり、意味をなさない。現況の河川堤防と治水施設の状況下で、計画高水位を超える洪水を超過洪水と定義して議論したほうが現実的で、着実な議論ができる(計画どおり河川堤防と河道などの治水整備が完了している河川では、計画超過洪水で議論を進めればよい)。

そして、ここで注目し、留意すべきことは、河川堤防システムの管理においては、治水施設の能力内の洪水外力のみを考慮するのではなく、ある確率をもって生起する可能性のある超過洪水を考慮すべきであるということである。つまり、計画高水(計画高水流量)と河川各区間の洪水の流下能力で河川管理のあり方を議論するのではなく、超過洪水も考慮した検討が必要だということである。本論文では深入りしないが、被害の視点からの河川堤防システムの管理の検討では、むしろ超過洪水からの検討がその中心となる。

以下に超過洪水について整理して示しておきたい。

① 計画超過洪水：河川堤防システムを含む計画されている治水施設の整備が完了した河川では、その河川で計画高水位を超える洪水が計画超過洪水である。

② 超過洪水：河川堤防システムを含む計画されている治水施設の整備が未了の河川では、現況の河川堤防を含む河道で、計画高水位を超える

洪水が超過洪水である。
③ 河川管理においては、計画高水位以下の洪水のみでなく、計画高水位を超える超過洪水を考慮した検討が必要である。

4.4 実河川における具体的な評価結果と得られた知見

　ここでは、上述のことを踏まえつつ、実河川での河川堤防管理の水理学的な評価結果と得られた知見について簡潔に提示し、河川堤防システムの管理のあり方についての知見を示す。

4.4.1 検討の方法と諸条件

　検討した実河川は利根川本川であり、現況の河川堤防、横断形状、派川への分派率、粗度(これは実績洪水からの逆算粗度)などを用い、検討対象の流量条件と下流端条件を設定して解析を行った結果である。解析モデルは連続条件と運動量保存式を用いた一次元モデル(デンマーク水理研究所のモデル)であり、主として定流(不等流)解析を、必要に応じて不定流解析を行って得られた結果である。表-4.2 に解析で用いた諸条件を示した。また、用いたモデルによる解析結果と昭和57 (1982) 年洪水の対応をみたものを

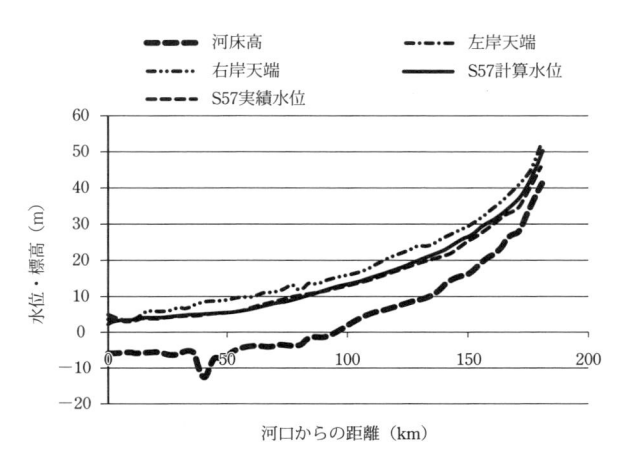

図-4.3　検証結果

表-4.2　解析で用いた諸条件

河道条件	横断面	利根川上流と中流：主要地点の横断面形状（4km 間隔） 利根川下流：500m 間隔で測定された横断形状
	縦断形	利根川水系河川整備計画資料に示される縦断形（上中下流）
	粗度係数	現況粗度（昭和 57 年、58 年洪水の逆算粗度。参考文献4）参照）
	下流端条件	2.3m（朔望平均満潮位）
	江戸川への分派率	現況分派率 25％
流量の発生確率の設定	・基本高水流量は、国土交通省「基本高水に関する資料」（昭和 18 年～平成 14 年のデータより流量と確率年をプロット。8 の推定線が示されている）より、8 の推定線を流量について単純平均して設定した（大きな流量に対してバラツキが大きく、推定精度の問題があるが、そのように仮定した） ・河道の計画流量（計画高水流量）は、基本高水流量から上流ダム群などの洪水調節量を引いた値となる。上流ダム群などの洪水調節能力（容量）は、国土交通省資料などを参考に、現況で 1 000m³/s、河川整備基本方針に示される整備が完了した計画完成状態で 6 500m³/s と仮定した。	
被害解析	・資産額の算定 ・浸水対応した被害率（被害額／資産額）の設定。被害率は国土交通省の治水経済調査マニュアル（案）[21] に示される値を用いた。ただし、農業被害に係る公共土木施設などの被害率は 1.0（マニュアルに示される値より小さな値）とした。	

図-4.3 に示した。概ね昭和 57 年の洪水を再現しており、このモデルで解析を行った。

　洪水の発生確率については、基本高水流量の発生確率についての国土交通省の資料をもとに、**表-4.2** に示した仮定により基本高水流量を定め、河道の計画流量である計画高水流量を上流のダム群などの洪水調節能力を仮定して推定した。

　洪水被害額については、氾濫原の資産額を測定し、浸水深に対応する被害率を与えて算定した[5]。被害率は国土交通省の「治水経済調査マニュアル（案）[21]」に示される値を用いた（ただし、公共土木施設などの直接被害額に対する率は、解析対象が首都圏を含むものであり、1.0 とした）[5]。浸水深は国土交通省の浸水想定区域図より求め、その値を用いた。

4.4.2　現況の河川堤防システムを含む河道能力の評価

　利根川の現況の河川堤防システムを含む河道の洪水流下能力を評価した。その評価は、流量を逐次増加させて水位を不等流で解析した（**表-4.3**）。この場合、堤防の天端を洪水位が超えても越流あるいは堤防決壊はしないと仮定

表-4.3 解析を行った河道流量

	上流端 利根川本川	分派流量 江戸川
5割減	8 500	2 125
4割減	10 500	2 625
2.5割減	12 500	3 125
2割減	13 200	3 300
1割減	14 500	3 625
計画高水流量(計画完成時には 1/200)	16 500	4 125
1割増	18 150	4 537.5
2割増	19 800	4 950
3割増	21 450	5 362.5
4割増	23 100	5 775

して解析を行った(堤防決壊が生じた場合に関しては後述する)。

解析を行った流量条件を**表-4.3**に、得られた洪水位を**図-4.4**、**4.5**に示した。**図-4.4**は解析結果の洪水位を、**図-4.5**は計画高水位と解析結果の水位の差分値を示した。いずれの図にも、計画高水位と堤防天端高を示している。流量の発生確率は、国土交通省の示した発生確率の図を参考に、前述のように、**図-4.6**に示す線から推定し、設定した。

図-4.4、4.5より、現況の河道の安全度は概ね上流区間(江戸川分派点より上流区間)で約 1 / 55、中流区間(江戸川分派点〜取手区間)で約 1 / 35、下流区間(取手より下流)で約 1 / 50 程度であることが知られた(**図-4.7**)。上下流に比較して中流区間の安全度が低いこと、すなわち、上下流の安全度のバランスが崩れていることが知られる。これは、上下流、左右岸の安全度のバランスを保ちつつ逐次安全度を上げるという基本原則からのかい離を示している。その原因として、計画策定は昭和 20(1945)年代〜昭和 30(1955)年代の主要な洪水と河道を前提として行われているが、その後、上述のような利根川の上流区間や下流区間での河床の低下などによる流下能力の増加、江戸川への分派(率)の減少といった河道の状況の変化が挙げられる。

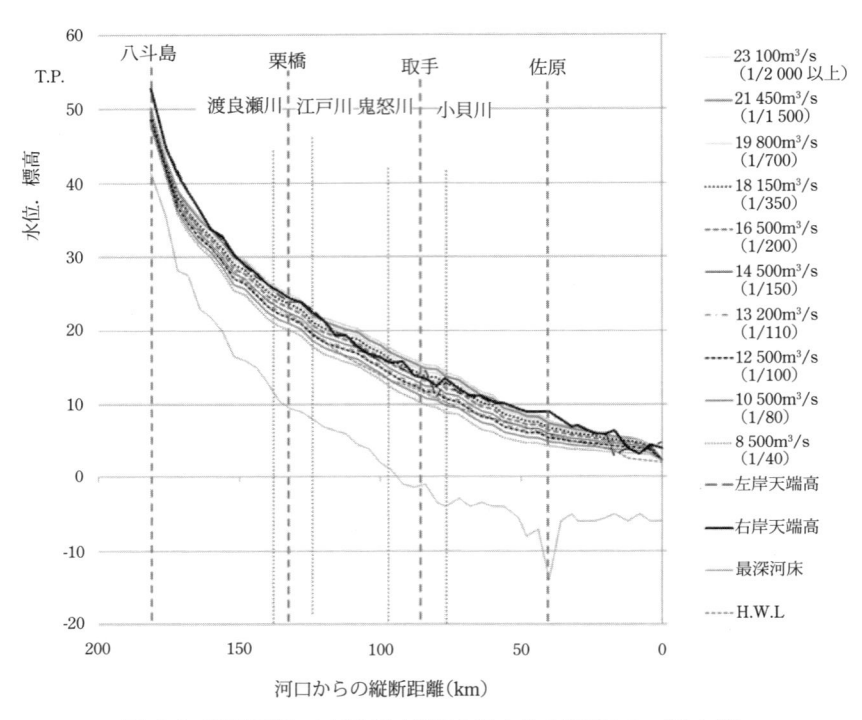

図-4.4 現況河道における洪水流量と洪水位の関係その1（洪水位）

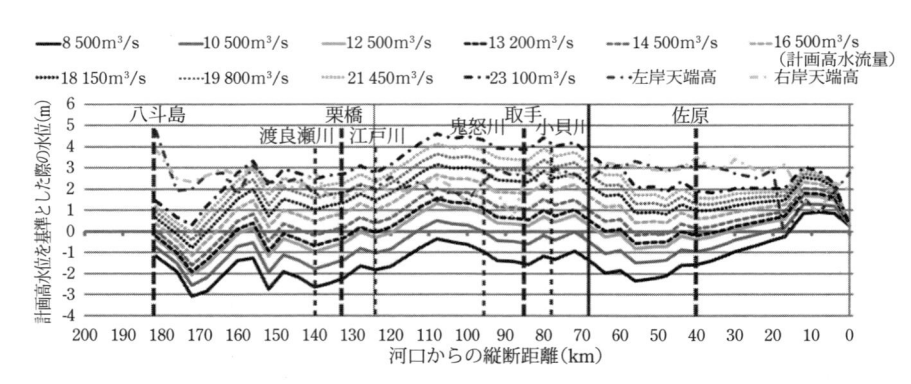

図-4.5 現況河道における高水流量と洪水位の関係その2（計画高水位との差分表示）

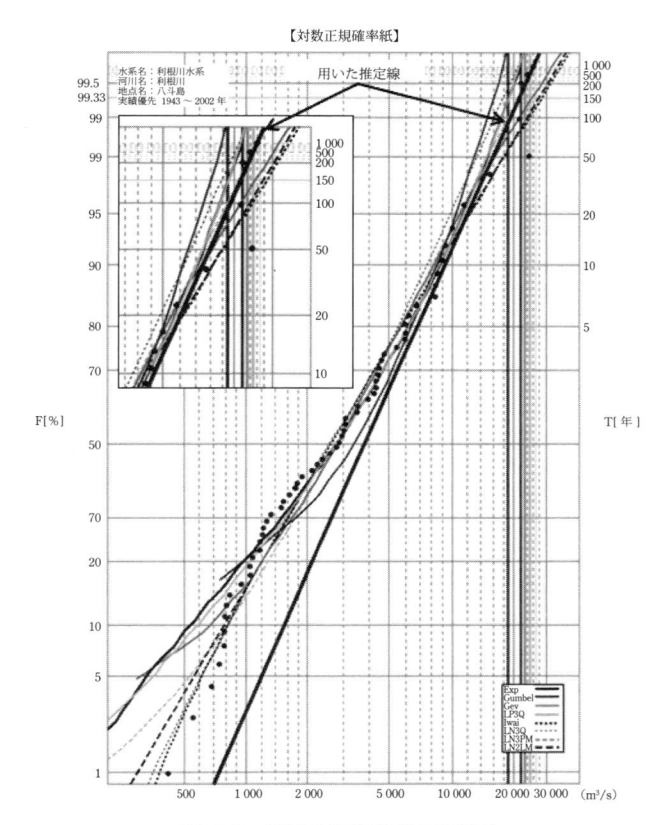

4.4 実河川における具体的な評価結果と得られた知見

図-4.6 流量の発生確率の推定図

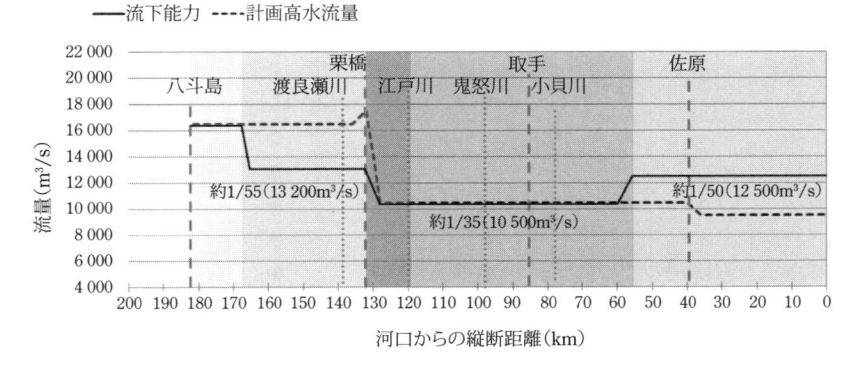

図-4.7 利根川の現況河道の流下能力

123

4.4.3　超過洪水時の状況の評価

　超過洪水時の状況を、上述の洪水流量を増加させて解析し、評価した。この場合、利根川では計画の河道の整備を含む治水施設の整備が完成していないので、計画高水位を超える水位の洪水を超過洪水として検討した。

　その結果は図-4.4、4.5に示したが、わかりやすくするために図-4.8を作成した。図-4.8には、計画高水位を超えるかどうか、さらには堤防天端を越えるかどうかを示した。その結果から、例えば、中流地区では約1/35、10 500 m³/sで計画高水位を超え、約1/90、16 500 m³/sでは堤防天端を越えて越水が始まること、上流地区では約1/55、13 200 m³/sで計画高水位を超え、約1/250、21 450 m³/sで越水が始まること、下流地区では約1/50、12 500 m³/sで計画高水位を超え、約1/120、18 150 m³/sで越水が始まることが知られる。

　以上は計画高水位、さらには堤防天端を越えても越流あるいは堤防決壊が生じないと仮定した解析結果であるが、以下に堤防決壊が生じた場合の洪水位低下（特に決壊地点下流の洪水位低下）を推定した。図-4.9(a)～(c)は堤防決壊による洪水位低下を示したものである。堤防決壊により洪水位が大幅に低下する。上流地区で例えば4 000 m³/sの氾濫流量の流出があると、決壊

流量 (m³/s)	確率年 (現況)	上流 （流下能力約1/55）		中流 （流下能力約1/35）		下流 （流下能力約1/50）	
		計画高水位	天端高	計画高水位	天端高	計画高水位	天端高
8 500	約1/20	—	—	—	—	—	—
10 500	約1/35	—	—	○	—	—	—
12 500	約1/50	—	—	○	—	○	—
13 200	約1/55	○	—	○	—	○	—
14 500	約1/65	○	—	○	—	○	—
16 500	約1/90	○	—	○	●	○	—
18 150	約1/120	○	—	○	●	○	●
19 800	約1/170	○	—	○	●	○	●
21 450	約1/250	○	●	○	●	○	●
23 100	約1/380	○	●	○	●	○	●

○計画高水位を超える。—計画高水位を超えない。●堤防天端を越える。

　図-4.8　現況河道で計画高水位を超える超過洪水の発生と洪水位の関係
　　　　　（堤防天端を越える越水も表示）

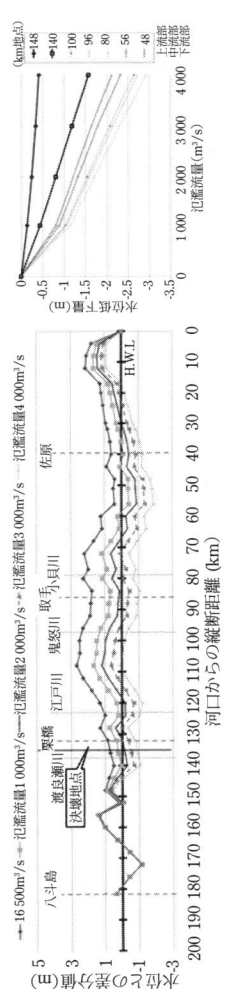

4.4 実河川における具体的な評価結果と得られた知見

図-4.9(a) 堤防決壊による洪水位の低下（上流地区での堤防決壊）

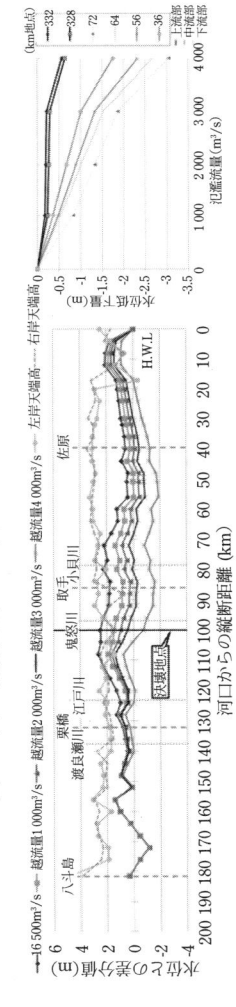

図-4.9(b) 堤防決壊による洪水位の低下（中流地区での堤防決壊）

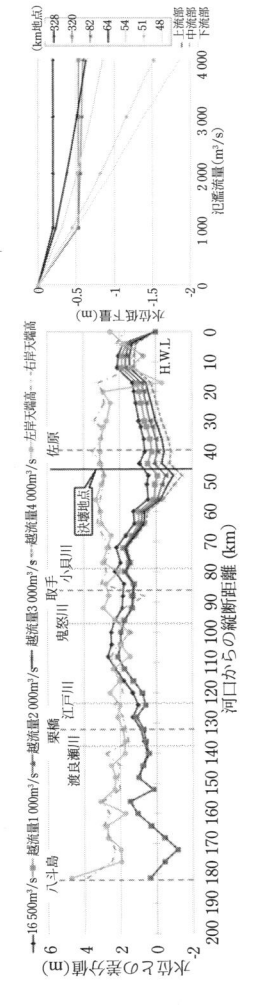

図-4.9(c) 堤防決壊による洪水位の低下（下流地区での堤防決壊）

125

地点より下流地区では最大約3m程度の洪水位の低下がある。これは一例を示したものであるが、堤防決壊による洪水位の低下は、堤防決壊により氾濫原に流出する洪水流量の規模に応じて、またそれが上流、中流、下流区域であるかによって、その影響は異なる。昭和22（1947）年の利根川上流地域での堤防決壊（当時の東村地先、東武線鉄橋の上流側）では、決壊地点の上流と下流の流量の差から最大約4 000 m^3/sの氾濫流量の流出があったと推定されている[3]。

ここで得られた知見として以下のことがある。
① 洪水流量と計画高水位を上回る超過洪水の発生地区、さらには堤防越水の発生地区の関係が知られた。
② 堤防越水の発生は、現況の流下能力からも推定されるように、流量規模の増加とともに中流域で超過洪水が発生し、次いで下流地区で発生する。堤防越水についてもほぼ同様の傾向で発生する。

このような超過洪水時の洪水位、堤防決壊による洪水位の低下の解析結果と利根川の過去80年間の堤防決壊の実績[3],[4]を比較すると、例えば昭和22（1947）年洪水では利根川の上流区間や渡良瀬川の上流区間で堤防決壊が生じており、それによる洪水位低下があって下流地区では越水による堤防決壊がなかったと理解される。

4.4.4　堤防越水深と継続時間

以上の検討は不等流による解析により行ったが、以下に洪水ハイドロ（流量、水位～時間曲線）について、不定流解析で超過洪水時の水位とその継続時間の検討を行った。洪水ハイドロとしては、昭和22（1947）、34（1959）年洪水などに対応する（カバー＜包絡＞する）ものとして設定した（**図-4.10**）。ピーク流量が計画流量の1割増（18 150 m^3/s）のときの河口より100km地点（中流区間内、鬼怒川合流点上流）の場合について**図-4.11**に示した。**図-4.11**より堤防天端を越える超過洪水において、計画高水位を超えて越水が生じるまでの時間、堤防天端を越える水位とその継続時間などが知られる。このような検討を行うことで、水防活動での対応の可能性や避難のための時間的な余裕の程度などがわかる。

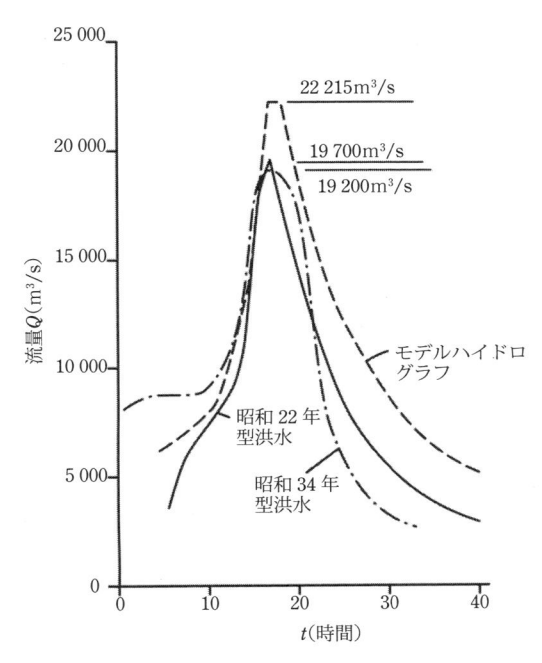

4.4　実河川における具体的な評価結果と得られた知見

図-4.10　洪水のハイドログラフ
（栗橋地点、モデルハイドログラフ）

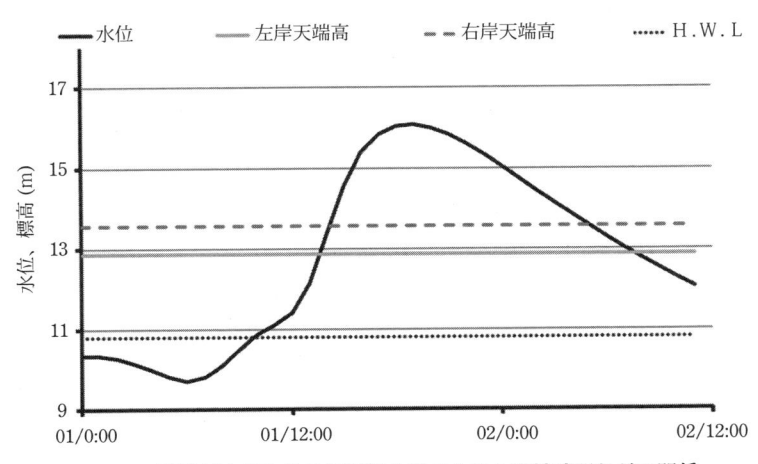

図-4.11　堤防越水が生じる超過洪水時の水位と継続時間などの関係
（河口より100km地点）

4.4.5 被害ポテンシャルとの関係からの考察

本章では、河川堤防システムを含む河道の水理学的な評価と管理のあり方に関する検討を行ってきた。したがって、氾濫原の被害ポテンシャルと河道の管理との検討を主目的としていないので、ここでは簡潔に被害ポテンシャルとの関係を検討した結果のみを述べる。

この議論は、①現況の河川堤防システムを含む河道、②計画どおり河川堤防システムと治水施設が完成したとした仮想河道(治水安全度 1/200)、③上下流バランスがとれた仮想河道(現況河道の安全度 1/35 ～ 1/55 の中間的安全度を想定)、④中流地区の治水安全度を向上させた仮想河道、⑤江戸川への洪水分派の増大を図った仮想河道を取り上げた。これらの河道につい

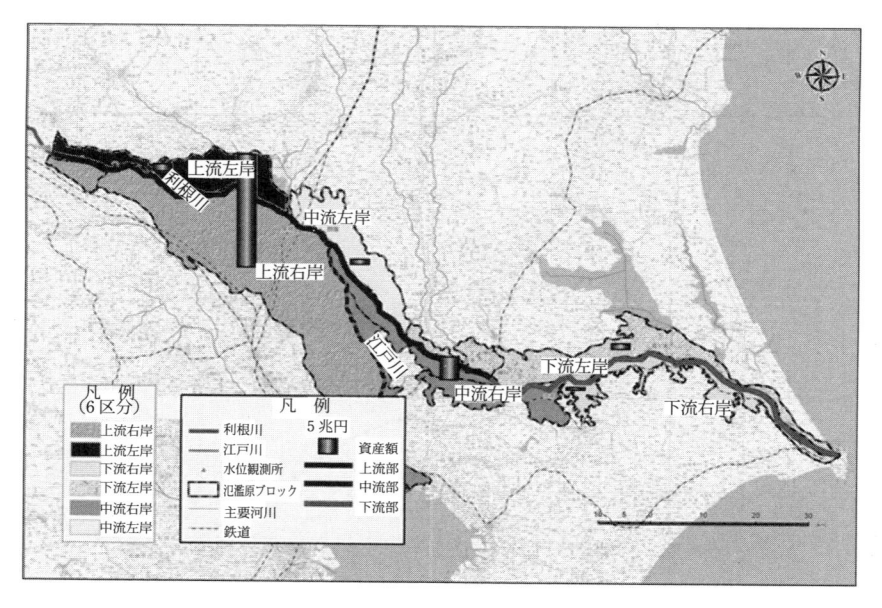

(兆円)

	上流右岸	中流右岸	下流右岸	上流左岸	中流左岸	下流左岸
資産額	37.3	7.6	0.9	2.4	1.7	1.9
割合	72.0	14.7	1.8	4.6	3.2	3.7

図-4.12 利根川の氾濫原の洪水被害ポテンシャル[4),5)]

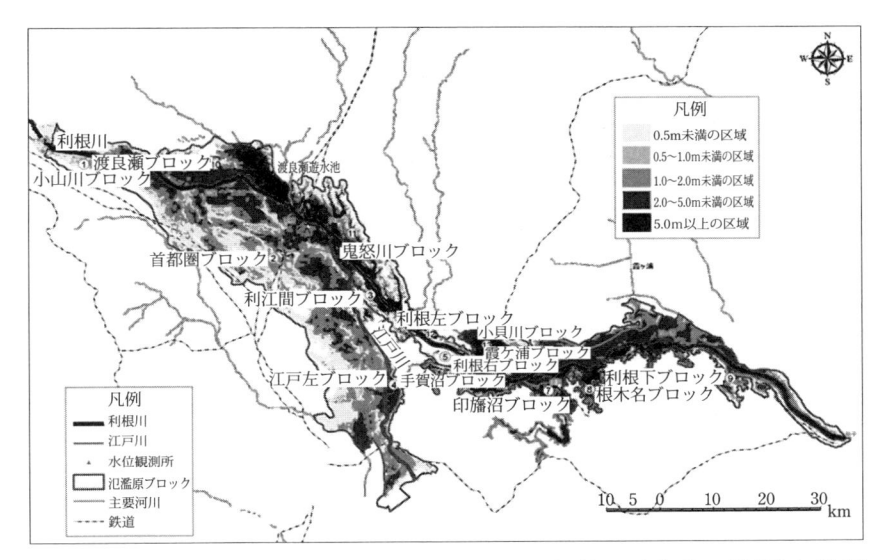

図-4.13 利根川の浸水想定区域図（国土交通省利根川上流河川事務所、同利根川下流河川事務所資料より作成）[4),5)]

て特に注意を要することは、その河道がどの程度の投資と年月で実現するかということである。①の河道は現況であり、既に実現している。②の仮想河道は、既に述べたように膨大な投資と長い年月が必要である。③の河道も仮想的なものであり、中流部の河川整備への投資が必要であるが、上流地区および下流地区の安全度を下げることは現実的でなく、概念上の仮想河道である。④の仮想河道は中流部の河川整備（流下能力の向上）への投資が必要であるが、相対的に投資額は少ないといえる。⑤の仮想河道は、江戸川全川にわたって低水路の拡幅が必要であり、膨大な投資額とともに既に利用されている河川利用者への対応も必要である。

利根川の被害ポテンシャルは**図-4.12**のとおりである[4),5)]。それぞれの氾濫原の浸水想定区域は**図-4.13**のとおりである[4),5)]。上流地区右岸側の通称東京氾濫原側の被害ポテンシャルが極めて大きい（昭和22(1947)年洪水はここで氾濫し、被害が甚大であった）。中流地区は相対的に被害ポテンシャルは相対的に小さいが、浸水深は大きいところで約5mと深刻である。なお、**図-4.13**の浸水想定区域図は氾濫原に接する河川があらゆる場所で決壊した

●第4章● 河川堤防システムの水理・水文学的な安全度（洪水の水位・流量・発生頻度）

表-4.4 河川堤防システムを含む河道の管理に関する被害ポテンシャルからの検討結果

河川堤防システムを含む河道の状態	河道の特性、強調すべき点	公平性（治水安全度）と被害からみた特性	備考
①現況の河川堤防システムを含む河道	・現況の河道であり、既に実現	・中流地区の流下能力が低く、洪水発生確率でみた治水安全度の公平性という面では、上下流のバランスがとれていない。 ・中流地区で超過洪水、堤防越水の可能性が高い（上流部ので堤防決壊の可能性がない場合）。 ・被害ポテンシャルは小さく、堤防決壊による被害は相対的に小さい（洪水被害額からみると合理的）。 ・被害額の面からみると、現況の安全度で放置するのも選択肢の一つ。	・治水安全度は上下流でアンバランスであるが、被害の面では不適切ではない。結果として、表-4.1に示したように、被害ポテンシャルに応じた治水安全度になっている。
②計画どおり河川堤防システムと治水施設が完成したとした仮想河道（治水安全度1/200）	・現実とかけ離した仮想河道 ・その実現には膨大な投資と年月が必要で、これからの投資制約の下では完成するかどうかも疑問。 ・治水安全度は全川で約1/200。	・その整備が見通せず、現実とかけ離した仮想河道である。 ・洪水発生確率でみた治水安全度は上下流でバランスがとれた河道である。 ・しかし、河川のどの地区でも記盤する可能性があり、被害の面、危機管理の面では必ずしも適当でない。 ・治水安全度の公平性は確保されるが、被害の視点からは合理的でない（諸外国では、表-4.1に示したように、被害ポテンシャルに応じて治水安全度を変え、被害の面での合理性を確保している）。	・現実とかけ離した仮想河道を検討するべきである。 ・治水安全度のバランスのみ求められるが、被害の面からみると必ずしも合理的でない。
③上下流バランスがとれた仮想河道（現況河道の安全度1/35～1/55の中間的安全度を想定）	・仮想的な河道である。 ・中流地区の安全度の向上には現実的であるが、上流地区、下流地区の安全度の引き下げは現実的でない。 ・治水安全度は約1/35～約1/55の中間的なものと想定。	・基本的に、この仮想河道の場合も同様である。 ・ただし、上流地区、下流地区の治水安全度を引き下げることは現実的ではなく、あくまでも特性を把握するための仮想河道についての検討である。	・同上

130

4.4 実河川における具体的な評価結果と得られた知見

④中流地区の治水安全度を向上させた仮想河道	・安全度の低い中流部の治水安全度の向上を図る仮想河川。相対的には投資額は少なくて済む。 ・中流部の流下能力の向上を図り、治水安全度が現況の約1/35より向上した河道。	・比較的現実的な河道についての検討結果である。 ・中流部の流下能力が向上し、治水安全度の上下流バランスが改善される。 ・下流地区への洪水の流下量が若干多くなり、江戸川への洪水分派量も若干減少する。 ・被害の面では上下流、江戸川に大きな負担を与えるものではない。	・治水安全度のバランスを図るケースの検討。被害の面でも特段の問題はない。 ・ただし、この地区には田中、菅生、稲戸井の遊水地があり、それらによる洪水調整への影響については検討が必要。
⑤江戸川への洪水分派の増大を図った仮想河道	・江戸川への洪水分派量を向上させ、計画で想定しているものに近付ける。 ・江戸川全川にわたり低い水路の拡幅が必要で、膨大な投資と既に占用されている河川利用との調整も必要。 ・江戸川への洪水分派率を現況の25％から計画の35％に近付ける。	・計画で想定している分派量（率）に近づけるものであるが、そのための投資額などが膨大であってくる。 ・この整備により、中流地区および下流地区の洪水安全度が向上する。 ・一方、江戸川では洪水流量が増大し、堤防決壊による東京低湿原の洪水被害の発生の可能性が高まる。 ・洪水発生確率による治水安全度でみるとバランスが改善されるが、洪水被害という面では現況河道より大きくなる。	・江戸川を含む利根川水系全体の治水安全度のバランスを向上させるものである。 ・その半面、洪水被害の観点からは被害ポテンシャルの大きな東京低湿原への危険性を現状よりは高めるため、江戸川右岸の堤防決壊の危険性を現状よりは高めるため、この点からは課題がある。

ときの浸水範囲と浸水深を重ね合わせ、最大の浸水範囲と浸水深を包絡して示したものであり、現実の堤防決壊の場合はその地点からの氾濫のみであって、浸水範囲と浸水深はこの予想図とは異なる。

それぞれの河道と被害ポテンシャルとの関係からの検討結果を**表-4.4**に示した。

以上検討から、以下のことが知られた。

① 現況河道は流下能力などの面で上下流バランスがとれていないものであるが、洪水被害との係わりでみると被害ポテンシャルの低い中流地域の安全度が低いため、被害の面では現状のままとすることも一つの選択肢である。ただし、中流地区の氾濫時の最大浸水深は5mと深く、この面の配慮が必要である。

② **表-4.4**に示した検討結果をみる際には、その河道がどの程度の投資と時間で実現できるかの前提条件の理解が重要である(計画と現実とのかい離の問題を意識する必要がある)。

4.5 結　語

本章では、河川堤防システムを含む河道の整備と管理に関して、水理学的なアプローチを軸としつつ、河川堤防システムをみるうえでの基本的な事項の検討、考察を行った。

① 河川堤防システムをみるうえでの基本的な視点として、ⅰ)河川堤防の設置・管理の基準と法的な責任限界、ⅱ)計画と実態とのかい離(時間管理概念を導入した管理が必要)、ⅲ)安全性に係る公平性の原理と実態、その妥当性の被害面から検討、ⅳ)河川堤防の決壊(河川堤防システムの破たん)、ⅴ)越水による堤防決壊(越水深、継続時間との関係)などを示した。

② 実河川(利根川本川)を対象として、水理学的なアプローチにより河川の安全度の評価を行った。計画高水位以下で流しうる洪水流量、堤防天端高で流しうる洪水流量(堤防越水が生じない最大流量)を求めた。そして、その河道流量の発生確率から安全度を評価した。その結果、

現実の河川では上・中・下流で安全度にアンバランスがあることを示した。また、河川整備基本方針では、それが完成した段階では上・中・下流1/200の安全度となるとしているが、現実の現況河川はそれよりはるかに安全度が低いこと、また上・中・下流区間でもそれが異なっていることを示した。

　この解析から、いつ完成するかわからない超長期の計画で河道と河川堤防を考えるのではなく、現状の安全度を基準として、その整備を考える必要があることを具体的に示した。すなわち、河道と河川堤防システムの時間管理の重要性を明らかにした。

③ 氾濫原で生じる洪水被害額と河川の現況の安全度を対比させることで、河川の現況を被害の面から評価した。被害額が最も大きな東京氾濫原を含む上流の安全度が高いこと、それに比較して被害額が相当的に小さい中・下流区間の安全度が低いことは、被害の面からは合理的とみることもできる。ただし、河道の現況流下能力を大幅に上回る洪水が発生した場合は上流で氾濫する可能性が高いこと(例えば昭和22(1974)年の利根川洪水での堤防決壊)、また、下流で堤防が決壊してもそれによる水位低下は上流区間にまでは及ばないこともあり、この面からのより詳細な考察も今後行ってみたい。

［謝辞］

　最後に、白井勝二さん、福成孝三さんほかの河川堤防・利根川に関する研究会の各位および関係した伊藤学君、伊藤拓平君(学生)に深く感謝するとともに、本章の一部に科学技術研究費補助金(「システムとしての河川堤防管理手法の開発」)を得ていること付記しておきたい。

《参考文献》

1) 中島秀雄『図説　河川堤防』技報堂出版、2003
2) 岡二三生「河川堤防の調査、再生と強化法に関する研究」『国土交通省・建設技術研究開発費補助金研究成果報告書』2007、pp.1-256

3) 吉川勝秀編著『河川堤防学』技報堂出版、2008
4) 吉川勝秀「河川堤防システムの整備・管理に関する実証的考察」『水文・水資源学会誌（原著論文）』Vol.24、No.1、2011、pp.21-36
5) Takami Nagasaka, Yousuke Nakamura, Katsuhide Yoshikawa : Considering Estimatede Damages in Management of Continuous Levee System Safety - Empirical Study of the Tone River System-, Proceedings of the Twelfth Inter-national Summer Symposium, 2010, pp.123-126
6) 鈴田裕三・木下隆史・白井勝二・吉川勝秀「洪水氾濫を推定する地形学的アプローチに関する考察」『水文・水資源学会誌（原著論文）』Vol.24、No.2、2011、pp.99-109
7) 山口高志・吉川勝秀・角田　学「都市化流域における洪水災害の把握と治水対策に関する研究」『土木学会論文報告集』No.313、1981、pp.75-88
8) 国土開発技術研究センター編、（社）日本河川協会（編集関係者代表：吉川勝秀）『解説・河川管理施設等構造令』山海堂、2000
9) 吉川勝秀『人・川・大地と環境』技報堂出版、2004
10) 井上章平「陳述書」『岐阜地方裁判所民事部第二部（損害賠償請求事件：岐阜地裁昭和52年（ワ）第317号・昭和54年（ワ）第453号の証人陳述書）』1981
11) 吉川勝秀『河川の管理と空間利用』鹿島出版会、2009
12) 伊藤拓平・伊藤　学・吉川勝秀「高規格堤防の整備に関する調査と考察」『第36回土木学会関東支部技術研究発表会講演概要集（CD-ROM）』Ⅱ-72、2010
13) 福成孝三・白井勝二・吉川勝秀「河川の土砂収支・河床変動の実態と河道管理に関する実証的研究」『水文・水資源学会誌（原著論文）』Vol.24、No.2、2011、pp.85-98
14) 建設省土木研究所河川研究室・石川忠晴ほか「利根川・江戸川の河道粗度係数について」『土木研究所資料』No.1943、1983、pp.1-74
15) 福成孝三・白井勝二・吉川勝秀「河川堤防システムの安全管理に関する実証的研究」『建設マネジメント研究論文集』Vol.14、2007、pp.311-320
16) K. Fukunari, M. Miyamoto and K. Yoshikawa : An Empirical Study on Safety Management for River Levee Systems, Proceedings of IS-KYOTO, International Society for Soil Mechanics and Geotechnical Engineering, 2009, pp.559-565
17) 建設省土木研究所土質研究室「河川堤防の土質工学的研究」『土木研究所資料』No.688、1971、pp.1-57
18) 瀬川明久・港高　学・吉川勝秀「低湿地堤防の弱点箇所と安全性に関する考察」『河川技術論文集』Vol.13、2007、pp.309-314
19) 建設省土木研究所河川研究室・石川忠晴ほか「越水堤防調査中間報告書－解析偏－」『土木研究所資料』No.1760、1982、pp.5-72
20) 吉本俊裕・末次忠司ほか「昭和61年8月小貝川水害調査」『土木研究所資料』No.2549、1988
21) 国土交通省河川局『治水経済調査マニュアル（案）』2005
22) 伊藤　学・楢崎真也・吉川勝秀「超過洪水を考慮した河川堤防管理に関する基礎的研究」『第36回土木学会関東支部技術研究発表会講演概要集』Ⅱ-14、2010

第5章
河川堤防システムについての被害からの検討

【本章の要点】

　本章では、河川の安全度のあるべき姿に関係して、河川堤防システムの破たんによって生じる洪水被害の視点から検討を行う。すなわち、洪水対策の目標は洪水被害の軽減・防止であり、それに直接対応した視点からの検討である。

　洪水被害(額)は、氾濫原に生じる洪水氾濫流という外力と、それによって被害を受ける対象物、すなわち氾濫原に存する被害対象物(それを被害ポテンシャルと呼ぶ)によって規定される。その洪水被害額は、ある特定の洪水外力(治水能力を超える規模の洪水ということで、超過洪水と呼ぶ)に対するものと、あらゆる超過洪水に対する確率的な期待値(年平均洪水被害額)で示すことができる。

　本章では、前者のある特定の洪水外力に対する被害額の視点から、利根川の氾濫原について検討した[14]。年平均被洪水被害額については、次章で述べる。

5.1　はじめに

　我が国では堤防システムは、計画高水を想定して、計画高水位をもとに整備・管理されている。そして、一つの河川では、その計画高水のもとで、一連区間では左右岸、上下流の安全度は確率的に一様とされている[1]。しかし、

現実には、計画で想定している状態とはかい離しており、河川の安全度は上下流などで異なっている場合が多い[2]。

そのような堤防システムの整備・管理においては、堤防システムの決壊などに係わる水理的な検討とともに、堤防システムの破たん（決壊）時の被害からの検討が必要である。

本章では、長く連続した河川堤防システムを対象として、その整備・管理の基本的事項について、想定被害を推定することにより考察を行った。その考察は、堤防で国土を守っている主要な国々とも比較しつつ行った。

5.2　従来の研究と本章の基本的立場

河川の整備・管理について被害からの検討を行った研究としては、河川整備（寝屋川の改修）の経済的な妥当性についての広長・八島・坂野の研究[3]がある。その後、水害被害に関しては、被害率の調査を踏まえた治水経済調査要綱（建設省、現・国土交通省）が定められ、河川行政ではそれを用いて河川整備の効果を推定するようになっている。吉川ら[4]は、同要綱の被害率を活用しつつ都市化の洪水被害への影響の要因分析や河川整備の経済的な妥当性の検討を行っている。

洪水の氾濫に伴う被害に関連しては、現・国土交通省による浸水想定区域・浸水深の公表、内閣府（中央防災会議）による利根川や荒川の想定氾濫区域などの公表がなされ、一部河川では被害額の推定が行われているが、長い河川堤防システムの現況の安全性やこれからの整備・管理と関係づけたものではない。

河川の整備・管理に関連する水文・水理的検討（上記の国土交通省、中央防災会議のものを含む）などは詳細な研究が数多くなされているが、河川の洪水被害からの分析・検討や、同視点から長く連続した河川堤防システムの整備・管理については、ほとんど検討されていない。

そこで、本章では、連続した河川堤防システムの整備・管理について、堤防システムの破たん（決壊、破堤）によって生じる被害を推定することで、その河川の被害特性の分析を行ない、被害からみた河川堤防システムの管理の

方向性について、諸外国とも比較検討しつつ、基本的な考察を行った。その検討・考察は、日本最大級の河川である利根川を対象として定量的に行ったが、その方法は、ほかの河川流域にも適用しうるものである。

5.3 氾濫原の特性に基づく区分と浸水の特性

　河川の決壊による被害を推定するため、氾濫原の標高・治水地形、過去の氾濫実績などから、利根川の氾濫区域を**図-5.1**のように区分（ブロック化）した。その区分は、**図-5.2**の治水地形分類図上に示すように、基本的に治水地形に対応したものである（基本的に氾濫原を区分したものであるが、一部区域は、便宜上ローム台地を含むものとして示した）。なお、この治水地形分類図は国が管理する河川について、かつて河川が乱流して形成された氾濫原、そしてさらに詳細な旧河道跡、自然堤防、後背湿地などの治水地形を示したもの（昭和50年代初めに建設省河川局＜当時＞と国土地理院で作成）であり、堤防が決壊して氾濫すると、その旧河道跡や後背湿地などの治水地

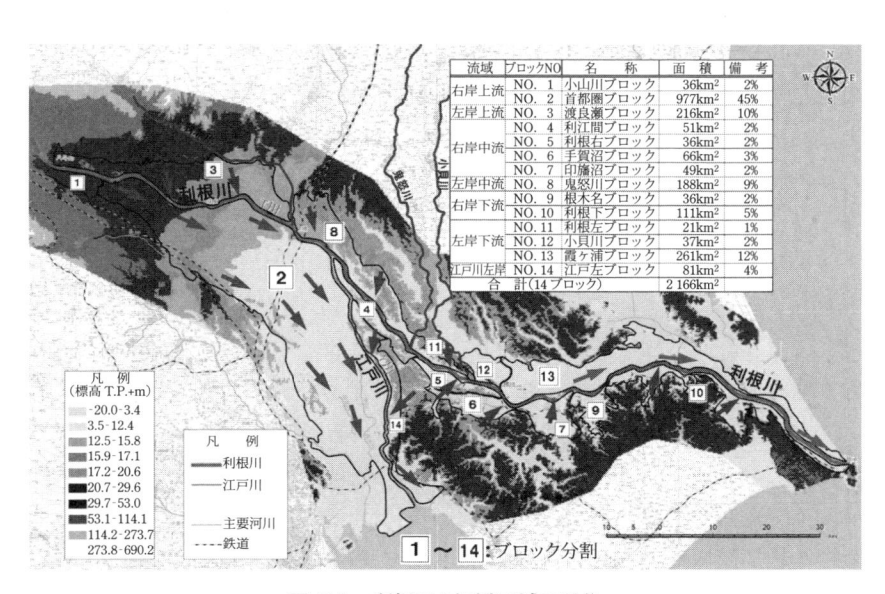

図-5.1　利根川の氾濫区域の区分

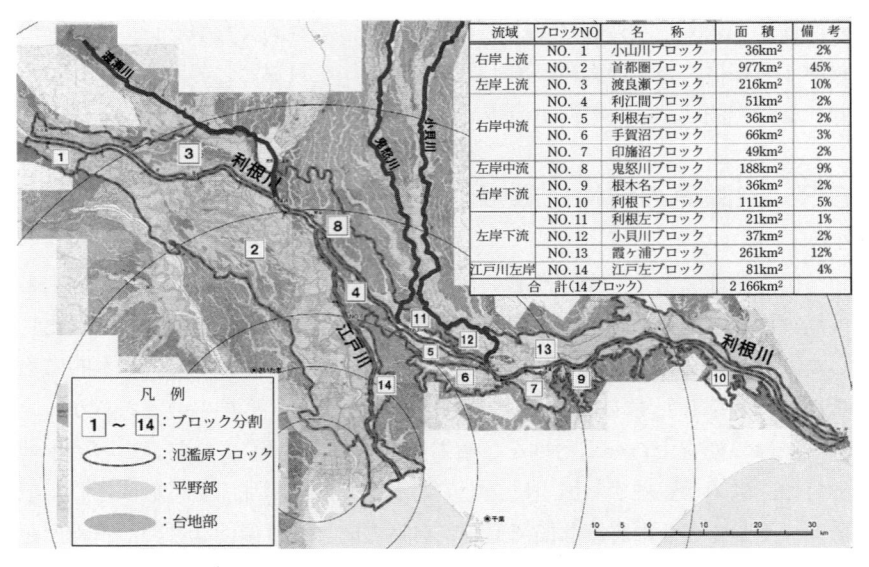

流域	ブロックNO	名　称	面　積	備　考
右岸上流	NO. 1	小山川ブロック	36km²	2%
	NO. 2	首都圏ブロック	977km²	45%
左岸上流	NO. 3	渡良瀬ブロック	216km²	10%
	NO. 4	利江間ブロック	51km²	2%
右岸中流	NO. 5	利根右ブロック	36km²	2%
	NO. 6	手賀沼ブロック	66km²	3%
	NO. 7	印旛沼ブロック	49km²	2%
左岸中流	NO. 8	鬼怒川ブロック	188km²	9%
右岸下流	NO. 9	根木名ブロック	36km²	2%
	NO. 10	利根下ブロック	111km²	5%
左岸下流	NO. 11	利根左ブロック	21km²	1%
	NO. 12	小貝川ブロック	37km²	2%
	NO. 13	霞ヶ浦ブロック	261km²	12%
江戸川左岸	NO. 14	江戸左ブロック	81km²	4%
合　計（14ブロック）			2 166km²	

図-5.2　利根川の氾濫区域と治水地形との関係

形に沿うように氾濫水が流れることが経験的に知られている。図に示すように、東京を抱える氾濫原（東京氾濫原）、下流の霞ヶ浦に至る左岸側の氾濫原では、氾濫流は拡散・流下する（拡散・流下型の氾濫となる）。また、利根川と渡良瀬川に囲まれた氾濫原や利根川と小貝川に囲まれた氾濫原は貯留型の氾濫となる。もちろん、貯留型の氾濫原でも、貯留された水位の影響があるまでは、あるいは上流区で決壊した場合には拡散・流下型の氾濫となる。

　この氾濫区域における戦後の本川決壊による氾濫は、昭和22（1947）年の利根川の決壊であり、**図-5.3**に示すような氾濫が生じている。この堤防決壊により、氾濫流は東京にまで至り、東京氾濫原の相当部分が浸水したことが知られる。同図には、洪水による浸水深も示している。

　また、この河川の氾濫原の浸水想定区域と浸水深は**図-5.4**に示すようである。この想定氾濫区域と浸水深は、計画高水流量の下で河川堤防があらゆる場所で堤防が決壊したときの氾濫を包絡したものである。したがって、一か所の堤防決壊による氾濫（浸水区域、浸水深）とは異なっている。想定氾濫についてみると、例えば貯留型の氾濫原区域である渡良瀬川合流点の上流区

5.3 氾濫原の特性に基づく区分と浸水の特性

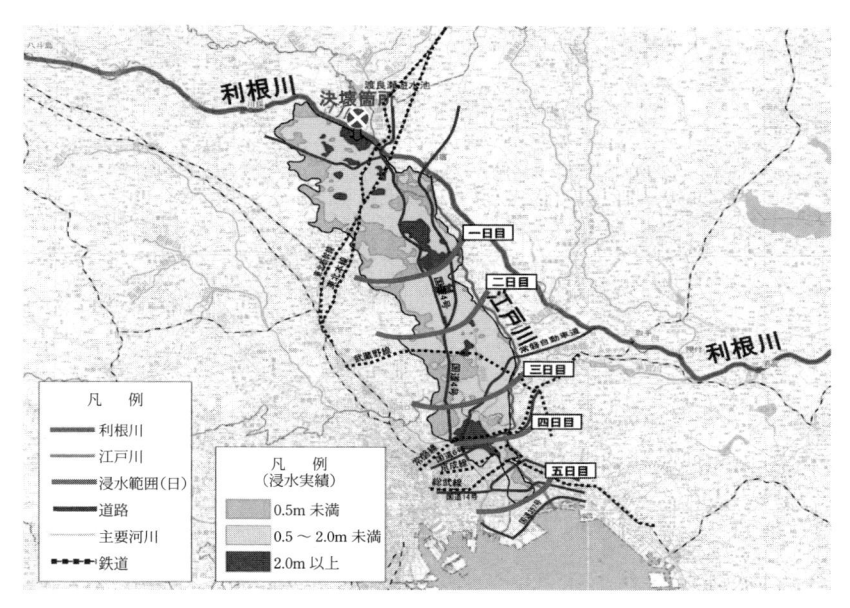

図-5.3 利根川の昭和22（1947）年の浸水区域と浸水深（国土交通省資料より作成）

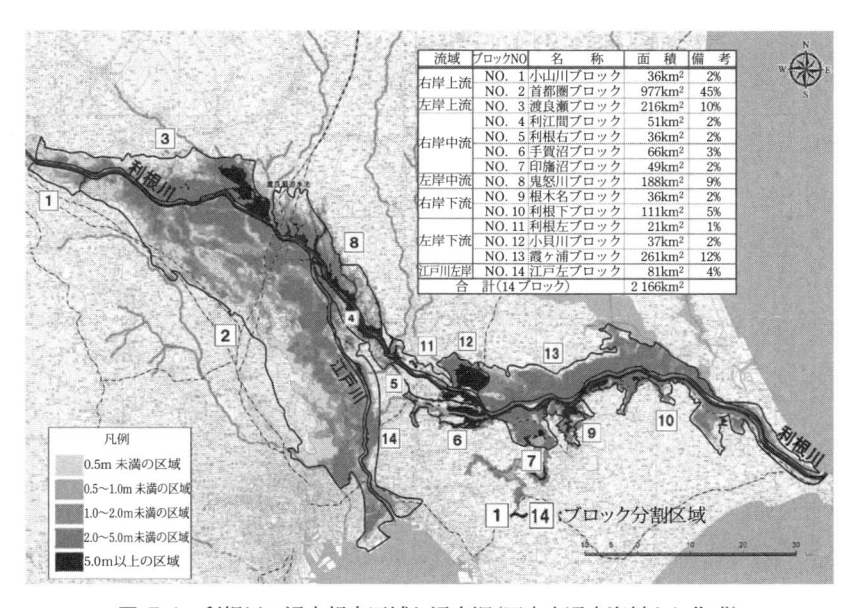

流域	ブロックNO	名称	面積	備考
右岸上流	NO. 1	小山川ブロック	36km²	2%
	NO. 2	首都圏ブロック	977km²	45%
左岸上流	NO. 3	渡良瀬ブロック	216km²	10%
	NO. 4	利江間ブロック	51km²	2%
右岸中流	NO. 5	利根右ブロック	36km²	2%
	NO. 6	手賀沼ブロック	66km²	3%
	NO. 7	印旛沼ブロック	49km²	2%
左岸中流	NO. 8	鬼怒川ブロック	188km²	9%
右岸下流	NO. 9	根木名ブロック	36km²	2%
	NO.10	利根下ブロック	111km²	5%
左岸下流	NO.11	利根左ブロック	21km²	1%
	NO.12	小貝川ブロック	37km²	2%
	NO.13	霞ヶ浦ブロック	261km²	12%
江戸左岸	NO.14	江戸左ブロック	81km²	4%
合　計（14ブロック）			2,166km²	

図-5.4 利根川の浸水想定区域と浸水深（国土交通省資料より作成）

域や小貝川合流点の上流区域では、浸水深が 5m 以上の水深となる区域があること、拡散・流下型の氾濫区域では概ね 2m 未満の浸水深となっていることなどが知られる。

5.4 資産額の分布とその構成（洪水被害ポテンシャル）

氾濫原の資産（洪水被害ポテンシャル）の分布とその構成は以下のとおりである。

図-5.5 には上述の氾濫区域の区分（ブロック）ごとの家屋資産額を、**図-5.6** には家庭用品資産額、**図-5.7** には事業所資産額、**図-5.8** には農漁家資産額、**図-5.9** には農産物資産額を示した。

これらの資産額は、世界測地系で作成されたメッシュ統計データを用いて算定するモデルを構築し、算定した。このモデルは、氾濫原をメッシュで表示し、各メッシュでの資産額（被害ポテンシャル）を算定し、さらにそのメッシュの浸水深から被害額を求めるものであり、基本的に国土交通省の治水経済調査マニュアル（案）[5]に示される方法で被害額の算定を行うものである。それを利根川の氾濫原全域に対して適応させた。

各ブロックの資産額の合計を**図-5.10** に示した。

利根川氾濫原の各ブロックの資産額を合計した資産総額は約 52 兆円であり、その構成を**表-5.1** に示した。資産額の内訳に示されるように、家屋・家庭用品・農漁家の資産が総資産額の大半を占めている（約 80％）。

ブロック別にみると、上流右岸（②首都圏ブロック）、いわゆる東京氾濫原の資産額が最も大きく、氾濫原全体の総資産額の約 72％を占めている。

5.4 資産額の分布とその構成（洪水被害ポテンシャル）

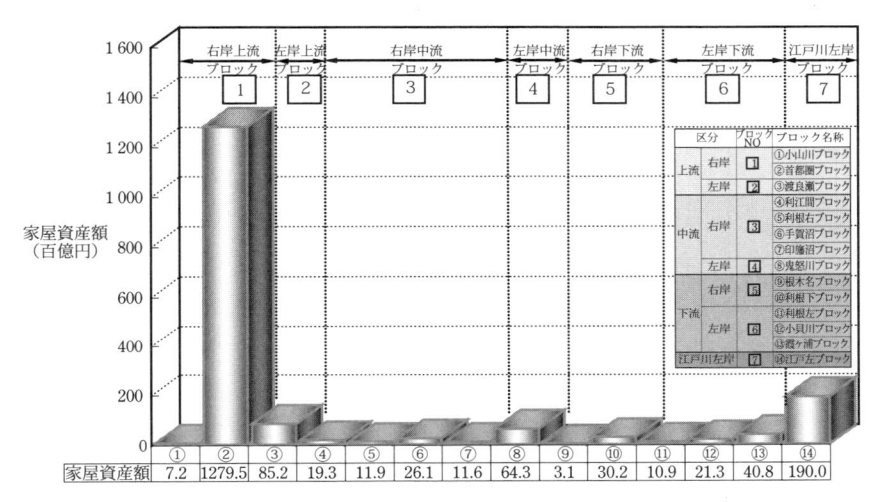

図-5.5　家屋資産額とその分布

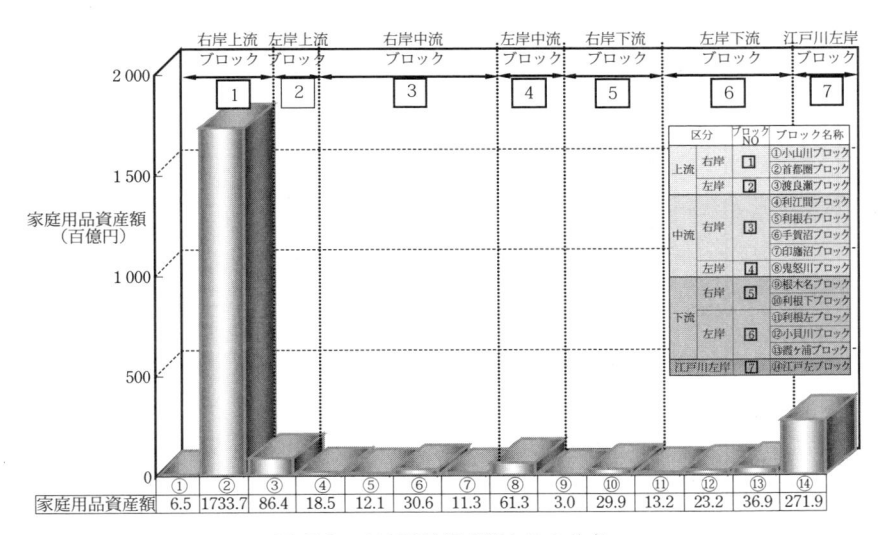

	①	②	③	④	⑤	⑥	⑦	⑧	⑨	⑩	⑪	⑫	⑬	⑭
家屋資産額	7.2	1279.5	85.2	19.3	11.9	26.1	11.6	64.3	3.1	30.2	10.9	21.3	40.8	190.0

ブロック区分：
- 右岸上流ブロック 1
- 左岸上流ブロック 2
- 右岸中流ブロック 3
- 左岸中流ブロック 4
- 右岸下流ブロック 5
- 左岸下流ブロック 6
- 江戸川左岸ブロック 7

区分		ブロックNO	ブロック名称
上流	右岸	1	①小山川ブロック／②首都圏ブロック
	左岸	2	③渡良瀬ブロック
中流	右岸	3	④利江間ブロック／⑤利根右ブロック／⑥手賀沼ブロック／⑦印旛沼ブロック
	左岸	4	⑧鬼怒川ブロック
下流	右岸	5	⑨根木名ブロック／⑩利根下ブロック
	左岸	6	⑪利根左ブロック／⑫小貝川ブロック／⑬霞ヶ浦ブロック
江戸川左岸		7	⑭江戸川左ブロック

図-5.6　家庭用品資産額とその分布

	①	②	③	④	⑤	⑥	⑦	⑧	⑨	⑩	⑪	⑫	⑬	⑭
家庭用品資産額	6.5	1733.7	86.4	18.5	12.1	30.6	11.3	61.3	3.0	29.9	13.2	23.2	36.9	271.9

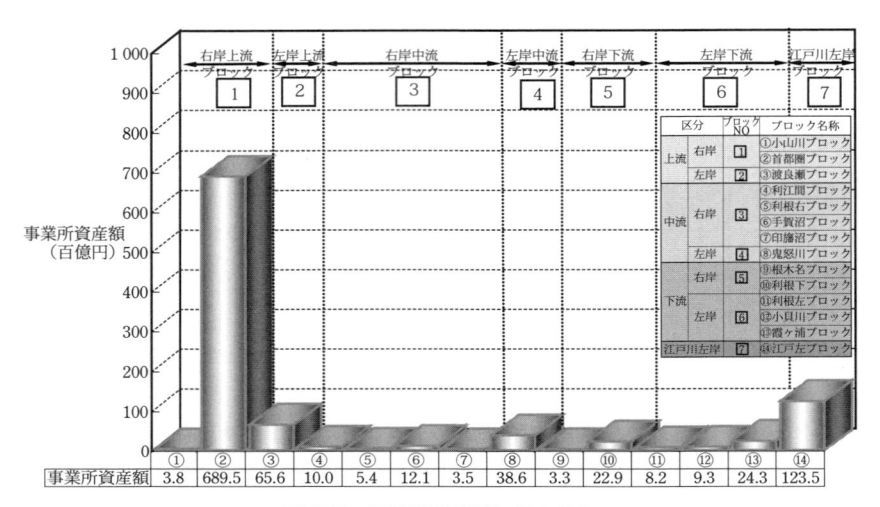

図-5.7 事業所資産額とその分布

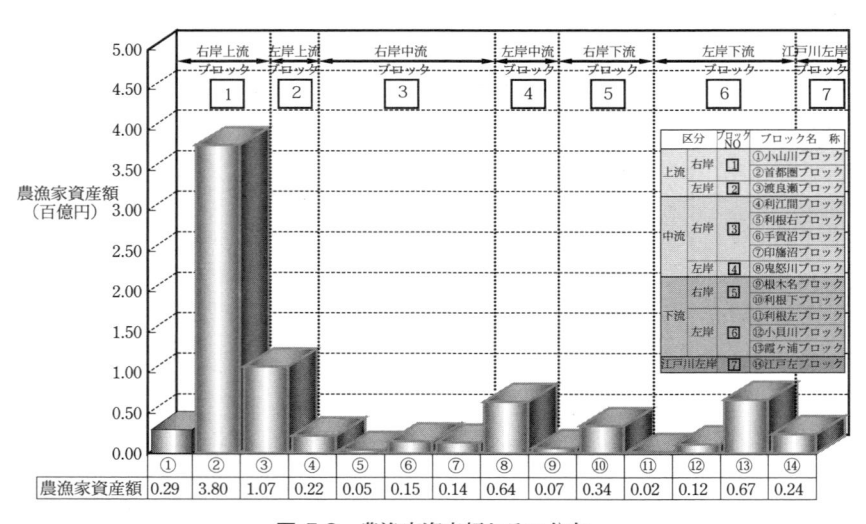

	①	②	③	④	⑤	⑥	⑦	⑧	⑨	⑩	⑪	⑫	⑬	⑭
事業所資産額	3.8	689.5	65.6	10.0	5.4	12.1	3.5	38.6	3.3	22.9	8.2	9.3	24.3	123.5

ブロック区分:
- 右岸上流ブロック 1
- 左岸上流ブロック 2
- 右岸中流ブロック 3
- 左岸中流ブロック 4
- 右岸下流ブロック 5
- 左岸下流ブロック 6
- 江戸川左岸ブロック 7

区分		ブロックNO	ブロック名称
上流	右岸	1	①小山川ブロック
			②首都圏ブロック
	左岸	2	③渡良瀬ブロック
中流	右岸	3	④利江間ブロック
			⑤利根右ブロック
			⑥手賀川ブロック
			⑦印旛沼ブロック
	左岸	4	⑧鬼怒川ブロック
下流	右岸	5	⑨根木名ブロック
			⑩利根下ブロック
	左岸	6	⑪利根左ブロック
			⑫小貝川ブロック
			⑬霞ヶ浦ブロック
江戸川左岸		7	⑭江戸左ブロック

図-5.8 農漁家資産額とその分布

	①	②	③	④	⑤	⑥	⑦	⑧	⑨	⑩	⑪	⑫	⑬	⑭
農漁家資産額	0.29	3.80	1.07	0.22	0.05	0.15	0.14	0.64	0.07	0.34	0.02	0.12	0.67	0.24

5.4 資産額の分布とその構成（洪水被害ポテンシャル）

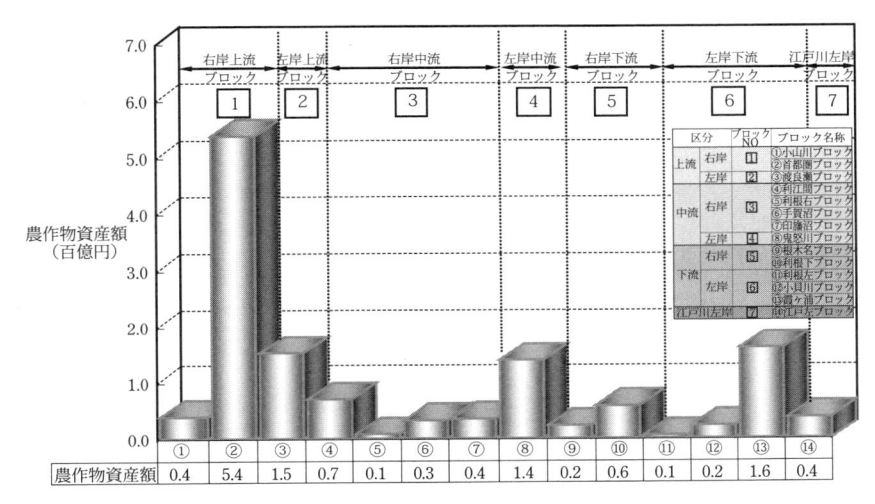

図-5.9 農作物資産額とその分布

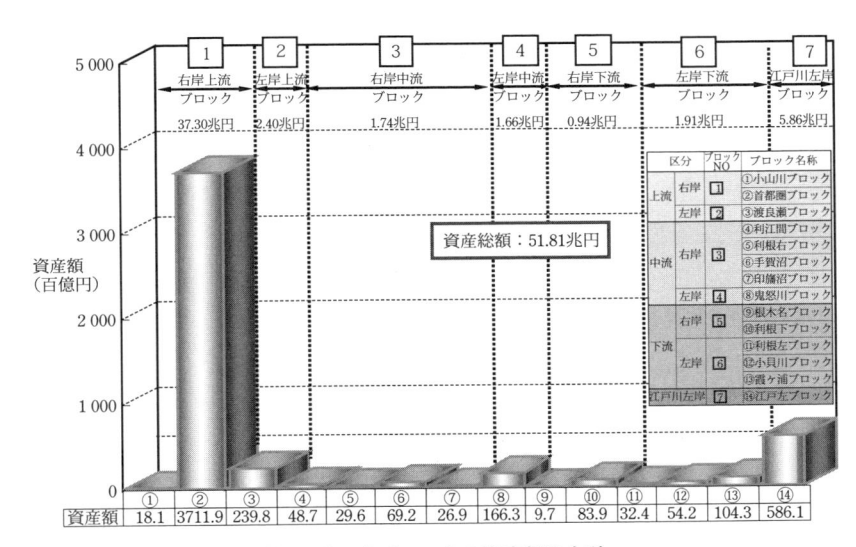

	①	②	③	④	⑤	⑥	⑦	⑧	⑨	⑩	⑪	⑫	⑬	⑭
農作物資産額	0.4	5.4	1.5	0.7	0.1	0.3	0.4	1.4	0.2	0.6	0.1	0.2	1.6	0.4

ブロック区分：
- 1 右岸上流ブロック
- 2 左岸上流ブロック
- 3 右岸中流ブロック
- 4 左岸中流ブロック
- 5 右岸下流ブロック
- 6 左岸下流ブロック
- 7 江戸川左岸ブロック

区分		ブロックNO	ブロック名称
上流	右岸	1	①小山川ブロック／②首都圏ブロック
	左岸	2	③渡良瀬ブロック
中流	右岸	3	④利江間ブロック／⑤利根右ブロック／⑥手賀沼ブロック／⑦印旛沼ブロック
	左岸	4	⑧鬼怒川ブロック
下流	右岸	5	⑨根木名ブロック／⑩利根下ブロック
	左岸	6	⑪利根左ブロック／⑫小貝川ブロック／⑬霞ヶ浦ブロック
江戸川左岸		7	⑭江戸左ブロック

図-5.10 各ブロックの資産額の合計

資産総額：51.81兆円

ブロック別資産額：
- 1 右岸上流ブロック：37.30兆円
- 2 左岸上流ブロック：2.40兆円
- 3 右岸中流ブロック：1.74兆円
- 4 左岸中流ブロック：1.66兆円
- 5 右岸下流ブロック：0.94兆円
- 6 左岸下流ブロック：1.91兆円
- 7 江戸川左岸ブロック：5.86兆円

	①	②	③	④	⑤	⑥	⑦	⑧	⑨	⑩	⑪	⑫	⑬	⑭
資産額	18.1	3711.9	239.8	48.7	29.6	69.2	26.9	166.3	9.7	83.9	32.4	54.2	104.3	586.1

143

表-5.1 資産額の構成と合計

氾濫原		面積 [km²]	浸水区域内 人口 [万人]	浸水区域内 世帯 [万世帯]	1次資産 (家屋+家庭用品+農漁家) 浸水区域内 資産額 [百億円]	2次資産 (鉱業+建設業+製造業) 浸水区域内 資産額 [百億円]	3次資産 (卸・小売+金融・保険+不動産+運輸通信+電気ガス+サービス+公務) 浸水区域内 資産額 [百億円]	農作物 浸水区域内 資産額 [百億円]	氾濫原資産額 合計 [百億円]
上流	①右岸	1,014	537.0 5296人/km²	222.3 2192世帯/km²	3031.0 299億円/km²	234.3 23億円/km²	458.9 45億円/km²	5.8 0.6億円/km²	3730.0 367.9億円/km²
上流	②左岸	216	18.5 856人/km²	5.9 273世帯/km²	172.7 80億円/km²	36.7 17億円/km²	28.9 13億円/km²	1.5 0.7億円/km²	239.8 111.0億円/km²
中流	③右岸	202	15.7 777人/km²	4.9 243世帯/km²	141.8 70億円/km²	11.8 6億円/km²	19.2 10億円/km²	1.5 0.7億円/km²	174.3 86.3億円/km²
中流	④左岸	188	14.1 750人/km²	4.2 223世帯/km²	126.3 67億円/km²	16.1 9億円/km²	22.5 12億円/km²	1.4 0.7億円/km²	166.3 88.5億円/km²
下流	⑤右岸	146	7.3 500人/km²	2.2 151世帯/km²	66.6 46億円/km²	6.9 5億円/km²	19.3 13億円/km²	0.8 0.6億円/km²	93.6 64.1億円/km²
下流	⑥左岸	319	16.3 511人/km²	5.0 157世帯/km²	147.2 46億円/km²	13.6 4億円/km²	28.2 9億円/km²	1.9 0.6億円/km²	190.9 59.8億円/km²
江戸川左岸	⑦	81	44.4 5481人/km²	18.4 2272世帯/km²	462.2 571億円/km²	21.9 27億円/km²	101.6 125億円/km²	0.4 0.5億円/km²	586.1 723.6億円/km²
合計		2,166	653.3	262.9	4147.8	341.3	678.6	13.3	5181.0

5.5 被害額の推定（想定被害額）

洪水被害額は、吉川が示したように、以下のように示すことができる。すなわち、堤防決壊によって生じる被害額は、決壊による氾濫で被災する氾濫原の被害ポテンシャルによる[1),4),6)〜9)]。

$$D = D(F, F_0, S) \tag{5.1}$$
$$\overline{D} = \int_{F_0}^{\infty} P_r(F) \cdot D(F, F_0, S) dF \tag{5.2}$$

ここに、D：被害額、F：外力（降雨や流量、水位などで与えられる。被害額との関係では、通常は氾濫水深による）、$P_r(F)$：外力 F の発生確率密度、F_0：治水施設の能力（無被害で対応できる治水の容量）、S：被害ポテンシャル（氾濫などの水害により被害を受ける対象物の量）、$\overline{D}$：年平均（確率平均）想定被害額である。

この式を単純化し、近似して離散量で計算することにすると、例えば直接被害額 D_d の算定は次式で与えられる。

$$S_d = \text{SUM}(S_i ; i=1\sim5) \tag{5.3}$$
$$D_i = S_i \times R_i(h) \tag{5.4}$$
$$D_d = \text{SUM}(D_i ; i=1\sim5) \tag{5.5}$$

ここに、S_i：資産額、S_d：資産額の合計（被害ポテンシャル）、D_i：資産別洪水被害額、$R_i(h)$：資産別の洪水被害率、SUM：集計記号、$i=1$：家屋、$i=2$：家庭用品、$i=3$：事業所、$i=4$：農漁家・農作物、$i=5$：公共土木施設などである。

被害額は、前述の資産額に、浸水深に対応した被害率を掛けて算定される。被害率は、洪水後の被害額と浸水深の調査の結果から求められる。本章ではその被害率として、定常的な調査により平均的な値として公表されている『治水経済調査マニュアル（案）』[5)]に示された値を用いた。ほかの被害額（間接被害額、公共土木施設などの被害額＜一般資産被害額に一定の率を掛けて算定＞）の算定も、同マニュアル（案）に示される方法、被害率などを用いて

行った。すなわち、『治水経済調査マニュアル(案)』は、洪水被害の主要なものとして、家屋、家庭用品、事業所、農漁家、農作物が浸水することによって生じる一般資産被害額、間接被害額として事業所の営業停止などの被害額、および公共土木施設等(道路、橋梁、下水道、都市施設、公益施設、農地、農業用施設)の被害額を算定するものである。これらの被害項目以外の各種の被害も想定することはできるが、このマニュアル(案)では算定されない。そして、その被害額の算定において、各項目の一般資産被害額は、それが存在する場所の浸水深に対応した被害率(被害率＝被害額／資産額＜被害ポテンシャル＞)を資産額に掛けることで求める方式をとっている。本章では、『治水経済調査マニュアル(案)』に示される被害項目について、同マニュアル(案)に示される被害率を用いて、被害額の算定を行った。また、同マニュアル(案)では、公共土木施設等被害額は、一般資産被害額に上述の道路から農業用施設それぞれについて一定の比率を掛けて求めるとしている。本章では、その比率を用い、一般資産被害額にその比率を乗じて公共土木施設等の被害額を算定した。ただし、公共土木施設等の被害額は、同マニュアル(案)では一般資産被害額の1.694倍としている(そのうち0.658倍は農業用施設に対するものとしている)が、大河川の氾濫の場合を適切に示しているかどうかという問題もあり、以下では、ほぼ農業用施設に対するものを除いた場合に相当する1.00倍と仮定して推計を行った。これは、利根川右岸の東京氾濫原などの都市化が進んで市街化率が高い地区では、土地利用の状況から都市型の氾濫域と農地などからなる氾濫原に区分されるが、都市型の氾濫域では、実際には農業用施設がないのにも係わらず被害額が加算されることを避けることにも配慮した仮定である。なお、この仮定をおかずに同マニュアル(案)の値を用いると、公共土木施設等の被害額は本章の値よりも一般資産額に0.658(農業用施設の比率)を乗じた値だけ大きなものとなる。

　同マニュアル(案)の被害率、公共土木施設等の被害額推計にはいくつかの限界(例えば流速の考慮、公共土木施設等の被害額の推計が超大規模な氾濫時の値として妥当性があるかなど)もあると思われるが、そのような誤差も念頭に置きつつ、大まかに被害特性を理解するうえで利用することにした。将来的には直接被害、間接被害、被害率、公共土木施設等などの被害の構成

5.5 被害額の推定（想定被害額）

や被害率などの調査・研究も行いたいが、それには膨大な人的・費用的投資が必要であり、今後のテーマとしたい。

利根川氾濫原の被害額を、上記の資産額、被害率を用い、**図-5.4**に示した浸水深を用いて各ブロックの被害額（公共土木施設等被害額を含む）を算定

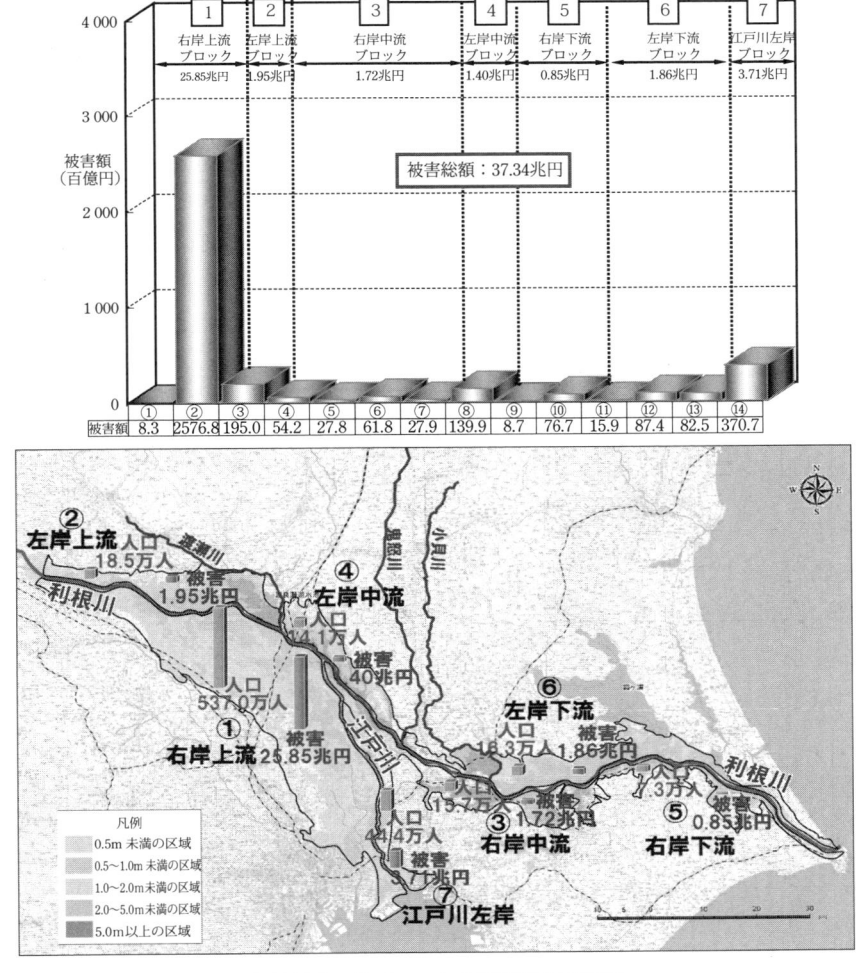

図-5.11 各ブロックの想定洪水被害額

表-5.2　洪水被害額

氾濫原		面積 [km²]	浸水区域内 人口 [万人]	浸水区域内 世帯 [万世帯]	1次資産 （家屋＋家庭用品＋農漁家）		2次資産 （鉱業＋建設業＋製造業）	
					浸水区域内 資産額[百億円]	浸水区域内 被害額[百億円]	浸水区域内 資産額[百億円]	浸水区域内 被害額[百億円]
上流	①右岸	1,014	537.0 5296人/km²	222.3 2192世帯/km²	3031.0 299億円/km²	940.4 93億円/km²	234.3 23億円/km²	98.8 10億円/km²
	②左岸	216	18.5 856人/km²	5.9 273世帯/km²	172.7 80億円/km²	63.7 30億円/km²	36.7 17億円/km²	14.5 7億円/km²
中流	③右岸	202	15.7 777人/km²	4.9 243世帯/km²	141.8 70億円/km²	63.8 32億円/km²	11.8 6億円/km²	7.5 4億円/km²
	④左岸	188	14.1 750人/km²	4.2 223世帯/km²	126.3 67億円/km²	46.7 25億円/km²	16.1 9億円/km²	9.4 5億円/km²
下流	⑤右岸	146	7.3 500人/km²	2.2 151世帯/km²	66.6 46億円/km²	27.0 19億円/km²	6.9 5億円/km²	3.4 2億円/km²
	⑥左岸	319	16.3 511人/km²	5.0 157世帯/km²	147.2 46億円/km²	66.9 21億円/km²	13.6 4億円/km²	7.6 2億円/km²
⑦江戸川左岸		81	44.4 5481人/km²	18.4 2272世帯/km²	462.2 571億円/km²	138.3 171億円/km²	21.9 27億円/km²	9.2 11億円/km²
合計		2,166	653.3	262.9	4147.8	1346.8	341.3	150.4

すると、図-5.11、表-5.2のようである。

　図-5.11に示したように、図-5.4に示す想定氾濫による被害額の総額は、公共土木被害額を含めると約37兆円となる。東京氾濫原の被害額は約26兆円で、氾濫原全体の被害総額の約70％を占める。

　氾濫原全体の想定氾濫に対する被害額のうちの間接被害額は、営業停止損失、家庭および事業所における応急対策費用を上記マニュアル（案）に基づいて算定すると約1.6兆円となる。

　なお、同様の推定を昭和22（1947）年洪水による東京氾濫原（右岸上流②首都圏ブロック）の氾濫の実績浸水区域・浸水深と現在の資産額、被害率を用いて算定すると約20兆円（公共土木施設等の被害額は除く）となる。また、現時点での東京氾濫原の資産と想定氾濫区域・水深を用いて推定した被害額は13.5兆円（公共土木施設等の被害は除く）である。この算定は、いずれも現時点の資産額（被害ポテンシャル）を用いて、昭和22年洪水時の浸水深と想定氾濫の浸水深を用いたものである。両者を比較すると、後者は前者に対して約6.5兆円、率にして約32％小さい。その理由としては、昭和22年洪水による氾濫以降の河川や農業用排水路の整備、江戸川や荒川などの域外へ

の構成と合計

3次資産 (卸・小売＋金融＋保険＋不動産＋運輸通信＋電気ガス＋サービス＋公務)		農作物		氾濫原資産額合計[百億円]	氾濫原被害額合計[百億円] ※公共土木被害含む
浸水区域内資産額[百億円]	浸水区域内被害額[百億円]	浸水区域内資産額[百億円]	浸水区域内被害額[百億円]		
458.9 45億円/km²	188.6 19億円/km²	5.8 0.6億円/km²	3.6 0.4億円/km²	3730.0 367.9億円/km²	2585.1 254.9億円/km²
28.9 13億円/km²	15.0 7億円/km²	1.5 0.7億円/km²	1.0 0.5億円/km²	239.8 111.0億円/km²	195.0 90.3億円/km²
19.2 10億円/km²	11.1 6億円/km²	1.5 0.7億円/km²	1.0 0.5億円/km²	174.3 86.3億円/km²	171.7 85.0億円/km²
22.5 12億円/km²	10.7 6億円/km²	1.4 0.7億円/km²	1.0 0.5億円/km²	166.3 88.5億円/km²	139.9 74.4億円/km²
19.3 13億円/km²	10.2 7億円/km²	0.8 0.6億円/km²	0.5 0.3億円/km²	93.6 64.1億円/km²	85.4 58.5億円/km²
28.2 9億円/km²	14.5 5億円/km²	1.9 0.6億円/km²	1.2 0.4億円/km²	190.9 59.8億円/km²	185.8 58.2億円/km²
101.6 125億円/km²	29.4 36億円/km²	0.4 0.5億円/km²	0.3 0.4億円/km²	586.1 723.6億円/km²	370.7 457.7億円/km²
678.6	279.5	13.3	8.6	5181.0	3733.6

の排水施設（放水路、ポンプ場）の整備など[10]の効果によるものと推察される。

　氾濫区域（ブロック）ごとの特性をみると、①上流右岸ブロックの氾濫（想定氾濫）では約 537 万人が被災し、被害額が約 26 兆円と大きい、②貯留型の氾濫となる上流左岸ブロックの氾濫は被災人口約 19 万人、被害額約 1.9 兆円で、上流右岸ブロックに比較すると相対的には小さい、③中流域の左右岸、下流域の左右岸からの氾濫による被災人口および被害額は相対的にみるとさらに小さいことなどがわかる（表-5.2）。

5.6　堤防越水の可能性と氾濫原（各ブロック）の資産、想定被害額からの堤防システムの整備・管理に関する考察

　堤防決壊による想定被害額を考慮した河川の整備・管理について、いくつかの視点から考察すると以下のようである。

5.6.1　利根川の現況河道での洪水時の河川水位でみた場合

　利根川の昭和 57（1982）年の洪水時の水深は、図-5.12 に示すとおりであ

る[1]。また、現況において計画高水流量が流れた場合の水深は図-5.13に示すようになると推定される[2]。図-5.12からは、昭和57年洪水の最高水位と計画高水位の差から、中流部（80km〜125km）に余裕がないことがわかる。図-5.13からは、江戸川分派点から小貝川合流点（80km〜125km）までの中流部では、洪水流量が増加するとともに、洪水位が上流と下流より早く計画高水位を超え、さらには堤防天端を越えることがわかる。なお、図-5.13の縦線は、渡良瀬川、鬼怒川、小貝川の合流地点、江戸川の分派地点、および利根川の主要な地点名を示している。各ブロックとの関係は、概ね江戸川分派点より上流が上流のブロックに、江戸川分派点から小貝川合流点までが中流のブロックに、そして小貝川合流点より下流が下流ブロックに対応している。これらのことから両図より、現況河道では、中流区間（③ブロック、⑤および⑪、⑫ブロック）での越水による決壊の可能性が高いことがわかる。この区間の想定氾濫による洪水被害額は、東京氾濫原（右岸上流②ブロック）に比較してはるかに小さく、現況河川は、越水による堤防決壊の場合でみると、想定被害額が小さいブロックで決壊の危険性が高いことがわかる。

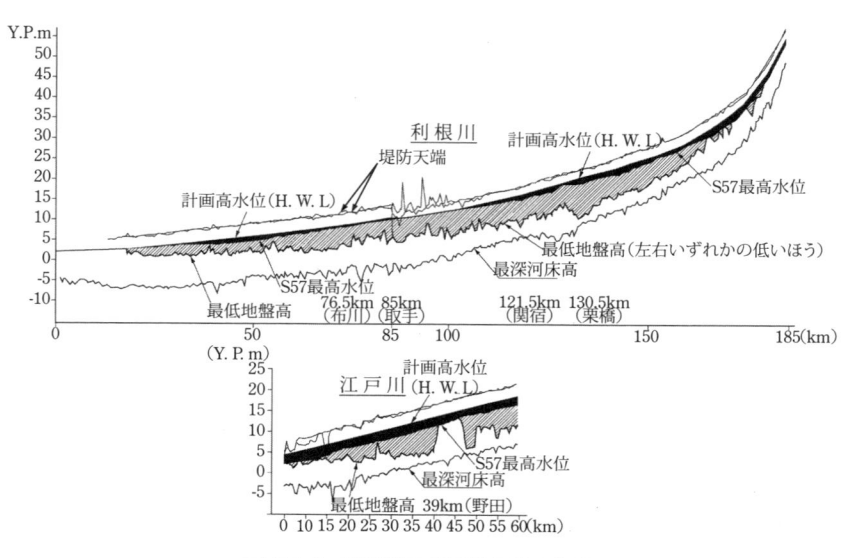

図-5.12 利根川の実績洪水時の水位

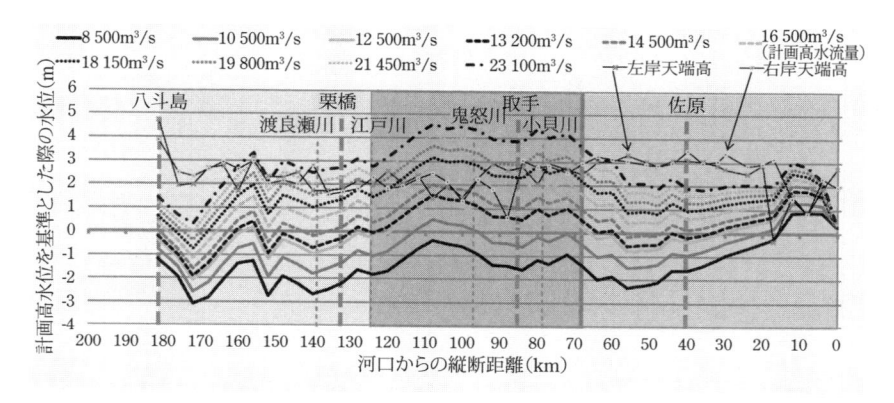

図-5.13 利根川で計画高水流量などが流れたときの推定水位

なお、昭和22年の堤防決壊は、右岸上流②ブロック(東京氾濫原)で生じており、それは、最も想定氾濫被害額が大きなブロックでの決壊であり、最悪の堤防決壊であったといえる。

5.6.2 氾濫域の資産に応じた河川の安全度の設定

堤防で国土や地域、資産を守ってきた国々での河川堤防の安全度の設定について調査すると**表-5.3**のようである[1),11)]。この表には計画のレベルと堤防の規格を示しているが、計画のレベルの設定にあたって、オランダ、中国、ハンガリーでは、同一河川であっても氾濫原の資産、被害額に応じて計画のレベルを変えており、氾濫域の資産に応じて河川の安全度を設定し、既にほぼその整備が完了している[1)]。日本では、水系の重要度に応じて河川の安全度の将来目標を設定しているが、同一河川では、安全度は同じとし、氾濫原の資産に応じて安全度を変えることはしていない。そしてその安全度の将来目標は、現在は全く達成されていない。

オランダでは、海からの塩水の氾濫に対しては1/10 000、ライン川からの真水の氾濫に対しては1/1 250、そしてその間は1/4 000〜1/2 000とするなど、被害の深刻さに応じて安全度を変えている。中国・長江などでは、かつては重要堤防、近年では1級堤防からいくつかの等級で、氾濫原の想定被害の程度に応じて安全度を変えている[1)]。ハンガリーのダニューブ川など

表-5.3 河川堤防の計画レベル、安全度の国際比較[1), 11)]

堤防計画状況	日本	中国	オランダ	ハンガリー	アメリカ
計画のレベル＝安全度	・一つの河川では規模などに応じて一様の安全度 ～1/200年	1級≧1/100年～ 5級≧1/10年	・場所により安全度は変化。 ライン川 上流:1/1 250年規模(淡水) 中流:1/2 000～1/4 000年規模 下流:1/10 000年規模海水)	・原則 1/100年 都市などは 1/1 000	・代表的河川の連邦堤防では一般的には1/100、ミシシッピ川の重要区間は1/500年。山付堤防区間の農地部は1/50年相当(ただし、自治体の判断により1/200年といったケースもある)。
堤防諸元 ①堤防の高さ=計画高水位＋余裕高。そのうちの余裕高の最低値	200m³/s→0.6m～ 10 000m³/s→2.0m	1級:1.0m～5級:0.5m	・河川では平均0.5m 海岸付近は0.5m以上	・1.0m 一定	・解析によって必要な高さを設定。
②天端幅の最低値	500m³/s未満→3m～ 100 000m³/s以上→7 m	・堤防の高さに応じて変化：3～5 m	・最低3m。道路と兼用した場合は道路幅。	・最低4m～最大6m	・最低：約3.1～約3.7m。 ※一般道路と兼用した場合、緊急対策などで上記の幅を広くする場合あり。
③のり勾配	・原則としてのり勾配2割	・原則としてのり勾配3割	・原則としてのり勾配3割	・原則としてのり勾配3割	・水防や維持管理の観点から天端幅3.05m、のり勾配2割(安定性評価から決める場合は2割～5割程度)。
国の政策・その他		・洪水の遊水対策 ・植林などによる流出抑制政策	・洪水の貯留による河川水位の低下。	———	・上下流の堤防高は、背後地における資産の大小に対応して設定。

では、1/100を基本としているが、重要三都市の氾濫原を守る堤防は1/1000として安全度を設定している。

　我が国では、同一河川では、ある確率で発生する計画高水に対して、計画高水位を設定し、それに流量規模に応じた余裕高を加え、同様なのり勾配で堤防を整備しているのが普通である。すなわち、氾濫による被害の考慮はなく、水文・水理的な確率のみによって堤防を整備し、管理している。

　これに対して、上述の国々のように、氾濫域の資産、想定被害額に応じて堤防の安全度(設計のレベル。計画で対象とする洪水の計画高水位、堤防の幅＜天端幅＞、高さ＜計画高水位に余裕高を加えた高さ＞、のり勾配による)に差をつけることも考えられる。それにより、堤防決壊による想定被害額を少なくすることができ、決壊の可能性のある区間が特定されることから水防活動や危機管理上の対応もより的確にできる可能性が高まると想定される。

　この面からは、利根川では右岸上流の東京氾濫域側の堤防の安全度を高くすること(これは計画で想定する状態だけでなく、現実の河川の実管理においても同様である。以下同じ)、あるいは深い浸水が予想される氾濫区域の堤防の安全度を高くすることも考慮に値するであろう。

　また、堤防越水によっても決壊しない高規格堤防の整備では、河川の両側にそれを整備するとするこれまでの計画ではなく、資産・想定被害額の大きな片側のみとすることも考えられてよい。なお、この高規格堤防は、その高さは計画高水位までとし、その上に余裕高に相当する堤防を設けることが望ましい。すなわち、高規格堤防を整備する箇所以外は計画高水位を念頭に整備されているので河川整備のバランス上も、そして余裕高相当の堤防部分の決壊による氾濫でも高規格堤防は決壊せず、その越水による水位低下は上下流に及び、整備箇所以外にも寄与するという効果の面からも望ましい[1]。

5.6.3　堤防の決壊の可能性が一様と仮定した場合

　連続した河川堤防システムを考える場合、それは河川断面、堤防断面という"点"でみるのではなく、長さ方向に"線"でみる必要がある。その場合、一般的には長さ方向に存する堤防決壊のリスクは、堤防延長が長いほど大きく

なる。それは、堤防の洗掘による決壊、堤体浸透による堤防決壊、堤体内の樋管などの構造物周りの漏水による堤防決壊のみでなく、堤防越水による決壊についてもいえることである。

　連続した河川堤防システムにおいて、全区間の水文・水理学的な安全率（洪水発生の超過確率）が一様で、洪水位が計画高水位を超える可能性、さらには計画高水位に余裕高を加えた堤防天端を越える可能性が等しいと仮定すると、越水による堤防決壊の可能性は、どの区間でも均等となるといえる。すなわち、連続した河川堤防システムを、洪水外力との関係、堤防の高さや厚さなどの形状と堤体、基盤の土質などについて単純化し、概念的に考えると、対象とする全区間で、計画高水流量に対応する計画河道が完成している場合に、相当すると考えてよいであろう。その場合、越水による堤防決壊の可能性は、各ブロックの堤防延長に比例するとみることができよう。その場合の越水による堤防決壊の可能性と各氾濫区域（各ブロック）の想定被害額、および被害額に堤防決壊の可能性（ブロックの堤防延長で与える）を掛けた値を**表-5.4**に示した。**表-5.4**より、以上の仮定の下で、東京氾濫原は決壊の

表-5.4 堤防の決壊の可能性が一様と仮定した場合の各ブロックの堤防決壊の可能性、想定被害額など

流域	ブロックNo	名　　称	河川と接している距離 L（km）	被害額 D（兆円）	$L \cdot D$（km・兆円）
右岸上流	1	小山川ブロック	11.7	0.083	1.0
	2	首都圏ブロック	104.5	25.768	2692.8
左岸上流	3	渡良瀬ブロック	53.0	1.950	103.4
右岸中流	4	利江間ブロック	34.8	0.542	18.9
	5	利根右ブロック	19.5	0.278	5.4
	6	手賀沼ブロック	3.0	0.618	1.9
	7	印旛沼ブロック	12.0	0.279	3.3
左岸中流	8	鬼怒川ブロック	39.4	1.399	55.1
右岸下流	9	根木名ブロック	7.6	0.087	0.7
	10	利根下ブロック	56.1	0.767	43.0
左岸下流	11	利根左ブロック	13.1	0.159	2.1
	12	小貝川ブロック	5.2	0.874	4.5
	13	霞ヶ浦ブロック	78.3	0.825	64.6
江戸川左岸	14	江戸左ブロック	45.6	3.707	169.0
合　計（14ブロック）			483.8	37.336	3165.6

可能性が最も高く、かつ1回の決壊の場合の被害額も最も大きいことがわかる。

以上の考察は、概念を具体化するための極めて単純化した一試算であるが、堤防の決壊確率を定量化することは、越水による決壊に加えて、洗掘、浸透・漏水による場合もあり、より複雑な検討が必要である。したがって、この試算は、堤防延長が長くなることで決壊確率が増し、1か所でも決壊すると、表示されているような被害が発生する、ということを概念的に示した検討例である。

5.6.4　超過洪水を考慮した場合

超過洪水を考慮した場合は、本章で着目している被害の視点からの検討が極めて重要となる。

ここで、超過洪水は次のように定義できるものである。すなわち、河川流域で想定している治水施設(上流のダム、中流域の遊水地などの洪水調節施設、河道の整備や堤防整備)が完了し、その状況で計画高水の洪水が流れたときに計画高水位となるが、その計画高水位を超える洪水が計画超過洪水である。さらに洪水の規模が大きくなって、堤防天端を越える洪水は、堤防天端を越える超過洪水である。しかし、計画で想定する治水施設の整備には、これまでの投資水準が超長期にわり継続できたとしても、数十年から百年以上の年数が必要とされる[1]。このような投資の継続は容易でないことなどを考慮すると、計画に対して施設などの整備が完了した河川を対象とすることは現実的でない。現実には、現況河道、現況の堤防システムで、計画高水位を超える洪水が現況の能力を超える超過洪水であり、堤防天端を越える洪水は、堤防天端を越える超過洪水である。その超過洪水を対象として考察することが適当といえる。以下は、主として現況河道、現況の堤防システムでの超過洪水を対象として考察する。

河川堤防は、河川管理施設等構造令[12]に示されるように、河川堤防は計画高水位以下の洪水の通常の作用に対して整備されるものであり、完成した堤防でも計画高水位を超える超過洪水、さらには堤防天端を越える超過洪水が発生すると堤防が決壊しても不思議ではない、というものである[1]。堤防が

決壊した場合、本章5.4、5.5で示したような被害が発生する。その超過洪水での堤防決壊と氾濫、その際に生じると推定される被害額から長く連続した利根川の河川堤防システムについて考察すると、以下のことがいえる。

① 計画完成後の河道と堤防システム：利根川長期計画で必要とされる治水施設の整備が完了した後に計画超過洪水が発生した場合、水理・水文学的な確率での氾濫の可能性は一様となり、いわゆる氾濫発生の確率的公平性は確保される。しかし、どこが決壊しても不思議ではなく、被害の小さな氾濫区域での氾濫の可能性も、被害の大きな氾濫区域での氾濫の可能性もあり、被害の小さな氾濫区域と大きな氾濫区域の区別がなく、被害の面では合理的とはいえない。

② 現況の河道と堤防システム：現況の河道、堤防システムで超過洪水が発生した場合、現況の能力を大きく超える洪水は上流で氾濫すると推察されるが、上流の左右岸で氾濫発生の可能性は同じであり、氾濫が生じた場合の被害額の大小の区別がなく、被害からみた合理性は確保されていない。しかし、現況の能力を少し超える洪水でみると、利根川の上流、中流、下流の洪水を計画高水位以下で流す能力との関係で中流域（そこには鬼怒川の洪水を調節する田中・菅生・稲戸井の遊水地があり、これまでは氾濫区域は主として水田として利用されてきた区域）で氾濫が発生すると想定され、氾濫が発生した場合の被害額は上流での氾濫よりも小さく、被害の面では合理的であるといえる。

③ 昭和22（1947）年当時の河道と堤防システム：当時の河道と堤防システムで計画高水位、さらには堤防天端を越える洪水で堤防が決壊し、**図-5.3**に示した氾濫が発生した。この氾濫は、そもそも計画高水位を超える超過洪水であり、さらには堤防決壊箇所下流の鉄道橋梁に流木や草が体積して河積を阻害したことで洪水位が上昇したことで堤防が決壊したものであるが、堤防システムとしては、決壊の可能性が高い場所での堤防決壊であったといえる。当時の堤防決壊箇所付近の河川堤防は下流側から堤防の強化がなされてきていたが、左岸側に比較して右岸側（つまり東京氾濫原を抱える側）の堤防が低かった[9]。結果としてみると、被害の面からみると最悪の氾濫が起こるべくして起こった

といえる。すなわち、堤防システムの整備・管理という面で教訓を残した状態であったといえる。

④ 利根川の堤防システムの整備・管理についての全般的な考察：

・上流氾濫域での氾濫は、氾濫による洪水位の低下により、中流と下流、江戸川の洪水位を低下させる[2]。中流域での氾濫は、下流の洪水位を低下させるが、上流および江戸川の洪水位の低下はそれほど大きくない。下流域での氾濫は、その場所にもよるが、中流域の水位を一部低下させはするが、上流域の洪水位は低下させない。

・左右岸でみると、上流では右岸側での堤防決壊により生じる被害額は、左岸側での堤防決壊による被害額よりはるかに大きい。中流の左右岸、下流の左右岸での氾濫による被害額は、上流右岸側での氾濫による被害額よりは相対的に小さい。ただし、被害額は相対的に小さくとも、浸水の深刻さでみると、上流左岸側、中流域、下流の小貝川合流点上流ブロックでの浸水深は 5m を超え、深刻な浸水となる。

・これらの特性を考慮した河川堤防システムのあり方としての知見は以下のとおりである。すなわち、超過洪水が発生した場合を考慮すると被害の視点が重要となるが、堤防決壊による被害額の相対的に小さな氾濫区域での氾濫の可能性が高く、被害額が大きな氾濫区域での氾濫の可能性を低くする河川堤防システムの整備・管理が被害の面からは合理性が高い。また、超過洪水の発生を前提として、氾濫の可能性が相対的に高い場所を設定することは、水防活動の備えと洪水時における集中、避難の対応などの面で、危機管理上も合理的といえる。

・超過洪水による被害の発生は避けられないものであり、その際に最悪の事態（例えば昭和 22（1947）年の利根川の堤防決壊）を避け、被害を最小（可能な範囲で極小）とする、危機管理上の対応を効率的・的確にするためには、被害ポテンシャル、洪水被害の視点が重要であり、利根川においては氾濫ブロックの被害面での特性に応じて河川堤防システムの整備・管理が考えられてよい。

・超過洪水に対して、被害の観点からの具体的な対応もいくつか想定される。堤防が決壊した場合に、氾濫原の資産額が大きく、大きな被害

が発生する上流右岸の東京氾濫原側の堤防について、中国・長江などで行っているように、資産額が相対的に小さなほかの場所の堤防より堤防を高くしておく（余裕高を大きくしておく）、堤防を厚くしておく、あるいは逆にそのほかの場所の堤防を相対的に低くしておくなどの対応が考えられる。しかし、これらについては、そのための投資の可能性、社会的な受容性の検討が必要であり、今後の課題である。なお、あらゆる洪水外力でも決壊しない高規格堤防に関しては、概念上はありえても、投資の可能性からその整備がほぼ不可能であること、整備区間と未整備区間の安全度に大きなかい離が生じることなどから、現実的な対応策とはいえないであろう[1),9)]。

5.7　結　語

本章では、利根川流域を対象に、被害の視点から以下のような分析と考察を行った。

① 利根川の氾濫原を地形、治水地形、氾濫実績などから区分（ブロック分け）した。
② その区分された氾濫区分（ブロック）の浸水特性を氾濫実績および想定氾濫解析の結果を用いて明らかにした。
③ 現況河道の水理学的な視点からの安全性を実績洪水および水理解析から示した。
④ さらに、氾濫区分（ブロック）の被害ポテンシャル（資産額）を明らかにした。
⑤ そして、実績洪水の現況での再現や想定氾濫という氾濫が生じた場合の被害額を算定し、被害額とその分布について明らかにした。
⑥ 以上をもとに、被害の視点から、長く連続した利根川の堤防システム評価を行い、現状の河川堤防システムの特徴などを明らかにした。

これらの検討結果は、水理・水文学的な河川の安全度の評価の視点に加えて、連続した河川堤防システムの管理（整備を含む広い意味での管理）に重要な視点を与えるものである。それは、本文で述べたような、被害の視点から

最も安全性を確保すべき堤防区間はどこか、あるいは最悪の被害を回避するためにはどのような河道・堤防の整備・管理が必要か、さらには被害の観点からの河川堤防システムの管理の方向などの知見である。このことは、堤防で国土を守っている国々で実践されている堤防管理との比較検討でも示された知見である。

本章は、被害の視点からの河川堤防システムの管理に関する論文であり、堤防システム管理の全体的な基本論文[1]、水理・水文学的な論文[2]とともに堤防管理の基本となると考えている。

また、今後さらに研究を発展させて、河川堤防システムについて、水文確率的な安全性、公平性の視点に加えて、被害額の視点からより具体的、定量的な検討を行うとともに、その社会的受容性、投資の可能性なども含めた検討を行いたいと考えている。

［追記］

本文は、堤防決壊、氾濫、氾濫原の被害ポテンシャルから推計される洪水被害額という面から河川の状態を評価したものであり、主として長坂丈巨・中村要介氏が解析・整理を、筆者が取りまとめを行い、連名で公表したものである。（2011年5月）

《参考文献》

1) 吉川勝秀「河川堤防システムの整備・管理に関する実証的考察」『水文・水資源学会誌（原著論文）』Vol.24、No.1、2011、pp.21-36
2) Katsuhide Yoshikawa, Manabu Ito: Hydrological Evaluation and Management of River Levee Systems, 4th ASCE (American Society of Civil Engineers)-EWRI (Environmental & Water Resources Institute) International Perspective on Water Resources & the Environment, in the CD-R, 2011
3) 広長良一・八島　忠・坂野重信「低平地緩流河川の治水計画について」『土木学会論文集』No.20、1954、pp.1-40
4) 山口高志・吉川勝秀・角田　学「都市化流域における洪水災害の把握と治水対策に関する研究」『土木学会論文報告集』No.313、1981、pp.75-88
5) 国土交通省河川局『治水経済調査マニュアル（案）』2005

（各種資産評価単価およびデフレータ(2008)）
　　　・平成17年国勢調査に関する地域メッシュ統計データ(2005)
　　　・平成13年事業所・企業統計調査メッシュ統計データ(2001)
　　　・国土数値情報土地利用細分メッシュデータ(2006)）
 6) 吉川勝秀『人・川・大地と環境』技報堂出版、2004
 7) 吉川勝秀『河川流域環境学』技報堂出版、2005
 8) 吉川勝秀『流域都市論』鹿島出版会、2008
 9) 吉川勝秀編著『河川堤防学』技報堂出版、2008
10) 吉川勝秀・本永良樹「低平地緩流河川流域の治水に関する事後評価的考察」『水文・水資源学会誌(原著論文)』Vol.19、No.4、2006、pp.267-279
11) 吉川勝秀『河川の管理と空間利用』鹿島出版会、2009
12) (財)国土開発技術研究センター編・日本河川協会(編集関係者代表：吉川勝秀)『改定解説・河川管理施設等構造令』山海堂、2000
13) Takemi Nagasaka, Yousuke Nakamura, Katsuhide Yoshikawa : Considering Estimated Damages in Management of Continuous Levee System Safety –Empirical Study of the Tone River System, the Twelfth JSCE International Summer Seminar, 2010
14) 長坂丈巨・中村要介・吉川勝秀「連続した河川堤防システムの整備・管理に関する被害の視点からの考察」(投稿中)

第6章

河川堤防システムについての安全度、氾濫の深刻さ、被害からの複合的な検討

【本章の要点】

　河川堤防システムの整備と管理について、安全度、それが超過洪水などにより破たんしたときの洪水氾濫の深刻さ、そしてその結果として生じる被害から、複合的に検討を行った。洪水被害に関しては、一つの洪水による被害に加えて、あらゆる超過外力による被害を集約した期待値（年平均洪水被害額）についても考察した。

　これにより、河川堤防システムの整備と管理における基本的な見方とその定量的な評価を行った。その定量的な評価は、利根川本川の上流、中流、下流を対象に行い、その実態を明らかにした。

6.1　複合的な評価の視点、尺度

　河川、そして河川堤防システムの評価については、①もっぱら河川、河川堤防システムの能力に係わる安全度（対応できる洪水の発生確率で表示）、②河川が氾濫したときの氾濫の深刻さ、③氾濫によって生じる被害額で行うことが基本的な視点である[1)～5)]。

　安全度については、主として堤防決壊の大半を占める越水による堤防決壊[4)]を想定し、洪水時の水位と計画高水位、堤防天端高をもとに検討を行った。この評価は、河川堤防システムを含む河道で、確率的に発生する河道流量に対して不定流解析（その近似的なものとしての不等流解析、通常は不等

流で解析)を実施し、計画高水位以下の水位で流れる最大の流量を流下能力として評価することで行う。

なお、堤防システムの安全度に関しては、堤防越水のほかに、洗掘、堤防一般部での浸透、堤防横断構造物周りでの浸透・漏水による堤防決壊がある[4),5)]。そのいずれもが、洪水時の水位(それぞれの河道区間で、その水位を発生させる河道流量や流速に対応)と密接に関係するが、しかし水位のみでは代表できないものである。つまり、河川の洪水位が計画高水位以下でも、これらの堤防決壊は発生する可能性がある。その評価を厳密に行うことは難しく、今後の課題であるが、越水以外の堤防決壊を考慮に入れた安全度の評価では、越水による堤防決壊で対応しうると想定する水位を一定の考えで割り引くといったことが必要であることは確かである。この問題は、今後の調査研究課題であり、ここでは主として越水による堤防決壊を想定して安全度を評価するにとどめた。

氾濫の深刻さは、堤防決壊による氾濫を解析して推定する。河川の水位(流量)に応じて堤防の決壊を想定し、その水位(流量)から堤防決壊時の河道からの氾濫流量を推定して、さらにその河道からの氾濫流量に対応して、氾濫ブロック(氾濫原)を流下する氾濫流を推定する。そして、浸水深や氾濫区域から氾濫の深刻さを推定するものである。この氾濫の深刻さは、①の安全度と③の被害額を、氾濫原の被害ポテンシャルとともにつなぐものでもある。すなわち、被害額は、ある安全度の河川からの氾濫、そしてその氾濫の深刻さ(氾濫水の最大水深、氾濫区域)と被害ポテンシャルから算定される。

③の被害額に関しては、何らかの氾濫状況に対して被害ポテンシャルと浸水深に対応した被害率から算定したものD(ある一つの氾濫事象に対する被害額)、および、氾濫の発生確率を考慮してその期待値、すなわち年平均被害額$\overline{D}$により評価する場合がある。前者は、ある一つの氾濫事象、すなわち想定氾濫(あらゆる地点で堤防決壊が生じたとして、その際の氾濫を包絡して最大の浸水深、氾濫区域を示したもの。最大限の想定氾濫)に対する被害額を推定して考察したものである。③のあと一つの被害額は、氾濫の発生確率を考慮し、河川、堤防システムの能力を超えるあらゆる発生確率の氾濫を考慮して、その期待値(年平均被害額)を求めたものである。数式で表現す

ると、それぞれ式(6.1)、式(6.2)で示される[1]～[7]。

$$D = D(F, F_0, S) \tag{6.1}$$

$$\overline{D} = \int_{F_0}^{\infty} P_r(F) \cdot D(F, F_0, S) dF \tag{6.2}$$

ここに、D：被害額、F：外力(降雨や流量、水位などで与えられる。被害額との関係では、通常は氾濫水深による)、$P_r(F)$：外力Fの発生確率密度関数、F_0：治水施設の能力(無被害で対応できる治水の容量)、S：被害ポテンシャル(氾濫などの水害により被害を受ける対象物の量)、$\overline{D}$：年平均(確率平均)想定被害額である。

6.2 評価の方法

ここでは、具体的な評価の方法を整理して示す。

6.2.1 安全度の評価

安全度は、上述のように、洪水規模に対応した河道水位、計画高水位、堤防天端高より算定する[8]。河道水位は、一次元不定流モデルを構築し、流下能力の評価は、その限定された条件(時間的に変化しないとする条件)下の不等流計算により行う。解析のモデルの基本式は、以下の式(6.3)の連続式と式(6.4)の運動量式である(一次元不定流モデル。デンマーク水理研究所のMIKE11モデルを使用)。

$$\frac{\partial Q}{\partial x} + \frac{\partial A}{\partial t} = q \tag{6.3}$$

$$\frac{\partial Q}{\partial t} + \frac{\partial \left(\alpha \frac{Q^2}{A} \right)}{\partial x} + gA\frac{\partial h}{\partial x} + \frac{n^2 gQ|Q|}{R^{\frac{4}{3}}A} = 0 \tag{6.4}$$

ここに、一次元化した河道内の流れについて、Q：流量(m^3/s)、A：流下断面積(m^2)、q：横流入(m^3/s)、h：水深(河底からの深さ)(m)、n：マニング粗度係数、R：径深(m)、α：運動量の分布に関する係数である。

安全度は、河川堤防システムでは、基本的に計画高水位を超えるかどうか

●第 6 章● 河川堤防システムについての安全度、氾濫の深刻さ、被害からの複合的な検討

で算定する（法的には計画高水位以下の洪水の流水の通常の作用に対する安全性が求められている）。計画高水位を超えない最大限の流しうる洪水流量を求め、その洪水の発生確率から安全度を評価する。参考として、堤防天端を越える水位の洪水流量を求め、その洪水の発生確率で安全度を評価してみるものとする。なお、水防活動や避難に関係する計画高水位や堤防天端を洪水流が越える水深や継続時間は、不定流モデルにより解析する。

洪水（河道流量）の発生確率は、既往の洪水データから基本高水流量の発生確率を求め、上流のダムなどの洪水調節能力を考慮して設定する。

図-6.1(a)、(b)、(c)、(d)に利根川、江戸川の洪水流量に対応した洪水位をそれぞれ示した。

基本高水流量（八斗島地点）の発生確率の推定は**図-6.2**に示す線で行った。図にみるように、限られた資料から大きな流量（基本高水流量）を推定する際には大きな差が生じる。発生確率をどのように推定するかは、今後の課題である（第18章に提示）。ここでの検討では、8つの推定線を流量で平均化した線により行った。

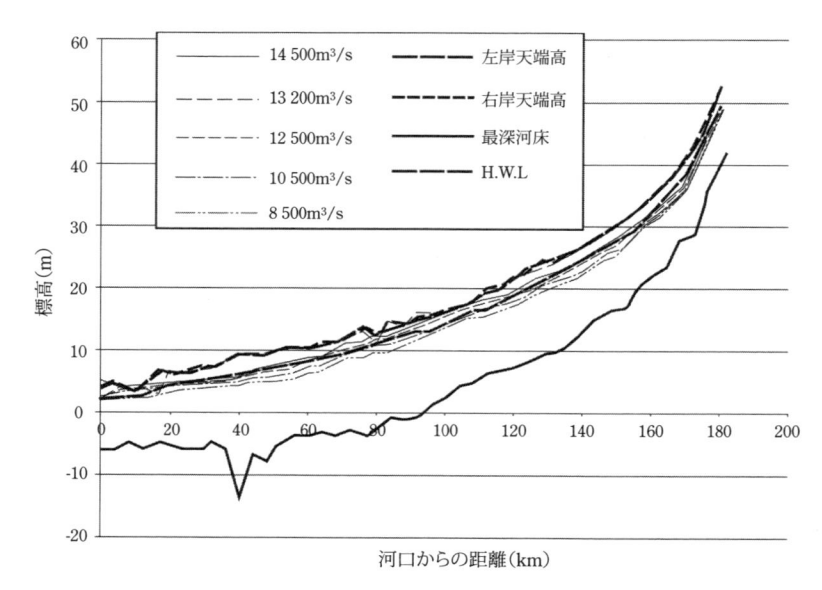

図-6.1(a)　流量に対応した洪水位(1)利根川その1

6.2 評価の方法

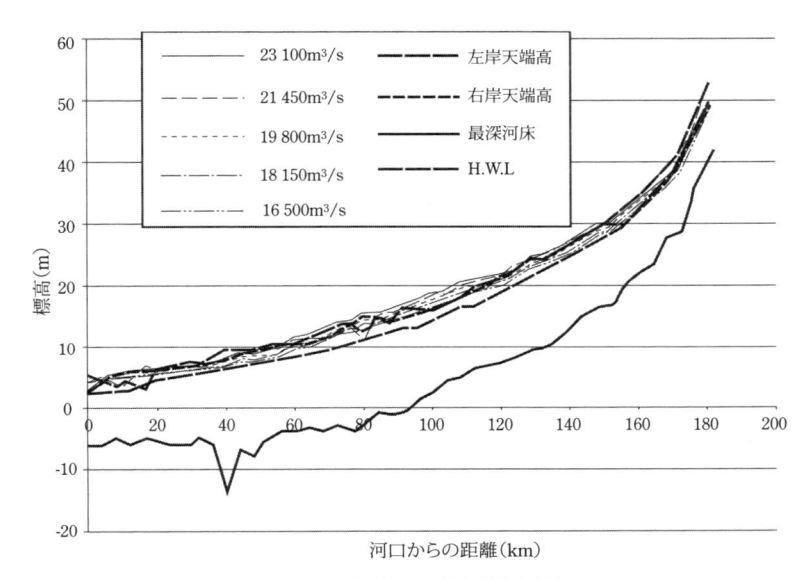

図-6.1(b) 流量に対応した洪水位(1)利根川その2

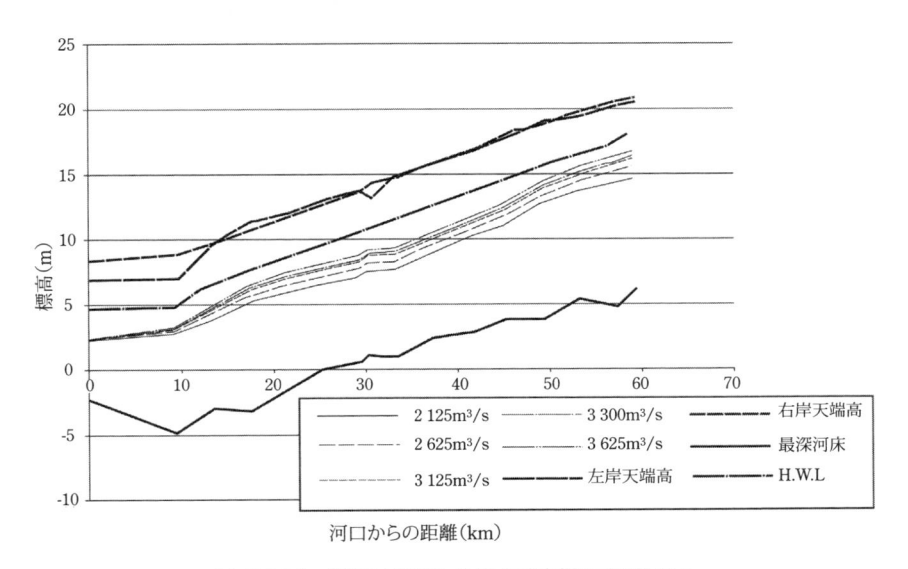

図-6.1(c) 流量に対応した洪水位(2)江戸川その1

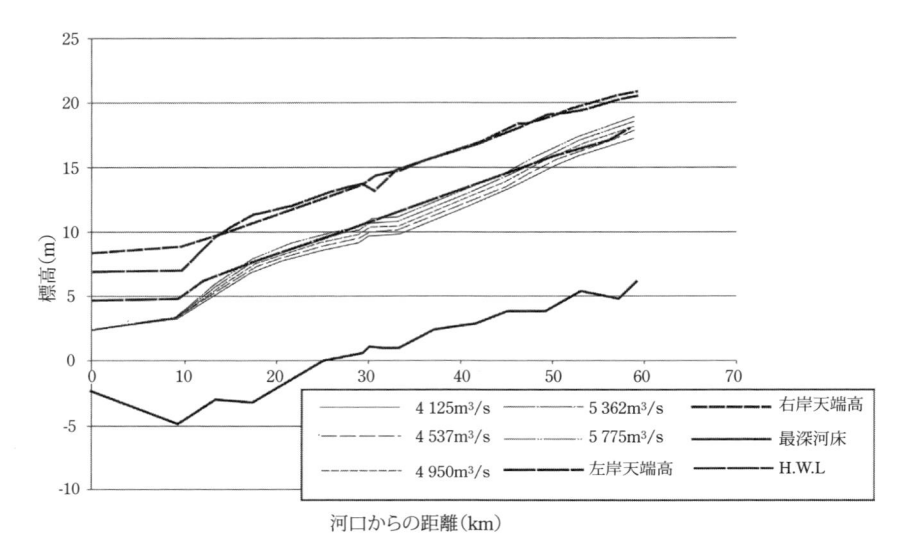

●第6章●河川堤防システムについての安全度、氾濫の深刻さ、被害からの複合的な検討

図-6.1(d) 流量に対応した洪水位(2)江戸川その2

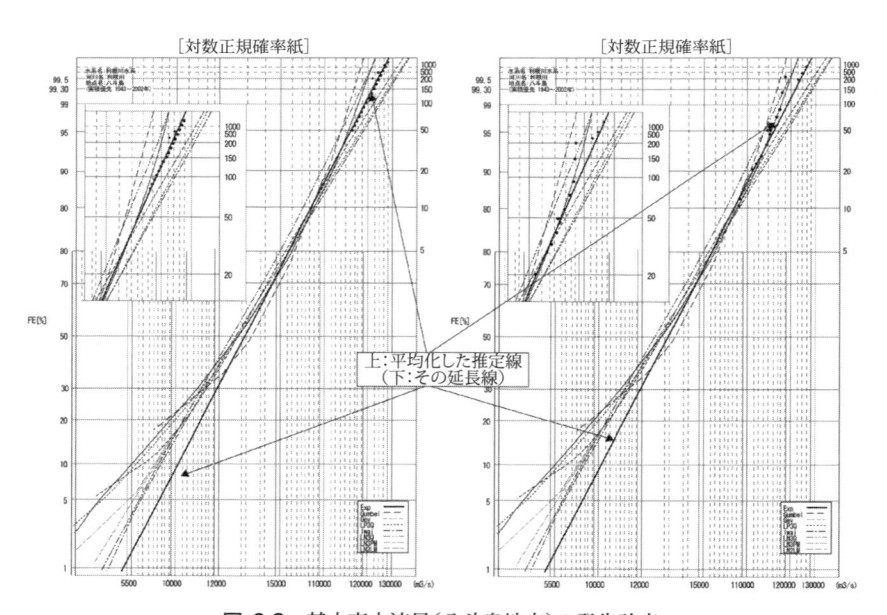

図-6.2 基本高水流量(八斗島地点)の発生確率
（左：確率年での平均化した直線。右：流量で平均化した線。推定には後者の線を使用）

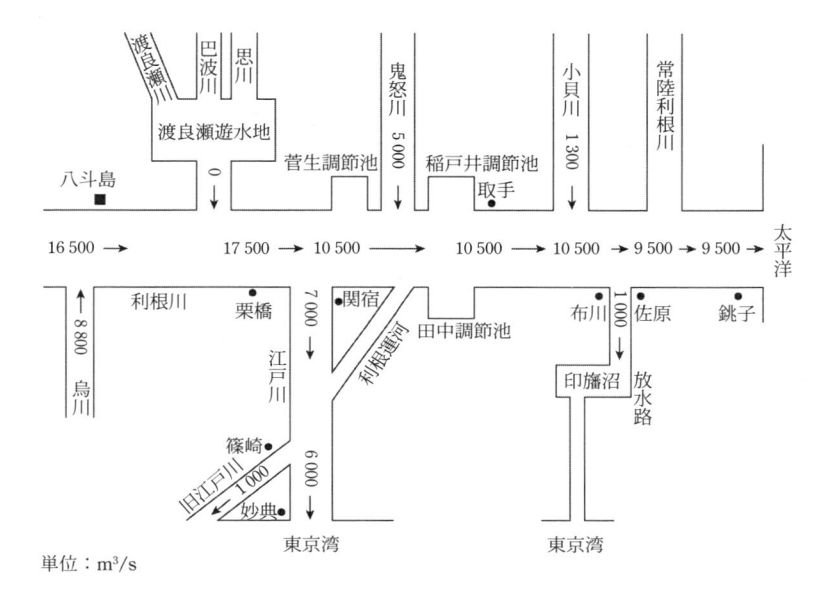

図-6.3 計画が完成した場合の河川流量（流量配分図で、計画高水流量を示す。平成18年。鬼怒川の洪水は田中・菅生・稲戸井調節地で全量カットされ、小貝川の洪水もゼロ合流という計画となっている）

　基本高水流量に対応した河道の流量（超長期計画の洪水調整施設が完成した段階では計画高水流量。**図-6.3**）は、上流などでの洪水調節施設の能力によって変わってくる。利根川では、上流でのダムの整備状況から洪水調節能力は現況で約1 000m³/s程度、超長期計画で想定している施設がすべて完成した段階で6 000m³/sとされている（国土交通省資料より推定）。このことから、河川流量の発生確率は**図-6.4**のようになる。

6.2.2　氾濫の深刻さの評価

　氾濫の深刻さは、氾濫原における氾濫流の解析により氾濫水深、氾濫区域を求めることで評価する。

　この氾濫の解析は、①堤防決壊時の河道からの氾濫流量を与えるモデル、②河道からの氾濫により、氾濫原で生じる氾濫流を与えるモデルを用いて行う。これらのモデルには、各種のものがあるが[9]〜[12]、以下に示すモデルを

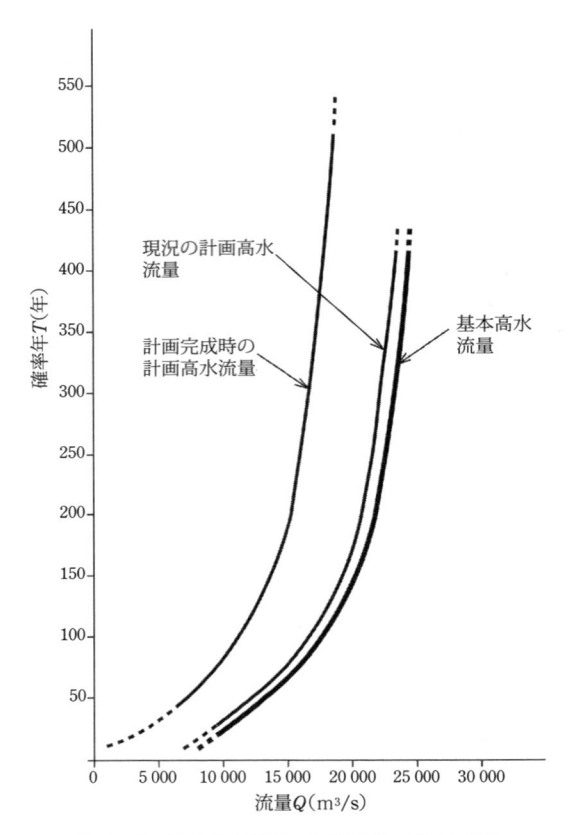

図-6.4 基本高水流量と河川流量の発生確率

用いた。

【河道からの氾濫流量を与えるモデル】

堰の公式を準用して、完全越水のモデル(拡散型の氾濫ブロックに使用)と潜り越水のモデル(氾濫水の貯留　が氾濫流量に影響を及ぼすようになった時点で、貯留型の氾濫ブロックに使用)を用いた[9]。このモデルは、完全越水は式(6.5)で、潜り越水は式(6.6)で示される。

$$Q = 0.35 \times h_1 \sqrt{2gh_1} \times B \tag{6.5}$$

$$Q = 0.91 \times h_2 \sqrt{2g(h_1-h_2)} \times B \tag{6.6}$$

ここに、Q：河道からの氾濫流量、h_1：堤防決壊箇所の堤防敷高からの水深（河道側の水深）、h_2：同（氾濫原側の水深）、B：堤防決壊幅、g：重力速度である。

また、氾濫原の洪水流の解析は、氾濫原の流れを一次元に単純化して計算するモデルを用いた。解析モデルは、河道の解析に用いたものと同様であり、式(6.3)、式(6.4)において、氾濫原での氾濫流を一次元化した流れを示すものとして、Qf：氾濫原の流下断面を流れる流量(m^3/s)、Af：氾濫原の流下断面積(m^2)、R：氾濫原の流下断面の径深(m)、qf：氾濫原での横流入(m^3/s)、hf：氾濫原の流下断面の水深(m)、nf：氾濫原のマニング粗度係数、$αf$：氾濫原の流下断面の運動量の分布に関する係数を与え、解析を行った。

氾濫流の解析は、過去の氾濫実績や標高、治水地形分類図を参考に、**図-6.5**に示す氾濫ブロックを設定し[5),8)]、それぞれの氾濫ブロックについて行った。氾濫流の解析の諸条件として、①氾濫流は氾濫原の流下断面の中心を流れると仮定し、各氾濫ブロックの断面は1〜4km間隔で設定した。②氾濫原の粗度係数は、市街地は0.1〜0.3程度とされており[9)]、東京氾濫原での検証結果も参考にして0.2で設定した。③境界条件として、上流端の河道から氾濫流量は、河道内の水位計算の結果を用い、それに対応する河道からの氾濫流量を算定した。この場合の堤防決壊幅は350m（昭和22(1947)年の破堤幅）[4)]として設定した。下流端の条件は、朔望平均満潮2.3mで一定とした。

河道からの氾濫流量は昭和22(1947)年洪水の実績氾濫流量を対比し（**図-6.6**）、また氾濫ブロックの氾濫流も**図-6.7**に示した同洪水の実績浸水深および氾濫流の到達時間（図は省略）を対比し、検証した。上述の用いたモデルと諸条件、境界条件などの下で、実績洪水がほぼ再現できているとみることができる。以上の検証とその精度（ある程度の推定誤差の下）を前提に、以後の解析を行った。

氾濫原の氾濫流は、各氾濫ブロック（**図-6.5**参照）で、最大の氾濫区域となる場所で堤防が決壊するとして解析した。すなわち、拡散型の氾濫ブロックではほぼ上流端の堤防箇所で、貯留型の氾濫ブロックではほぼ堤防の中央部で決壊するとした。

● 第 6 章 ● 河川堤防システムについての安全度、氾濫の深刻さ、被害からの複合的な検討

氾濫解析の結果の例を**図-6.8** に例示した。

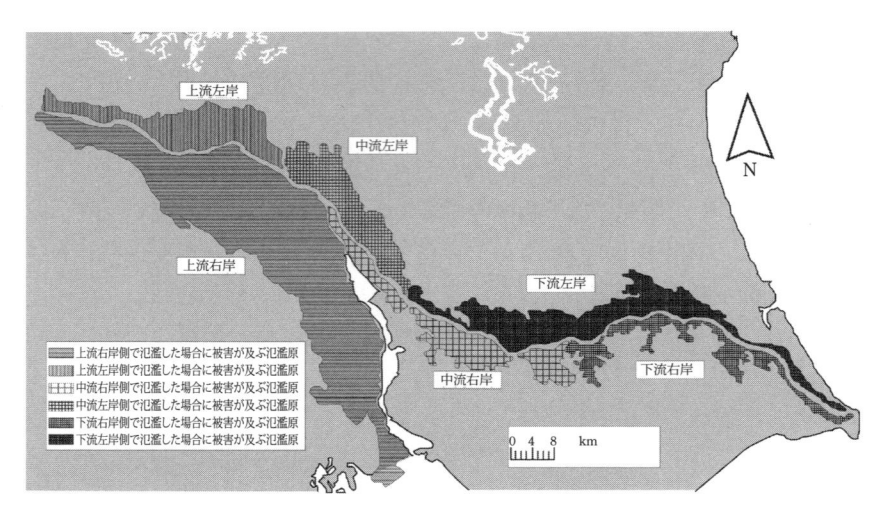

図-6.5 氾濫原のブロック分割

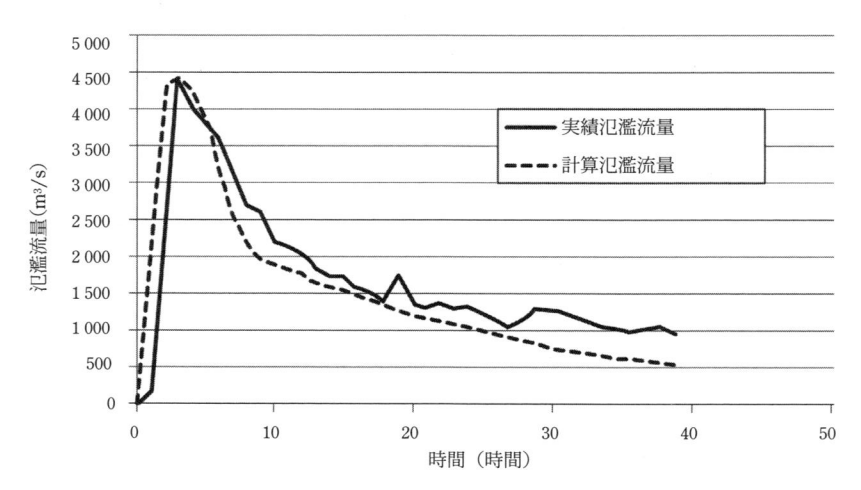

図-6.6 河道からの氾濫流量の検証結果（昭和 22（1947）年洪水時の河道からの氾濫流量の再現と検証）

6.2.3 被害の評価

被害額は、①ある一つの氾濫事象に対応した被害額 D と、②年平均被害額 $\overline{D}$ で表わされる。

前者の D については、式(6.1)により、被害ポテンシャルとその一つの氾

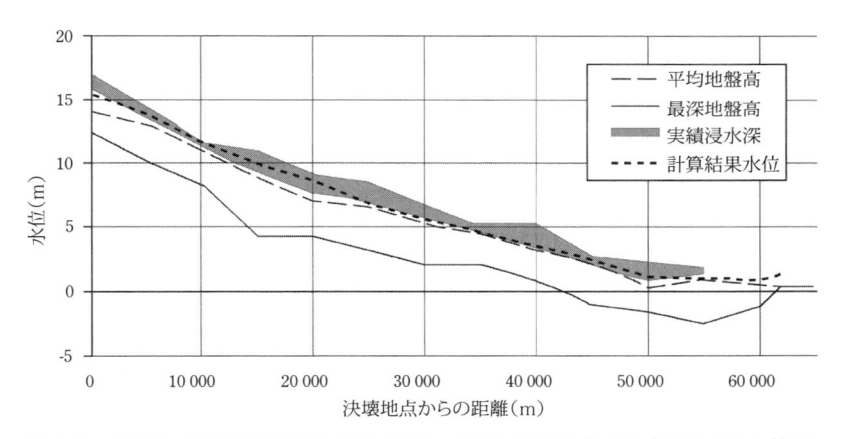

図-6.7 氾濫原の氾濫流量の検証結果(昭和22(1947)年洪水の浸水深の再現と検証。実績浸水深は1m単位で示されていることから、その水深には幅がある)

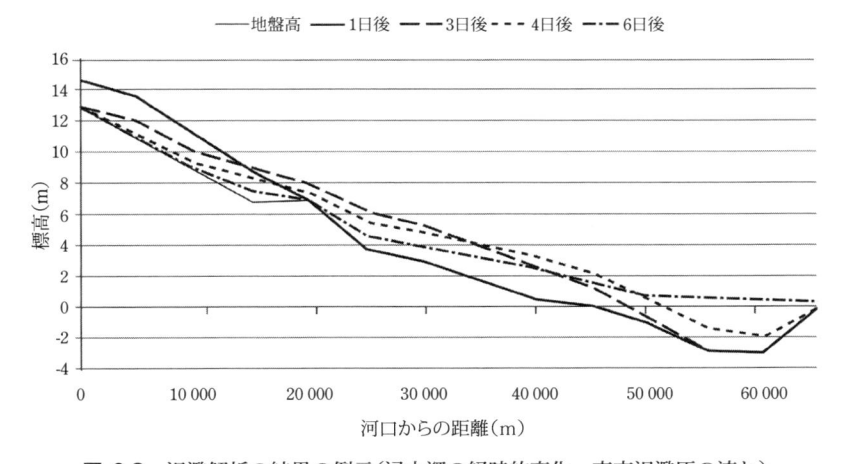

図-6.8 氾濫解析の結果の例示(浸水深の経時的変化、東京氾濫原の流れ)

濫事象の浸水深に対応した被害率を用いて算定した。浸水深は、上記の氾濫モデルでの解析結果より与えた。

後者の$\overline{D}$は、式(6.2)で与られる。それを近似的に離散量の総和として算定した。すなわち、その河川区間の安全度($1/T_0$)以上の確率年 Ti、外力 Fi に対応した被害額 $D(Ti)$ を用いて、超過確立の区間平均被害額 $\{D(Ti)+D(Ti+1)\}/2$ と区間確率 $\{Ti-Ti+1\}$ より算定した。被害額 $D(Ti)$ の算定は、被害項目として、浸水による一般資産(家屋、家庭用品、事業所、農業家・農作物)の直接被害、事業所の営業停止などの間接被害、および公共土木施設など(道路、橋梁、下水道、都市施設、公益施設、農地、農業用施設)の被害について行った。被害額は、氾濫モデルにより解析した平均浸深と被害率から算定した。被害率については、『治水経済調査マニュアル(案)』[13]に示される被害率を用いた。なお、同マニュアル(案)では公共土木施設等被害額は、直接被害額に対する倍率で設定しており、その倍率は 1.694(農業用施設に対する 0.658 を含む)となっている。しかし、東京氾濫原などは都市化して農業用施設が存在しないことから、農業用施設についての 0.65 倍を見込むことは過大であると考え、概ねその分を除いた倍率として 1.0 として被害額を算定した。

$$\overline{D} \fallingdotseq \text{SUM.}(Ti=T_0 \sim T_\infty)[\{D(Ti)+D(Ti+1)\}/2 \cdot \{Ti-Ti+1\}] \quad (6.7)$$

ここに、SUM. は総和を示す記号で、$Ti=T_0$ から $Ti=T_\infty$、まで足し合わせることを示す、T_0：河川区間の安全度を示す再現期間(年)、Ti：河川区間の再現期間(年、$Ti>T_0>$)、T_∞：十分大きな再現期間(年、$Ti \gg T_0$)である。

以上について、利根川での定量的な解析において用いたモデルと諸条件を**表-6.1** に総括して示した。

6.2 評価の方法

表-6.1 利根川の定量的な評価に用いたモデル、推計方法、諸元の概要

評価項目	モデル、推定方法	モデル、推計方法の内容	諸元、解析結果の例など
安全度の評価	水理解析（流量と水位、流速）	式(6.3)、式(6.4)の不定流モデルを河道の流れに適用（解析の多くは、時間項を除いた不等流モデルで解析）。 ・水位、流量と水位、流速解析の多くは不等流モデルによる。 ・水防、避難などに必要な水位の時間的変化の解析は不定流モデルによる。	・河川断面は 4km 間隔（江戸川は 500m 間隔）で設定。 ・粗度は昭和 57 年、58 年実績洪水の逆算粗度を用いた[5]。 ・江戸川への洪水分派率は現況の 25%に設定[5]。 ・昭和 57 年洪水で検証。 ・流量に対応した水位の解析結果を図-6.1 に示した。 ・境界条件は、上流端で計画流量を増減させた流量を、下流端は朔望平均満潮位 2.3 m に設定。
	洪水の発生確率の評価	過去の実績洪水データに基づく基本高水流量の評価。 ・8 種類の確率分布モデル（Exp、Gumbel、Gev、LP3Q、Iwai、LN3Q、LN3PM、LN2LM）を用い、それらの流量に対する単純平均値線で推定（図-6.6）。 ・ダムなどによる洪水調節容量は、現況で 1000m^3/s、将来の計画の治水施設完成時に 6500m^3/s と仮定。	基本高水流量、現況および将来の計画完成時の河川流量（計画完成時には計画高水流量）と発生確率の関係を図-6.7 に示した。
	流下能力の評価	流量を増加させ、水位が計画高水位に達する流量を求め、流下能力を評価（流量とその確率）。 同様にして、水位が堤防天端に達する流量を求め、その発生確率も評価。	流量に対応した水位の解析結果（利根川と江戸川）を図-6.8 に示した。
氾濫の深刻さを評価	河川から氾濫原への氾濫流量の推定	式(6.5)、式(6.6)による。	・堤防決壊幅は昭和 22 年洪水の実績幅で設定 ・河川水位は上記解析結果による。
	氾濫原（氾濫ブロック）での氾濫流（流量、水深、流速）の解析	式(6.3)、式(6.4)の不定流モデルを氾濫原上の流れに適用。	・氾濫ブロックの断面は 1～4km ピッチで設定。 ・氾濫原の粗度係数は 0.2 に設定。 ・境界条件は、上流端で上記の氾濫原への氾濫流量を、下流端は朔望平均満潮位 2.3 m に設定。
被害額 1（一つの洪水氾濫に対する被害額）	一般資産の浸水による直接被害、事業所の営業停止損失などの間接被害、公共土木施設などの被害を算定。	・資産額を各種統計調査資料より算定。 ・浸水深に対する直接被害の被害率、公共土木施設等被害の直接被害額に対する比率などは国土交通省治水経済調査マニュアル（案）[13]の値を用いて被害額を算定。	公共土木施設等被害額の直接被害額に対する比率は 1.0 に設定。
被害額 2（年平均洪水被害額）	同上の被害額を算定。	・被害額に洪水の発生確率（超過確率）を乗じて確率年平均の被害額（年平均洪水被害額）を算定。 ・年平均洪水被害額は式(6.7)で算定。	公共土木施設等被害額は同上。

173

6.3 評価の結果と考察

安全度、氾濫の深刻さ(計画流量 16 500m³/s で氾濫が生じたとした場合の浸水深、氾濫区域)、被害額 D、年平均洪水被害額 $\overline{D}$ についての評価結果を**表-6.2～6.5** に示した。

表-6.2 は現況河道の安全度の評価結果である。安全度評価は計画高水位での評価値である。上流 13 200m³/s、約 1/55(約 55 年に 1 回発生する洪水、以下同様)、中流 10 500 m³/s(八斗島地点流量、中流と下流の流量はその 75％の値、以下同じ)、約 1/35、下流 12 500 m³/s、約 1/50 であり、上流の安全度に比較して中流の安全度は相対的に低い。下流の安全度は中流より相対的に高いが、上流よりは低い。この中流域は、その多くの氾濫区域は鬼怒川の洪水の調節を行う田中、菅生、稲戸井の 3 つの遊水地に占められている。

堤防の余裕高は、『改定　解説・河川管理施設等構造令』[14]に示されているように、それは堤防の構造としての余裕である[11]。このため、安全度評価を堤防天端で行うことは、ある面では現実に近いかもしれないが、適切ではなく、参考の値である。参考までに堤防天端を越える流量で流下能力を評価すると、上流 21 450 m³/s、約 1/250、中流 16 500 m³/s(八斗島地点流量、中流と下流の流量はその 75％の値、以下同じ)、約 1/90、下流 18 150 m³/s、約 1/120 となる。

表-6.3 に氾濫の深刻さとして、氾濫原の平均浸水深(氾濫区域の平均水深)と浸水区域を示した。表に示すように、氾濫区域は上流右岸で決壊した場合に圧倒的に広い区域が浸水する。このため、東京まで至る氾濫の深刻さがわかる。これは、元々利根川と渡良瀬川は東京湾に流入していたため、その氾濫原が東京と東京湾にまで広がっているためである。その東京湾に流入していた利根川は、江戸時代初頭に、銚子で太平洋に流入していた鬼怒川に合流するように流路が変更された[4),12),15)]。このため、利根川右岸の氾濫原(東京氾濫原)は広いため、浸水区域も大きくなる。東京氾濫原の浸水区域が最も広く、次いで下流左岸、上流左岸が広い。下流左岸は、かつて鬼怒川と小

表-6.2 安全度の評価結果(第4章に示した値と同じ)

地区	安全度(計画高水位で評価)	参考：堤防天端で算定
上流	約 1/55（13 200 m³/s）	約 1/250（21 450 m³/s）
中流	約 1/35（10 500 m³/s）	約 1/90（16 500 m³/s）
下流	約 1/50（12 500 m³/s）	約 1/120（18 150m³/s）

注1)安全度は超過確率。1/55 は、その生起確率年(リターン・ピリオド)が 55 年となることを示している。
注2)流量は八斗島地点の流量。中流、下流の流量は、江戸川への分派率が 25％ であることから、その 75％ の値となる。

表-6.3 氾濫の深刻さ(計画流量 16 500m³/s が流れている状態で氾濫が生じたとした場合)

氾濫ブロック	決壊地点	平均水深(m)	浸水面積（km²）	浸水面積合計（km²）
上流右岸	河口から約 181.5km（八斗島付近）	1.14	932.8	932.8
上流左岸	河口から約 181.5km（八斗島付近）	1.79	231.1	231.1
中流右岸	河口から約 95km（鬼怒川合流地点付近）	4.9	21.7	76.1
	河口から約 110km	0.98	11.2	
	河口から約 75km	3.94	43.2	
中流左岸	河口から約 120km（渡良瀬川合流点付近）	2.7	100.6	100.6
下流右岸	河口から約 70km	3.8	45.2	107.8
	河口から約 58km	5.72	25.3	
	河口から約 55km	4.08	37.3	
下流左岸	河口から約 80km	3.49	33.4	293.8
	小貝川合流点付近	2.16	260.4	

貝川が流れて形成された氾濫原であり、その鬼怒川と小貝川も江戸時代初頭に流路が付け替えられたが[4),12),15)]、上述の東京氾濫原のように広い氾濫区域を抱えている。

　平均浸水深についてみると、拡散型の氾濫が生じる上流右岸で 1.1m 程度、下流左岸は 2.2～3.5m 程度、閉鎖型の氾濫が生じる上流右岸で約 1.8m 程度、中流右岸で約 1.0～5.0M 程度、中流左岸で 2.7m 程度、下流右岸で 3.8～5.8m 程度であり、相対的に後者が深くなる。浸水区域が狭くても、深い浸水深の地区では深刻な浸水となる。

表-6.4 には、計画流量 16 500m³/s が流れている状態で氾濫が生じたとした場合の浸水による被害額を示した。この算定は、上述のように解析した氾濫区域と浸水深を用いて行ったものである。

被害額 D でみると、上流右岸が圧倒に大きい。それだけ、利根川上流右岸の東京氾濫原の被害は、その氾濫区域が広いことに加えて、東京とその近郊の被害ポテンシャルが大きいことによっている。次いで下流右岸、中流右岸の被害額が大きいが、東京氾濫原に比較すると1桁小さな値である。

表-6.5 には年平均被害額 $\overline{D}$ を、現況河道と仮想河道である計画が完成した段階の 1/200 の計画河道についての値を示した。なお、年平均被害額の算定は、現況河道の安全度を上流、中流、下流ともに約 1/50 程度と仮定して行ったものである。

前者の年平均被害額 $\overline{D}$ は後者の仮想河道に比較して約3倍程度大きい。そして、年平均被害額は、上流右岸がほかの区間に比較して約10倍以上大きい。氾濫ブロック間での比較では、被害額 D でみた場合とほぼ同様のことがいえる。

表-6.4 被害額（計画流量 16 500m³/s が流れている状態で氾濫が生じたとした場合）

	上流		中流		下流	
	右岸	左岸	右岸	左岸	右岸	左岸
浸水面積(km²)	932.8	231.1	76.1	100.6	107.8	293.8
氾濫ブロック資産額(兆円)	37.3	2.54	1.88	1.79	1.01	2.08
氾濫ブロック被害額(兆円)	17.1	1.2	1.3	1.4	0.9	1.6

表-6.5 年平均被害額

	上流		中流		下流		備考
	右岸	左岸	右岸	左岸	右岸	左岸	
氾濫原資産額(兆円)	37.3	2.54	1.88	1.79	1.01	2.08	表-6.4 参照
氾濫原被害額(兆円)	17.1	1.2	1.3	1.4	0.9	1.6	
年平均被害額(億円/年)（仮想河道1）	780	100	67	62	41	77	
年平均被害額(億円/年)（現況河道）	2566	304	225	243	159	268	

注1）現況河道の安全度は上・中・下流ともに 1/55 と仮定(近似)して年平均洪水被害額を算定。
注2）仮想河道1の安全度は上・中・下流ともに 1/200 と仮定して年平均洪水被害を算定。

次に、現況河道の評価と、仮想河道についての比較検討を行った。仮想河道としては、①現在の利根川の長期計画（河川整備基本方針に示される治水計画）がすべて完成した段階である、安全度1/200の計画河道（仮想河道1）、②同様の状態の仮想河道であるが、利根川右岸の東京氾濫原側の堤防の強化（ここでは高規格堤防といった完成することがほぼありえないような強化[5],[16]ではなく、堤防の余裕高をほかの区間より高くするといった、実行可能なものを想定している）を行ったとした仮想河道（仮想河道2）を想定した。つまり、①仮想河道1は氾濫原の状況に関わらず安全度を一様とするものであるが、②仮想河道2は被害ポテンシャルが大きく氾濫による被害が大きい氾濫原をより高い安全度で守るというものであり、概ねの安全度は、強化した上流右岸を除き1/200で同程度である。

これら3つの河道についての安全度、氾濫の深刻さ、被害額、年平均被害額を示したものが**表-6.6**である。

まず、現況河道については、既にみてきたように、上流、中流、下流で安全度のバランスはとれていないので、安全度のバランスはくずれていることがわかる。一方、被害の視点からは、上流（右岸）の東京氾濫原の区間の安全度が高く、被害ポテンシャルが相対的に低い中流域の安全度が低いということから、被害の面では合理的であるといえる。

2つの仮想河道については、それらは長期計画が仮に完成したとした段階のものであり、投資余力からみてもそれが見通せないことから[5]、その意味で仮想的なものである。そのような仮想河道1、2を比較してみると、安全度は上流右岸側のみが若干高いが、安全度はほぼ一様である。被害からみると、いくつかの仮定をしているが、被害額、年平均被害額でみても、安全度一様の仮想河道1（現在の計画河道）に対して、仮想河道2は上流右岸の安全度を高くすることから被害が大幅に低下し、利根川全体として被害の面からは合理的なものとなることが知られる。

総括的な考察として、現実の河道では観念的な公平性、すなわち安全度のバランスが崩れていることが明らかになった。しかし、その結果として、被害の面では合理的であることが知られた。

また、全河川区間で安全度を一様とする治水整備と、被害を考慮して、被

● 第 6 章 ● 河川堤防システムについての安全度、氾濫の深刻さ、被害からの複合的な検討

表-6.6 安全度、氾濫の深刻さ、被害額、年平均被害額からみた現況河道の評価、2つの仮想河道(安全度一様の河道と被害ポテンシャルの高い氾濫ブロックの堤防強化した河道)の比較検討結果

河道の状態	安全度	氾濫の深刻さ	被害額(河川流量が上流で16 500m³/sに氾濫)	年平均被害額	区間比較(現況河道)、相対比較
現況河道	・計画高水位での流下能力は、上流13 200m³/s、約1/55(約55年に1回発生する流水)、以下同様)、中流約1/35、下流約1/50。 ・参考までに堤防天端を越える流量まで評価すると、上流約21 450m³/s、約1/250、中流約16 500m³/s、約1/90、下流約18 150m³/s、約1/120。 ・なお、江戸川については解析したが、図-6.1にも示したように、利根川に比較して江戸川の安全度は相当程度高い。	・浸水面積でみると、上流右岸で約9 300km²、上流左岸約230km²、中流右岸約76.1km²、中流左岸約100km²、下流右岸約107km²、下流左岸約290km²であり、上流左岸の浸水面積がはるかに相当程度大きく、次いで下流左岸、上流右岸である。 ・平均浸水深の氾濫型についてみると、拡散型の氾濫が生じる上流左岸で1.1m程度、下流右岸で2.2～3.5m程度、閉鎖型の氾濫が生じる上流右岸で約1.8m程度、中流左岸で約1.0～5.0m程度、中流右岸で約2.7m程度、下流左岸で3.8～5.8m程度であり、相対的に後者が深くなる。浸水深の深い区域である、深い浸水深の地区では深刻な浸水となる。	・被害額は上流右岸17.1兆円、上流左岸約1.2兆円、中流右岸約1.3兆円、中流左岸屋約1.4兆円、下流右岸約0.9兆円、下流左岸約1.8兆円で、上流右岸の東京氾濫原の被害額が相当程度大きい。 ・各ブロックの被害額を足し合わせると全てで23.7兆円(そのうち東京氾濫原が17.1兆円(その72%を占める)となる。	約3 700億円/年	・現況の安全度バランスでみると、安全度は上流、中流・下流でくずれている。 ・氾濫の深刻さでみると、浸水面積は上流右岸が相当程度大きい。浸水深でみると上流左岸、下流右岸、拡散型の氾濫が相当程度大きく、閉鎖型の氾濫が生じる上流左岸、中流左岸、下流右岸で大きくなる。 ・被害額でみると、上流右岸の東京氾濫原での被害額が相当程度大きい(各ブロックの被害額の合計の約72%を占める)。
仮想河道1:計画河道(計画洪水施設完成時)の治水施設完成時	流下能力は約1/200で一様。	現況河道と同様。	現況河道と同様(23.7兆円)	約1,100億円/年	・この仮想河道の完成には超長期間が必要(その完成時は見通せない)。 ・現況河道に比較して、年平均被害額は約1/3に減少する。
仮想河道2:計画河道(計画洪水施設完成時)で東京氾濫原側の堤防を強化(余裕高を相対的に高くするなど)	流下能力は基本的に1/200で一様だが、上流右岸の東京氾濫原の安全度が特に高い。	・東京氾濫原を除き、現況河道と同様。 ・上流右岸側の堤防を強化しているので、東京氾濫原での氾濫が生じないと想定。	・東京氾濫原を除き現況河道と同様、東京氾濫原での氾濫がないので、被害額は大幅に軽減。 ・その結果、被害額は6.6兆円(23.7兆円マイナス17.1兆円)	約350億円/年	・この仮想河道の完成には超長期間が必要(その完成時は見通せない)。 ・仮想河道1に比較して、年平均被害額は約1/3に減少する。 ・現況河道に比較すると、約1/10に減少する。 ・このような被害ポテンシャルの大きい区間の安全度を高めることで、被害に対する余裕を大きくいる効果が大きいことが知られる。

害額の大きな河川区間(被害額の大きな氾濫ブロックの堤防区間)の安全度を相対的に高くるす治水整備について、その特性を定量的に知ることができた。すなわち、2つの仮想河道での検討から、安全度一様の計画河道(仮想河道1)は、観念的には公平性が確保されるというものであるが、被害の面では合理的ではないことがわかる。

6.4　考察と展望

通常の観念では、20世紀中ごろ以降(第二次世界大戦以降)は、公平性の観点から、同一の河川では一様な安全性が確保されているとの思い込みがある。そのことも含めて、利根川の堤防システムを含む河道の評価を行った。

まず、利根川の現況河道の評価を安全度、氾濫の深刻さ、被害額、年平均被害額の面から行った。その結果、観念的な公平性、すなわち安全度一律という面では、その上流、中流、下流でそのバランスが保たれていないことを明らかにした。その一方で、現況河道は、被害の面では、結果として合理的であることを示した。

次に、公平性の確保、すなわち安全度一律という河川整備と、被害の面から合理的な河川整備(氾濫原の被害ポテンシャルに応じて安全度を変える整備)という2つの仮想河道の比較検討から、公平性と被害に対する合理性を求める河道について、その特性を定量的に明らかにした。

これらは、今後の河川堤防システムの管理や整備において、現実を踏まえた対応として明確に認識され、考慮されるべきものである。

《参考文献》
1) 吉野文雄・山本雅史・吉川勝秀「洪水危険度評価地図について」『第26回水理講演会論文集』1982、pp.355-360
2) Fumio Yoshino, Katsuhide Yoshikawa, Masafumi Yamamoto : A Study on Flood Risk Mapping, International Symposium on Erosion, Debris Flow and Disaster Prevention, Tsukuba(Tsukuba Center for Institutes)、1985, pp.499-504

3) Fumio Yoshino, Katsuhide Yoshikawa, Masafumi Yamamoto : A Study on Flood Risk Mapping, Journal of Research, Public Works Research Institute, Ministry of Construction(MOC), Vol.22, No.1, 1983, pp.7-24
4) 吉川勝秀編著『河川堤防学』技報堂出版、2008
5) 吉川勝秀「河川堤防システムの整備・管理に関する実証的考察」『水文・水資源学会誌（原著論文）』Vol.24、No.1、2011、pp.21-36
6) 山口高志・吉川勝秀・角田　学「都市化流域における洪水災害の把握と治水対策に関する研究」『土木学会論文報告集』No.313、1981、pp.75-88
7) 吉川勝秀・本永良樹「低平地緩流河川流域の治水に関する事後評価的考察」『水文・水資源学会誌（原著論文）』Vol.19、No.4、2006、pp.267-279
8) Katsuhide Yoshikawa, Manabu Ito: Hydrological Evaluation and Management of River Levee Systems, 4th ASCE(American Society of Civil Engineers)-EWRI(Environmental & Water Resources Institute)International Perspective on Water Resources & the Environment, in the CD-R, 2011
9) 建設省土木研究所「氾濫シミュレーション・マニュアル（案）」『土木研究所資料』No.3400、1996、pp.1-137
10) 建設省土木研究所総合治水研究室「白川調査報告書」『土木研究所資料』No.1826、1982
11) 山本晃一『河道計画の技術史』山海堂、1999、p.554
12) 吉川勝秀『河川流域環境学』技報堂出版、2005、pp.81-82
13) 国土交通省河川局『治水経済調査マニュアル（案）』2005
14) (財)国土開発技術研究センター編・(社)日本河川協会（編集関係者代表：吉川勝秀）『改定 解説・河川管理施設等構造令』山海堂、2000
15) 吉川勝秀「都市と河川の新風景(1)2000年の流域発展と河川整備　鬼怒川・小貝川」『季刊　河川レビュー』Vol.39、No.149、2010夏、pp.60-69
16) 伊藤拓平・伊藤　学・吉川勝秀「高規格堤防の整備に関する調査と考察」『第36回土木学会関東支部技術研究発表会講演概要集(CD-ROM)』Ⅱ-72、2010
17) 楢崎真也「河川堤防システムの整備・管理に関する安全度・氾濫・被害からの基礎的研究」日本大学理工学研究科社会交通工学専攻修士論文、2010

第7章
実態検討からの知見と総括的な考察

【本章の要点】
　本章では、第Ⅱ部第3〜6章で示した河川堤防システムの実態に関する検討結果を総括的に取りまとめることで、得られた知見を明確にする。そして、河川堤防システムの問題点や課題を明示することで、今後の河川堤防システムの整備と管理のあり方につなげることとしたい。
　このまとめから、これまでの河川堤防システムの整備と管理の問題点が明確となり、その考え方の抜本的な転換、現実を踏まえた地に足がついたともいうべき対応が必要であることを示す。本章は、本書の重要な章として位置づけられるものである。

7.1　堤防システムの破たん（決壊）からの知見

① 堤防システムの破たん（堤防決壊）は、圧倒的に越水によっている。そしてそれは、洪水時の水位と堤防の高さから決まるものである。
② その越水は、利根川上流では約 21 450 m^3/s（八斗島地点の流量。中流と下流の流量はこの八斗島の流量に 0.75 を乗じた値となる。以下同様）、約 1/250、中流では約 16 500 m^3/s、約 1/90、下流では約 18 150 m^3/s、約 1/120 である（江戸川への洪水分派率は現況の 25％ と設定）。
③ 利根川の計画の洪水流量、すなわち計画高水流量は 1/200 の確率で生じる八斗島で 16 500 m^3/s であるが、現状ではさらに低い確率で発生す

る。基本高水流量は 1 / 200 で 22 000 m^3 / s で、洪水調節施設で 6 500 m^3 / s を調整(カット)するとしているが、現況の能力は約 1 000 m^3 / s と推定されており、1 / 200 の河川流量は 22 000 m^3 / s マイナス 1 000 m^3 / s で、21 000 m^3 / s となる。したがって、現状での河川流量 16 500 m^3 / s の発生確率は約 1 / 90 と低いものである。

利根川では、計画高水位には、計画高水流量 16 500m^3 / s で達するのではなく、上流で 13 200m^3 / s(八斗島地点の流量。以下同様)で約 1 / 55、中流で 10 500m^3 / s で約 1 / 35、下流で 12 500m^3 / s で約 1 / 50 で達する。

越水の発生は、上記②のとおりである。

④ 洗掘による堤防決壊は、近年は大きく減少している。特に利根川のような緩勾配の河川では少ない。建設省(現・国土交通省)の近年の特徴的な洗掘決壊は、昭和49(1974)年の多摩川の宿河原堰での構造物周辺での洗掘決壊がある。

⑤ 堤防一般部での浸透による堤防決壊は、建設省(現・国土交通省)直轄河川では遠賀川、小貝川という限られた数であり、その堤防箇所には基盤や堤防断面、さらには堤防基部に池があったなどの決壊の原因が見受けられる。

堤防一般部の浸透による決壊については、外力(降雨と洪水の水位と継続時間)が関係する。どの外力までを補強の対象とするかについては、越水に関する外力との兼ね合いをバランスをもって検討する必要がある。

この原因に対する補強は、洪水での兆候(漏水の発生、ボイリング、さらにはのり<法>すべりなど)を観察し、その兆候をもとにその個所での堤防補強が考えられるべきものである。一部区間での過大な外力を想定した浸透対策を、時間管理概念や対策の優先性、妥当性の検討なく、全区間に拡大するなどは合理的でない。

浸透について、欧米の堤防を模倣するのは問題である。洪水外力の問題(洪水の継続時間)、運河堤防との混同を避けるべきである。そして、浸透対策は、必要性の高い河床のみで行うことが合理的であり、それを一般化して全区間に適用するのは合理性を欠く。

⑥ 堤防横断構造物(樋管・樋門)周りでの堤防決壊は、近年になって、特

にそれに基盤に達する支持杭を設けたもので発生している。この原因による浸透・漏水と水路の形成は累積的であり、多くの樋管・樋門で進行しており、今後の大きな課題である。
⑦ 利根川本川では、過去80年間に、洗掘、堤防一般部での浸透、堤防横断構造物周りでの堤防決壊はない（中流部での堤防横断構造物周りでの決壊は、工事中のものである）。支川の小貝川で、堤防一般部で、堤防断面幅が小さい弱小堤防でかつ基盤にケド層といわれる軟弱地盤がある場所で浸透による堤防決壊（ほぼ堤防天端まで達した洪水水位が低下するときに決壊）が1か所と、堤防横断構造物周りでの決壊が2か所（昭和56（1981）年と昭和61（1986）年がある）ある。

7.2 水理・水文学的な安全度（水位・流量・発生確率）からの知見

① 現在の利根川の洪水流下能力は、計画高水流量である八斗島 16 500 m^3/s よりも小さい流量で発生する。そして、その発生確率は計画の 1/200 よりははるかに低い。
② 計画高水位には、上述のように、上流で 13 200 m^3/s（八斗島地点の流量。中流と下流の流量はその 75％の値となる。以下同様）、約 1/55、中流で 10 500 m^3/s、約 1/35、下流で 12 500 m^3/s、約 1/50 で達する。
③ 堤防天端には、上述のように、上流で 21 450 m^3/s（八斗島地点の流量。以下同様）、約 1/250、中流で 16 500 m^3/s、約 1/90、下流で 18 150 m^3/s、約 1/120 で達する。
④ 流下能力によって示される安全度（計画高水位でみたもの、堤防越水でみたものを提示）は、計画の 1/200 よりはるかに低く、かつ、上流・中流・下流でアンバランスである。

堤防で国土を守っている欧米の国々の河川（オランダのライン川下流の安全度 1/1 250、ハンガリーのダニューブ＜ドナウ＞川の通常の区間の安全度 1/100、都市域などの重要区間 1/1 000、アメリカのミシシッピ川下流域の安全度約 1/500。いずれもその整備が完了し、安全度が確保されている）

と比較しても、はるかに低い安全度である。

　なお、限られた洪水資料から推定した洪水の発生確率(超過確率。洪水の再現期間＜リターン・ピリオド＞Tのとき、超過確率は$1/T$)には大きなばらつきがあることを念頭に置く必要がある(第6章参照)。そして、大きな洪水を経験するとその推定が変化することは知られてよい。1993年と1995年洪水を経験したオランダでも、洪水後それら洪水資料を追加したときの安全度の変化が議論されている(第15章参照)。

⑤　この流下能力は、堤防破たんの原因からみると、主として越水に関するものであり、洪水位に関係(正確には洪水位と計画高水位、堤防天端高に関係)するが、そのほかの決壊の原因にも深く関係する。それは、越水以外の原因の堤防決壊も、洪水時の水位に大きく関係するからである。

⑥　河川の管理や堤防の整備は、この現状をベースに合理的に検討、計画し、かつ一定の期間内に整備が終わるように時間管理概念をもって行うべきである。

⑦　現在は、この現状をベースとせずに、大変アンバランスな対策がなされているといえる。それは、

・計画断面での堤防整備は第2章に示したように約50％と低いまま放置されている。

・現状のような低い安全度の河川において、あらゆる外力に対応する高規格堤防が、一定の重要区間を特定せず、散発的に整備されている。しかも、その高規格堤防は、普通の区間の堤防全体が計画高水位に対して整備されているのにもかかわらず、堤防天端の高さで行われている。このため、それを整備した現状では"点"の区間でしか効果がない。これまでのスピードで整備が進むと仮定しても、全区間の整備には400～1 000年を要する。

・利根川の堤防に砂の層があるとして、浸透補強が進められようとしているが、現状ベースでどのような合理性をもって優先的に行われるべきか、さらには外力をどのように想定するかなどの検討も明確にされていない。

といったことである。

堤防の整備や河道の整備は、現状の安全度を評価し、氾濫原の資産と決壊時の被害想定をもとにして、かつ、一定期間に完成できるという時間管理概念をもって行われるべきものである。

7.3　洪水被害からの検討

① 利根川の堤防決壊による被害額（1か所の堤防決壊による被害額）は、上流右岸の東京氾濫原で、最大で約 17 兆円程度、それは全利根川の被害額の約 70% 占める。
② 現況の利根川の安全度は、上記 7.2 ①〜③に示したようなものであり、安全度のバランスはとれていないが、被害との対応でみると、悪いものではない。
③ 被害との関係で堤防システムの安全度を変えることは、欧米や中国で行われていることである。第 2 章の**表-2.1** に示したように、中国・長江では 1954 年洪水の実績水位を計画高水位として設定し、氾濫原の重要性に応じて堤防の高さも、堤防の厚さ（堤防幅）も変えている。オランダ（ライン川＜ワール川など＞と海岸堤防）では、資産と被害の大きさに対応して、外力の規模を 1 / 10 000〜1 / 1 250 まで変えている。ハンガリー（ダニューブ＜ドナウ＞川）では、重要資産のある場所は 1 / 1 000、一般部は 1 / 100 としている。
④ ある箇所での堤防決壊は、その上流の一部区間と下流のほぼ全区間で洪水時の水位の低下をもたらす。その関係は等流の流速公式でもある程度推察できるが、不等流計算により明らかにできる。
⑤ 堤防の安全度のバランス議論は、河川の能力を大きく超える超過洪水では、中流・下流の安全度は上流の氾濫には関係がなく、上流の能力次第で氾濫が発生し、被害が定まる。利根川の昭和 22（1947）年洪水はこれに該当し、渡良瀬川の上流区間や利根川の上流で堤防決壊が発生した。その氾濫により、中流や下流では堤防決壊は生じていない。

7.4　安全度、氾濫の深刻さ、被害からの複合的な検討

① 利根川の上流、中流、下流を、現況の安全度、氾濫の深刻さ、被害(一つの氾濫状態＜想定氾濫の水位＞に対する被害額、年平均被害額)の特性を明らかにした。

② 安全度は既に述べたとおりである。

③ 氾濫の深刻さについては、現況河道で、八斗島の流量 16 500 m³/s で氾濫したとするとき、浸水面積でみると、上流右岸で約 930 km²、上流左岸で約 230 km²、中流右岸で約 76.1 km²、中流左岸で約 100 km²、下流右岸で約 107 km²、下流左岸で約 290 km² であり、上流右岸の浸水面積がほかの区域より相当程度大きく、次いで下流左岸、上流左岸が大きい。平均浸水深についてみると、拡散型の氾濫が生じる上流右岸で 1.1 m 程度、下流左岸は 2.2〜3.5 m 程度、閉鎖型の氾濫が生じる上流左岸で約 1.8 m 程度、中流右岸で約 1.0〜5.0 m 程度、中流左岸で 2.7 m 程度、下流右岸で 3.8〜5.8 m 程度であり、相対的に後者が深くなる。浸水区域が狭くても、深い浸水深の地区では深刻な浸水となる。

④ 被害については、第 3 章での一つの氾濫状態(八斗島の流量 16 500 m³/s)に対する被害額 D に加えて、確率平均を取った年平均洪水被害額 $\overline{D}$ も定量的に算定した。

　被害額 D については、被害額は上流右岸 17.1 兆円、上流左岸約 1.2 兆円、中流右岸 1.3 兆円、中流左岸約 1.4 兆円、下流右岸約 0.9 兆円、下流左岸約 1.8 兆円で、上流右岸の東京氾濫原の被害額は相当程度大きい。各ブロックの被害額を足し合わせると、全体で 23.7 兆円(そのうち東京氾濫原が 17.1 兆円で約 72％を占める)となる。

　年平均洪水被害額 $\overline{D}$ については、現況河道(正確には上流・中流・下流の安全度を約 1/50 とした河道)では約 3 700 億円/年、仮想河道 1(計画の治水施設がすべて完成た段階の河道)では約 1 100 億円/年、仮想河道 2(同様の段階の河道であるが、東京氾濫原側の堤防の安全性を高くした河道)では約 350 億円/年となることを示した。

7.5 総括的な知見

① 現在の河川の能力をベースに、河川の整備や洪水時の河川管理を行うべきである。完成する見通しのない計画状態の空想的な状態を想定した仮想の管理を行うべきではない。その現況の能力は、計画のダムなどの洪水調節能力 $6\,500\mathrm{m}^3/\mathrm{s}$ に対して現況は約 $1\,000\mathrm{m}^3/\mathrm{s}$ しかなく、計画の安全度よりははるかに低い。

② どのような外力を想定し、堤防決壊が生じるかを推定して、条件を明示して、対策の妥当性(効率性、優先性。時間管理概念での適切さ)を示し、実施すべきである。

③ 現在の通常堤防についてすら、その整備が約50％のままで放置されている。そして、河川の安全度は計画の1／200よりはるかに低い。その状態で、あらゆる外力に対応する高規格堤防の整備が、区間を特定することなく、また、盛り土の高さを堤防天端として進められている。そのようなアンバランスな対応がなされている。

④ 漏水対策は、その兆候のある場所で、必要なものを行うべきである。その必要性、優先性を検討することなく、時間管理概念が欠如したまま、堤防管理の一般的な外力(中央集中型洪水)とアンバランスな過大な外力(超長期間継続する外力)を想定した対策を一般化することには問題がある。

⑤ 上記③、④は、時間管理概念のない河川の整備を含む河川管理の象徴的な事例である。

⑥ 空想的、仮想的な河川管理ではなく、現状の能力(安全度)をベースに、時間管理を明確にして、段階的な整備計画を立て、その妥当性を示して整備を進めることが必要である。特に、少子・高齢社会におけるインフラへの投資制約を明確に意識し、対応する必要がある。

　そこでは、通常堤防の計画断面への堤防整備とその完成、ダムなどの貯留施設の整備、高規格堤防の整備、漏水対策の実施など、想定されている対策の実施について、時間管理概念をもって、明確な根拠を示した

⑦ 現在の河川整備は、その妥当性、時間管理概念を明示することなく行われている。それは、架空の河川像を想定した空想的な河川の整備を含む河川管理であるといえる。

⑧ 国土交通省において公表されている想定氾濫区域、内閣府の首都圏の大河川の氾濫想定は、現況の能力はどの程度であり、その下でどのような外力によってもたらされるかについて、明確に示されていない。外力と氾濫が発生する場所との関係などの情報が全く示されていない。現実の河川の能力との関係が不明で、ある面で"都合のよい"大洪水、氾濫、被害を示しているともいえる。

　治水施設の整備がどこまでできるか、あるいはできないかについて、全く示されていない。現実の河川の能力(安全度)をベースにして、そのような洪水氾濫が、どのような条件のときにその場所で生じるか(あるいはそれは仮想的なものでしかないか)を明示すべきである。

⑥ 河川整備において、時間管理概念が欠如して、足し合わせの対策を実施するという完成のめどがない架空の河川管理が行われているのと同様に、被害が大きい"都合のよい"危険性を広報することは、架空の河川管理につながるものといえる。

⑦ 河川の管理が問われる場合として、水害裁判がある。そこでは、通常はその水害の発生の予見可能性、予見可能な場合に、回避可能性が問われる。水害の場合、その原因は降雨、洪水であり、その規模には際限がなく、その面では予見可能であるといえる。しかし、河川は自然のままでは氾濫は毎年のように生じ、川の流路も洪水のたびに変わるものである。その自然に河川を整備することで手を加え、洪水を防ぐ、あるいは氾濫を軽減するようにしてきている。そして、その河川の整備には、財政的な制約、河川整備は下流から上流に改修する必要があるといった技術的制約、そして河川整備には河川用地の取得や治水施設整備への地域社会の同意といった社会的制約などがある。このことを考慮して、水害裁判では、大東水害の最高裁判決で河川管理瑕疵の判断基準が示されている。そこでは、水害が発生しても、特段の事由

がない限り、その川が同種同規模の河川と同程度の整備・管理の水準にあれば、河川管理の瑕疵ではない、としている[1]。この判断基準が示されて以降は、長良川の堤防決壊の水害訴訟を含む多くの水害訴訟にはこの基準が適用され、河川管理の瑕疵が否定されている。例外的なものは、多摩川での堤防決壊に係わる水害訴訟であり、そこでは最高裁の差し戻しを経て、予見可能性と回避可能性から、河川管理の瑕疵が認定されている。筆者は過去の大半の水害訴訟に関係し(最高裁の判断基準が示され以降、水害訴訟はほとんどなくなったが、それ以前に提起された水害訴訟の多くに関係した)、法的に河川管理のあり方について検討するなかで、大東水害の最高裁判決以前の河川管理瑕疵が認定された裁判の結果を含めて、河川の整備あり方や現実の洪水によって発生した水害の兆候への対応など、現状をベースとした河川管理の必要性について深く考えるようになった。

　水害裁判では、現在の河川の整備と管理の水準が審議され、その妥当性が問われており、上述のような現状をベースとした河川の管理が法的にも必要であることが示されているといえる。

《参考文献》

1) 吉川勝秀「河川と裁判－川をめぐる訴訟からの考察－」『人・川・大地と環境』技報堂出版、2004、pp.248-261

第III部
河川と河川堤防システム

第8章
河川の治水安全度 1
洪水危険度の評価と図化

【本章の要点】
　本章では、堤防システムを含む河川の治水安全度を評価する基本的な考え方とともに、それを図化する方法について述べる。その方法は、①実際に生じた歴史的な洪水実績による方法、②地形・地質学的な方法（治水地形分類図による方法）、③水文・水理学的な解析による方法、④洪水被害額による方法である。実河川での検討により、それを具体化して示す。

8.1　はじめに

　我が国では、古来、治水施設の拡充を図りながら氾濫原内の土地利用を高度化してきた。かつては、洪水の危険度に応じた土地利用が行われていたといえる。ところが、近年では大規模な治水対策が実施されたことにより、氾濫原に居住する人々の洪水の危険性に対する認識が薄れつつあり、いったん氾濫が生じると大きな被害が生じるようになっている。
　洪水被害は、その時点の治水施設のもとで安全に流下できる能力以上の降雨流出があった場合に生じる。そのような降雨流出（洪水）は、通常は異常洪水あるいは超過洪水と呼ばれている。一般に、治水施設の規模の向上には限りがあり、かつ目標とする施設が完成するまでには長い年月が必要である。計画が完成したとしても、その施設の規模を上回る超過洪水は生じうるし、また完成までの途中段階においては、超過洪水に見舞われる可能性がさらに

高い。したがって、いつの時点においても、超過洪水を考慮に入れた治水計画あるいは土地利用を考える必要があるといえる。

本章は、洪水（水害）危険度を評価する手法について検討したものであり、洪水危険度評価地図の作成方法、作成された洪水危険度評価地図の特徴および治水計画との関連について検討を加えたものである。洪水危険度評価地図は、超過洪水を考慮に入れた治水計画、土地利用計画を検討する際の基本となるものである。

8.2 洪水危険度評価地図の位置づけ

洪水危険度評価地図の作成について論じるにあたり、超過洪水生起頻度および治水対策との関連において、洪水危険度評価地図の位置づけを明確にしておきたい。

超過洪水の生起する確率は、次のように示される。被害を生じさせないで安全に流下させうる洪水の規模を F_0 とし、洪水流出 F_0 を生じさせる降雨のリターン・ピリオドを T_0 年とすると、確率平均としてみた超過洪水の再現期間は T_0 年である。一方、治水施設の規模を F_0 とし、T 年間その施設が利用されるとすると、その期間内に超過洪水が生じる確率 P は次式で与えられる[1]。

$$P = 1-\left(1-\frac{1}{T_0}\right)^T \tag{8.1}$$

したがって、例えば大河川で当面の目標とされている戦後最大洪水の平均的なリターン・ピリオドを40年と仮定し、それに対処しうる施設が40年利用されたとすると、確率 P は0.63となり、超過洪水の生起する可能性は相当大きいことがわかる。しかも、戦後最大洪水に対する河川の整備率は、1981年時点で58%といわれている。

次に、超過洪水が生じた場合の被害についてみると、洪水被害額 D および年平均被害額 $\overline{D}$ は次のように表示される[2]。

$$D = D(F, F_0, S) \tag{8.2}$$

$$\overline{D} = \int_{F_0}^{\infty} P_r(F) \cdot D(F, F_0, S) \cdot dF \tag{8.3}$$

ここに、F：洪水流出量、F_0：治水施設の規模、S：被害ポテンシャル、$P_r(F)$：Fの生起確率密度関数である。

　洪水被害は、洪水氾濫が生じ、かつその区域内に資産が存在する場合に生じる。したがって、超過洪水が生じた場合の被害を知るためには、降雨規模ごとの浸水状況および被害ポテンシャルの分布状況を知る必要がある。浸水状況図に関しては、我が国でもその公示が行われ始めており、またアメリカでは氾濫原管理のために100年洪水に対する浸水予想区域の線引きが行われている[3]。洪水被害額は、治水経済調査要綱により直接被害額の算定が可能である[2),4),5)]。アメリカにおいても類似した算定が行われている[4]。

　浸水状況図は、超過洪水により浸水する区域および浸水深などにより、洪水被害の生じる可能性のある区域を示すものである。洪水被害額分布図は、さらに被害ポテンシャルを考慮に入れて、被害額そのものを示すものである。これらの洪水危険度評価地図を治水対策との関連でとらえてみると、**表-8.1**

表-8.1 総合的な治水計画の考え方

洪水の変形	被害ポテンシャルの調整	被害の調整	無対応
洪水防御	土地利用の誘導・規制	洪水予警報	被害甘受
堤防	土地利用規制	水防活動	
河川改修	宅地開発指導	緊急対応	
放水路	建築基準	避難	
貯水池	公的な土地の買収	災害救助	
高潮堤	補助による再配置	復旧計画	
		公的援助	
流域処理	建築物の耐水化	洪水保険	
流出抑制	低位開口部の閉そく	税金の免除	
（雨水貯留，地下浸透）	高床建築物		
遊水機能保全	盛り土		
再植林	耐水外装・家具		
浸食対策	下水の逆流防止弁		
気象修正			

に示される総合的な治水計画に含まれる対策のうち、被害ポテンシャルの調整を考えるうえで極めて有効な手段であると考えられる。

8.3 洪水危険度評価地図の作成方法

洪水危険度評価地図の作成にあたり、筆者らは次の四つの方法について検討を行っている。第一の方法は、地形学的に氾濫原を調べ、さらに自然堤防あるいは旧河道といった微地形に着目することにより浸水の可能性を知ろうとするものであり、これを地形学的方法(Geomorphological approach)と呼ぶことにする。第二の方法は、既往の実績氾濫に基づくものであり、既往洪水による方法(Historical approach)である。第三の方法は水理・水文学的な解析による方法(Hydro-logical-hydraulic approach)である。第四の方法は、水理・水文学的な方法による浸水区域の推定に加えて、式(8.2)、(8.3)により被害額をも算定する方法(Damage approach)である。

以下に、それぞれの手法の考え方、および洪水危険度評価地図の事例を示す。

8.3.1 地形学的方法による洪水危険度評価地図

流域の地形は、地形学上何種類かの地形単位に分類される[6),7)]。それらのうち、氾濫原(扇状地、三角州、自然堤防、氾濫平野など)は上流から運搬された土砂が低地に堆積することにより形成されたものである。この地域は、過去に氾濫が発生した場所であり、今後もその可能性がある。氾濫原内においても、旧河道や後背湿地などの相対的に低い区域では浸水危険度が高く、自然堤防などの砂質微高地ではその危険度は低い。これらの個々の地形単位は微地形と呼ばれている。氾濫原内の古い村落あるいは道路が自然堤防上に発達していることは広く知られている。地形学的方法の詳細についてはほかの文献に譲ることにして[6),7)]、地形学的方法による洪水危険度評価地図の例を示すことにする。

図-8.1は白川(流域面積約 $480km^2$)の下流に位置する氾濫原の地形分類図であり、氾濫原が河川の左岸に広く分布し、その内部の3か所で大規模な自

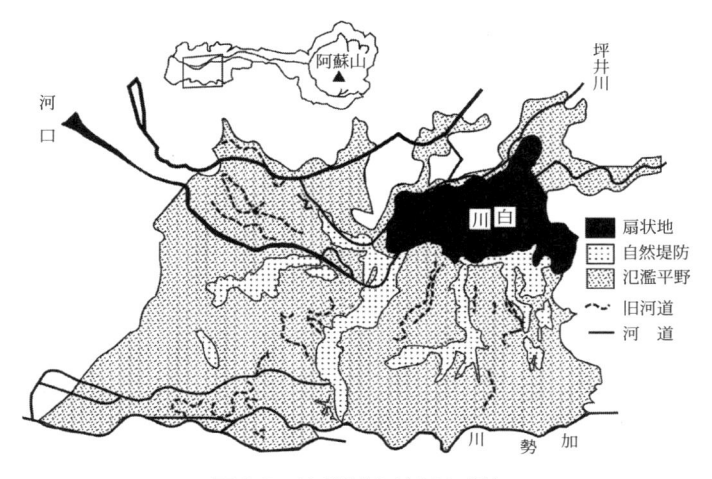

図-8.1　地形分類図（白川下流）

然堤防が発達していることがわかる。現在の白川は天井川であり、氾濫水が左岸に流入した場合には、氾濫水は旧河道跡の相対的に低い区域に集中しながら流下すると推定される。したがって、その区域の浸水危険度は大であり、逆に大規模な自然堤防上は相対的に安全性が高いことがわかる。図に等高線を記入すれば、さらに詳しく氾濫水の挙動を推定することができる。

図-8.2 は、都市化が急激に進んでいる真間川（流域面積約 35km^2）の地形分類図であり、河川沿いの低地においては同様に浸水の危険性があることがわかる。

8.3.2　既往洪水による方法の洪水危険度評価地図

既往の氾濫を伴う洪水の際の浸水区域から、浸水の危険性を推定することができる。**図-8.3**、**8.4** はそれぞれ白川および真間川の浸水実績図である。

白川は 2 日降雨の超過確率約 1 / 30 程度の降雨により氾濫が生じると推定されている。**図-8.3** に示した浸水実績は、超過確率約 1 / 150 という極めて大規模な洪水によってもたらされたものである。図中には最大浸水位が示されており、扇状地部分（図中右上）では極めて強い流れが生じるとともに浸水深が大きいが、湛水継続期間は短い。氾濫原内の旧河道沿いは浸水深が大き

く、氾濫水の流路となっている。相対的に高い自然堤防上では浸水が見られない。**図-8.1** と **図-8.3** を対比すると、地形分類図から読み取れる浸水危険度の高い区域での浸水が顕著であることが知られる。

図-8.4 には真間川での既往の三洪水の浸水実績を示した。それぞれの洪水の1日の降雨量の超過確率は、約1/50（1958年洪水）、約1/20（1981年洪水）、約1/3（1979年洪水）であり、これらより降雨規模ごとの浸水地区を推定することができる。また、**図-8.2** と **図-8.4**

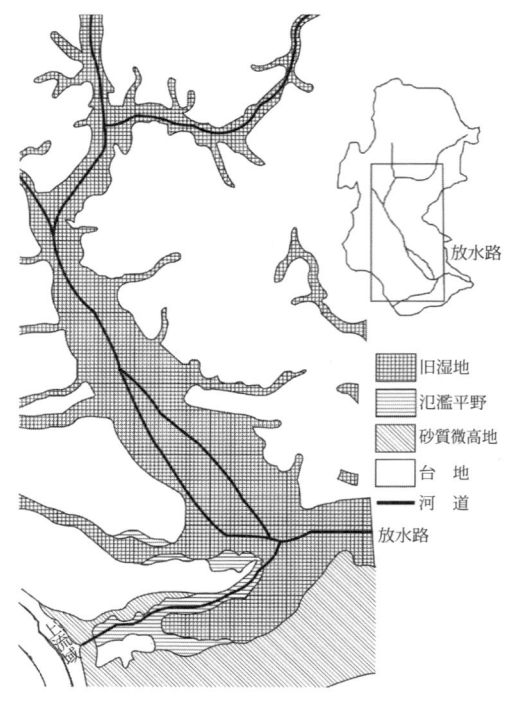

図-8.2　地形分類図（真間川）

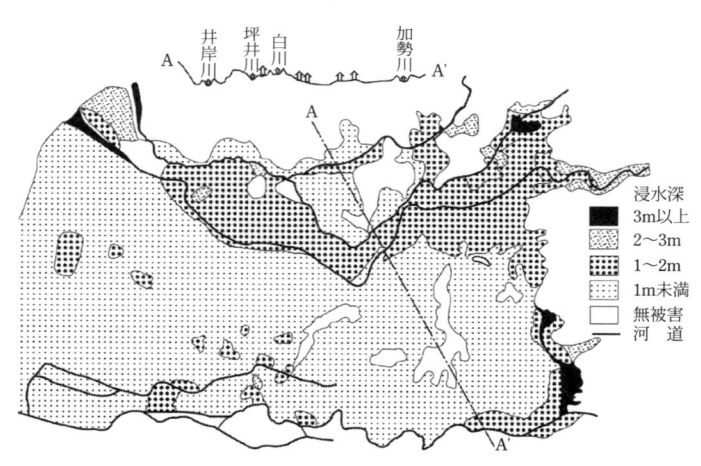

図-8.3　浸水実績図（白川、1953年洪水）

を対比すると、地形分類図上の氾濫原での浸水危険度をさらに詳しく知ることができる。

既往実績洪水データが多数ある河川では、降雨量についての統計解析を行うことにより、降雨規模（降雨確率）ごとの浸水区域をより詳細に解析することも可能である。

8.3.3 水理・水文学的方法による洪水危険度評価地図

降雨流出解析を行った後、河道からの越流計算と氾濫原内の水の移動計算を行うことにより、浸水区域を求めることができる。

真間川を対象とした解析において用いた水理モデルおよび水文モデルを図-8.5に示した。真間川は無堤であることから、図に示されるような河道および氾濫原を一体とした取り扱いが可能である[2]。有堤河川での氾濫水の挙動の解析には、平面タンクモデルなどが用いられる[8]〜[10]。

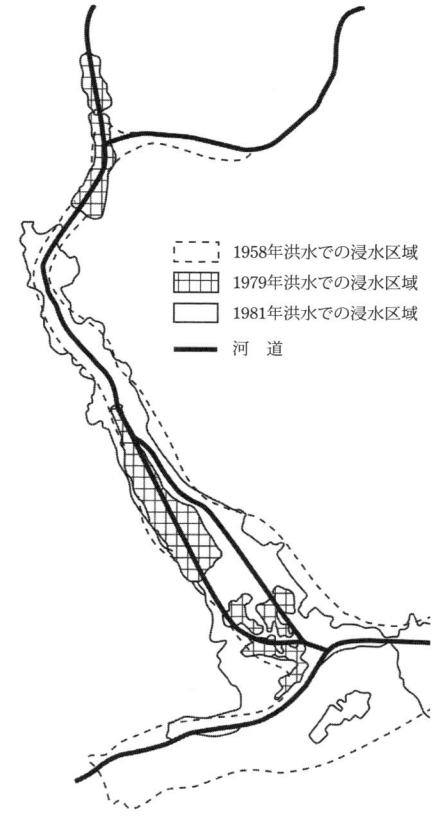

図-8.4 浸水実績図
（真間川、1958年、'79年、'81年洪水）

真間川での解析では、地形分類図および大縮尺地形図（Topographical map）を基礎データとして氾濫原を分割し、既往損失実績を検証データとして用いることによりモデルを同定した。図-8.6に現況河道のもとで30mm／hr、50mm／hr、70mm／hr、90mm／hr強度の中央集中型降雨が降ったとした場合の浸水区域を示した。それぞれの降雨の超過確率は約1／1、約1／3、約1／10、および約1／30である。図より、真間川では30mm／hr強度の降雨で既に一部の区域で浸水が生じることがわかる。また降雨強度が

モデル	摘　　要	概　念　図
水文モデル	① 確率降雨モデル 中央集中型確率降雨を用いる。 ② 有効降雨モデル 浸透域・不浸透域別に損失モデルを設定し、有効降雨を求める。 ③ 流域斜面モデル 貯留関数法を用いる。 $$\frac{dS1}{dt} = Re - Q$$ $$S1 = KQ^P$$ ここに、$S1$＝貯留量、$K \cdot P$：定数	a) 降雨強度曲線　　b) 中央集中型降雨 D_I(初期損失)　D_P(初期損失) Re(有効降雨)　Re(有効降雨) 　　　　　　　fc(浸透能) a) 不浸透域　　　　b) 浸透域 ▷：流域斜面 □：河道 ●：流出地点
水理モデル	① 河道および氾濫モデル 氾濫計算は不定流計算で行う。ロッターの式により複合粗度n'を求める。 $$n' = \frac{IRl^{5/3}}{I_1 Rl_1^{5/3}/n_1 + \cdots + I_n Rl_n^{5/3}/n_n}$$ ここに、I：勾配、Rl：径環、n：粗度係数。	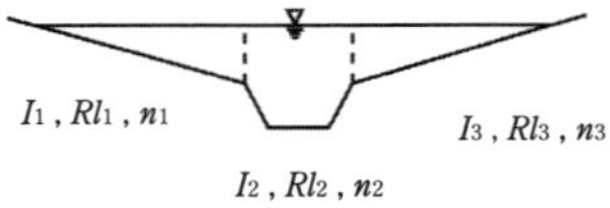 I_1, Rl_1, n_1　　　I_3, Rl_3, n_3 I_2, Rl_2, n_2
水位-被害額モデル	① 標高別資産額モデル ② 湛水位-被害額モデル $$D = D\{(H-Ho), S\}$$ 　D　：水位Hまでの資産 　Ho：無被害最大水深 　S　：被害ポテンシャル	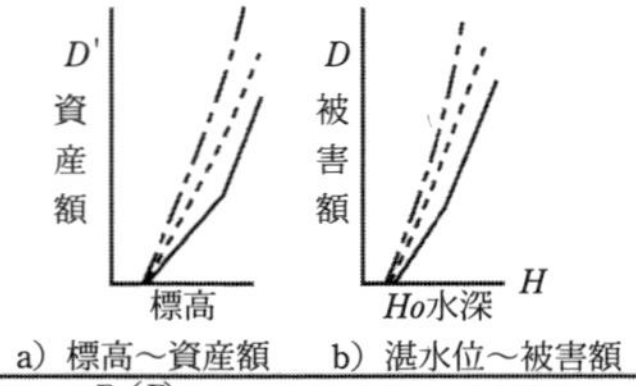 D'資産額／標高　　D被害額／Ho水深H a) 標高～資産額　　b) 湛水位～被害額
年平均被害額モデル	$$\overline{D} = \int_{Fo}^{\infty} Pr(F) \cdot D(F) dF$$ $$D(F) = D(H, S)$$ ここに、Fo：無被害最大外力。	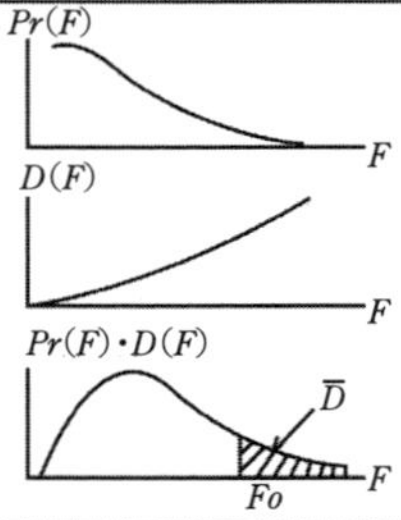 $Pr(F)$ $D(F)$ $Pr(F) \cdot D(F)$　$\overline{D}$　Fo

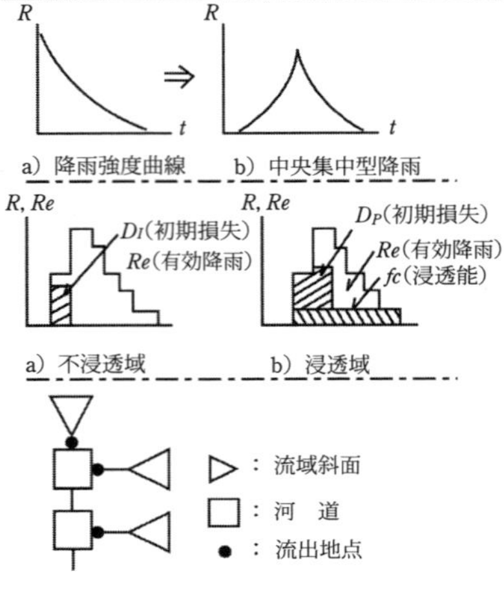

図-8.5　流出・氾濫、被害解析モデルの例[2),12)]

増すことにより浸水区域がどのように拡大していくかを知ることができる。下流域では50mm／hr強度降雨で初めて浸水が生じているが、これは下流域において河川改修が行われたためである。

水理・水文学的な方法を用いた場合には、降雨規模ごとの浸水状況が明らかになるばかりでなく、河川改修といった治水対策の影響、あるいは流域の都市化の影響を考慮に入れることが可能である。

8.3.4 被害による方法の洪水危険度評価地図

洪水被害額は、特別に大きい流速の生じる区域を除くと、浸水深と被害ポテンシャルから算定することができる[2),4),5)]。したがって、水理・水文学的方法により求められた浸水深と被害ポテンシャル調査の結果を用いることにより、そ

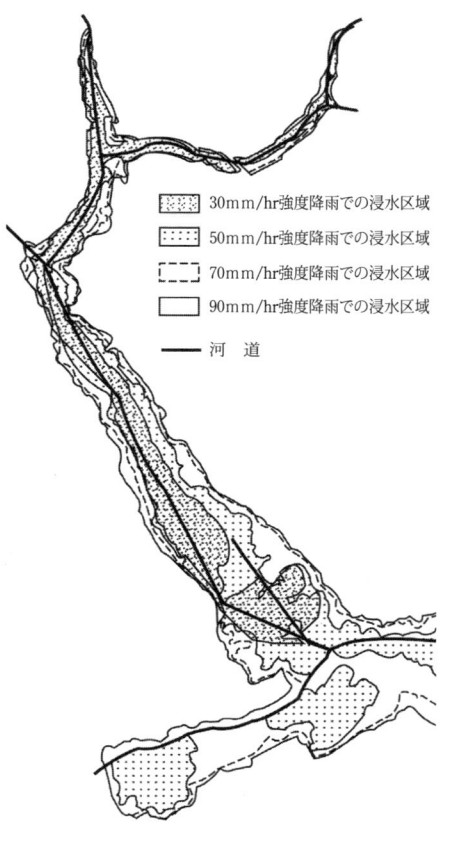

図-8.6 水理・水文モデルにより求めた浸水図（真間川、1980年時点）

の分布状況を推定することが可能である。式(8.2)に基づいた計算からある洪水時の被害額の分布を求めることができ[11)]、式(8.3)を用いれば年平均被害額の分布を推定することができる。図-8.7は、真間川において500mメッシュごとに年平均被害額を算定し、その分布状況を示したものである。図-8.6と図-8.7を対比すると、浸水の危険性の高い区域は中流域であるのに対し、年平均被害額は下流域で大きくなっていることがわかる。これは、下流域の被害ポテンシャルが中流域のそれに比較して大きいためである。

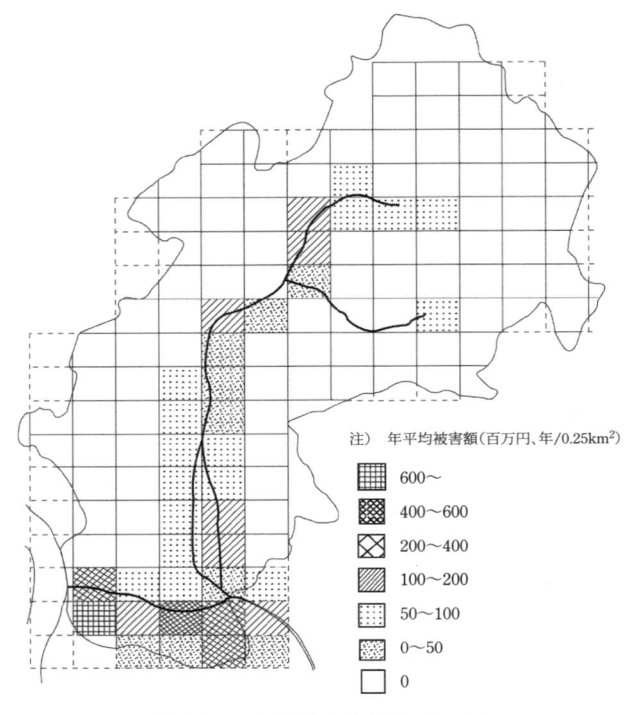

図-8.7 年平均洪水被害額の分布図

注) 年平均被害額（百万円、年/0.25km²）
- 600〜
- 400〜600
- 200〜400
- 100〜200
- 50〜100
- 0〜50
- 0

8.4 洪水危険度評価地図の特徴

　洪水危険度評価地図の作成手法の概要とそれぞれの手法に基づいて作成された洪水危険度評価地図を例示した。以下では、それぞれの手法に基づく洪水危険度評価地図の特徴および適用範囲について検討する。

　表-8.2は、上に述べた四つの手法に基づく洪水危険度評価地図の基本的な特徴、有効性、治水計画との関連および洪水危険度評価地図作成のための主要データを示したものである。表に記した特徴は、各手法に基づく洪水危険度評価地図が基本的に内包するものである。地形学的方法は主として定性的な浸水の危険性を示すものであり、定量的な評価は今後の課題である。こ

の方法は、我が国のように河川の流路が固定され、かつ大規模な治水対策が実施されている流域では、小規模な超過洪水に対しては信頼性が低く、極めて大規模な超過洪水に対してのみ有効であろう。東南アジアなどの自然状態に近い河川流域に対しては有効と考えられる。

既往実績洪水によるものは信頼性が最も高い。しかし治水対策の効果、あ

表-8.2 洪水危険度評価地図の特徴

方法 \ 基本項目	基本的な特徴	有効性	治水計画との関連	主要データ
地形学的方法	・氾濫水の挙動を定性的に推定できる。 ・微地形に着目することにより、危険度のランクづけができる。 ・洪水規模との定量的な対応づけが難しい。 ・治水対策、流域の都市化の影響が反映されない。	・自然状態に近い流域全体 ・氾濫原内の水の挙動 ・治水容量を大きく上回る異常洪水時の浸水	・土地利用の誘導などの氾濫原管理（定性的） ・水防	・地形分類図 ・地形図 ・航空写真 ・浸水実績図 ・etc.
既往洪水による方法	・実績なので信頼性が高い（治水対策、流域の都市化の影響が無視しうる場合）。 ・実績データが多い場合には、確率降雨ごとの浸水区域が定まる。 ・治水対策、流域の都市化の影響が反映されない。	・治水対策、流域の都市化の影響が小さい流域 ・浸水区域の推定	・土地利用の誘導（盛り土、耐水化含む）などの氾濫原管理 ・水防	・地形図、地形分類図 ・航空写真 ・降雨流量データ（頻度解析に用いる） ・河道・堤防縦断図 ・河道・氾濫原横断図 ・etc.
水理・水文学的方法	・降雨規模ごとの浸水区域を求めることができる。 ・治水対策、流域の都市化による影響を反映しうる。	・あらゆる流域 ・浸水の予測	・土地利用の誘導などの氾濫原管理（定量的） ・治水対策の効果の把握 ・水防	・地形学的方法で用いるデータ（定性的な特性の把握） ・既往洪水による方法で用いるデータ（モデルの検証） ・確率降雨
被害による方法	・基本的には水理・水文学的方法と同じ。 ・上記三つの方法が洪水被害の可能性を示すのに対し、洪水危険度を被害額で直接的に評価しうる。	・あらゆる流域 ・被害額の予測	・土地利用の誘導などの氾濫原管理 ・通常の治水対策の効果の評価 ・超過洪水対策の評価	・水理・水文学的方法で用いるデータ ・被害ポテンシャルデータ ・被害率

るいは流域の都市化による流出への影響が大きい場合には、それらを十分に考慮することができないという欠点がある。また十分な既往洪水データがない場合には、降雨規模ごとの浸水区域を定めることができない。

　水理・水文学的方法あるいは被害による方法に基づく場合には、洪水危険度を浸水位や被害額で定量的に予測することが可能であり、かつ治水対策の効果や流域の都市化の影響を反映させることができる。**図-8.8** には、真間川において 1958 年から 1979 年までの流域の都市化および河川改修が浸水に与える影響を分析した結果を示した[12]。図には、流域の都市化に起因した降雨流出の増大のために浸水位が上昇すること、また下流域を中心とした河川改修により大幅に浸水位が低下することが示されている。同様にして、流域の都市化により氾濫原の土地利用が高度化したとによる被害額の増加や治水対策による被害の軽減についても分析することができる[2]。このような分析を行うと、大河川では河川改修や貯水池の建設、農業排水施設の整備による流出の変化、河川堤防による氾濫の防止などによる影響が無視できず、また都市化が顕著な中小河川では流出の変化や治水対策の効果が大きいことが知られる。したがって、我が国の多くの河川流域の洪水危険度評価地図の作成には、水理・水文学的方法あるいは被害による方法が有効であるといえよう。

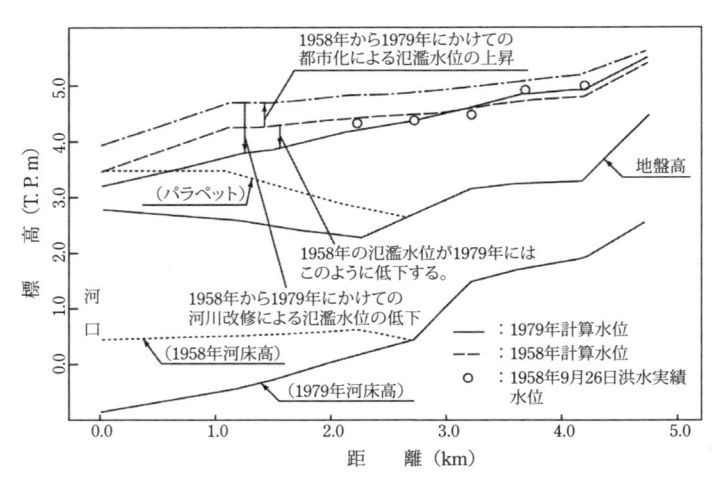

図-8.8　流域の都市化、河川改修による浸水位の変化
　　　　（真間川、1958 年洪水の雨量に対する浸水位）

ただし、これら二つの方法を用いて洪水危険度評価地図を作成するうえでは、水理・水文モデルの精度向上、被害算定モデルの精度向上が必要である。

8.5 まとめ

　超過洪水は計画完成後においてもある確率で生起する可能性があり、計画完成までの途中段階においてはさらに多い頻度で生起する可能性がある。このことから、超過洪水を考慮に入れた治水計画が必要であるといえる。本文では、そのための有効な手段の一つと考えられる洪水危険度評価地図について検討した。

　洪水危険度評価地図の作成方法として、地形学的方法、既往洪水による方法、水理・水文学的方法および被害による方法を提示した。そして、それぞれの手法に基づく洪水危険度評価地図を例示し、それらの特徴を述べるとともに、相互の比較を行った。その結果、大規模な治水対策が実施された流域や都市化が顕著である流域では、水理・水文学的方法あるいは被害による方法が有効であることが明らかとなった。これら二つの方法に基づく洪水危険度評価地図の作成においては、地形学的な方法による結果は浸水状況を定性的に把握し、氾濫原を分割するために用いる。また既往洪水による方法による結果はモデルを検証するうえで活用する。

　洪水危険度評価地図は、土地利用の誘導あるいは建築物の耐水化、盛り土といった氾濫原の土地利用管理計画、水防、避難計画などに対しても有効であり、また氾濫原に居住する人々が治水の実状を認識するうえでも役立つ。水理・水文学的方法および被害による方法は治水対策の効果の評価を行ううえでも有効である。これらのことから、洪水危険度評価地図が広く活用されることが望まれる。

［追記］
　本文をまとめるうえで、治水地形分類図の活用について、赤桐毅一氏（元・国土地理院、当時・国土庁）に有益な助言を頂いた。（1982年3月）

《参考文献》

1) 矢野勝正編『水災害の科学』技報堂、1971
2) 山口高志・吉川勝秀・角田　学「都市化流域における洪水災害の把握と治水対策に関する研究」『土木学会論文報告集』No.313、1981、pp.75-88
3) Department of the Army Office of the Chief of Engineers : A Perspective on Flood Plain Regulations for Flood Plain Management, Washington, D.C. 20314, 1976
4) 山口高志・吉川勝秀・角田　学「治水計画の策定および評価に関する研究(1)」『土木研究所報告』No.156、1981、pp.57-111
5) 建設省河川局『治水経済調査要綱』1968～80および『水害統計』1962～68
6) 大矢雅彦「水害地形分類図と伊勢湾台風による水害」『地理調査所時報』No24、1960
7) Takekazu Akagiri : Geomorphological Mapping for Prediction of Flooding, Japan International Cooperation Agency, 1981
8) 建設省庄内川工事々務所『庄内川洪水防御システム策定報告書(概要版)』1977
9) 石崎勝義・大村善雄「低平地河川の治水方式について」『第25回水理講演会論文集』1981
10) 大達俊夫・市橋誠・泊　耕一「洪水避難システムの検討について」『第33回建設省技術研究会報告』1979
11) 吉野文雄・中島輝雄「氾濫計算結果を利用した浸水危険度評価法に関する検討」『第35回土木学会年講』1980
12) 吉野文雄・吉川勝秀・中島輝雄「流域の都市化に起因する洪水災害の変化」『第25回水理講演会論文集』1981、pp.263-268
13) 木村俊晃「狩野川洪水の検討―異常災害に如何に対処するか―」『土木研究所報告』No.106、1960
14) 吉川秀夫「河川災害と改良復旧」『季刊　防災』No.47、1974
15) 石崎勝義「超過外力と河川計画」『土木技術資料』Vol.16、No.4、1974
16) Fumio Yoshino, Katsuhide Yoshikawa, Masafumi Yamamoto : A Study on Flood Risk Mapping, International Symposium on Erosion, Debris Flow and Disaster Prevention, Tsukuba(Tsukuba Center for Institutes), 1985, pp.499-504
17) Fumio Yoshino, Katsuhide Yoshikawa, Masafumi Yamamoto : A Study on Flood Risk Mapping, Journal of Research, Public Works Research Institute, Ministry of Construction(MOC), Vol.22, No.1, 1983, pp.7-24
18) Fumio Yoshino, Katsuhide Yoshikawa : An Analysis on the Change in Hydrological Characteristics of Flood Due to Urbanization and the Estimation of the Changes in Flood Damage, Journal of Research, Public Works Research Institute, Ministry of Construction (MOC), Vol.22, No.2, 1983, pp.27-44
19) 吉野文雄・山本雅史・吉川勝秀「洪水危険度評価地図について」『第26回水理講演会論文集』1982、pp.355-360
20) 吉川秀夫・吉川勝秀「計画超過渇水を考慮した水資源計画に関する考察」『土木学会論文報告集』No.319、1982、pp.153-165

第9章
河川の治水安全度2 地形学的アプローチ

【本章の要点】

　本章では、河川の治水安全度の評価、そしてその結果の表現について、地形学的な方法を用いることにより、それがどのように改善できるかを示す。第8章での検討を、地形学的なアプローチにより改善し、視覚的にもわかりやすい形での結果の提示を試みたものである[13]。

　検討の具体的な対象は利根川流域の氾濫原であり、同流域における既往の洪水実績データの視覚的表現や同流域の治水地形分類図の今日的な活用、さらには航測データの活用についても述べた。

9.1　はじめに

　洪水氾濫を推定する場合、公表されている浸水実績図や浸水想定区域図を活用することができる。前者は過去に生じた一つ、あるいはいくつかの実績に基づく情報提供であり、事実に基づくものであるが、限られた場合のものである。また後者は、あらゆる堤防の場所での氾濫を重ね合わせたものであり、仮想的で、ある面では過大なものともいえる。そして、これらの情報は、客観的ではあるがいわゆる乾いた情報であり、必ずしも氾濫域の市民に、あるいは河川災害に対応する行政担当者にも浸透していない面がある。

　本章では、洪水氾濫、そしてそれによる被害を推定する方法として、専門家のみならず子どもから大人まで、よりわかりやすく、かつその意味を理解

しやすい地形学的な方法に焦点を当て、ほかの方法と比較しつつ提示し、考察した。

9.2　従来の研究と本章の基本的立場

　従来の研究と比較して、本章の基本的立場を示すと以下のとおりである。
　治水に関して、洪水の氾濫、被害を主テーマに取り扱った研究として、広長・八島・坂野の研究[1]、山口・吉川・角田の研究[2,3]がある。そこでは、洪水氾濫、治水対策による被害軽減を対象に、費用効果分析までを行っている。洪水氾濫危険度の評価に関しては、吉野・山本・吉川の研究[4,5]があり、そこでは、①歴史的な洪水実績による方法、②地形学的な方法、③水文・水理学的な解析による方法、④洪水被害額による方法が検討されている。その後、水文・水理学的な方法は、計算機の能力向上と解析モデルの改善などにより多くの場所で用いられ、浸水想定区域図の公表に至っている[6]。
　また、吉川・本永[7]は、水害の地形的特性と洪水氾濫特性とを対応させて氾濫原を地域区分し、それに対応させた流出抑制（雨水の貯留・浸透）と遊水機能の保全対策と土地利用の誘導・規制を行った治水対策の事後評価を行った。これは先述の洪水危険度評価の①、②および③の方法を総合化させ、実流域の治水対策を実践した結果についての研究である。
　水文・水理学的な方法による浸水予想は、どのような条件設定もできるという点では究極の方法ともいえるが、上述のようにそこで示された浸水の意味を市民などが理解するには身近でなく、子どもを含む市民へ浸透していないのが実情である。
　そこで、本章では子どもを含む市民にも洪水氾濫による浸水の意味を理解しやすい方法について、近年整備されてきた地形情報を利用しつつ具体的に提示し、実績と比較して検証を行った。また、洪水氾濫のきっかけとなる堤防決壊のうち、その大半を占める越水による堤防決壊を推定する方法についても考察を行った。

9.3 洪水氾濫の推定における地形学的アプローチ

ここでは、洪水氾濫を推定する方法とその特徴、実流域への適用結果、そして地形と治水地形分類による方法の高度化について考察する。

9.3.1 洪水氾濫を推定する5つの方法とその特徴

洪水氾濫を推定する方法としては、上述の吉川らの研究を参考に、(1)浸水実績による方法、(2)地盤高による方法、(3)水害地形(治水地形分類図)による方法、(4)水文・水理学的な方法、(5)被害額による方法に整理し、発展させた。これらの方法の特徴を以下に述べるとともに、概要を表-9.1にま

表-9.1 洪水氾濫を示す5つの方法の特徴

方 法	長 所	短 所	有効性
浸水実績による方法	・実績なので誰にでもわかりやすく、信頼性が高い	・洪水規模を自由に設定できない ・治水対策の効果や流域の都市化の影響が反映されない	・流出条件の変化や道路、盛り土などによる地形変化が大きくない流域
地盤高による方法	・およその浸水範囲や水深を簡単に推定可能 ・国土地理院が公表している50mメッシュ標高データは入手、解析が比較的容易	・洪水規模との定量的な対応づけが難しい ・50mメッシュ標高データでは堤防や盛り土などの微地形が反映されないため、都市計画図などによる補足が必要	・堤防が未整備で自然状態に近い河川 ・計画流量を大きく上回る超過洪水時の浸水
水害地形(治水地形分類図)による方法	・氾濫域の土地の性状および地盤高から浸水危険性が一目でわかる ・一般に公表され、誰もが利用可能	・土地の性状や危険性などを読むためには判読技術が必要 ・洪水規模との定量的な対応づけが難しい	同上
水文・水理学的な方法	・氾濫流量や氾濫原の条件を任意に設定することが可能	・条件設定や計算方法が複雑で住民にはわかりにくい ・結果が正しく理解されないまま一人歩きする危険性がある	・あらゆる流域、洪水規模
被害額による方法	・被害のポテンシャルがわかる ・治水対策の優先度がわかる	・資産額を算出するには膨大な作業が必要	同上

とめる。

(1) 浸水実績による方法

　浸水実績を参考とする方法は誰にでもわかりやすく、信頼性が高い。また、浸水範囲の広がりを時系列的に記録した資料があれば、氾濫流の挙動を推定することも可能である。ただし、実績と異なる規模の洪水氾濫を推定できないこと、治水対策の効果や流域の都市化による影響が反映されないことなどの制約がある。

(2) 地盤高による方法

　氾濫流の挙動を支配する最大の要因は地盤高といえる。地盤高の解析においては、1/25 000 地形図の等高線から作成された50mメッシュ標高データを利用する方法が簡便で有効である。このデジタルデータを用いて標高段彩図（等高線図を標高別に色分けしたもの）を作成することにより、河川流域の地形的特徴を比較的簡単に把握することができる。標高段彩図に浸水実績を重ねると、氾濫水の挙動は「水は高い場所から低い場所へと流れる」という原理に従っていることが明らかになる。したがって、標高データにより流域の地形を把握することで、おおよその浸水範囲が推定できる。ただし、想定した洪水規模の氾濫流量の設定とそれに対応する氾濫域の推定は容易ではない。また、小規模な堤防や盛り土などによる影響を反映するには、50mメッシュより細かな標高データが必要な場合がある。

(3) 水害地形（治水地形分類図）による方法

　治水地形分類図は、昭和51(1976)年から53(1978)年にかけて、堤防の地盤条件や氾濫域の土地の性状とその形成要因、および地盤高などを明らかにすることを目的として作成されたものである。治水地形分類図には、自然堤防、盛り土などの比較的高い土地、旧河道や後背湿地などの地盤が低く湛水しやすい土地が表されており、定性的ではあるが、土地の浸水のしやすさがわかる。ただし、地盤高による方法と同様、洪水規模と氾濫域との関連づけが難しい。

（4）水文・水理学的な方法

これまで整理してきた(1)〜(3)の方法は、実績洪水規模と異なる規模の洪水氾濫を推定できない、あるいは、氾濫流量との定量的な対応づけが困難であるといった制約がある。これらに対し、水理モデルによる方法では、洪水規模を自由に設定することができ、さらに氾濫原の盛り土などによる影響も考慮することができる。ただし、計算条件や変数の設定による影響が大きく、結果の評価を適切に行う必要がある。

（5）被害額による方法

被害額は治水対策の優先度を検討するうえで、重要な方法であるが、別途考察することとし、本章では詳細には述べない。

9.3.2　実流域の検討結果

上述の5つの方法のうち、被害額による方法を除く4つの方法について、利根川右岸の東京氾濫原（加須低地から中川低地を経て東京湾に至る地域）で検討を行った。**図-9.1** に示す治水地形分類図を見ると、東京氾濫原は、か

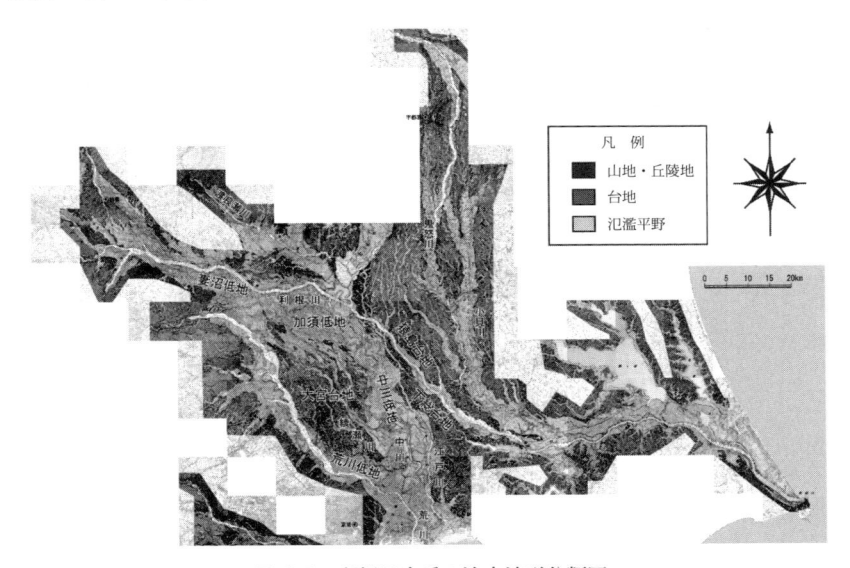

図-9.1　利根川水系の治水地形分類図

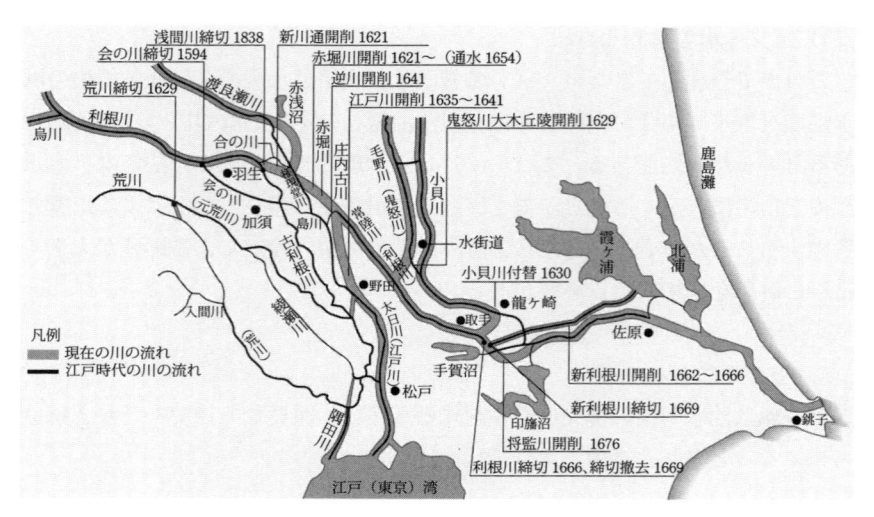

図-9.2　利根川の付け替えと東京氾濫原[8]

つては北西から利根川、渡良瀬川、西から荒川が流入して東京湾に注ぎ、平野部ではそれらの河川が氾濫を繰り返し、形成されたことが理解できる。この地域では、かつての利根川や荒川の流路が現存し、それらは古利根川、元荒川などとしてその名前が残っている。図-9.2 には利根川の流路の付け替えの経過を示した。この東京氾濫原を対象に検討した結果を以下に述べる。

(1) 浸水実績による方法

　図-9.3 および図-9.4 は昭和 22(1947)年のカスリン台風の浸水実績について、浸水範囲、最大浸水深、氾濫流の到達時刻を示したものである。図-9.3 から東京氾濫原の広い範囲が浸水し、その大部分が床上浸水(0.5m 以上)であったことがわかる。図-9.4 から氾濫流の主流は江戸川に沿って流れ、約5日かけて東京湾へ到達したことがわかる。氾濫流の平均流速を算出すると 0.14m／s となる。もし、利根川でカスリン台風とほぼ同じ条件の洪水が発生する場合には、これらの実績データと同様の浸水範囲および浸水深になると推定される。

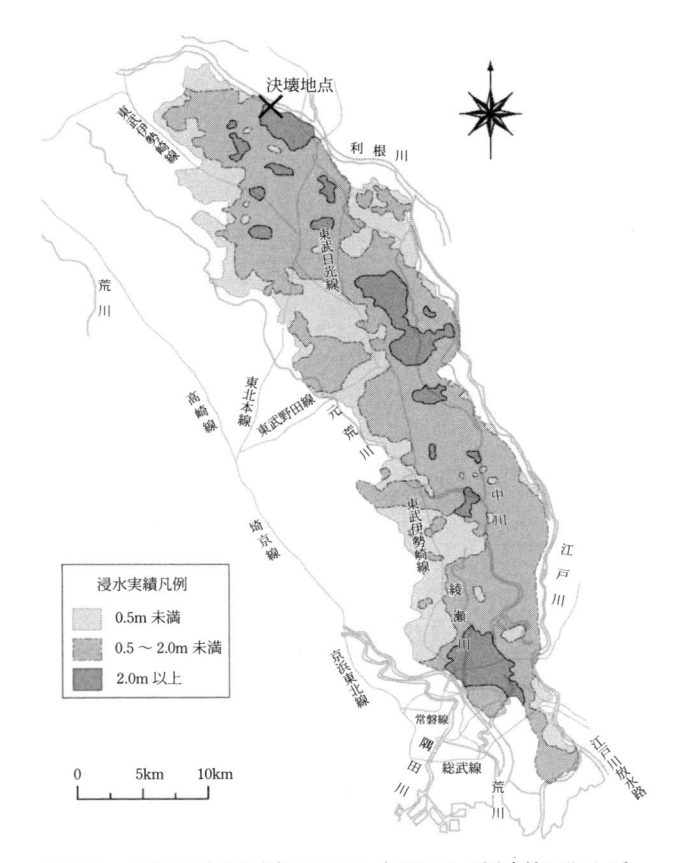

9.3 洪水氾濫の推定における地形学的アプローチ

図-9.3 昭和22(1947)年カスリン台風による浸水範囲および最大浸水深

(2) 地盤高による方法

図-9.5は国土地理院が発行している数値地図50mメッシュ標高データから作成した利根川流域の標高段彩図に、**図-9.4**のカスリン台風の浸水実績を重ねたものである。凡例に示すとおり、明るい灰色は地盤の低い土地を表しており、氾濫流の主流が江戸川沿いの低い土地(明灰色)を流れたことが確認できる。また、浸水範囲の西側は大宮台地の縁辺部で浸水が防がれている様子がわかる。つまり、氾濫水は土地の低いところに集まって流れ、土地の高いところまでは浸水しない。これらのことから、標高段彩図を用いること

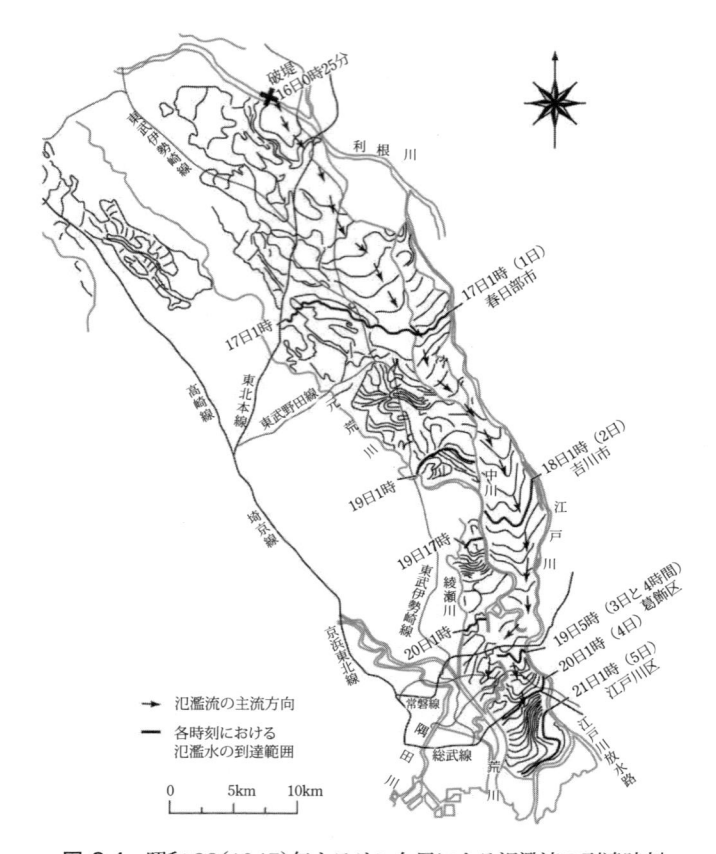

図-9.4 昭和22(1947)年カスリン台風による氾濫流の到達時刻

により、大まかな浸水区域の推測が可能であるといえる。なお、標高段彩図は通常カラーのグラデーションで標高を表現しており、住民にとっても視覚的に理解しやすい。

さらに**図-9.6**に示す測線に沿って縦横断面を作成し、利根川氾濫原の地形と浸水の関係をより詳しく把握することにした。測線は、昭和22年カスリン台風の決壊地点付近から氾濫流の主流方向に縦断主側線を取り、これに垂直な方向に5km間隔で14本の横断測線を設定した。

図-9.7は縦断図で、流域における地盤の勾配は縦断測線上の15km地点（幸

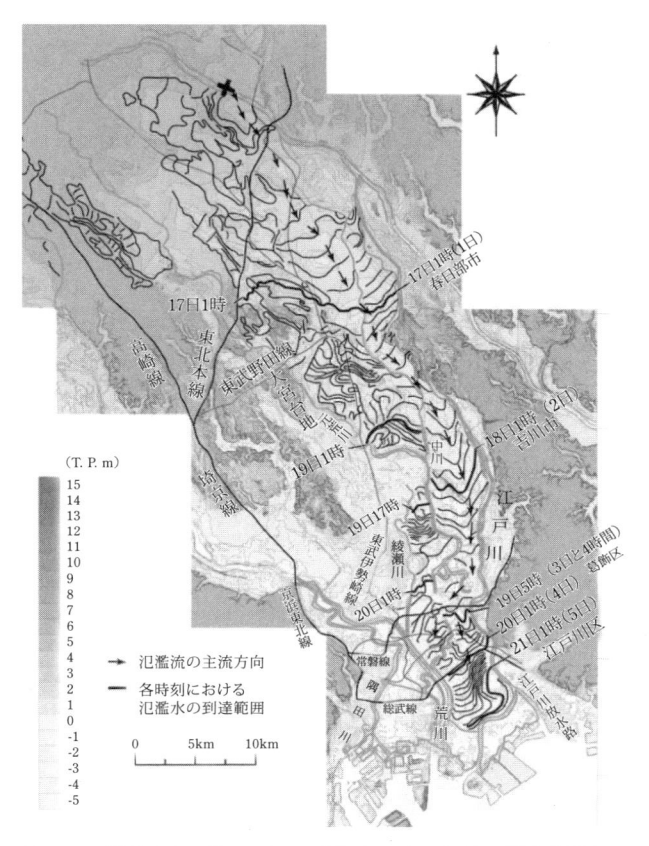

図-9.5 地盤高と昭和22(1947)年カスリン台風の浸水実績を重ね合わせた図

手市付近)を境に上流側が約 1 / 2 200 と緩やかな勾配であり、下流側は約 1 / 7 600 とさらに勾配が緩くなっている。縦断図に**図-9.3** の昭和22年カスリン台風の浸水深を重ねると、地形に従って高い場所から低い場所へ向かって氾濫流が流れたことがわかる。また、**図-9.4** に示す氾濫流の到達範囲とその時刻から流速を計算すると、上流側で 0.35m / s、下流側で 0.12m / s となる。氾濫流は地盤の高い場所から低い場所へ勾配に応じた速度で流れたことがわかる。

図-9.8 は横断図にカスリン台風の浸水範囲および水深から推定した浸水

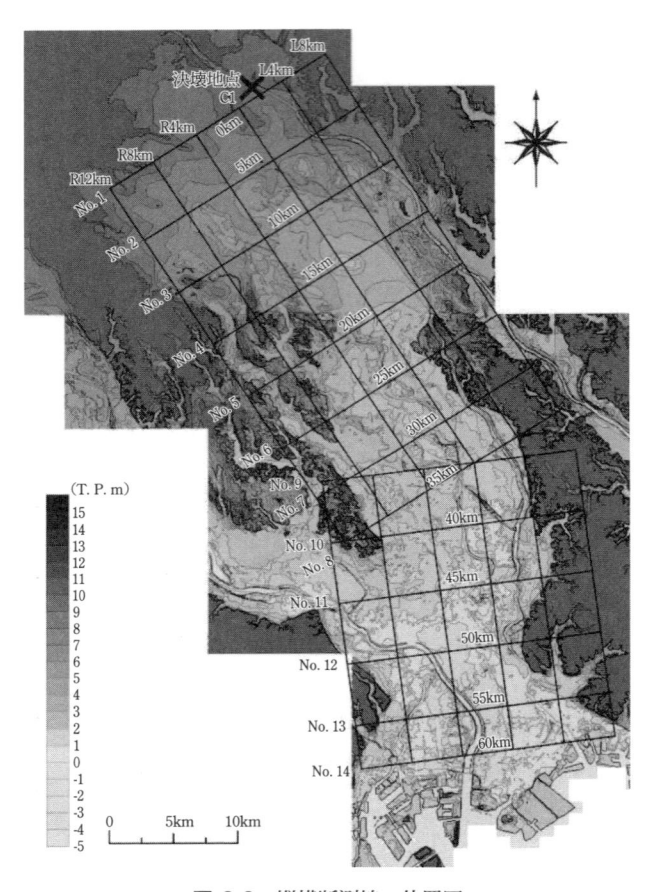

● 第9章 ● 河川の治水安全度2　地形学的アプローチ

図-9.6　縦横断測線の位置図

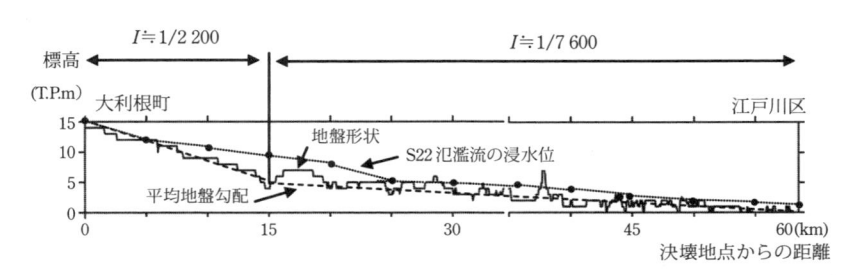

図-9.7　昭和22(1947)年カスリン台風の氾濫流域縦断図と実績浸水位

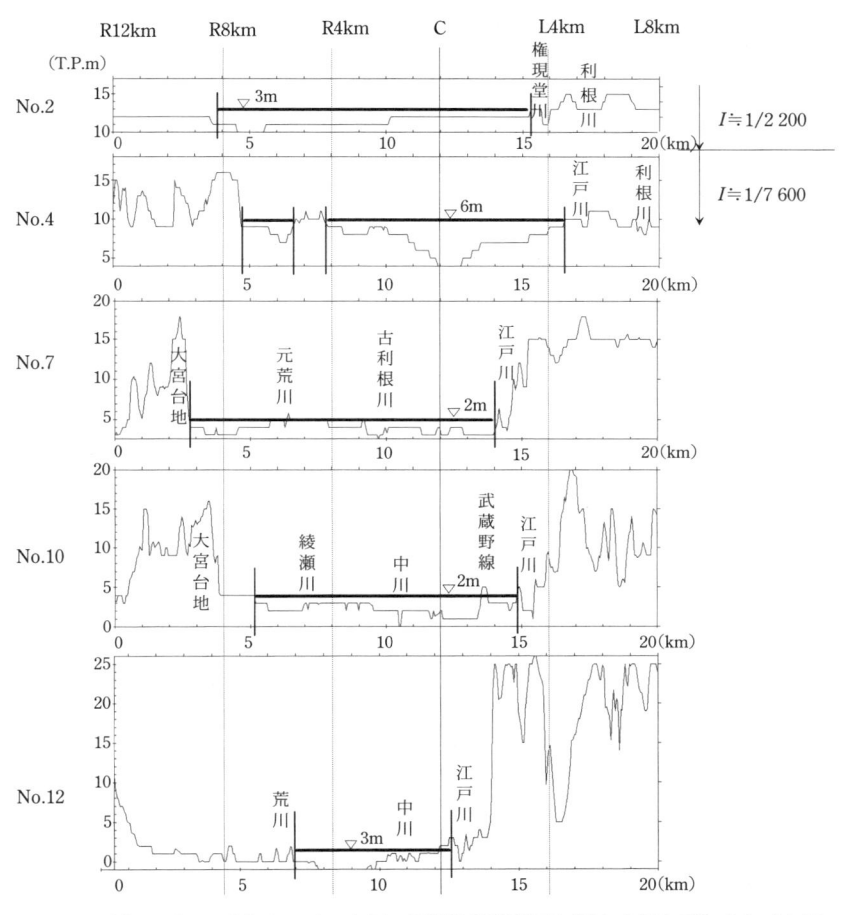

図-9.8 昭和22(1947)年カスリン台風の氾濫流域横断図に浸水実績を重ね合わせた図

面を重ね、代表的な断面を示したものである。図からは東京氾濫原の低平な地形に沿って浸水が広がった様子が明らかになる。水深については、概ね深いところで2〜3mであるが、地形のくぼんだところでは局所的に5mを超えたところもある。また、浸水範囲の境界部分に着目すると、台地の縁辺部や荒川および江戸川の堤防などで浸水範囲の拡大が防がれている様子がわかる。このように標高段彩図や横断面図を用いて浸水区域や浸水深を推定することが可能である。ただし、50mメッシュ標高データでは、中川や綾瀬川

などの規模の小さな堤防が地形的に表現されていないため、これらが洪水流の挙動に与える微妙な影響を推定することは難しい。

(3) 水害地形(治水地形分類図)による方法

　治水地形分類図は、地形を山地部、台地部、平野部に大別し、平野部は氾濫平野、自然堤防、旧河道、後背湿地などに区分している。氾濫平野は河川の氾濫により形成され、主に水田などに利用されていて洪水被害を受けやすい。自然堤防は、氾濫平野より相対的に地盤が高く、比較的洪水の被害を受

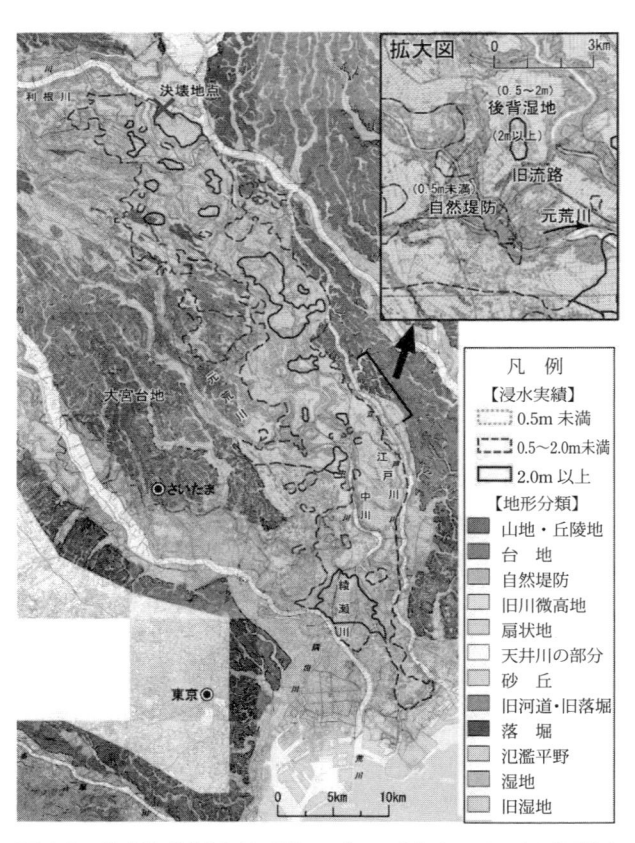

図-9.9 治水地形分類図と昭和22(1947)年カスリン台風氾濫実績を重ね合わせた図

けにくいため、古くから集落や畑に利用されている。旧河道はかつての流路であり、洪水時には氾濫流の通り道となりやすい。後背湿地は自然堤防の背後に形成された低湿地であり、水はけが悪いことから主に水田などに利用されている。

利根川右岸の東京氾濫原は、利根川の旧流路である古利根川(**図-9.2**参照)などによって形成された氾濫平野である。**図-9.9**の治水地形分類図を見ると、東京氾濫原を形成した多数の河川の現河道および旧河道を確認することができる。

また、**図-9.9**においてカスリン台風の浸水実績をマクロ的な視点で見ると、氾濫水はかつての利根川の流れにより形成された氾濫平野を、昔の流れを取り戻すかのように広がったことがわかる。また、**図-9.9**の拡大図で越谷市の元荒川周辺について、カスリン台風の浸水実績をミクロ的な視点で見ると、旧河道や後背湿地などは地盤高が低いため浸水深が深いこと、自然堤防は微高地のため、周辺に比べて浸水深が浅いことがわかる。このように治水地形分類図を用いて、浸水範囲や浸水した場合の相対的な深さを推定することができる。

(4) 水文・水理学的な方法

ここでは最も簡単な水理モデルとして、等流計算によるカスリン台風の氾濫流量の試算を行った。氾濫原地形モデルは50mメッシュ標高データを利用し、**図-9.6**に示す測線位置において横断面を作成した(代表的な横断面を**図-9.8**に示す)。**図-9.8**に示すように浸水実績から浸水範囲および水深を推定し、その時の水面下の横断面積、潤辺、径深を計測し、マニングの公式により流量計算を行った。水深と流量の関係を**表-9.2**にまとめる。なお、**表-9.2**の網掛け部分はカスリン台風の実績浸水深における計算結果であり、流量は上流側の測線No.1〜5(決壊地点から20kmまで)でおおよそ2 000〜4 000m^3/s、下流側の測線No.6〜12でおおよそ1 000〜2 000 m^3/s、最下流部の測線No.13〜14で200 m^3/s以下となる。カスリン台風時の決壊口からの流出量は最大約4 000m^3/s程度と推定されており[8]、本計算結果は実績に近い値を示していると言える。**図-9.10**に各測線における流量の計

算結果をグラフで示す。各側線における計算結果にはバラツキはあるものの、上流から下流にかけて約4 000m³/sから約200m³/sまで徐々に流量が減少している。下流ほど流量が減少しているのは氾濫流のピークが分散したこと

表-9.2 等流計算による氾濫流量の推定

No.	h	H (T.P.m)	A (m²)	B (m)	R	v (m/s)	Q (m³/s)	I
1	1	14	6 720	6 720	1.00	0.14	955	1/2 200
	2	15	16 960	10 240	1.66	0.20	3 374	1/2 200
2	1	11	960	960	1.00	0.14	136	1/2 200
	2	11	6 400	6 400	1.00	0.14	910	1/2 200
	3	12	12 480	11 520	1.08	0.15	1 871	1/2 200
3	1	10	3 680	3 680	1.00	0.14	523	1/2 200
	2	11	15 680	12 000	1.31	0.17	2 664	1/2 200
4	1	5	898	898	1.00	0.08	69	1/7 600
	2	6	2 367	1 469	1.61	0.11	249	1/7 600
	3	7	4 816	2 449	1.97	0.12	578	1/7 600
	4	8	9 633	4 816	2.00	0.12	1 169	1/7 600
	5	9	18 612	8 980	2.07	0.12	2 314	1/7 600
	6	10	29 551	10 939	2.70	0.15	4 383	1/7 600
5	1	6	3 200	3 200	1.00	0.08	245	1/7 600
	2	7	8 960	5 760	1.56	0.10	920	1/7 600
	3	8	20 160	11 200	1.80	0.11	2 281	1/7 600
6	1	4	960	960	1.00	0.08	73	1/7 600
	2	5	4 160	3 200	1.30	0.09	379	1/7 600
	3	6	12 160	8 000	1.52	0.10	1 229	1/7 600
7	1	4	4 000	4 000	1.00	0.08	306	1/7 600
	2	5	12 800	8 800	1.45	0.10	1 257	1/7 600
8	1	3	3 200	3 200	1.00	0.08	245	1/7 600
	2	4	10 400	7 200	1.44	0.10	1 016	1/7 600
9	1	3	1 280	1 280	1.00	0.08	98	1/7 600
	2	4	8 480	7 200	1.18	0.09	723	1/7 600
	3	5	19 680	11 200	1.76	0.11	2 191	1/7 600
10	1	3	4 800	4 800	1.00	0.08	367	1/7 600
	2	4	14 400	9 600	1.50	0.10	1 443	1/7 600
11	1	1	800	800	1.00	0.08	61	1/7 600
	2	2	7 200	6 400	1.13	0.08	596	1/7 600
	3	3	17 760	10 560	1.68	0.11	1 921	1/7 600
12	1	0	2 080	2 080	1	0.08	159	1/7 600
	2	1	5 600	3 520	1.59	0.10	584	1/7 600
	3	2	10 400	4 800	2.17	0.13	1 332	1/7 600
13	1	1	480	480	1.00	0.08	37	1/7 600
	2	2	1 786	1 306	1.37	0.09	168	1/7 600
14	1	1	1 920	1 920	1.00	0.08	147	1/7 600

注) n=0.15：水田、畑、その他（中小河川浸水想定区域図作成の手引き）
h：水深、H：標高、A：水面下の断面積、B：潤辺、R：径深、v：流速、Q：流量、I：勾配、n：粗度係数

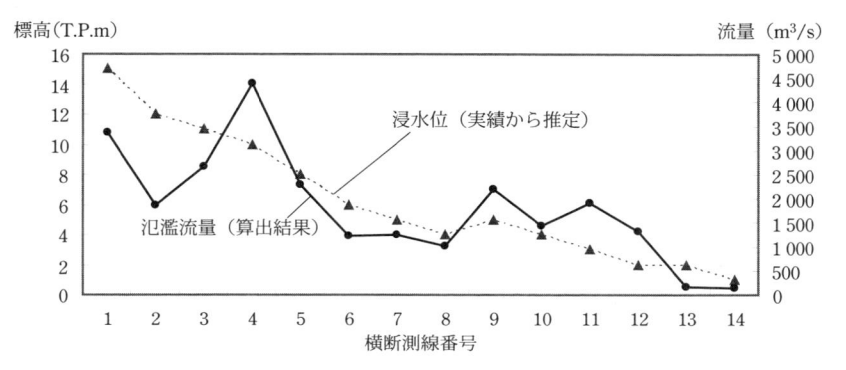

9.3 洪水氾濫の推定における地形学的アプローチ

図-9.10 最も簡易な水理モデルによる流量計算結果

によるものと考えられる。ピークが分散する理由としては、氾濫流が自然堤防や支川堤防で一時貯留と決壊を繰り返しながら流下したこと、地面の摩擦抵抗などが挙げられる。このように、簡易な水理モデルを用いた計算結果から、氾濫流の流下に伴う流量低減の状況が明らかになった。この結果から、同様の条件下では、ある程度、氾濫流の状況を推定することができる。

【流量計算の概要】
＜地形モデル＞
50mメッシュ標高データを利用
水面下の断面積、潤辺、径深、勾配は横断図から計測
氾濫原の測線位置図、縦断図、横断図は**図-9.6**、**9.7**、**9.8** 参照
＜計算方法＞
マニングの公式 $V = 1/n \cdot R^{2/3} \cdot I^{1/2}$、$Q = A \cdot V$
h：水深、H：標高、A：水面下の断面積、B：潤辺、R：径深、v：流速、Q：流量、I：勾配、n：粗度係数＝0.15（水田・畑・その他）、国土交通省河川局治水課[9]より。

9.3.3 治水地形分類による方法の高度化

(2)地盤高による方法、(3)水害地形(治水地形分類図)による方法について

は、上述したようなわかりやすいという特性がある。しかし、治水地形分類図は、専門家にはわかりやすく、氾濫原の土地についての治水特性を理解できるものであるが、一般の人々にはそれが容易ではない。そこで、この治水地形分類図に示される治水特性を 50m メッシュ標高データと重ね、三次元的にわかりやすく表現した（以下、3D 治水地形分類図と呼ぶ）。**図-9.11** は昭和 22 年カスリン台風の決壊地点から下流方向を眺めたもので、氾濫平野は相対的に地盤が低いことが一目でわかる。図中の矢印は氾濫流の主流方向を示しており、カスリン台風の氾濫水は地盤の低い氾濫平野に集まって流下した様子が一目でわかる。また、**図-9.12** には越谷市の元荒川周辺における自然堤防と後背湿地などの微地形を三次元で示した。図の自然堤防は周辺の後背湿地よりも 2～3m 高い。**図-9.13** は越谷市周辺の 3D 治水地形分類図に昭和 22 年カスリン台風の実績浸水位を重ね合わせ、その浸水範囲を推定したものである。この図からは氾濫平野の大部分が浸水し、相対的に地盤高の高い自然堤防は浸水を免れた、もしくは浸水深が浅くなった様子がよくわかる。

このように、地盤高と治水地形分類図を重ね合わせて三次元表示すること

図-9.11 3D 治水地形分類図による利根川氾濫原の広域表示

図-9.12　3D治水地形分類図による微地形表示(越谷市元荒川周辺)

図-9.13　3D治水地形分類図に昭和22(1947)年の実績浸水位(T.P.5m)を重ね合わせた図(越谷市周辺)

により、その土地における洪水氾濫のメカニズムや危険性がよりわかりやすくなる。

9.4　越水決壊箇所の推定方法に関する考察

越水による堤防決壊の水理学的特性を整理し、越水決壊箇所を推定する方法について考察を行った。

9.4.1　堤防決壊の原因と越水による堤防決壊の水理学的特性

堤防決壊の原因としては、①堤防洗掘によるもの、②堤防越水によるもの、③堤防一般部における浸透・漏水によるもの、④堤防横断構造物(樋管)周りでの浸透・漏水によるものがある。実際に堤防決壊した事例では、②の堤防越水によるものが大半である。すなわち、利根川水系の過去80年間の決壊実績[8),10)]でも、また土木研究所の全国調査結果[11)]でも、8割以上は堤防越水によるものである。

越水により堤防が決壊する場合の越水深と継続時間について、土木研究所河川研究室の研究[12)]で示された非決壊に関するデータ、および利根川水系の

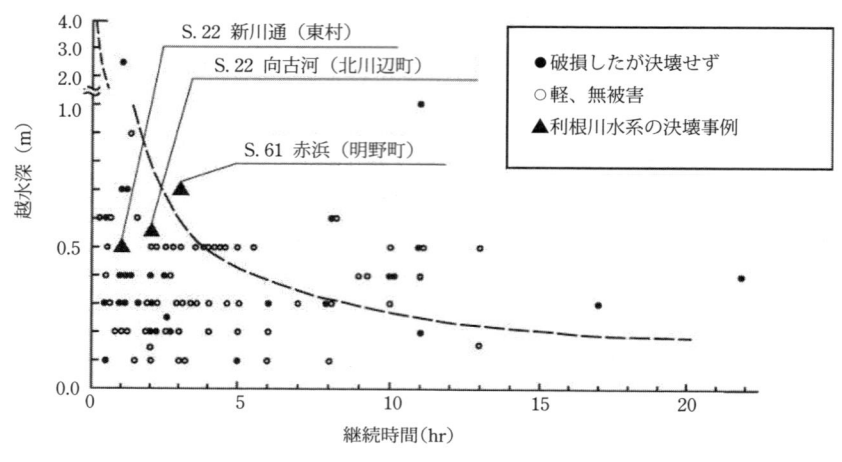

図-9.14　堤防越水による非決壊・決壊に関する実績データ

決壊データを用いて作成したものが**図-9.14**である。土木研究所河川研究室のデータ[12]は、比較的低い堤防高（2〜5m）の堤防で、越水したが決壊しなかった堤防に関するものであり、利根川水系の実績データは昭和22（1974）年以降の堤防決壊に至ったものである。

　図-9.14に示す実績データから堤防決壊に至る越流水深と継続時間についての情報を得ることができる。土木研究所河川研究室（1982）のデータからは、堤防越水が生じても必ず堤防が決壊するものではないことが示されており、その約8割の事例は0.6mで3時間を通る破線より下にある。利根川水系の堤防決壊に至った3事例は、越水深が0.5〜0.7m程度で継続時間は1〜3時間程度となっている。

9.4.2　堤防越水箇所を推定するための詳細な標高計測データの活用

　堤防越水は、堤防の高さが上下流に比較して低い場合には、その地点で起こる。昭和22（1947）年の利根川右岸での越水による堤防決壊は、上下流および対岸に比較して堤防が低かった場所で発生し、利根川本川では最も被害ポテンシャルの大きな場所で氾濫が生じている。昭和61（1986）年の支川小貝川の赤浜での越水による堤防決壊は、同様に橋の取り付け部となっており

標高（T.P.m）

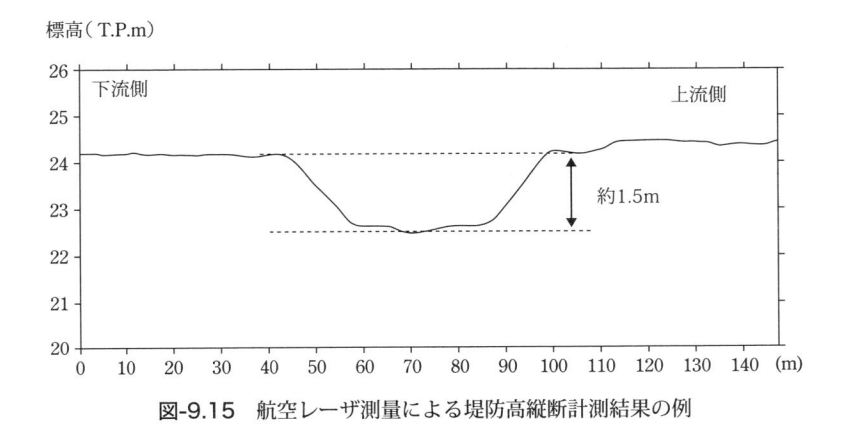

図-9.15　航空レーザ測量による堤防高縦断計測結果の例

上下流に比較して堤防が低かった場所で発生した。この場所は歴史的には対岸に比較して堤防の高さが低く、被害も相対的に小さな側であった。

ある河川の堤防について、航空レーザ測量により作成した縦断図を**図-9.15**に示す。航空レーザ測量を用いると、通常の定期縦横断測量ではとらえることのできない連続的な堤防縦断データを得ることができる。図中央付近の堤防は、その上下流に比較して約1.5m低くなっており、一連区間の中で越水の危険性が高い。堤防の管理上、このような地点の堤防を存置しておくか、あるいは上下流と同様の高さとするかは、超過洪水を考慮した堤防管理の課題といえる。

9.5　結　語

本章では、洪水氾濫、被害を推定する地形学的な方法について、ほかの方法と比較しつつ検討し、以下のことを明らかにした。

① 実河川における検討を行い、氾濫流の浸水範囲および浸水深などを地形学的な方法により概略的に推定できることを示した。これらの方法はいずれも一般的に入手可能なデータなどを活用しており、一般住民にもわかりやすいため、ハザードマップ作成時の住民説明会において地域の洪水危険性を説明する場合などにも有効である。また、このよ

うな方法は、高度な氾濫シミュレーションなどを行う際にも、浸水状況の定性的な把握や氾濫原の分割、水理モデルの検証を行う際にも有効である。

② 地形データと治水地形分類図を重ね合わせ三次元表示することで、従来に比べてよりわかりやすく氾濫特性を表現することができるようになった。これは、河川管理者の中でも地形を判読できる技術者が減少していることを踏まえ、誰が見ても土地の浸水危険性を一目で理解できることを目指して作成したものである。今後は、この3D治水地形分類図が多くの人に活用され、洪水危険性の理解に役立つことを期待する。

③ 土木研究所の中小河川の決壊に至らない事例での堤防越水データに、利根川水系の越水による決壊実績データを加え、越水深および継続時間と決壊可能性の関係を整理した。また、航空レーザ測量による連続的な堤防縦断標高データから一連区間の中で相対的に低い箇所を抽出できることを示した。これらから、越水が発生する箇所およびその状況を推定することが可能である。

［追記］
　本文は、第8章で示した河川の治水安全度の評価と図化について、治水地形分類図の内容を専門家でなくてもわかるように標高データと組み合わせて3次元的に示すなど、地形学的にさらに発展させたものであり、鈴田裕三、木下隆史が中心となって調査検討・取りまとめを行い、両氏、白井勝二、筆者の連名で公表したものである[13]。（2011年2月）

《参考文献》

1) 広長良一・八島　忠・坂野重信「低平地緩流河川の治水計画について」『土木学会論文集』No.20、1954、pp.1-40
2) 山口高志・吉川勝秀・角田　学「治水計画の策定および評価に関する研究(1)」『土木研究所報告』No.156、1981、pp.57-111
3) 山口高志・吉川勝秀・角田　学「都市化流域における洪水災害の把握と治水対策に関する研究」『土木学会論文報告集』No.313、1981、pp.75-88

4) 吉野文雄・山本雅史・吉川勝秀「洪水危険度評価地図について」『第26回水理講演会論文集』1982、pp.355-360
5) Fumio Yoshino, Katsuhide Yoshikawa, Masafumi Yamamoto : A Study on Flood Risk Mapping, Journal of Research, Public Works Research Institute, Ministry of Construction(MOC), Vol.22, No.1, 1983, pp.7-24
6) 建設省土木研究所「氾濫シミュレーション・マニュアル(案)」『土木研究所資料』No.3400、1996、pp.1-137
7) 吉川勝秀・本永良樹「低平地緩流河川流域の治水に関する事後評価的考察(原著論文)」『水文・水資源学会誌』Vol.19、No.4、2006、pp.267-279
8) 吉川勝秀編著『河川堤防学』技報堂出版、2008、p.78, 108, pp.147-148
9) 国土交通省河川局治水課『中小河川浸水想定区域図作成の手引き』2005、pp.1-17
10) 福成孝三・白井勝二・吉川勝秀「河川堤防システムの安全管理に関する実証的研究」『建設マネジメント研究論文集』Vol.14、2007、pp.311-320
11) 建設省土木研究所土質研究室「河川堤防の土質工学的研究」『土木研究所資料』No.688、1971、pp.10-12
12) 建設省土木研究所河川研究室・石川忠晴ほか「越水堤防調査中間報告書-解析編-」『土木研究所資料』No.1760、1982、pp.5-72
13) 鈴田裕三・木下隆史・白井勝二・吉川勝秀「洪水氾濫を推定する地形学的アプローチに関する考察」『水文・水資源学会誌(原著論文)』Vol.24、No.2、2011、pp.99-109

第10章
被害ポテンシャル、被害額1 都市化流域での検討、費用便益分析

【本章の要点】

　本章では、河川堤防システムを含む治水の本質的な目的である洪水被害の軽減あるいは解消について、基本的な検討を行った。そこでは、河川の氾濫域の資産、すなわち被害ポテンシャルが、都市化の進展とともにどのように変化し、また洪水流出量自体も流域の開発や水路網や河川整備によりどのように変化するかを分析する。そして、洪水被害がどのように増加するかの分析し、その要因を明確に示す。さらには、それに対応するための河川整備を想定し、それによる氾濫や被害の軽減を定量的に示し、対策の効果の費用便益分析も行う。

　具体的な検討対象は、都市化が急激に進展した都市河川流域であり、堤防は有しない掘り込み河川での検討であるが、解析で得られた基本的な知見は河川堤防システムを有する河川流域でも同様である。

10.1　はじめに

　多くの流域(主として上流域)で都市化が進行しており、それに伴って道路、上・下水道、公園などの公共サービスの立ち遅れが指摘されるようになった。そして、宅地開発計画や都市計画を立てる際に、それらに対する十分な配慮がなされるようになってきた。最近では、さらに、洪水災害に対する配慮の必要性が認識され始めている。

都市化が進行している流域の治水については、次のような問題が生じている[1]。第1に流域の氾濫原（洪水の氾濫が生じる可能性のある地域）へ資産が進出し、洪水被害が増大している。第2に都市化に伴う流域の保水・遊水機能の低下、および排水施設の整備に伴う流域の水路化の促進により、洪水流出が増大している。第3に都市域の中小河川の安全度が相対的に低く、しかも土地利用が進んでいるために、河川改修のみによる治水対策に限界がきている。

　以上のような理由から、流域の都市化を容認したうえで治水対策を実施していくといった従来どおりの考え方のもとでは、増大する洪水災害に対応することが難しくなり、発想の転換が始められつつある[3,4]。これは総合治水対策とよばれ、構造的な治水対策としての河川改修に加えて雨水貯留といった流域処理手法を含み、被害を受ける対象物の耐水化、さらには治水からみた土地利用の規制までもその概念に含んでいる。さらに、治水計画規模のはてしない向上を目指すのではなく、予警報や洪水保険といった非構造的な対策（non-structural measures）を結合した方法により、洪水被害の軽減あるいは救済についての検討もされつつある[1]〜[4]。

　本章では、以上のような問題意識のもとでの一つのアプローチとして、都市化流域の治水問題を浮き彫りにするとともに、そのような流域における治水対策のあり方について検討する方法を提案し、ケース・スタディにおいてその適用を行った。そして本章で用いた方法により、都市化が進行しつつある流域において、既に生じている治水上の問題や将来生じる治水上の問題の解明が可能であることが明らかになった。現状における諸量の計測の実状を考慮すると、災害の分析や治水計画の策定において、多くの情報を得ることができる段階にきていると思われる。

10.2　従来の研究と本章の基本的立場

　洪水災害の把握および治水対策の考え方に関する従来の研究について触れるとともに、本章の基本的立場を明確にする。

10.2.1 従来の研究

　流域の都市化と洪水災害の関係に着目した研究としては、Walesh・Videkovichの研究[5]、鶴見川流域水防災計画委員会の研究[6]が興味深い。Waleshらは、メノモニー川を対象として、流域の土地利用状況(過去から将来にわたって7つの代替的な土地利用を設定)と洪水被害の関係および生起確率を同じにしたときの流量・氾濫水位の変化をシミュレーションし、将来の土地開発に治水の面からの提言を行っている。鶴見川流域水防災計画委員会は、流域の都市化に伴って洪水流出が増大して、従来どおりの治水投資では治水安全度が向上しないので、集中的な投資が必要であることを指摘している。水害に関する統計としては、日本全国の洪水災害に関する調査が水害統計[7]として毎年集計されており、大河川(一級河川)については治水経済調査[8]により想定被害額が調査されている。

　一方、治水計画規模の設定方法については、①安全度(洪水生起確率)でみる方法、②被害の軽減でみる方法(費用効果分析を含む)、③①・②の中間的方法が用いられていることが多い[1]。方法①に関する研究は、水文統計解析として1930年前後より欧米で研究が始められ、日本でも1945年ごろから石原・岩井らにより研究が着手された。最近では石原・則武[9]がこの方法により、上・下流の計画規模について論じている。この方法は、水理・水文解析により比較的容易に、しかも精度高く計画規模が求められること、および計画規模を"何年に1回程度生じる規模の洪水"といったわかりやすい表現で示すことができるという利点がある。これらの理由により、現実の計画においては、主としてこの方法が用いられていることが多い。①の方法における計画の基本量は、時代とともにピーク流量・ハイドログラフ・ハイエトグラフへと変わってきている[10]。

　方法②による研究としては、広長・八島・坂野の研究[11]、Walesh・Videkovichの研究[5]が興味深い。広長らの研究は治水計画の妥当性を費用効果分析により検討した古典的なものであり、効果として地価の上昇(積極的効果)および洪水被害の軽減[注1](消極的効果)を見込んでいる。Waleshらの

[注1] 被害の軽減による便益は保全便益と呼ばれ(文献3)、15)参照)、現在の治水経済調査では直接的な被害に対する保全便益のみが考慮されている[1]。

研究では、洪水問題を方法①、②を並用し、時系列的に解析を行っている。方法②は、思想的には合理性の高いものではあるが、計画規模の設定に際して、被害軽減効果あるいはそのほかの効果の算定に膨大な解析が必要であり、しかも現状ではそのために必要なデータが精度よく入手できないことが多いといった理由により、方法①の補足的なものとして用いられている[1]。

　方法①と同じ基礎に立ち、土地利用計画（氾濫原管理）と通常の治水対策に関連する治水問題を検討したものとしては、上述の Walesh Videkovich の研究のようなシミュレーションによるもののほかに、最適化手法を用いた Day・Weisz の研究[12]などがある。また、James[13]は、経済効率と費用最小を基準として、複数の治水対策の適合性やプロジェクトのタイミングについて考察している。

　方法③は、McCrory ら[14]が、方法①による欠点を地形要因により修正するために提案したものである。同様に、吉野・吉川[1]は深刻さの程度による方法として、浸水図による表示も有効であることを示している[注2]。

10.2.2　本章の基本的立場

　流域の都市化に伴う洪水災害の変化は、被害の増大として端的に表現される。その増大のメカニズムは、① 氾濫原での被害ポテンシャル[注3]の増大、② 氾濫原および非氾濫原における保水・遊水機能の低下および流域の水路化の促進による流出増として説明される。都布化に伴う流出の変化（②の側面）について触れた研究は数多く行われている[5),6),16]。洪水被害額の増大については、Walesh[5]が分析しているが、上記①、②のメカニズムについての厳密な考察を行っているわけではない。したがって、①、②のメカニズムを分析的にとらえた研究が必要である。一方、時系列的な考察が重要となる都市化が進行中の流域における治水対策の評価については、James[13]が治水プロジェクトのタイミングについて定性的に取り扱っているにすぎず、定量的かつ十分な考察を行ったものは、筆者らの知る限りではほとんどないように

[注2] これらの代替的な評価方法については、文献 1)に統一的に述べられている。
[注3] 洪水氾濫が生じたときに、被害を受ける資産のこと。この定義は文献 15)に与えられている。

思われる。したがって、洪水災害増大の要因分析、および増大していく洪水被害に対処するための治水対策のあり方に着目した研究が必要と思われる。そこで本章では、洪水災害増大の要因分析を行う手法を提案し、ケース・スタディを実施して、洪水被害増大のメカニズムを明らかにする。この分析において、都市化が進行している流域における治水をめぐる上・下流問題などについても言及する。さらに、河川改修および雨水貯留といった治水対策の妥当性、限られた財源のもとでの計画規模の拡張方法についての2、3の考察を行う。

本章のケース・スタディは、上記の事柄に対する分析結果を与えるとともに、流域の土地利用計画策定の際に、治水問題を工学的な精度を保ったうえで定量化していく方法についての有益な情報を与えると考えられる。なお本章において、土地利用の進展(都市化)を予測してアプリオリに与え、したがってWaleshら[5]、Dayら[12]、James[13]のように、治水面からみた適正な土地利用を求めるという立場をとっていないのは、治水からみた土地利用規制という法制度が発達していない我が国の事情を考慮し、現時点での問題解決を指向したことによる。しかし、手法的には、代替的な土地利用形態をシナリオとして与えることにより、Waleshらの研究と同様の検討はもちろん可能である。

10.3 洪水災害の把握・分析モデルと治水対策の評価モデルの提示

洪水災害の把握・分析手法、洪水災害増大の要因分析手法および治水対策の評価手法を提案する。以下に述べる方法は、シミュレーションにより洪水問題を精度高く把握するためのものであり、一般論として考察を進めるが、具体的に用いる個々のモデルおよび式については、次節のケース・スタディで例示する。

10.3.1 洪水被害の推定方法

洪水被害は、河川などの雨水排水システム(貯留システムを含むものとす

る)の容量を、流出量が上回った場合に生じる。したがって、その発生機構は**図-10.1**のように模式化される。すなわち、降雨は降雨損失(蒸発散・地下浸透・凹地貯留)・氾濫による貯留などの流出フィルターおよびダムなどの人工的な貯留フィルターを経た後に雨水排水システムに流入する(洪水流出 F)。同図において土地利用の変化から流出機構に向かう線が示すように、都市化に伴う土地利用の変化が生じると、後述するように流出に大きな影響を及ぼす。雨水排水システムの容量 F_0 より洪水流出 F が小さい場合には、洪水被害は発生しない。F が F_0 より大きい場合には、氾濫が生じる($F > F_0$ である F のことを容量規模を上回ることから超過外力と呼ぶ)[17]~[19]。その際に生じる洪水被害は、湛水を被る地域の被害ポテンシャル、および水防活動・予警報・事前の防災意識などによって異なる。在来のパターンの都市化流域では、氾濫区域内での被害ポテンシャルの増大が生じており、これが洪水被

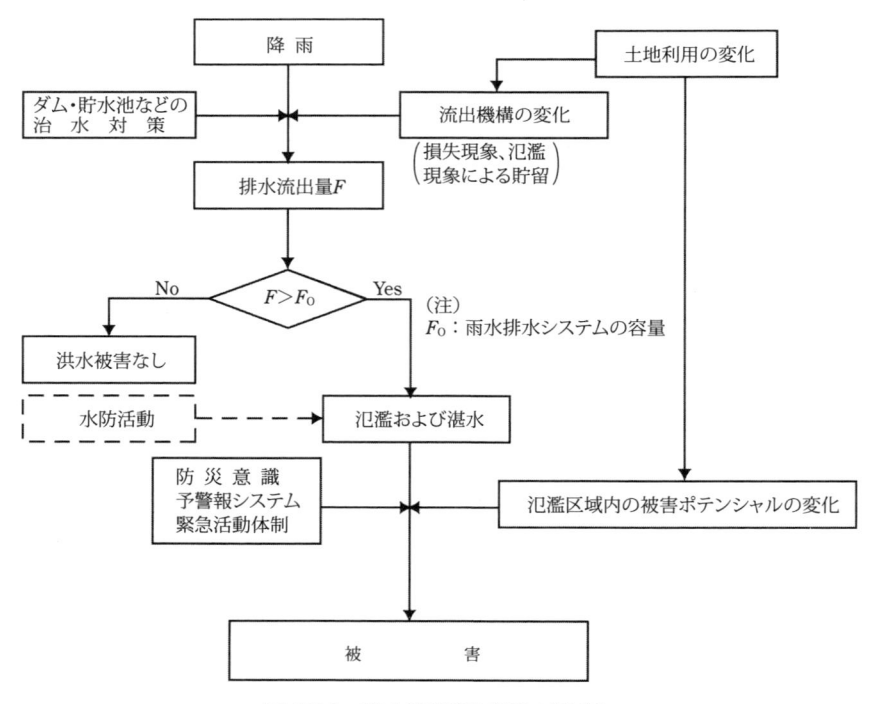

図-10.1 洪水災害発生機構の模式化

害増大の最も直接的な要因となっている。

以上のようにして発生する洪水災害のシミュレーションは、**図-10.2**に示す手順およびモデルを用いる。同図のうち太線で囲んだものはサブモデルであり、ほかのものは分析あるいは政策シナリオとして与えられ、それぞれのサブモデルへの入力条件である。

(1) 流域の都市化モデル

流域の都市化モデルでは、対象流域の人口、家屋数、工場・事業所数などの資産や、不浸透面積などの流出計算における諸量を推定する。流域の変化を複雑な因果フローのもとで表現する計量経済モデルやSDモデル、単純なモデルとしての多変量モデル、時系列モデル(時間回帰モデル、ロジスティック曲線モデル)などの適用が可能である[20]。モデルの同定には過去のデータを用い、将来値は代替的なシナリオのもとでのシミュレーションによ

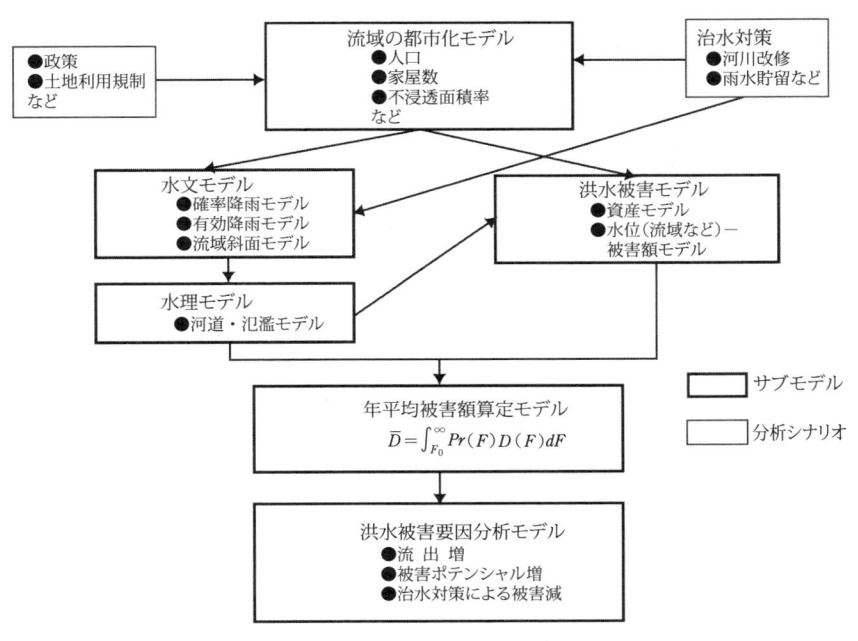

図-10.2 シミュレーション・モデルの構成

年平均被害額算定モデル
$$\bar{D} = \int_{F_0}^{\infty} Pr(F)D(F)dF$$

り推定する。

(2) 水理・水文モデル

　水理・水文モデルは、確率降雨・有効降雨モデル、流域斜面モデル、河道および氾濫モデルより成り立っている。確率降雨・有効降雨モデルは、確率降雨発生モデルと降雨損失（機構）モデルより構成される。確率降雨を除くサブモデルとして用いられる各種手法の特徴および工学的な適用性については橋本らの研究[16]があり、モデル作成の際の参考になる。都市化小流域において、各パラメーターの値が比較的よく調査されている流域斜面モデル・河道および氾濫モデルとしては、それぞれ貯留関数法（修正RRL法も含む）および等流近似した不定流モデルなどがある[16]。これらの一般的なパラメーターの値は、同定したモデルにおけるパラメーターのチェック、同定のためのデータがない場合および土地利用などの変化に起因したパラメーターの修正の際に活用される。流域の都市化に伴う流出変化は、浸透・保水能の低下、水路化の促進による到達時間の短縮、道路網の整備などによる地表面粗度の低下などによって生じるので、この現象を単純化して明示的に表現するモデルを作ることが必要である。水理・水文モデル全体の検証は、既往の複数の流出・氾濫データを用いて行う。

(3) 洪水被害モデル

　被害モデルでは、流域の被害ポテンシャルを推定し、氾濫状況ごとの被害を算定する。洪水被害の種類として、McCroryら[14]は、直接被害（direct damage）・間接被害（indirect damage）・二次的被害（secondary damage）・評価できない被害（intangible damage）・不確定被害（uncertainty damage）に分類し、それらの程度が氾濫水深・流量・湛水時間などの約10のファクターに影響されるとしている。これらの被害項目のうち、直接被害は過去十数年にわたる治水経済調査や、水害統計資料より推定が可能になってきている[注4]。また間接被害および二次的被害については、産業連関分析手法を用いた研究

[注4] 治水経済調査要綱の被害原単位は、水害実態調査に基づいて定められている。

が進められているが[21]、前者に比較して精度的な検証が十分ではなく、今後の課題として残されている。間接および二次的被害の直接被害に対する比率のオーダーは、文献5)、14)、21)に与えられている。直接被害は、氾濫水深と被害ポテンシャルを用いたモデルにより推定することができるが、対象流域において検証のためのデータを入手することは必ずしも容易でないことが多い。

また、災害後のあと始末の精神的・肉体的苦痛の評価について、筆者らの一人は、災害調査(事後調査)を行った際に、現地調査をしているが[22]、このような直接・間接被害以外の被害の把握は必ずしも十分に行われているわけではない。

本章では、治水経済調査要綱に従って計測可能な一般資産・農作物の浸水による貨幣的損失(直接被害)のみを被害として算定することにする。

(4) 年平均被害額算定モデル

洪水被害は、対象とする降雨(あるいは確率降雨)に対して計算される。現実の問題としては、いつどの程度の洪水に見舞われるかがわかると好都合であるが、その予測は現在のところ不可能に近い。しかし確率的に平均した値を求めることは可能であり、次のような計算を行う。

$$\overline{D} = E(D) = \int_{F_0}^{\infty} Pr(F)D(F)dF \quad (10.1)$$
$$D(F) = D(H, S) \quad (10.2)$$

ここに、$\overline{D}$：年平均被害額、E：期待値計算記号、F：洪水外力、F_0：容量あるいは計画規模(超過外力の最小値)、$D(F)$：外力Fのときの洪水被害、H：はんらん水深、S：被害ポテンシャルである。ただし、式(10.1)、(10.2)では、洪水被害を被害ポテンシャルと氾濫水位により近似的に算定するものとしている[8],[14]。

式(10.1)、(10.2)に基づく年平均被害額の計算手順は、**図-10.5**においてその概要を示しているが、ケース・スタディにおいて具体的な事例を示す。

10.3.2 洪水被害増大の要因分析

式(10.1)、(10.2)より、年平均被害額 $\overline{D}$ は次のように一般化して考えることができる。

$$\overline{D} = \overline{D}(H, S, F_0) \tag{10.3}$$

式(10.3)の偏分を取ることにより、洪水被害が次のようにして増大していくことがわかる[注5]。

$$\Delta \overline{D} = \underbrace{\frac{\partial \overline{D}}{\partial H}\Delta H}_{\substack{\text{流出変化}\\\text{による項}}} + \underbrace{\frac{\partial \overline{D}}{\partial S}\Delta S}_{\substack{\text{被害ポテン}\\\text{シャルの変}\\\text{化による項}}} + \underbrace{\frac{\partial \overline{D}}{\partial F_0}\Delta F_0}_{\substack{\text{治水対策}\\\text{による項}}}$$
$$+ \underbrace{\varepsilon(\Delta H、\Delta S、\Delta F_0)}_{\substack{\text{それらを複}\\\text{合した項}}} \tag{10.4}$$

一般に、$\frac{\partial \overline{D}}{\partial H}>0$、$\frac{\partial \overline{D}}{\partial S}>0$、$\frac{\partial \overline{D}}{\partial F_0}>0$である。

流域の都市化が、治水対策を施すことなく進行した場合には、洪水災害は流出増に対応して増加する分、被害ポテンシャル増に対応して増加する分およびそれらの複合した分により説明される。治水対策が実施された場合には、式(10.4)の右辺第3項に示される被害の軽減が加わる。通常の都市化しつつある流域で、それぞれの値がどのような割合となっているかは、後述のケース・スタディで明らかにされる。

10.3.3　費用便益分析に基づく治水対策の妥当性の一評価方法

治水対策の評価には、各種の視点に立脚したものがある。たとえば1954年の寝屋川の改修において用いられた費用便益分析[11]（便益としての地価の

[注5] 式(10.4)の計算は、時系列の差分計算により容易に求められる。詳細な計算に興味をおもちの方は、文献23)を参照されたい。

上昇＜積極的な効果＞と被害の軽減による保全便益＜消極的な効果＞を考えている）や、現在日本やアメリカで用いられている洪水氾濫の生起頻度を下げるように治水安全度を向上させることを第一義的な評価尺度とし、副次的に保全便益に基づいた費用便益分析を行うといったものがある。また実務的には必ずしも反映はされていないが、さらに視点を広げると、地域社会への経済的インパクト、外部不経済といった社会的費用、環境アセスメント等々の面からの評価もありうる[1]。

しかし、ここでは現状での計測可能性を前提とし、現実の計画に用いることができ、かつ有益な情報を与える費用便益分析に基づいた評価方法を提示することにする。

治水対策の効果としては、洪水被害の軽減、地価の上昇、土地利用による機会費用、税収入増といった貨幣的な効果と、人命の救済や対策実施による安心感といった非貨幣的な効果がある[1),5),12)〜15),21)]。それらすべてを便益とすればよいわけであるが、本章では貨幣的な効果のうちで、現状において計測が可能となっているものを対象にする。これは、非貨幣的な効果の計測方法が確立されていないし、仮に計測されたとしても、貨幣的な効果との相対的な重要さを決めることは必ずしも容易ではないからである。またそれを取り込まなくても本章の主旨は損なわれるわけではなく、有益な分析が可能なことも一つの理由である。

貨幣的な効果に限ってみると、種々のそれらの効果は重複計上（二重計上）を避け、便益を正とし、不便益を負として加算的に求められる。そして、その場合に代表的なものを1つ取り上げて、安全側の評価を行うことにすれば、以下の考察の一般性は損なわれない。そこで、以下では現状において計測がほぼ可能となってきている直接被害の軽減（保全便益）を取り上げることにする。

図-10.3に、治水対策と被害軽減の関係を模式化して示す。同図における年平均洪水被害$\overline{D}$は、現在価値（t_1年現在）に変換したものとする[24)〜28)]。$\overline{D}_0$は治水対策を実施することなく都市化が進行したとした場合の年平均被害額であり、$\overline{D}_a$および$\overline{D}_b$はそれぞれ治水対策Aおよび治水対策AとBを実施した場合のものである。対策Aはt_1年に実施され、対策Bはt_2年に実施さ

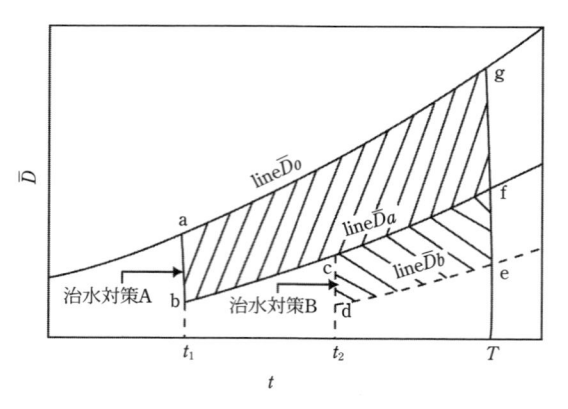

図-10.3 治水対策と被害軽減との関係

れるものとする。

治水対策Aによる被害軽減効果$\overline{D}(A)$は、そのライフサイクルをT年までとすると、次式で与えられる。

$$\overline{D} = (A) = \int_{t_1}^{T}(\overline{D}_0 - \overline{D}_a)dt \tag{10.5}$$

対策Aの後にさらに対策Bを追加的に実施した場合の効果$\overline{D} = (A+B)$は、T'年$(T' > t_2)$までをライフサイクルとすると次式で与えられる。

$$\overline{D} = (A+B) = \int_{t_1}^{t_2}(\overline{D}_0 - \overline{D}_a)dt + \int_{t_2}^{T}(\overline{D}_0 - \overline{D}_b)dt \tag{10.6}$$

洪水被害の増大に対応して治水施設を段階的に拡張していく場合には、その方法として①独立した施設の追加(Series of independent project)、②相互に関係した施設の追加(series of interrelated project)、③施設の拡張(incremental expansion of individual project)、④前施設を廃棄した拡充(planned obsolescence)があるが[24]、ここでは一般的に式(10.6)で与えておく。

次に対策を実施するうえで必要となる費用Cは、用地費・施設建設費・補償費(立ち退き補償、そのほかの社会的費用も含むものとする)などの、初期に集中的に必要な費用Cと、継続的に必要な維持管理費Mの和として与えられる。ここでも、費用は現在価値(t_1年現在)に変換して与えるものとする[8],[28]。

$$C(A) = C_A + M_A \tag{10.7}$$
$$C(A+B) = C_A + C_B + M_A' + M_B \tag{10.8}$$

ここに、$C(A)$：施設 A の総費用、$C(A+B)$：施設 A および B の総費用、$C_A \cdot C_B$：それぞれ施設 A・B の建設関連費用、$M_A \cdot M_B$：それぞれ施設 A・B の維持管理費である。ただし、式(10.8)の M_A' は、施設 B により施設 A の維持管理費 M_A が変化する可能性があることを示す。建設関連費用 C については、一般に規模の経済(scale merit)が、また段階的拡張では手戻り費用(set-up cost)が考えられる[27]。さらに、治水対策の実施年度を遅くすると、地価の上昇や環境問題などによりコストが増大する[13]。被害軽減および費用のある時点における現在価値を求める際には、社会的割引率を用いる[24]〜[28]。

一般に、需要(治水対策への需要)が時系列的に増大していく際の供給施設(治水対策)の経済的妥当性の検討においては、次のような事柄が取り扱われる。すなわち、① 施設規模の決定(一括拡張の場合と段階的拡張の場合の規模[11],[24]〜[28])、② 対策を実施する時期の決定(施設建設の時期)[25],[26]、③ 規模および実施する時期の同時決定[29]といった問題である。その際に、プロジェクトの経済的妥当性は、それにかかる総便益が総費用(概念としては社会的費用も含む)を上回ることが第一条件となり、その際には通常は現在価値として考察が進められる[27],[28]。この基準を治水対策に適用すると、次のようになる。対策による便益とその費用を用いて、一つの評価方法としてその効率性 e および便益差 e' を次のようにして知ることができる。

$$e(A) = \frac{\overline{D}(A)}{C(A)},\ e(A+B) = \frac{\overline{D}(A+B)}{C(A+B)} \tag{10.9}$$

$$\left.\begin{array}{l} e'=(A)=\overline{D}(A)-C(A) \\ e'=(A+B)=\overline{D}(A+B)-C(A+B) \end{array}\right\} \tag{10.10}$$

したがって、第 1 段階として式(10.9)あるいは(10.10)により、治水対策(段階的および一括拡張)の妥当性を知ることができる。すなわち、$e(A)$、$e(A+B)$ が 1 より大きいか、あるいは $e'(A)$、$e'(A+B)$ が正の場合には上述の基準が満たされていることになる。第 2 段階として、それら 2 つの対策実施

方法の比較を行う場合には、規模に関するスケール・メリットや対策を実施する時期に関する社会的割引率、あるいは段階的拡張の場合の先行する対策が計画を取り巻く環境に与えるインパクトといったダイナミズムなどの影響を受けるので、対策実施の時期などについての詳細な分析が必要となる。

一括建設方式と追いかけ建設方式についての一般的な考察は、長尾・森杉・吉田[27]によって行われており、その適用領域が明らかにされているが、具体的な治水問題についてこれらの建設方式を比較する場合には、若干の異なる考察が必要となる。

後述のケース・スタディにおいて、以上の算定およびさらに拡張して段階的施設規模の拡張と一括拡張との比較を行う。

以上で示した評価方法は、古くは広長ら[11]や西畑[15]により用いられ、治水経済調査において示されているものを、時系列的に拡張して用いるものである。前述のように、現実の計画ではこのような評価方法を副次的に採用している。本章では、このような方法により、都市域での治水対策を評価すると、どの程度の妥当性を有するかを具体的に示すことに重点を置いている。

10.4 ケース・スタディ

10.3 で提案した一連の方法にそれぞれ具体的なモデルを設定し、都市化が進行している都内 S 川流域を対象にしてケース・スタディを実施した。すなわち、対象地域の治水問題を時系列的に把握し、年平均被害額の増加状況およびその変化のメカニズムを明らかにした。また、都市化が進行している流域の治水計画を、特に河川改修および雨水貯留計画に焦点をあてて、その効率性、計画規模拡張方式（段階的拡張方式、一括拡張方式）について検討を行った。

10.4.1 対象流域の概要

対象流域は、S 川の N 橋地点（以後 N 地点と呼ぶことにする）より上流の 1 区 3 市にまたがる地域で、河川延長 8km、流域面積 $16.48km^2$ であり、急激に都市化が進行している地域である（図-10.4(a)）[注6]。本調査によると、

10.4 ケース・スタディ

都市化の指標の一つである不浸透面積率が、1961年から15年間において6%から2%に増大している。したがって、典型的な都市化進行地域であり、洪水災害の急激な増大がみられている地域であるために、本章の主旨に適した対象地域である。対象流域は、流域特性を考慮して図-10.4のように6流域ブロックに分割した。有効降雨モデルでは各流域ブロックを浸透域・不浸透域に分けて計算を行うものとした(図-10.4(b))。

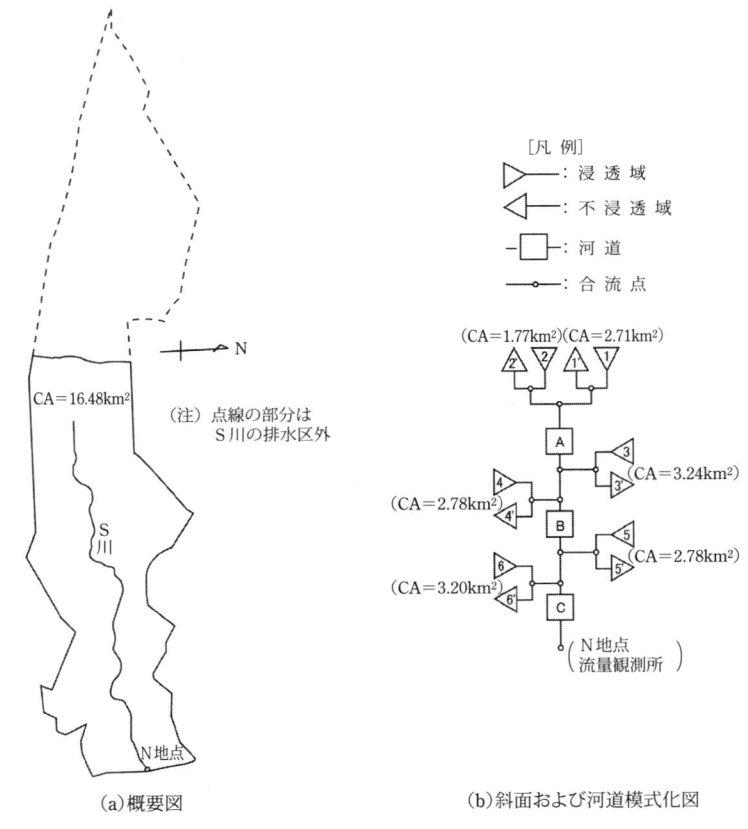

(a) 概要図　　(b) 斜面および河道模式化図

図-10.4　対象流域(S川)

注6) 流域面積 16.48km^2 うち上流の約 4.5km^2 は S川の排水区域外(バイパス区域)となっている。

10.4.2 モデルの構成と同定

ケース・スタディでは、10.3で述べた流出・氾濫・洪水災害のシミュレーション・モデルとして、**図-10.5**に示すものを採用した。同図にその概要を示すように、水文モデルとしては中央集中型確率降雨モデル[31],[注7]、および浸透域・不浸透域別の有効降雨モデルを用いた。有効降雨モデルにおいては、不浸透域では凹地貯留能 D_1 のみを、浸透域では凹地貯留能 D_P および浸透能 f_0 を未知のパラメーターとして同定した。飽和浸透能 R_{sa} については、それが流出および被害に与える影響を感度分析した後、対象地域のような地質・地形に対して通常用いられる150mmを設定した。流域（斜面）モデルには貯留関数法を用い、定数 P は物理的に定め、K を未知数として同定した。K は将来排水路の整備などにより変化するので、その値はほかの類似流域の値から推定して変化させるようにした[32]。一方、水理モデルである河道および氾濫モデルは、同流域が掘込み河道であることから、河道および氾濫部分についてロッターの式[33]を適用し、一次元モデルとして粗度を推定して、河道および氾濫原での抵抗項について等流近似した不定流モデルとした。

水位―被害額モデルは、同流域の資産を河道ブロックごとに1～2mごとのコンター別に求め、治水経済調査要綱に示される各年度の原単価を用いて、水位―被害額曲線を作成した（**図-10.6**）。ただし、その際の被害額はすべて1972年の価格に変換した。年平均被害額は、各確率降雨ごとに発生する被害額とその生起確率を用いて、確率平均値（期待値）として式(10.1)により算定した。

以上の各サブモデルはいくつかの感度分析を行った後に同定したが、シミュレーション値と実測値の対応について、水理・水文モデルを例として2、3の検証結果を示す。**図-10.7**(a)～(c)に、それぞれハイドログラフ・縦断水位、および氾濫区域に関する検証例を示す。同図より、計算値は実測値と比較的よく対応していると判断されよう。

[注7] 確率降雨としては、実績雨量データが豊富な場合には、建設省河川局・河川砂防技術基準（案）(1977)に示される実績引き伸ばし方式によるものも考えられるが、ここでは観測降雨データが少なかったために、東京都降雨強度曲線を用いた中央集中型降雨とした。

流域の都市化モデルでは人口・棟数・不浸透面積率などを算定した。都市化モデルとしては、10.3.1に示したような種々のものが用いられている。本章では、そのうちの一つである時系列モデルを採用した。被害ポテンシャルと直接関係する棟数については、類似の家屋タイプである限り立地できる棟数に物理的な制限があるので、飽和状態値(上限値)を設定するロジスティック曲線モデルおよび時間回帰モデルを作成し、精度の面から前者を採用した。モデルの同定には1961年から1976年までのデータを用いた。人口・不浸透面積率については、前者を時間回帰モデル、後者を人口と棟数への回帰モデ

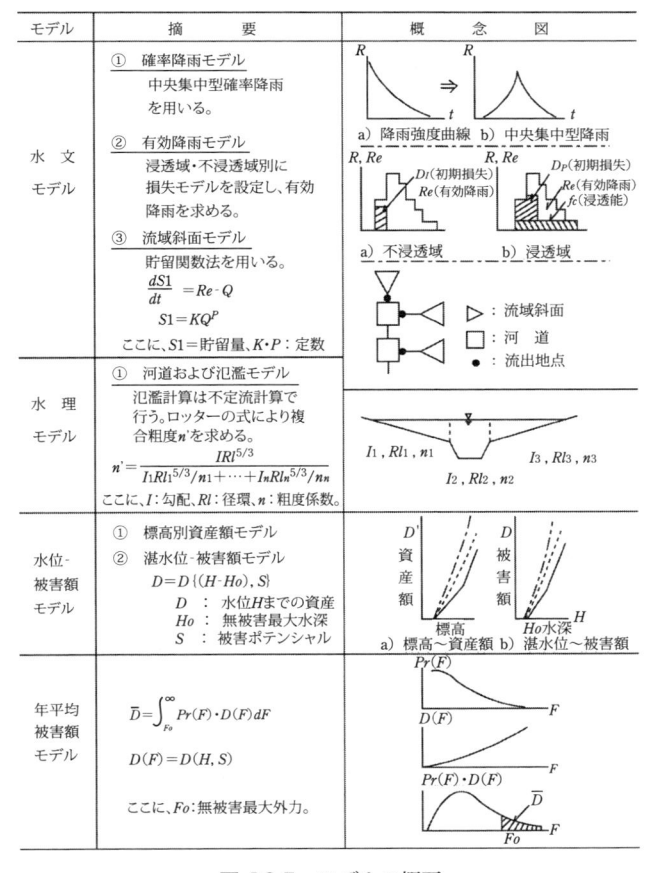

モデル	摘要	概念図
水文モデル	① 確率降雨モデル　中央集中型確率降雨を用いる。 ② 有効降雨モデル　浸透域・不浸透域別に損失モデルを設定し、有効降雨を求める。 ③ 流域斜面モデル　貯留関数法を用いる。 $\frac{dS1}{dt} = Re - Q$ $S1 = KQ^P$ ここに、$S1$：貯留量、$K \cdot P$：定数	a) 降雨強度曲線　b) 中央集中型降雨 a) 不浸透域　b) 浸透域 ▷ 流域斜面 □ 河道 ● 流出地点
水理モデル	① 河道および氾濫モデル　氾濫計算は不定流計算で行う。ロッターの式により複合粗度n'を求める。 $n' = \frac{IRI^{5/3}}{I_1 R l_1^{5/3}/n_1 + \cdots + I_n R l_n^{5/3}/n_n}$ ここに、I：勾配、Rl：径環、n：粗度係数。	I_1, Rl_1, n_1　I_3, Rl_3, n_3 I_2, Rl_2, n_2
水位-被害額モデル	① 標高別資産額モデル ② 湛水位-被害額モデル $D = D\{(H - Ho), S\}$ 　D：水位Hまでの資産 　Ho：無被害最大水深 　S：被害ポテンシャル	a) 標高〜資産額　b) 湛水位〜被害額
年平均被害額モデル	$\bar{D} = \int_{Fo}^{\infty} Pr(F) \cdot D(F) dF$ $D(F) = D(H, S)$ ここに、Fo：無被害最大外力。	$Pr(F)$ $D(F)$ $Pr(F) \cdot D(F)$ $\bar{D}$　Fo

図-10.5　モデルの概要

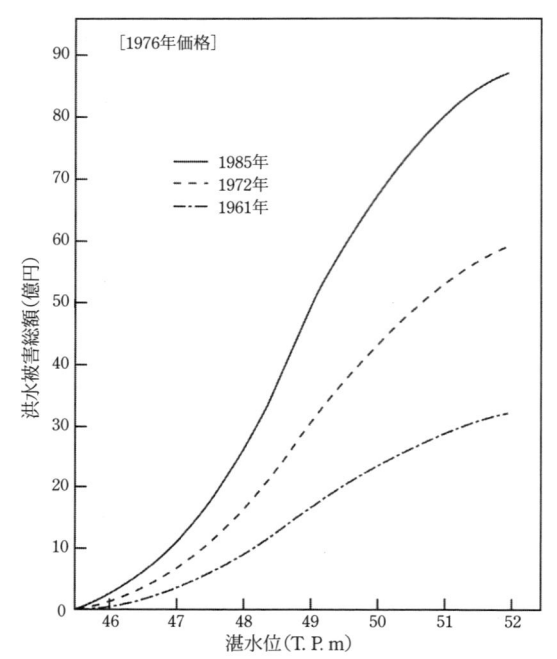

図-10.6 水位―被害額曲線（N地点近傍の約 0.57 km について）

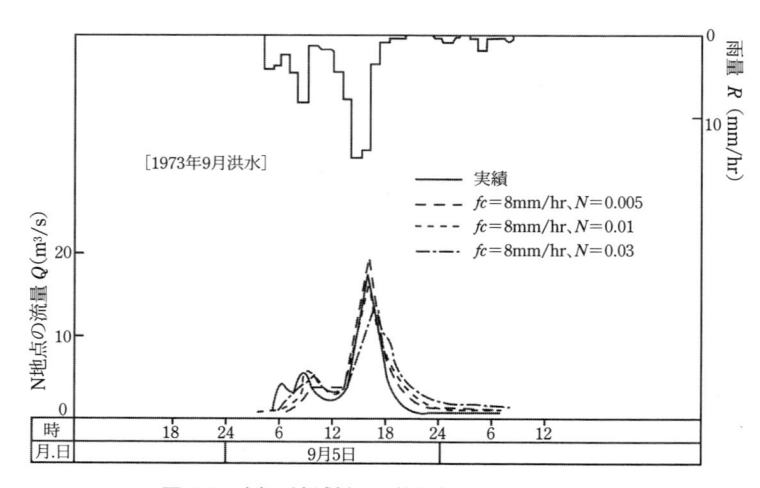

図-10.7(a) 流域斜面の等価粗度係数 N の同定

10.4 ケース・スタディ

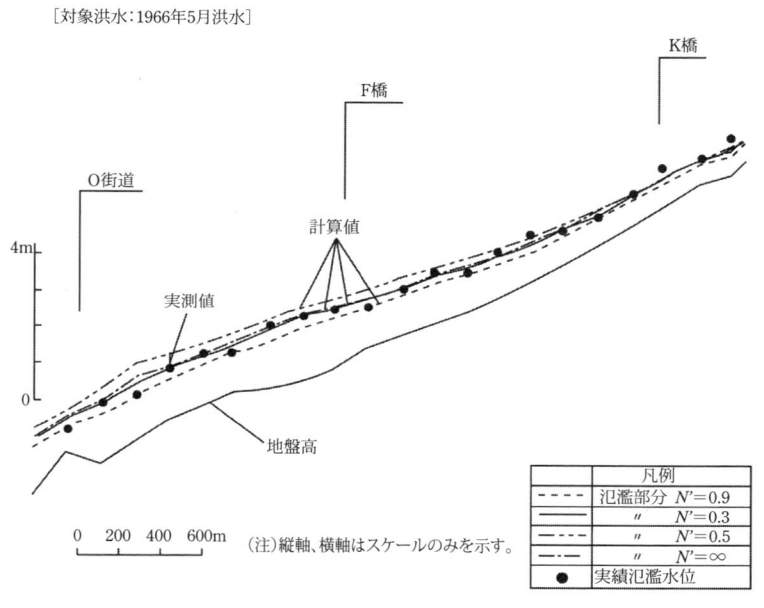

[対象洪水：1966年5月洪水]

凡例	
----	氾濫部分 $N'=0.9$
——	〃 $N'=0.3$
—‐—	〃 $N'=0.5$
—·—	〃 $N'=\infty$
●	実績氾濫水位

(注)縦軸、横軸はスケールのみを示す。

図-10.7(b) 氾濫部分の粗度係数 N' の同定

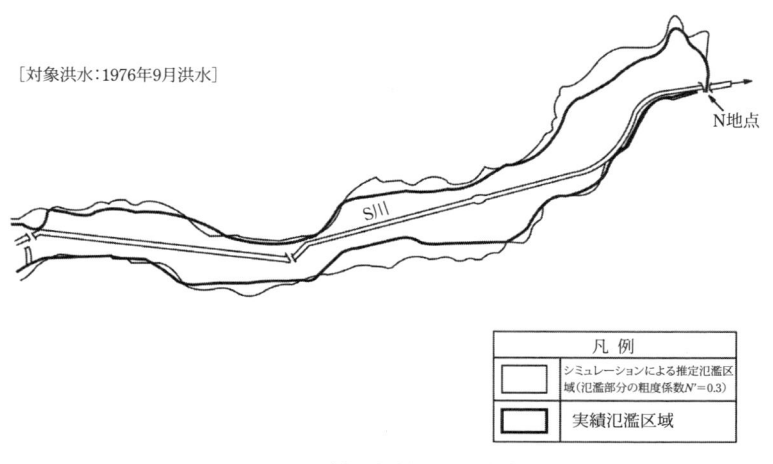

[対象洪水：1976年9月洪水]

凡 例	
□	シミュレーションによる推定氾濫区域（氾濫部分の粗度係数 $N'=0.3$）
□	実績氾濫区域

図-10.7(c) 氾濫再現の精度

247

ルとして将来の推定を行った。その結果については**図-10.9(a)** に例示した[注8]。

10.4.3　増大する洪水被害のシミュレーション

(1) 都市化による流出の変化

　都市化による不浸透面積の増大および水路網の整備により、同じ降雨に対する流出が変化する。この流出の変化状況は、水理・水文モデルによりシミュレーションすることができる。その一例として、**図-10.8(a)** に確率1/5の降雨に対するN地点の流量がどのように変化するかを示した。同図よりわかるように、明らかな洪水波形の先鋭化が認められ、たとえば1985年のピーク流量は1961年のものの5.3倍にも達している。このような流出の先鋭化の傾向は、比較的小規模な降雨に対して顕著である。また出水時流出総量（表面流出総量）の増大も認められる。**図-10.8(b)** はN地点のピーク流量と生起年(return period)の関係を示したものであるが、これにより、同じ生起確率のピーク流量が都市化の進行とともに増大していることがわかる。

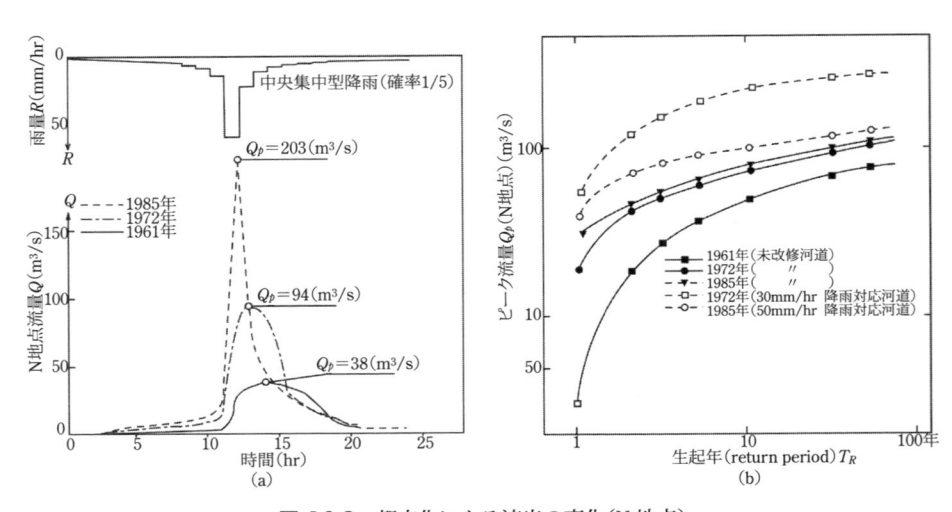

図-10.8　都市化による流出の変化(N地点)

[注8] 個々のサブモデルの詳細については、文献23)に詳しく述べている。

10.4 ケース・スタディ

同図において、降雨を速やかに排出する河川改修によりピーク流量が増大しているが、後に示すように年平均被害額は軽減される。同様にして、氾濫水位および氾濫区域の増大も認められるが、ここでは省略する[1]。

(2) 都市化に伴う洪水被害の増大

治水に対する配慮なしに都市化が進行したとすると、図-10.9(a)に示すように、洪水被害が増大する[注9]。同図には、流域の都市化状況を示す指標として、流域全体の不浸透面積率および棟数も併記している。同図より、この場合には1972年時点での価格に変換した実質価格としてみたときに、1985年の洪水被害は1961年の約20倍にも達することになる。以下の議論

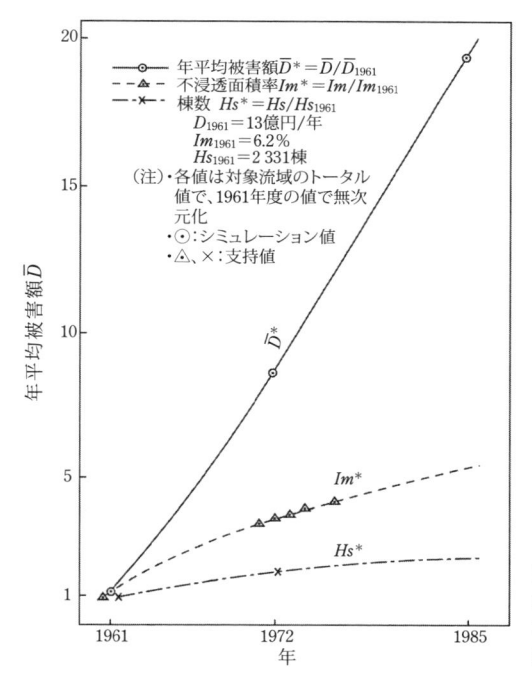

図-10.9(a) 治水対策なしに都市化が進行した場合の洪水被害の増大(不浸透面積率、棟数を併記)

[注9] 水害統計(1976年)によれば、河川災害を含む水害被害額は、1975年価格でみたときに、一般資産等・公共土木施設等・公益事業施設等の被害の比率が32：66：2となっている。本章では、このうちの水害統計の一般資産等に示される被害のみを推定している。

では、各年度の被害額はすべて1976年価格に変換して、基準を統一している。図-10.9(b)より、河道を30mm/hr降雨および50mm/hr降雨対応河道に改修した場合(同流域の実施計画目標に一致)には、その被害がどの程度緩和されるかがわかる。ただし、図-10.9(b)の太線は、目標年時に一挙に対策が実施されるものとして計算したものであるが、現実には下流から何年間かの時間をかけて河川改修が行われるので、同図の破線のように徐々に被害は軽減されるはずである。また、同図の点線は、ほかの治水対策の例として雨水貯留を取り上げ[注10]、その適用可能地域を一般居住地・樹木に囲まれた居住地・独立建物地域(全体に対する適用地域の面積率は1972年に48%、1985年に67%)とし、そのうちの10%の面積に対して貯留水深を30cmとして貯留容量を定め、50mm/hr降雨に対して最も有効な施設を作ったとした場合の被害軽減状況を示している。

式(10.3)に基づく具体的な計算手順と、同流域の年平均洪水被害に対して

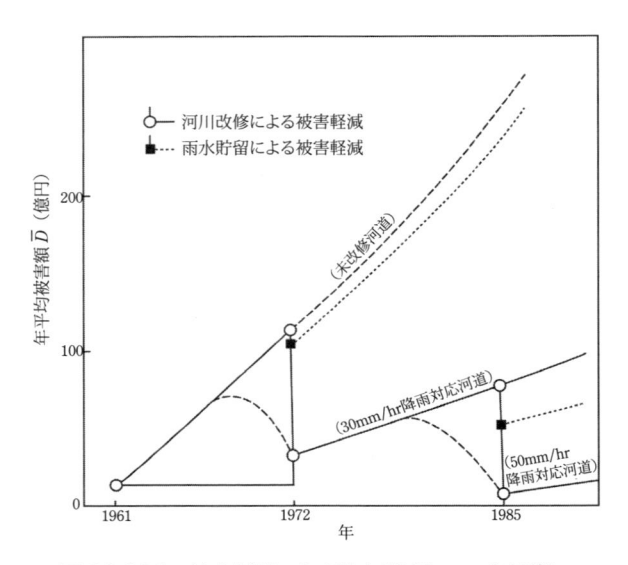

図-10.9(b)　治水対策による被害軽減(1976年価格)

[注10] 以下では主として河川改修について述べるが、雨水貯留施設についても同様に検討を行っている[38]。

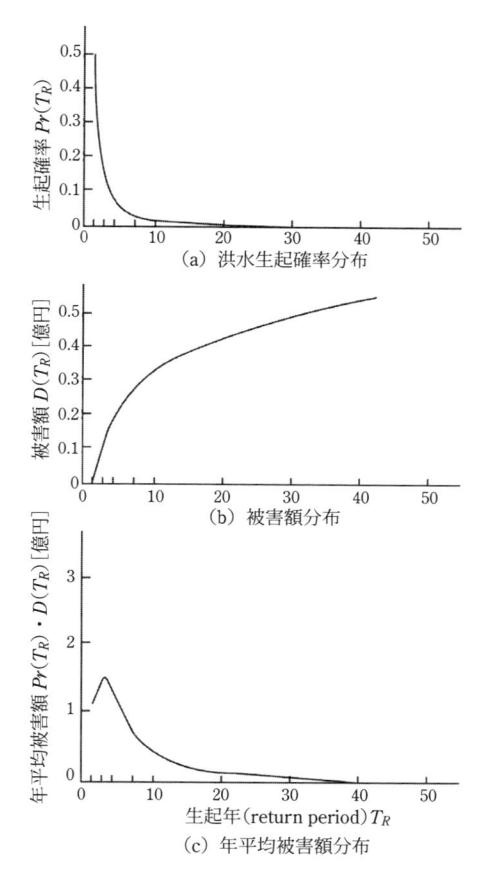

図-10.10 洪水生起確率(Pr)、被害額(D)、年平均被害額($Pr \cdot D$)の例示(1961年)

各生起確率洪水がどのように寄与しているかを例示すると、**図-10.10**のようになる。

(3) 洪水災害増大の要因分析

洪水災害の変化は、10.3.2の式(10.4)に示すように、都市化による流出の増大、被害ポテンシャルの増大および治水対策の実施による軽減が複合することにより生じる。対象流域において、全増分に対する各項目の寄与の状況

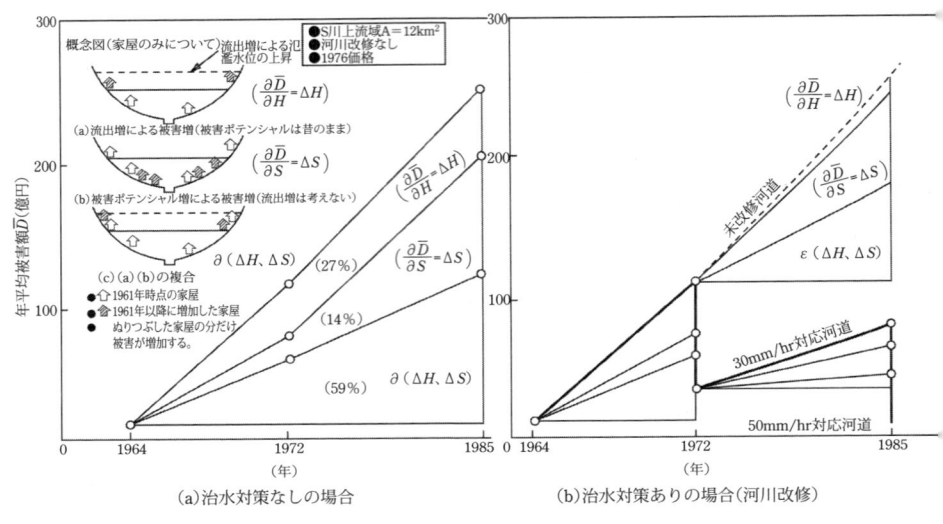

図-10.11 年平均被害額増大のメカニズム(要因分析)

がどのようになっているかを、図-10.11(a)、(b)に示す。図-10.11(a)の左上に、治水対策を行わない場合(したがって、第3項は零)の式(10.4)の第1項、第2項および第4項の意味を概念図で示した。これにより被害増大のメカニズムとその程度(各項のウエイト)を知ることができる。すなわち、流出増により以前は被害を受けなかったものが受けるようになって増える分$\left(\frac{\partial \bar{D}}{\partial H}=\Delta H\right)$、もともと危ないところにおける被害ポテンシャルの増大によって増える分$\left(\frac{\partial \bar{D}}{\partial S}=\Delta S\right)$および流出増により危なくなった場所で被害ポテンシャルが増大したことにより増える分($\varepsilon(\Delta H, \Delta S)$)によっており、その比率(期間内の総額比)は 27:14:59 となっていることがわかる。図-10.11(b)は 30mm/hr および 50mm/hr 降雨対応河道としての河川改修による治水対策を行ったときの要因分析結果である。

図-10.11の$\left(\frac{\partial \bar{D}}{\partial H}=\Delta H\right)$の項による増分は、治水をめぐる上・下流問題を端的に示している。この上・下流問題は、上流域(氾濫原外と氾濫原内を含む)の開発による外部不経済であり、開発に伴う雨水貯留の義務づけなどの背景を示すものとして興味深い。

10.4.4　都市化しつつある流域の治水対策についての2、3の考察

　都市化が進行しつつある流域の治水対策について考える。10.3で考察したように、治水対策の効用としては種々のものがあるが、前述のように直接被害の軽減のみを取り上げる。この場合には、費用便益分析において、安全側の評価を行うことになる。治水対策としては、構造的手段として、河川改修と現地雨水貯留のみを考える。ほかの立地調整などの非構造的手法や建築物の耐水化という手法など[2),5),12),13)]についても類似の検討が可能であるが、ここでは考えない。

(1) 河川改修の費用効果分析

　S川流域においては、ほかの多くの都市化中小河川と同様に、暫定的に30mm/hr降雨対応、50mm/hr降雨対応河道へ段階的に河川を改修していく計画が立てられている。河川改修に必要な費用Cは、用地費・構築費・その他付帯費用および維持管理費からなる、

$$C = C^2(用地費) + C^2(構築費) \\ + C^3(その他の付帯費) + M(維持管理費) \quad (10.11)$$

　式(10.11)の$C^1 \sim C^3$についてはその費用を積算して求めた。費用Mは新たな河川改修による維持費の増分であり、掘込河道では改修による維持費の増加はほとんどないため、本章では省略した。$C^1 \sim C^3$のそれぞれの単位距離当たりの平均的な単価を**表-10.1**に示す。ただし、C_{30}^i、C_{50}^i、$C_{50}^{i'}$はそれぞれ30mm/hr降雨対応河道の改修費用、それに追加的に50mm/hr降雨対応へ改修する費用(段階的改修)、50mm/hr降雨対応河道への一括改修費用の単価を示す。費用算定においては、C_{30}^i、$C_{50}^{i'}$は積み上げにより算定し、C_{50}^iについては$C_{50}^1 = C_{30}^1 + C_{50}^{1'}$、$C_{50}^2 = C_{50}^{2'}$、$C_{50}^3 = C_{30}^3 + C_{50}^{3'}$とした。

　段階的に改修を進める場合には、**図-10.12**に模式化して示すように、30mm/hr降雨対応河道は未改修河道を掘削・浚渫して護岸を施すだけであるが、それをさらに50mm/hr対応河道にするには、30mm/hr降雨対応河道の護岸を撤去した後で再び掘削・浚渫しさらに拡幅して護岸を施す。したがって、上記のC_{50}^iの算定では近似値を与えることになるが、ここでは**表**

①未改修河道（1961年）
②30mm/hr降雨対応河道
③50mm/hr降雨対応河道

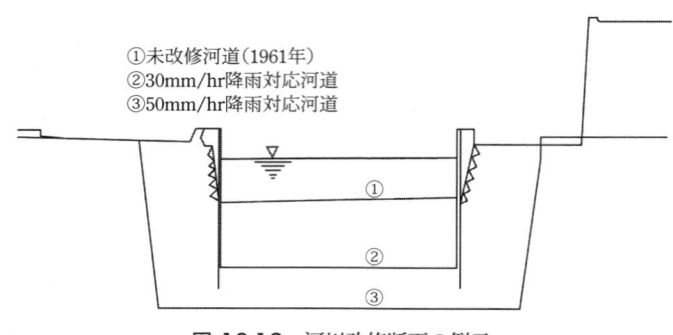

図-10.12 河川改修断面の例示

表-10.1 河川改修費用

(単位：万円／m)

各事業費 Cr	用 地 費	構 築 費	そ の 他	総 計
C_{30}	14.76(16%)	74.85(82%)	1.46(2%)	91.07
$C_{50'}$	42.03(31%)	93.57(68%)	2.21(2%)	137.81
C_{50}	56.79(37%)	93.57(61%)	3.67(2%)	154.03

-10.1 の値を用いた。

　次に被害軽減効果を算定した。これは都市化の程度と改修方法および施設の耐用年数によって定まる。耐用年数は物理的なライフサイクルより定まるというよりは、計画規模が相対的に低いので、次の河川改修のプロジェクトの発生により定まると考えるほうが現実的である。そこで、ここでは一応改修のライフサイクルを $T_2 = 1995$ 年、$T_2 = 2000$ 年および $T_2 = 2005$ 年までとして、**図-10.9**(b)に示すような段階的な改修計画による直接被害の軽減による便益 $\overline{D}(A)$ および $\overline{D}(A+B)$ を求めた。そして、現在対象流域で想定されている改修計画の費用効果分析を行うと、B/C については**表-10.2** に示すような 10 のオーダーの値を得た。したがって、このような都市化流域における河川改修の効果を被害軽減のみとし、ほかの効果を考慮しなくても、改修事業の社会的な妥当性は確認されたことになる。これは安全側の評価であり、ほかの効果まで含めると B/C あるいは $B-C$ の値はさらに大きくな

ると考えられる。以上の算定においては、被害軽減額および事業費はすべて1976年の価値に変換し(社会的割引率を年率7%と設定した)、その年度の現在価値とした。また、段階的拡張において先行する対策が土地利用や被害ポテンシャルに与えるダイナミズム[29],[34]については考慮していない。

表-10.2 費用便益分析の結果

(1976年価格)

T_2(年) \ 効果	B/C	$B-C$(百億円)
1995	10.7	27.1
2000	15.5	40.8
2005	21.1	56.3

(注) この表は30mm/hr降雨対応河道が $t_1=1972$ 年に、50mm/hr降雨対応河道が $t_2=1992$ 年に、それぞれ一挙に完成されるものとして算定した。

(2) 改修方式間の比較

前述のように、都市化流域の中小河川の治水計画規模は50mm/hr降雨の生起確率が約1/3、30mm/hr降雨が約1/1.3(以上は東京都で確率評価したときの生起確率)といったように極めて低い水準にある。したがって今後規模の拡張は必然的に予測される。そこで、治水計画規模の拡張方式(段階的拡張と一括拡張)を取り上げ、その経済的妥当性について検討し、それに現実的な解釈を加えることを試みる。これら2つの方式を考える理由は以下のとおりである。まず、治水に投資できる費用には制約があることを前提とする。これは通常の河川における実状を考慮したことによる。そのような前提のもとでは、短期的に実現できる目標を設定するか、その完成は相当後になるとしても長期的な目標を設定するかが問題となる。治水の面からみて瀕死の状態に近い河川では、シビルミニマムを設定したうえで前者の方式を採用しつつあり[3],[4]、ここではその妥当性を費用便益分析という立場から考察してみる。そのために、議論を単純化して、一括拡張方式と段階的拡張方式にそれを近似して取り扱っている。

以下では一つの例題として、治水計画規模としては、多くの都市化中小河川の暫定目標として一般に設定されつつある30mm/hr降雨対応および50mm/hr降雨対応を取り上げた。そして段階的拡張方式としては30mm/hr降雨対応に改修した後に、さらにそれを50mm/hr降雨対応に改修するものとする。一括拡張方式では50mm/hr降雨対応に一挙に改修

するものとする。したがって、規模は固定的に与えるので、実施時期決定の問題を考えることになる。

対策の妥当性は、改修時期 t_1、t_2、t_2'（段階的拡張の場合には拡張のタイミング）および便益算定期間（T の取り方）に依存する。ここに、t_2、t_2' はそれぞれ段階的拡張および一括拡張の時期（年）である。**図-10.13** は 1972 年より 20 年間におけるあらゆる拡張ケースに対しての B/C および $B-C$ である。なお、この計算では、15 年間のデータから定めた被害ポテンシャル・モデルを約 25 年にわたって外挿しており、概略的な検討を行ったものである。

x 軸は便益の算定期間の最終年 T_2 を示し、y 軸は B/C および $B-C$ を、また z 軸は施設建設のタイミング、t_2、t_2' を示している。同図より、B/C および $B-C$ でみたときに、任意の施設のタイミングとライフサイクルのもとで、それぞれの改修方式の有利な領域を知ることができる。

たとえば **図-10.13**(a) において、line a は 1972 年（t_1 年）において 50mm/hr 降雨に対して改修が完了した場合を、また line b は段階的拡張において $t_2 = t_1'$ とした場合を示しており、いずれも両改修方式において B/C を最も大きくする境界を与える。また、line c、line d はそれぞれ一括拡張方式の実施年（t_2'）を最終年（$t_2' = t_1 + 20$）とし、段階的拡張方式で 50mm/hr 降雨に対する実施年（t_2）を最終年（$t_2 = t_1 + 20$）としたときの B/C を示しており、最もその比を小さくする境界を与える。また 2 枚の曲面で囲まれる Space I は、段階的拡張よりも一括拡張のほうが B/C でみて有利な領域を、また逆に Space II は段階的拡張のほうが一括拡張よりも有利な領域を示している。両曲面の交線である lilne f は、両方式の B/C が一致している領域を示している。**図-10.13**(b)は、同様にして $B-C$ でみた場合のものである。

現在のように治水対策が公共事業として行われる場合には、費用は受益者負担ではなく、B/C あるいは $B-C$ を最も大きくするような方式がそのまま妥当とされるのではない。したがって、限られた財源のもとで B/C あるいは $B-C$ を最も大きくするような方式をとらざるを得ない。その際には、ある程度大きな規模を設定して実施年度を遅くするか、まず小さな規模を設定して早急に対策を実施し、それを段階的に拡張していくことが現実的な課題となる。その際には一般に、$t_1 < t_2' < t_2$ となる。**図-10.13** に示されるよ

うに、このような観点からみると、同流域において段階的な規模の拡張方式の有利な領域(Space Ⅱ)も広く存在している。

暫定目標方式と長期目標方式を段階的拡張方式と一括拡張方式に近似して考えれば、**図-10.13**に示した分析により、両者の方式の比較が可能である。ただし、その前提としては、通常の河川改修では下流あるいは危険度の高い場所から、年々の予算の許す範囲内で対策が実施されていくが、ここではそのような年々の予算の和が対策に必要な額に達したときに、一挙に施設が完成するとした近似的な取扱いを行うものとする(逐次実施する場合には**図-10.9**(b)に破線で示すような計算を行えば同様にしてさらに厳密な扱いが可能である)。このような前提のもとでは、**図-10.13**より暫定目標方式と長期目標方式について、費用便益分析からみた妥当性の比較が可能である。すなわち、**図-10.13**に示すような費用便益分析[注11]を都市化が進行しつつ

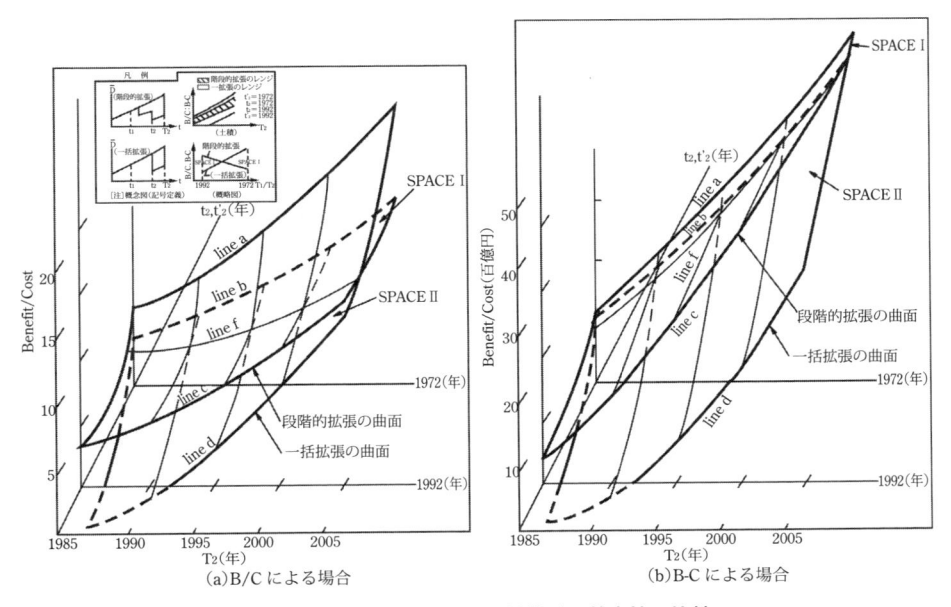

図-10.13 階段的拡張と一括拡張の効率性の比較

[注11] 方法論的には上述のような近似をしないで厳密な比較を行うことは可能であり、その場合には必要に応じて計算のシナリオを与えるものとして考えている。

ある流域に適用すれば、T_2 および各年度の投資可能額が与えられたときに取り得る両改修方式（費用的な制約がある場合に、大規模な改修を将来行うかあるいは小規模に改修を行うか）の比較分析と選定の検討が可能となる。

　以上では、治水対策を経済的側面から対象流域全体としてみた場合の（マクロ的観点からの）評価を試みた。治水安全度は基本的人権にかかわる極めて公共性の高いものであり、経済的評価のほかに、シビルミニマムとしての水準を想定し得るものである。しかし、限られた予算のもとで水準の向上を図る場合には、改修方式の比較や代替施設の選定において上述のような経済的妥当性の検討は不可欠のものと思われる。なお、計画の規模および対策実施時期を、B/C あるいは B－C を最大にする（ただし、$B/C \geqq 1$、$B-C \geqq 0$）ように決めることに関しては文献24）～26）がある。

10.5　結　　語

　都市化が進行しつつある流域において治水計画を立案するためには、洪水問題を明確に把握・分析する必要がある。本章では、そのためのシステマティックな分析手法を提示した。この手法では、既にほぼ確立されている個々のサブモデルを組み合わせることにより、モデル全体を構成する。このモデルを都市化が進行しつつある流域の洪水問題の分析に適用し、有効性を検証した。

　ケース・スタディでは方法論の検証のほかに、都市化流域で生じる典型的な治水問題に着目して、次のようなことを明らかにした。

① 都市化流域における洪水災害の増大の程度、およびそのメカニズムを明らかにした。すなわち、洪水被害の増大（軽減）は、ⅰ）都市化による流出増、ⅱ）被害ポテンシャルの増大、ⅲ）治水対策による軽減、およびⅳ）ⅰ・ⅱ・ⅲの複合として説明されることを示し、その程度を明らかにした。

② 洪水被害増大のメカニズムに関連して、都市化が進行している流域では、治水をめぐる上・下流問題が生じており、開発には雨水貯留などの治水対策が必要とされることを示した。

③ 都市化流域における治水対策の費用効果分析を行い、治水計画規模が大河川に比較して相対的に低い都市化中小河川における治水対策の必要性と経済的妥当性の程度を示した。

④ 予算制約のもとで、増大する洪水被害に対処する方法として、施設規模の段階的拡張方式と一括拡張方式を比較し、それらの有用性の存在領域を示すとともに、適正な治水対策の実施方法について検討した。
その結果は、暫定目標方式と長期目標方式の比較分析に活用できる。

以上により、本章で提示したシミュレーション手法は、都市化が進行している地域の治水問題をシステマティックに分析し、それに対処する方法を検討する手法として有効であることが確認された。

今後の課題としては、ⅰ）土地利用調整などの非構造的手法、建築物の耐水化などの氾濫原管理を含めた治水対策の評価、ⅱ）雨水貯留施設と河川改修の評価と比較[38]、ⅲ）評価項目をさらに多角的にするとともに、そのために必要なデータの収集方法の検討、ⅳ）有堤河川における治水計画の評価、ⅴ）上・下流の安全度（治水計画規模）の問題についての検討などがあげられる。これらについては現在調査を進めており、次の機会に報告したい。

また、本章を通じて、次のような問題点が浮かび上がってきている。超大規模な洪水時には膨大な被害が生じるが、そのような洪水の発生確率が極めて小さいために、本章のような費用便益分析では実質的に無視されることになる。また、当面の被害の軽減と将来における被害の軽減が同一次元で取り扱われることになる（現在価値に変換はしている）。治水上瀕死に近い河川では当面の被害の軽減が極めて重要である。これらの問題をいかに考えていくかも今後の課題である。

［追記］

本文は、都市化の進展による洪水災害が深刻化した時代に行った調査研究であり、1981年に公表したものである（筆者はこの研究[51]により土木学会論文奨励賞を受賞）。ここで提示した手法は、これからの少子・高齢社会で、洪水危険度の高い地域からの撤退、被害ポテンシャルの減少を想定した検討にも適用できるものである。

本章では、都市化の進展に伴う洪水災害を被害（額）の面から分析し、対策の効果の評価を行った。この都市化の進展に伴う洪水災害の変化を、水理・水文学的に詳細に分析すると、都市化に伴う洪水流量の増加や氾濫水深の変化など、多くのことがわかる。その観点から、筆者らは参考文献56）で詳細に報告しているので参考にしていただけると幸いである。

また、本章で示した洪水被害（額）の面からの分析のより詳細な報告を参考文献53）で報告している。併せて参考にしていただけると幸いである。

《参考文献》

1) 吉野文雄・吉川勝秀「土地利用の変化に起因する洪水災害の変化の分析と治水対策の評価」『土木技術資料』Vol.22、No.2、1980
2) Ad Hoc Group of Experts on Flood Damage Prevention U.N. : Flood Damage Prevention Planning in Developing Countries, 1973
3) 吉川秀夫「総合的な治水対策について」『建設月報』No.367、1980
4) 塩野　宏・吉川秀夫ほか「総合治水対策をめぐって」『ジュリスト』No.688、1979
5) Walesh, S. G. and R. M. Videkovich : Urbanization : Hydrogic-Hydraulic-Damages Effects, ASCE, Vol.102, No.WR2, 1978
6) 鶴見川流域水防災計画委員会（会長：吉川秀夫）『中間報告書』1977
7) 建設省河川局『水害統計』（annua1、1960 年以前は災害統計）
8) 建設省河川局『治水経済調査要綱』1970
9) 石原安雄・則武　俊「年最大洪水流量の変動特性と治水の安全性について」『第 33 回土木学会年次学術講演会講演概要集』1978
10) 西原　巧「河川計画における基本量をめぐって－水文学的立場から－」『河川』No.341、1974
11) 広長良一・八島　忠・坂野重信「低平地緩流河川の治水計画について」『土木学会論文集』No.20、1954、pp.1-40
12) Day, J. C. and R. N. Weisz : Ainear Programing Model for Use in Guiding Urban Floodplain Management, Water Resources Research, Vol.12, No.3, 1976
13) James, L. D. : Nonstructual Measures for Flood Control, Water Resorces Research, Vol.1, No.1, 1965
14) McCrory, J. A., L. D. James and D. E. Jones : Dealing with Variable Flood Hazard, ASCE, Vol.102, No.V mg 2, 1976
15) 西畑勇夫「河川の Damage Potential 及び統計資料について」『第 9 回建設省技術研究会報告』1957

16) 橋本　健・長谷川　正「土地利用の変化を評価する流出モデル」『土木技術資料』Vol.19、No.5、1977
17) 木村俊晃「狩野川洪水の検討－異常災害に如何に対処するか－」『土木研究所報告』No.106、1960
18) 吉川秀夫「河川災害と改良復旧」『季刊　防災』No.47、1974
19) 石崎勝義「超過外力と河川計画」『土木技術資料』Vol.17、No.4、1975
20) 岩松幸雄・吉川勝秀・金井道夫「公共事業の影響を把握するための地域モデルに関する研究」『土木学会論文報告集』No.284、1979
21) 建設省河川局『水害による間接被害額の計測手法に関する研究報告書』1979
22) 建設省土木研究所「静岡地区49年9月豪雨災害調査報告」『土木研究所資料』No.965、1975
23) 山口高志・吉川勝秀・角田　学「治水計画の策定および評価に関する研究(1)」『土木研究所報告』No.156、1981、pp.57-111
24) Sorensen, K. E. and R. D. Jackson : Eoonomic Planning for Staged Development, ASCE, Vol.94, No.HY5, 1968
25) Rachford, T. M. and R. F. Scarate : Time-Capacity Expansion of Waste Treatment Systems, ASCE, Vol.95, No.SA6, 1969
26) 吉田　滋「高速道路の段階建設計画（Ⅰ）」『高速道路と自動車』Vol.Ⅷ、No.3、1969
27) 長尾義三・森杉寿芳・吉田哲生「非弾力性需要のもとにおける段階建設について」『土木学会論文報告集』No.250、1976
28) 友野勝義「水道における拡張事業規模の経済」『水道協会雑誌』No.519、1977
29) 住友　恒「水道施設における余裕度の評価と分析」『第6回土木計画学シンポジウム』1972
30) 三菱総合研究所『公共土木計画への費用便益分析適用性に関する研究』1977
31) 岩井重久・石黒政儀『応用水文統計学』森北出版、1971
32) 石崎勝義・橋本　健「土地利用の変化に伴う流出機構に関する調査」『土木研究所河川事業調査費報告』1975
33) Ven Te Chow : Open Channel Hydraulics, McGraw, Hill Book Company, INC., 1959
34) 建設省東北地方建設局福島工事事務所『河川改修のインパクト』1979
35) 石崎勝義・岡田　豊「はん濫を伴う洪水の計算－静岡巴川への適用－」『土木技術資料』Vol.18、No.7、1976
36) Yamaguchi, T. : Damage Potential Increase due to Urbanization, International Association Hydrologic Symposium, 1975
37) 建設省土木研究所「雨水貯留に関する調査第3報」『土木研究所資料』No.1382、1978
38) 建設省土木研究所「雨水貯留施設の最近の動向」『土木研究所資料』No.1579、1980
39) 矢野勝正編『水災害の科学』技報堂、1971
40) 中川芳一・飯塚敏夫・梅本良平「治水計画規模の決定に関するゲーム論的研究」『第23回水理講演会論文集』1979
41) Wood, E. F., Rodrifuez-Iturbe : Bayesian Inference and Decision Making for Extreme Hydrologic Events, Water Resources Research, Vol.11, No.4, 1975

42) Bogárdi, I. and F. Szidarovszky : Induced Safety Algorithm for Hydrologic Design under Uncertainty, Water Resources Research, Vol.10, No.2, 1974
43) Wood, E. F. : An Analysis of Flood Levee Reliability, Water Resources Research, Vol.13, No.3, 1977
44) 木下武雄「都市化による流出の変化」『土木技術資料』Vol.9、No.9、1967
45) 西田哲夫「第2室戸台風の高潮による水害基礎調査研究」『第16回建設省技術研究会報告』1962
46) 吉岡和徳「可能最大降水量の一推定法」『土木技術資料』Vol.17、No.8、1975
47) 建設省土木研究所水文研究室「洪水の水文学的研究の動向」『土木技術資料』Vol.1、No.6、1959
48) 石崎勝義「氾濫原管理―もう一つの洪水防禦対策―」『土木技術資料』Vol.16、No.10、1974
49) 富山和子『水と緑と土』中公新書、1974
50) 吉川勝秀・吉野文雄・中島輝雄「流域の都市化に起因する洪水災害の変化」『第25回土木学会水理講演会論文集』1981、pp.263-268
51) 山口高志・吉川勝秀・角田　学「都市化流域における洪水災害の把握と治水対策に関する研究」『土木学会論文報告集』No.313、1981、pp.75-88
52) 吉川勝秀「広域計画とローカル・インタレスト－都市化流域における治水計画に関する一考察－」『計画行政』No.8、1982、pp.132-139
53) Takayuki Yamaguchi, Katsuhide Yoshikawa : Flood Damage Analysis and Planning of Counter-Measures in an Urbanizing Watershed, Journal of Research, Public Works Research Institute, Ministry of Construction(MOC),Vol.22, No.3,1983, pp.47-81
54) 吉野文雄・山本雅史・吉川勝秀「洪水危険度評価地図について」『第26回水理講演会論文集』1982、pp.355-360
55) Fumio Yoshino, Katsuhide Yoshikawa, Masafumi Yamamoto : A Study on Flood Risk Mapping, Journal of Research, Public Works Research Institute, Ministry of Construction(MOC), Vol.22, No.1, 1983, pp.7-24
56) Fumio Yoshino, Katsuhide Yoshikawa : An Analysis on the Change in Hydrological Characteristics of Flood Due to Urbanization and the Estimation of the Changes in Flood Damage, Journal of Research, Public Works Research Institute, Ministry of Construction (MOC), Vol.22, No.2, 1983, pp.27-44
57) Fumio Yoshino, Katsuhide Yoshikawa, Masafumi Yamamoto : A Study on Flood Risk Mapping, International Symposium on Erosion, Debris Flow and Disaster Prevention, Tsukuba(Tsukuba Center for Institutes), 1985, pp.499-504

第11章
被害ポテンシャル、被害額2 総合的な治水の視点、利根川東京氾濫原

【本章の要点】

本章では、都市化とともに流域の被害ポテンシャルが増加した低平地緩流河川流域を対象に、その実態を明らかにする。そして、都市化に伴う深刻な洪水被害の増大を分析し、その要因に対応するための流域対策、すなわち流域の土地利用の誘導・規制、流域内での雨水の貯留・浸透対策、自然のもつ洪水を貯留する遊水機能の保全を行うとともに、河川改修や洪水調節地の整備など従来からの河川対策を実施した実例の事後評価的な検討結果を示す（筆者はこの対策の立案と実施に従事した）。

そして、この流域こそ、第Ⅱ部の第3～6章で対象とした利根川における最大の氾濫区域でありかつ被害ポテンシャルを有する氾濫原（東京氾濫原）である。したがって、この検討から利根川の東京氾濫原の被害ポテンシャルがいかにして増加したかを知ることができる。

11.1 はじめに

治水に関わる実践的、総合的な研究が論文などでアカデミズムの場に登場しなくなって久しい。この面での本格的な論文としては、広長・八島・坂野による第二寝屋川の治水計画に関するもの[1]、山口・吉川・角田による都市化流域の治水に関するもの[2]がある。これらの論文以降、治水に関する論文は、メソッド・オリエンテドなものや治水に関わる特定の事項の計測やモデル化

などを精緻に検討したもので、治水全体からみると要素的、部分的なものがほとんどである。

その背景として、近年の治水計画は、行政のインハウス・エンジニアがコンサルティング・エンジニアを駆使して計画を作り、実行に移していったが、彼らはアカデミズムへの関心をもたず、あるいはまたアカデミズムにそれを受け入れる土壌がなくなったことによるのではないかと推察される。このことは、これだけ多くの洪水災害のある国において実践的な治水計画、さらにはシステムとしての堤防工学などの治水についての研究や教育が継続的になされていないことにつながっており、潜在的な課題であると考えられる。

本章は、実践というトータルな評価を経た治水計画を取り上げ、事後評価的な考察を試みたものである。その対象として、我が国で主流である構造物対策のみによる治水ではなく、非構造物対策をも取り入れた3つの流域の治水計画を取り上げた。そのいずれについても、後述のように筆者(吉川)が治水計画のシナリオを描き、現地の関係者との調整あるいは共同作業をし、あるいはそれに関与した実践事例であり、それらの治水計画は、低平地緩流河川流域を対象とし、一貫した治水の基本的理論の下で進めたものである。

以下では、基本的な治水理論を提示するとともに複数の流域での実践について述べ、その評価を行うとともに今後の低平地緩流河川流域における治水対策のあり方を展望し考察した。

11.2　従来の研究と本章の基本的立場

11.2.1　従来の研究

流域治水に関する総合的、包括的な研究としては、上述の広長・八島・坂野による研究[1]が特筆される。この研究は、第二寝屋川を開削することで、水害を減じるという消極的な効果とともに、それにより土地利用が高度化される(都市化の進展が期待される)ことを積極的な効果として計上し、治水対策の合理性と経済的な妥当性を述べた古典的な研究である。その後長い間、このような総合的、包括的な治水に関する研究・報告はアカデミズムにはほとんど登場しなくなった。次にこのような包括的な治水に関する研究として

は、流域の都市化が著しい時代に、山口・吉川・角田により都市化流域を対象に、都市化に伴う被害額の増加を把握するとともに総合的な治水対策について考察したものがある[2]。その後の治水に関する研究は、土木計画学の対象として段階施工などについての各種計画手法を治水に適用したメソッド・オリエンテッド的な研究、洪水の流出や氾濫などに関する水理・水文学的な研究は多数報告されているが、実践的な治水の総合的、包括的な研究・報告はほとんどなされていない。

その背景には、はじめにで述べたような行政とアカデミズムとの関係の変化もその一因となっていると推察される。

11.2.2　行政での治水対策の実施と最近の動向

現実の治水計画、治水の対策は、研究としての報告がなされなくても、途切れることなく、新しい時代の課題にも対応しつつ進められてきた。すなわち、経済の高度成長期に急激に進展した都市化とともに生じた激しい洪水問題への対応や、大災害を経験した後の治水対策、計画や施設能力を超過した洪水への対応、近年は地下空間の水害への対応など、現実の場面での治水は着々と進められてきた。最近では、行政において政策評価がなされるようになり、治水対策全般はもとより、プログラム評価として総合治水の事後評価なども行われている[3]。

総合治水対策についてのプログラム評価の結果は包括的なものであり、多くのことが知られるが、総合治水が流域の急激な都市化への緊急的な治水対策という特定の条件下のものとして評価されていることに加えて、流域対策の評価が流出抑制という視点で行われており、低平地緩流河川流域では特に重要な流域対策（氾濫原対策）である被害ポテンシャルの増大の抑制という視点からの評価が十分でないように思われる。

11.2.3　本章の基本的立場

以上の従来の研究や行政での動向、さらにはアカデミズムの場で総合的、包括的な治水を議論することが重要であるという筆者の考えも踏まえて、本章では、総合的、実践的な治水を対象として考察する。その対象として、国

際的な視点に立った場合に特に重要であるが、急流河川流域が普通である日本では事例の少ない、低平地緩流河川流域での治水対策を重点的に取り上げ、理論的な側面および実践的な側面から考察する。そこでは、低平地緩流河川流域に着目した構造物対策と非構造物対策を総合的に含めた治水対策を取り扱う。

実践事例として複数の河川(日本の中川・綾瀬川流域、タイ国バンコク首都圏の東郊外流域、そしてタイ国チャオプラヤ川流域)を取り上げ、計画の策定とその後の経過を考察し評価を行う。

11.3 流域治水の理論とその要点

11.3.1 流域治水の基礎的理論

治水の理論を概念的に定式化すると以下のようになる。

$$D = D(F, F_0, S) \tag{11.1}$$

$$\overline{D} = \int_{F_0}^{\infty} P_r(F) \cdot D(F, F_0, S) \, dF \tag{11.2}$$

ここに、D：被害額、F：外力(降雨や流量、水位などで与えられる)、F_0：治水施設の能力(無被害で対応できる治水の容量)、S：被害ポテンシャル(氾濫などの水害により被害を受ける対象物の量)、$\overline{D}$：年平均(確率平均)想定被害額である。

式(11.1)から、被害額(年平均想定被害額)の増減に関して、式(11.3)が導かれる。

$$\Delta \overline{D} = \frac{\partial \overline{D}}{\partial F_0} \cdot \Delta F_0 + \frac{\partial \overline{D}}{\partial S} \Delta S + \varepsilon(\Delta F_0, \Delta S) \tag{11.3}$$

式(11.1)、(11.3)から、年平均想定被害額の増減は、①治水施設の対応能力を向上させることによる年平均想定被害額の軽減、②被害ポテンシャルの増減による年平均想定被害額の増減、③それらが複合した年平均想定被害額の増減より構成されることが知られる。

11.3.2 治水の基本的な対応策

式(11.2)、(11.3)より導かれるように、治水の基本的・本質的な対策は、

① 治水施設の能力向上による被害額の減少(構造物対策による減少)、
② 被害ポテンシャルを減少あるいは増加を抑制することによる被害額の減少あるいは増加の抑制(非構造物対策による減少あるいは増加の抑制)、
③ ①と②を複合させた総合的な治水対策

となる。

実河川流域での分析結果は後述するとして、この要点を整理すると以下のようである[2],[4]。

(1) 治水施設の能力向上による被害額の減少(F_0を向上させる対策)

この対策は、日本では一部の都市化の急激な河川流域での緊急・暫定的な総合治水対策特定河川を除くと、主流的でほぼ唯一の対策となっている。これはいわゆる構造物対策であり、世界の治水対策をみても主流の対策である。

なお、日本の総合治水対策では、流域の都市化に伴う洪水外力の増大(都市化に伴う洪水流出量・ピーク流量の増大、洪水流達時間の短縮)が大きく取り上げられ、それを抑制するために森林や水田などでの市街化を抑制すること、そして都市化に伴った流出増を抑制するために、流域対策として新規開発に対する雨水の貯留・浸透対策の義務づけなどがなされた。これらの対策は、都市化の水理・水文学的な側面としては、水害の被害を増大させる原因の一つである外力Fの増加を抑制するという効果が期待される。

(2) 被害ポテンシャルを減少あるいは増加を抑制することによる被害額の減少あるいは増加の抑制(Sを減少させる、あるいはその増加を抑制することによる対策)

これは非構造物対策あるいは流域対策のうちの氾濫原対策であり、特に低平地緩流河川流域の治水の最も本質的な対策となるが、その実施は一般的には容易でない。すなわち、日本では、総合治水対策特定河川の例外的な事例を除くと、これまでも、そして現在でも氾濫原での都市化などによる被害ポ

テンシャルの増加には一切手を加えず、むしろその増加を前提として構造物による治水が行われてきた。世界的にも、この被害ポテンシャルの減少あるいは増加の抑制は、ごく限られた一部の国で行われているにすぎない。その例としては、1970年代から始められたアメリカの洪水保険と連動した氾濫原管理（保険への加入を認める前提として、洪水の100年氾濫原での新規開発を抑制することを義務づけ）、1995年のアメリカ・ミシシッピ川での洪水後の一部地域での氾濫原からの都市の撤退、1998年の中国・長江などの洪水後の遊水地内からの撤退、そして日本の総合治水対策特定河川での氾濫原の都市化を市街化調整区域の保持（基本的に市街化区域にしない）ということで抑制する対応、タイ国・バンコク首都圏庁での遊水地域を指定することによる市街化の抑制、ライン川流域での氾濫原の開発の抑制などがあるが、構造物対策に比較すると、主流の対策とはなっていない。

(3) (1)と(2)を複合させた被害額の減少・増加の抑制（総合的な治水対策）

これは、(1)と(2)を複合させた被害額の減少である。すなわち、構造物対策としてのF_0の向上と、非構造物対策としての被害ポテンシャルSの増加の抑制・減少とを組み合わせるものである。

以上に述べたような治水の基本的対応、すなわち被害額に関わる考察から導き出される治水対策を包括的に示すものとして、筆者は**表-11.1**のような総合的な対策を既に提案している[2),4)]。日本の17の総合治水対策特定河川では、概ね**表-11.2**のような対策メニューをもって総合的治水対策としている。

総合的な治水対策の基本的な事項は以上のようであり、その具体の流域への適用については、前述の山口・吉川・角田[2),4)]、Yoshino・Yoshikawa・Yamamoto[5)]、国土交通省[3)]などの研究がある。

以下では、さらに実践的な視点から上記の基本的理論の下で実施された具体的な事例の効果について考察を進める。それぞれの実践事例において、筆者（吉川）は以下のように関与し、プランニングなどを行った。中川・綾瀬川流域の総合治水対策については、行政関係者の間で調整・合意した計画を策定し、タイ国バンコク首都圏の東郊外流域および同国チャオプラヤ川流域の治水計画の策定に関しては、国際協力事業団（現・国際協力機構）の委員とし

てコンサルタントおよび現地の行政機関と協力して計画を策定した。そしてその後、中川・綾瀬川流域のフォローアップは国土交通省の現地事務所と行い、タイ国の2つの事例については2回の国際ワークショップなど[7]でそのフォローを行ってきた。

表-11.1 総合的な治水対策の施策

洪水の変形	災害に対する脆弱性の修正	被害の調整	無対応
洪水防御	土地利用規制	災害救済	被害甘受
堤防	条例	洪水保険	
高潮堤	土地利用規制条例	慈善団体	
河川改修	建築基準	私的援助	
貯水池	都市再開発	公共援助	
放水路	土地細分化規則	税金の免除	
流域処理	官公庁による土地資産の買収	緊急対策	
農法の修正	補助による再配置	退避	
浸食対策	大規模宅地開発に伴う洪水調整池	水防活動	
河岸補強	建造物の耐水化	復旧計画	
森林火災防御	建造物の低位開口部の閉塞		
再植林	耐水外装および家具		
透水性舗装	下水の逆流防止弁		
各戸貯留槽	漏水防止		
気象修正	土地の嵩上げ		
	越水堤防		

表-11.2 日本の総合治水対策のメニュー（中川・綾瀬川流域の例）

河川対策	流域対策
下流域・・・築堤や河道掘削による河川改修 中・上流域・・・遊水地の整備 　　　　　　　放水路の整備 放水路下流および低地での排水機場の整備	3地域区分（保水地域、遊水地域、低地地域） 流域対策 ・市街化調整区域の保持 ・市街化区域などを開発する場合、雨水貯留・浸透施設整備の義務化 ・既設公共施設（公園・学校など）での雨水貯留・浸透施設の整備 ・遊水地域内の残土処分の規制 ・内水排除対策 その他 ・「中川・綾瀬川流域浸水実績図」公表 ・警報避難システムの確立 ・水防管理体制の強化 ・耐水性建築の奨励 ・パンフレットなどによる広報

11.4 実践事例における治水計画とその後

11.4.1 中川・綾瀬川流域での計画と実践

　中川・綾瀬川流域（流域面積 987km^2）の総合治水対策は、ほかの 16 の特定河川と類似の対策メニュー（**表-11.2**）であるが、その特徴の大きな点は、低平地緩流河川流域（その多くが利根川、荒川、渡良瀬川の氾濫平野）（**図-11.1**）の都市化（**図-11.2**）であり、もともと洪水の危険がある地域での被害ポテンシャルが増大することが、洪水被害を増大させてきた点である[8]。

　したがって、洪水の危険性がある地域での被害ポテンシャルの抑制が基本的な流域対策である。それに、流域の都市化の進展により、洪水流出量が増加すること、および水田などとして有していた洪水の遊水機能が水田への残土処分による盛り土で減少することを抑制することが対策として付加されたものである。この流域では、氾濫原での被害ポテンシャルの増加の抑制と遊水機能の保全が中心的なテーマとなった。このことは、流域の都市化による洪水流出量の増加の抑制が流域対策の主要な部分とされた丘陵河川流域の鶴見川流域などとは大きく異なる点であり、この流域の特徴である。このため、土地利用を誘導・規制するための地域区分（保水地域、遊水地域、市街化を想定する低地地域への3地域区分）が、直接的に被害額の増加を抑制するための重要なポイントとなった。その3地域区分を示すと、**図-11.3** のようである。この地域区分は、地形・地質の特徴（治水地形分類図などによる）、過去の浸水実績、そして市街化の状況を考慮して調整し、定めたものである。中川・綾瀬川流域の総合治水対策における構造物対策は、流域の大部分が低平地であるという地形の特性から浸水を軽減するためには、河川の流下能力を向上させることには限界があり、氾濫水を貯留する、あるいはポンプなどで流域外へ排水する対策を加えることが必要となる。すなわち、①流域内での洪水の排水能力を向上させるための河川整備、②江戸川、荒川という流域外への洪水排水のための放水路の建設、③流域内で洪水を貯留するための遊水地の整備を緊急的に進めるものとした（**図-11.4**）。非構造物対策としては、もともと浸水する水田地域の市街化を抑制すること（市街化調整区域の保

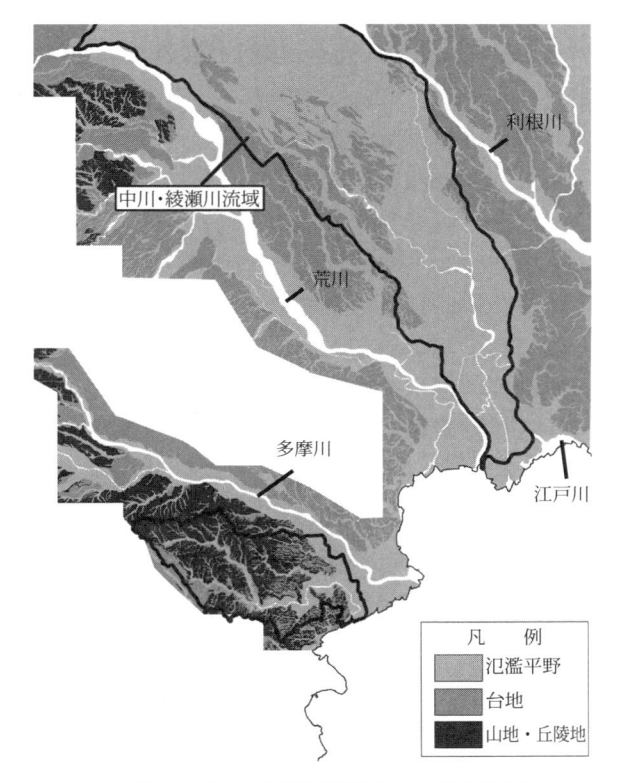

11.4 実践事例における治水計画とその後

図-11.1　中川・綾瀬川流域の治水地形分類図

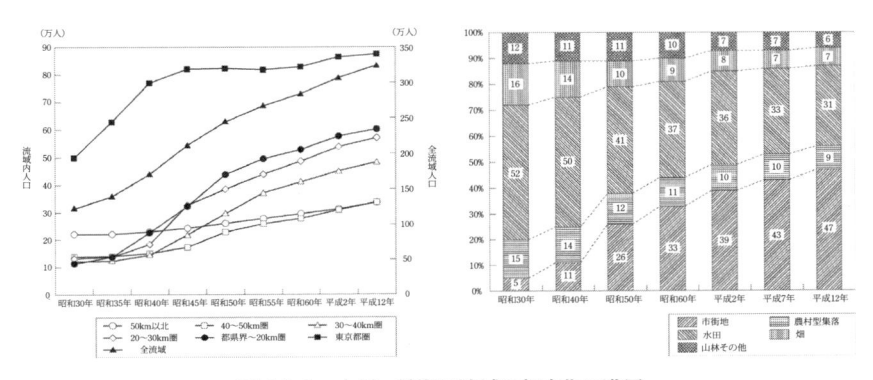

図-11.2　中川・綾瀬川流域の都市化の進展

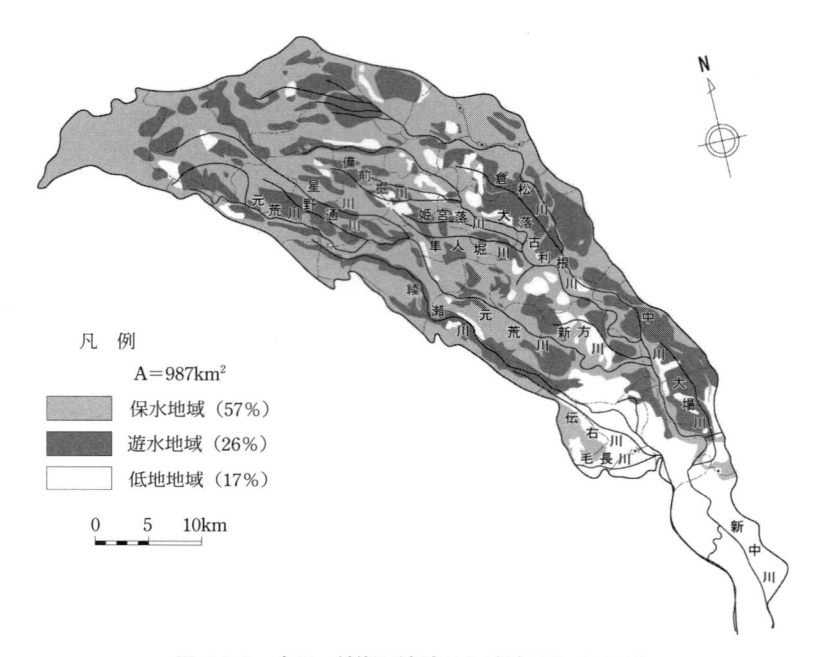

図-11.3 中川・綾瀬川流域の3地域区分（1983）

持）を流域対策の中心的なテーマとした[9]。この流域での治水対策は、ほぼ同時期に計画を策定し、対策が講じられるようになったタイ国バンコク首都圏域の氾濫原の都市化による水害問題への対応にも参考とされるものであった。

　この中川・綾瀬川流域の総合治水対策の効果などは、流域対策としての被害ポテンシャル増大の抑制と遊水機能の保全に関わる部分を除くと、国土交通省の政策評価におけるプログラム評価[3]に示されたことと概ね同様である。すなわち、①水理・水文学的な側面では、洪水流量の増加への対応と治水能力の向上に関しては、ほかの特定河川流域とは異なり流域分担計画における分担量が、河川分担が約4/5、流域分担が約1/5を占めていること、流出増に対して流域対策が受け持つ量は河川対策が受け持つ量の約5%（流域整備計画における河川と保水地域・低地地域の分担量（湛水量）の比）であるが、流域のもつ遊水機能の保全による効果が河川対策の約20%を占めるという

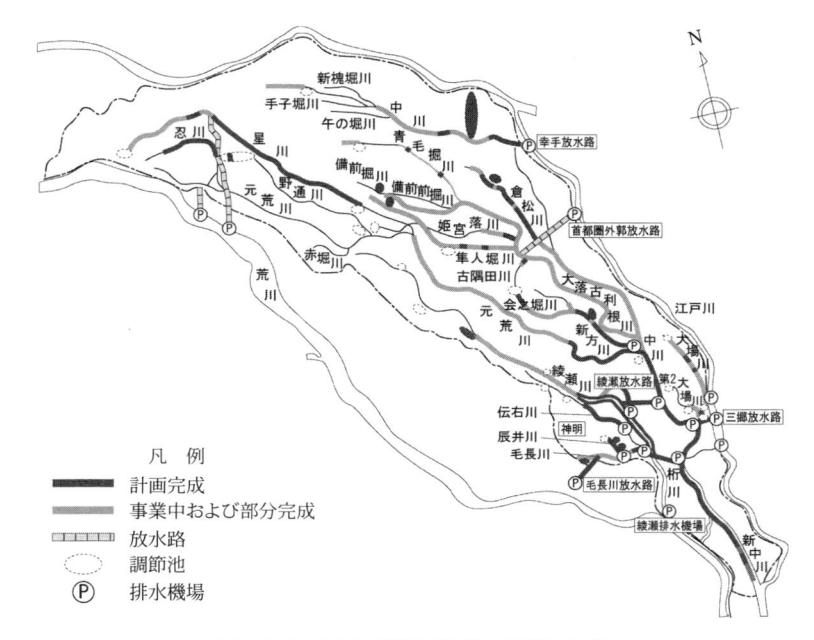

図-11.4 中川・綾瀬川流域の構造物対策

寄与が予定されており、ほかの特定河川の平均では河川対策が約9割、流域対策が約1割を占めているとされていることとは異なることである。既に述べたように、これが低平地緩流河川であるこの流域の特徴であり、ほかの特定河川流域とは異なる点である。この点を除くと、②河川対策の進捗率に対して流域対策（流出抑制対策）の進捗率は少し下回っていること、③流域対策の進捗状況は当初予定より少し遅れているが、河川対策・流域対策を総合的に見た場合の効果は**図-11.5**に示すように明確に発揮されていること、④流域の各行政機関との協議会の活動は計画段階に比べると低調となっていること、⑤急激な都市化の時代が終焉し、対策の効果も発揮されてきたことから治水に対する認識が低下しており、今後は治水のみならず環境や都市再生などの視点も含めた取り組みが期待されることは、上記プログラム評価に示されていることとほぼ同様である。

この流域での流域対策としての被害ポテンシャル増大の抑制に関しては、

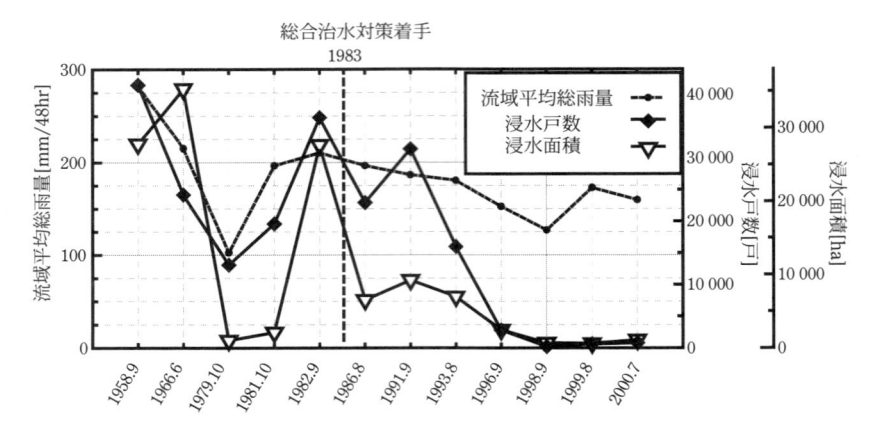

図-11.5　大規模降雨に対する中川・綾瀬川流域内の浸水面積・浸水戸数の変遷

　社会科学的（法的）側面として、以下のことを指摘しておきたい。この非構造物対策としての流域対策は、都市計画法の下では、計画的な市街化区域の設定と市街化調整区域の保持ということを主眼として実行された。そして、その都市計画法の運用において、この流域では水田の多くが都市計画法とほぼ同時期に制定されたいわゆる農振法による農業振興地域に指定されていたことから、その農地は容易には市街地への転用が許可されず、農振法がこの市街化の抑制に大きく貢献した面が強いということである。このことは、**図-11.6** に示す鶴見川流域と中川・綾瀬川流域の都心からの位置関係と**表-11.3** に示す市街化率の進展結果[3]からも推察される。すなわち、両流域は東京都心からほぼ同様の距離にあり、市街化の圧力はほぼ同様であったと考えられるが、水田が少なく流域の多くの部分が畑地・森林であった鶴見川流域では、中川・綾瀬川流域の水田地域のようには、都市化の圧力に抗して流域のもつ保水機能、遊水機能を保全し得なかったことである。

　流域内でもともと浸水の危険がある地区で市街化が進むと被害ポテンシャル S が増大し、結果として洪水被害が増加する[2]。それに対して市街化の誘導・規制により被害ポテンシャル S の増大を抑制すると、被害の増大が抑制される。

　中川・綾瀬川流域の総合治水対策の考察としては、次の点が強調されてよ

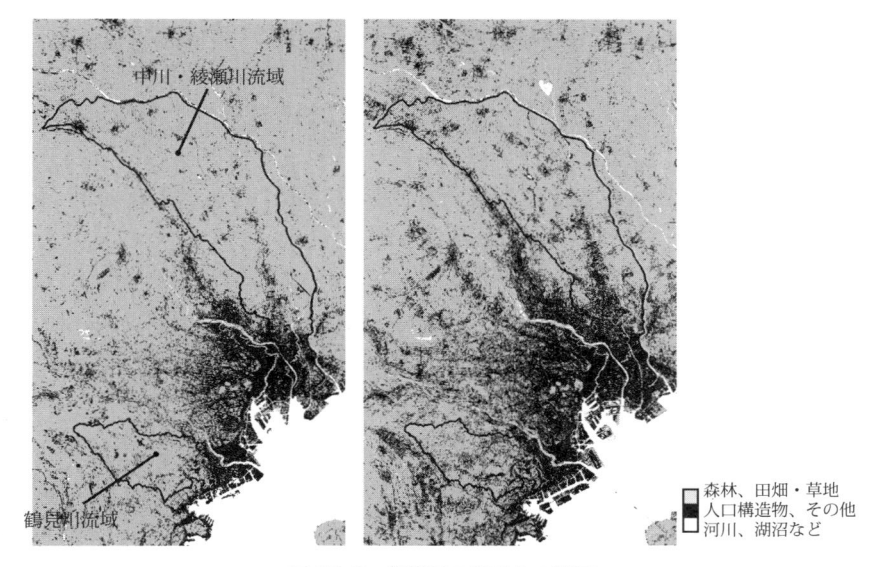

図-11.6　首都圏の都市化の進展

表-11.3　中川・綾瀬川流域と鶴見川流域の都市化の進展

年	中川・綾瀬川流域の市街化率（％）	鶴見川流域の市街化率（％）
1955	5	—
1958	—	10
1975	26	60
2000	47	85

い。すなわち、総合治水対策が講じられた多くの急流河川流域（日本のほとんどの河川がこの範疇に入る）や丘陵地河川といえる鶴見川流域では、流域開発に伴う流出量の増大による問題が顕著で、それへの対策が流域対策の主要な点とされてきたが、氾濫原での被害ポテンシャルの管理が治水の基本という面で、後述のタイ国での実践などで知られるように、世界的にみると中川・綾瀬川流域のような低平地緩流河川流域での被害ポテンシャルの抑制や遊水機能の保全対策のほうがより普遍的といえる。

11.4.2　タイ国バンコク首都圏の東郊外流域での計画と実践

　タイ国のバンコク首都圏では、激しい人口の増加と都市化の進展に伴い、治水の問題が顕在化した。それ以前の時代は、この地域はむしろ渇水期には水が不足して問題となってきた地域であるが、流域の農業用水路（クロン）の整備（この整備により北東部からバンコクの中心地に洪水流量が大量かつ継続的に流入するようになった）、都市用水などとしての地下水のくみ上げによる急激な地盤沈下の進行、そしてもともと浸水の危険性の高い地域での都市化、スラム化による被害ポテンシャルの増大により、洪水問題が深刻となった。特に、1983年の洪水では、これらの原因により東郊外流域の中心部分は約3か月間にわたって浸水し、甚大な被害が生じた。

　1983年の洪水の前年から、日本の技術協力を受けてバンコク首都圏庁（BMA）は東郊外流域（流域面積約500km^2）の治水計画の策定に着手し、洪水直後に計画を策定して実施に移した（**図-11.7**）。この治水計画の骨子は、構造物対策としては、**図-11.8**に示すように、この流域の地形などの特性に配慮したものである[10]。そして、流域対策（氾濫原対策）としては、**図-11.9**に示すように、洪水危険地域での都市化による被害ポテンシャルの増加の誘導・規制、構造物対策と連動した洪水の遊機能の保全（外周堤防の外側の水田地域をグリーンベルト地域として保全・活用、外周堤防の内側にさらに第二の堤防を設け、その間での遊水機能の保全）を計画した。これらの構造物対策と非構造物対策を含めた全体の基本理念と方針は、同じ時期に計画を策定していた中川・綾瀬川流域での総合治水計画とほぼ同様のものである（中川・綾瀬川流域の総合治水計画の策定は1983年、バンコク首都圏東郊外流域のマスタープラン策定は1984年）。

　チャオプラヤ川下流東部のバンコク首都圏東郊外流域の長期間にわたる浸水の原因と被害額の増加の原因を調査すると、①上流北東部から流入する水量が浸水の大きな原因となっていたこと、②下流部では急激な地盤沈下もありチャオプラヤ川への排水が困難となっていたこと、そして③洪水の危険性が高い地域での浸水を考慮しない都市化の進展により被害ポテンシャルが増加したことが明らかとなった。特に重要な浸水の原因として、1983年の洪水中の筆者（吉川）による現地測定で、北東部のランジットの農業地帯から約

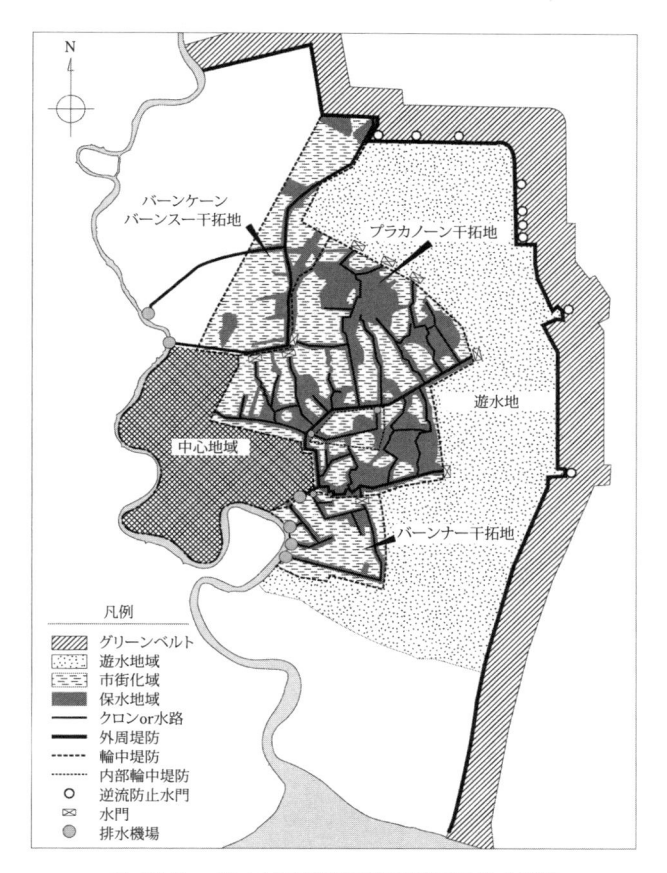

図-11.7 バンコク首都圏東郊外流域の治水対策

75m³/s の水量が継続して流入していたことが判明した。

このような洪水被害額増加の原因に的確に対応するため、以下のような対策を計画した[10),11)]。

① 上流域である北東部からの洪水の流入水を防ぐための外周堤防(キングスダイク)および水路への水門の設置(以前より構想があったものの計画への位置づけ。構造物対策)
② 外周堤防の外側に広がる水田地帯をグリーンベルト地帯として保全し、

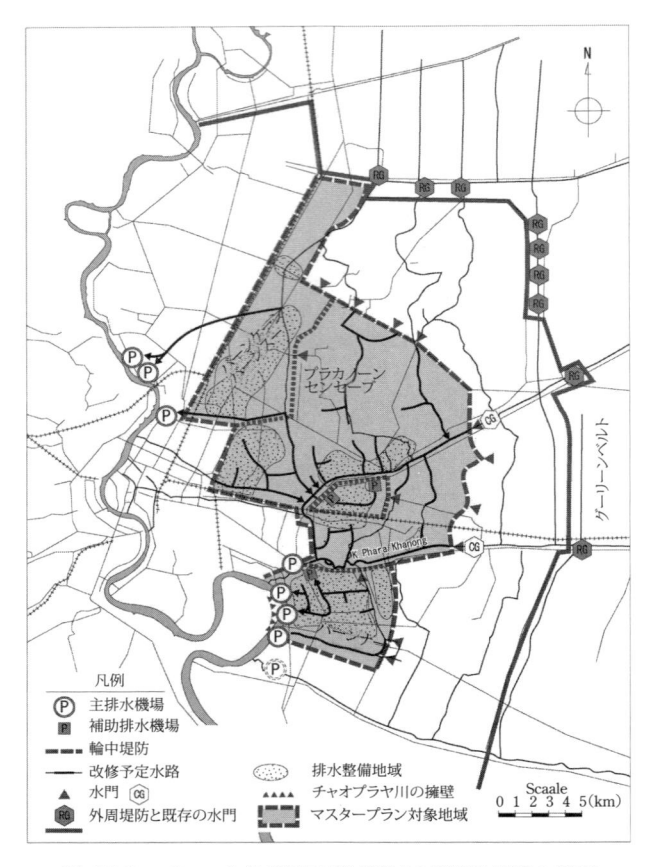

図-11.8 バンコク首都圏東郊外流域の構造物対策の概要

洪水の遊水機能の確保(この地域は水害の危険度が高まった。非構造物対策)
③ 外周堤防と市街地との間は遊水地域として保全(非構造物対策)。そのために、インナー・ダイクを計画(対策全体としては非構造物対策)
④ 都市化地域の中にも相対的に低い場所を保水地域に指定(政府の許可がないと開発できない地域に登録。非構造物対策)
⑤ 以上の条件下で、市街化を誘導・規制(非構造物対策)
⑥ 以上の対策下で、市街地に降る雨水をチャオプラヤ川に排水するため

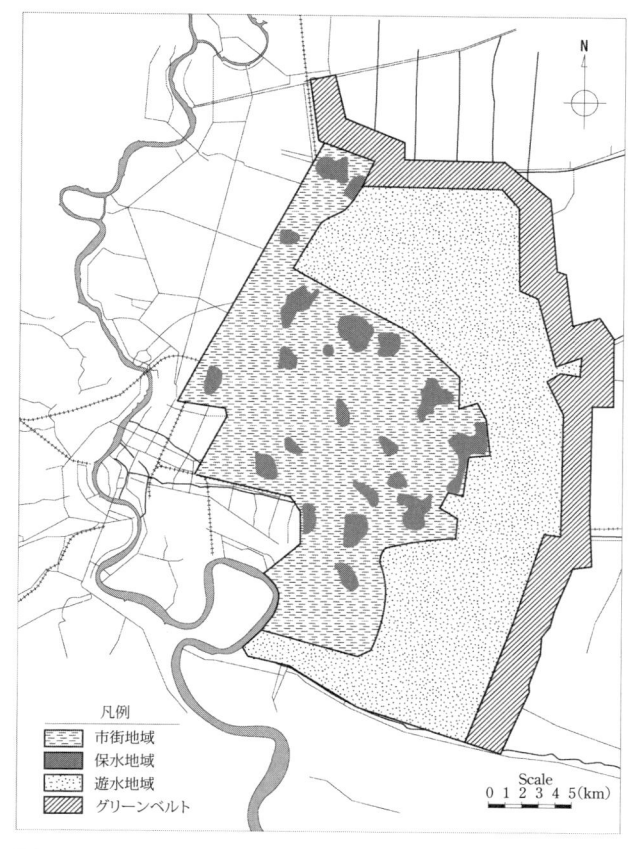

図-11.9 バンコク首都圏東効外流域の非構造物対策の概要
（グリーンベルト、遊水地域、保水地域の指定）

凡例
- 市街地域
- 保水地域
- 遊水地域
- グリーンベルト

の排水ポンプおよびそれにつながる水路の整備（構造物対策）
⑦ チャオプラヤ川からの氾濫を防ぐための堤防および水路への水門の設置（構造物対策）
⑧ そして、洪水への対応に関して、チャオプラヤ川や水路の水位や雨量などの情報の収集・提供システムが未整備であったことから、河川などの洪水情報システムの整備と洪水対応センターの設置（非構造物対策）

以上のような対策のうちの構造物対策については、1983年の洪水後、着実にその整備が進められた。非構造物対策については、グリーンベルトとその内側(③)の遊水地域に加えて、④の市街化を図る区域内の保水地が20か所登録され、政府の許可がないと開発できない地域とされている。そして、水位などの観測網の整備と洪水対応センターの整備が進められた。1983年の洪水後の緊急対策(外周堤防と水門の整備、チャオプラヤ川への排水ポンプと水門整備など)で、かつての3か月も続いた浸水は、その後の洪水では浸水しても数日のものとなり、対策の効果が顕著になった[12]。また、チャオプラヤ川流域に大きな被害をもたらした1995年の洪水において、チャオプラヤ川流域の中・下流域が広範囲に浸水したもののこのバンコク東郊外流域は浸水していないことからも、その対策の効果が確認された(**図-11.10**)。

以上のほか、グリーンベルトや外周堤防内の遊水地域での土地利用の規制に関しては、今も一定の効果を有しているが、必要な活動、建築物の建設が許可されるようになっている。そのような開発に対しては流出率を一定以下

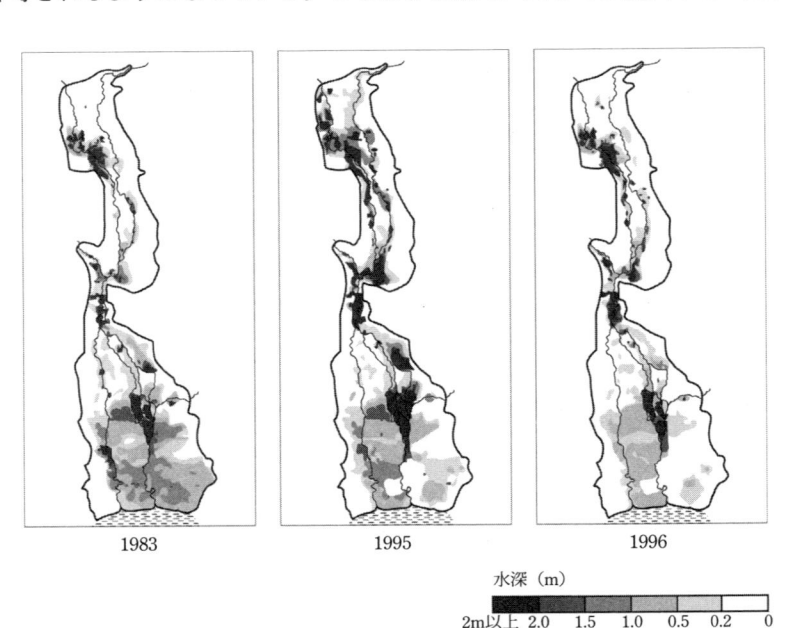

図-11.10 チャオプラヤ川流域の浸水

に抑える流出抑制対策の義務づけも行われている。また、水路や地下トンネル水路の整備とともに治水計画上に位置づけた保水地も2か所で建設されている[7]。

11.4.3 タイ国チャオプラヤ川流域の治水計画の提案

バンコク首都圏を含むチャオプラヤ川流域(流域面積約16万km^2)では、その氾濫原は洪水期には浸水し、中流域の遊水地帯では浮稲(フローティング・ライス)の栽培などもなされていた。その後、生産性が高い背の低い稲への転換や氾濫原の都市化の進展で洪水被害が深刻となってきた。特に、1995年の洪水では浸水被害の大きさがより顕著となり、その対策の必要性が広く認識されることとなった。

タイ国王立灌漑局は日本の技術協力により洪水災害の原因を調査し、治水対策を計画した。その調査では、上記の式(11.1)～(11.3)の考えに基づく分析が行われた。**図-11.11**に示すように、この流域の洪水被害額増加の程度とその原因などが分析的に示された[11],[12]。

チャオプラヤ川の中・下流域の洪水流下能力は**図-11.12**[11]、**図-11.13**[7]に示すとおりである。この川の流下能力を念頭に浸水および被害額増加の原因を整理すると以下のようである[11]。

① チャオプラヤ川の流下能力の不足(それより大きな洪水は氾濫する)
② もともと氾濫が生じる地域における浸水を許容しない生産性の高い稲への転換、および浸水を許容しない都市化などによる被害ポテンシャルの増大による被害額の増加
③ 洪水が氾濫し遊水していた地域で、背の低い稲を守るために行われる農地の洪水防御により遊水機能が失われ、その下流域などで水害の危険性が増大
④ 氾濫原内に連続して設置された道路などの盛り土による遊水機能の低下とそれによる局所的な水害の危険性の増大
⑤ バンコク市街地からの氾濫水のポンプ排水によるチャオプラヤ川の洪水水位の上昇による水害の危険性の増大

これらのことから、チャオプラヤ川の中・下流域の治水対策としては、そ

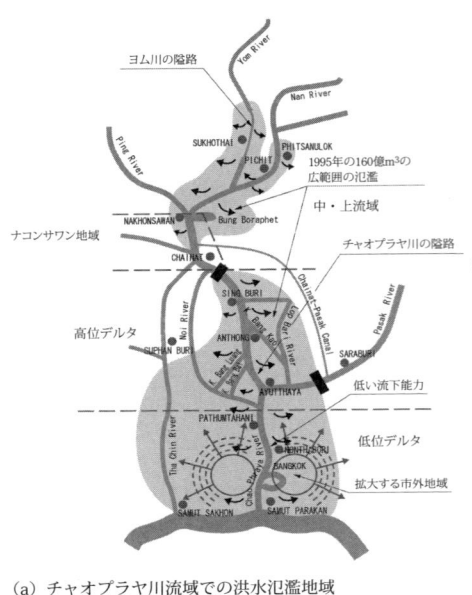

●第11章● 被害ポテンシャル、被害額2　総合的な治水の視点、利根川東京氾濫原

河川と洪水の条件				
地域名	河川名	範囲	流下能力 (m^3/s)	1995年の氾濫流量
中・上流域	ナーン	ピサヌロークからチャオプラヤ川まで	1 000～2 000	50億m^3
	ヨム	スコータイからナーン川まで	50～11 000	
ナコウサワン地域	チャオプラヤ	ナコウ サクンからチャイナットまで	2 500～4 500	10億m^3
高位デルタ	チャオプラヤ	チャイナットからアユタヤまで	4 200～1 300	70億m^3
低位デルタ	チャオプラヤ	アユタヤより下流	2 900～3 200	30億m^3
	チャオプラヤ	MBA洪水バリア*	3 600	

*：継続中のプロジェクト

(a) チャオプラヤ川流域での洪水氾濫地域

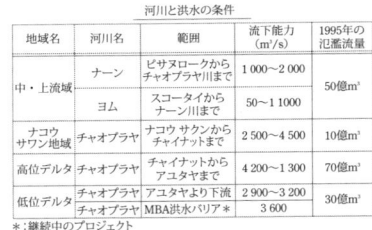

(b) 流域各地域の流下能力と1995年の氾濫流量

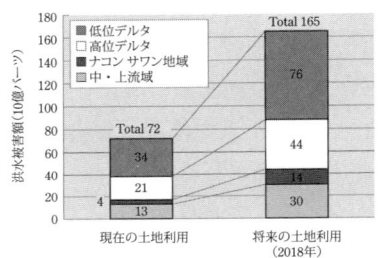

(c) 将来の被害予測（土地開発誘導・規制がない場合の将来に1995年と同規模の洪水が起きた場合）

図-11.11　チャオプラヤ川流域の洪水被害増加とその原因の分析

の原因に対応するとともに、ある地域の水害防御により下流域の水害を激化させないことを基本として、以下のような対策を計画した。

　非構造物対策としては、①被害ポテンシャルの増加を軽減するための土地利用の誘導・規制を行う氾濫原管理、そのための洪水危険度予測図の整備と公開（**図-11.14**）[11]、②治水面を考慮した既存ダムの運用規則の改善、③森林などの流域管理、④洪水対策に関わる組織の検討・関係機関の連携の強化、洪水の予報・警報である。

　また、構造物対策については、氾濫の原因に対応する次の3つの代替案を提示した。

① チャオプラヤ川中・下流の流下能力が不足する箇所の改修（流下能力が低い区間の河川改修、下流蛇行部のショートカット）に見合った範囲内での中流域での農地の治水対策の実施（中流域での農地防御と中・下流域での河川整備による流量バランスを取った整備）

② 中流域などの整備による下流の流量増加に対応するためのバンコク首

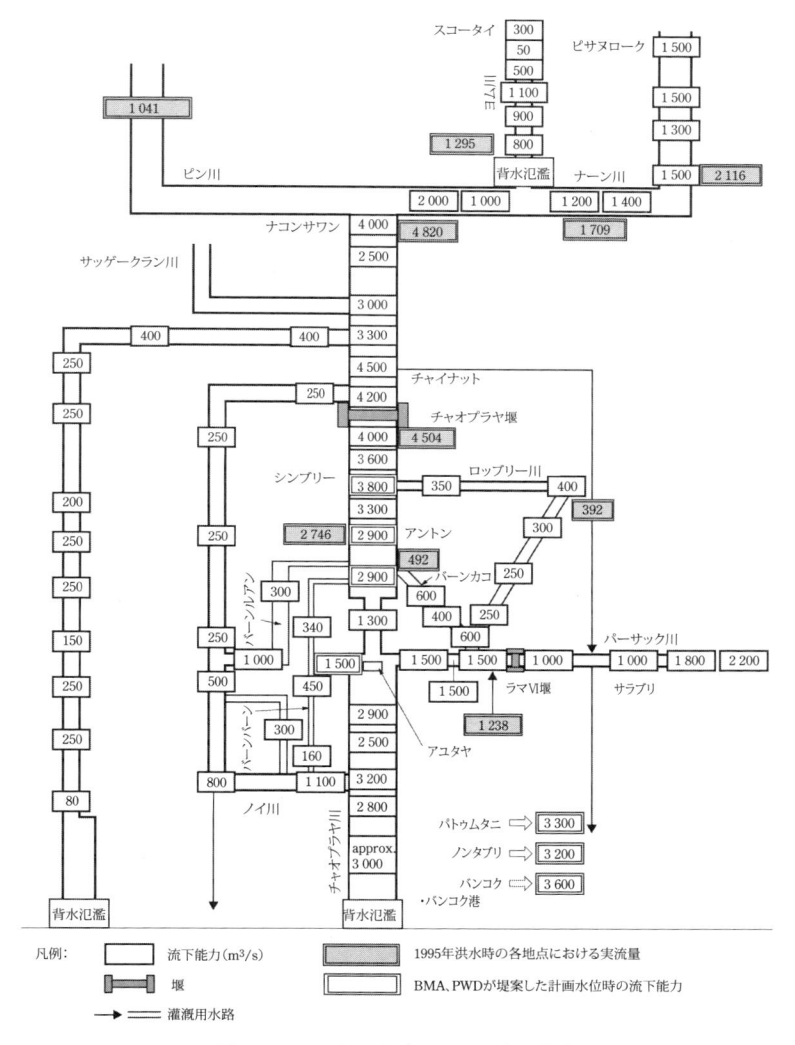

図-11.12 チャオプラヤ川の流下能力

都圏などでの堤防の嵩上げによる防御
③ 中流域の農地防御による下流での洪水流量の増加を減殺するため、下流部を迂回する放水路の整備（その規模は中流域の農地防御による流出増を相殺する程度で約200kmの延長。放水路の流下能力を大きくする

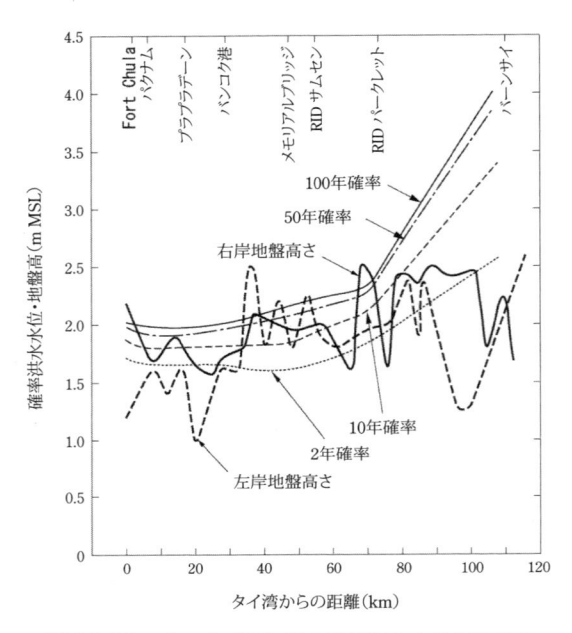

●第11章●被害ポテンシャル、被害額2　総合的な治水の視点、利根川東京氾濫原

図-11.13　チャオプラヤ川の確率洪水水位と地盤高

　と下流部の安全性を現在より高めることも可能。放水路の位置は上記のバンコク首都圏を守るために設置した外周堤防の外側のグリーンベルト内を想定）

　このような3つの代替案について、タイ国内でその実施について検討し、決定を行うこととなった。現時点では、①の対応についてはより高い治水安全度への整備が期待されていることから重視されず、③の対応についてはバンコク首都圏庁や王立灌漑局は期待しているが用地の補償が容易でなく、費用も高いこと、そしてその整備には長い年月がかかることがネックとなっている。外周堤防の外側下流部で新国際空港が進められ、道路の整備も想定されることから、それらと関連した複合事業化が模索されているが、決定には至っていない。また、中流域での治水上の遊水地の整備、遊水地域の保全、農地排水の改善による流出増の抑制についても検討課題となっている。

　このような状況下で、現実には、実際の洪水の危険性に備えるため、局所的な対応で確かな効果が期待できる②のチャオプラヤ川での堤防整備がバン

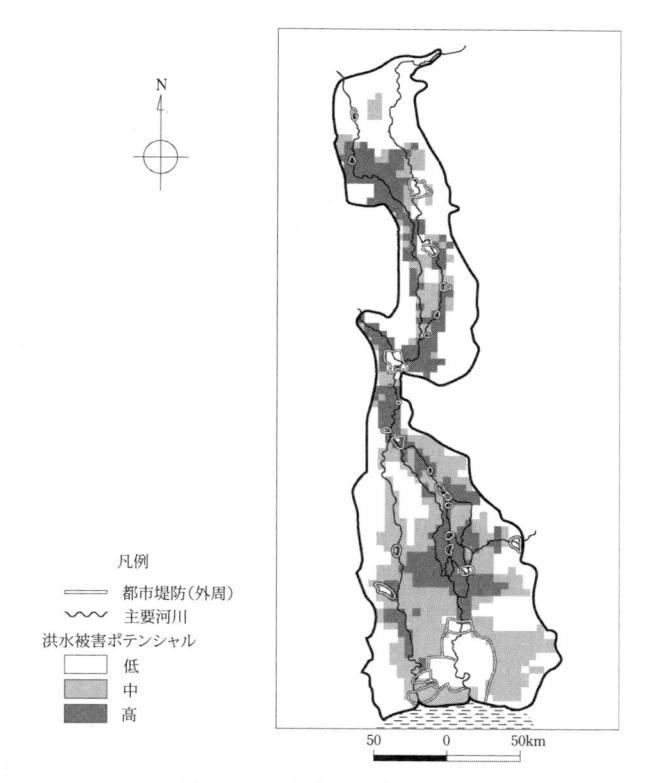

図-11.14　洪水危険度評価地図

コク首都圏庁により進められている(**写真-11.1**)。この堤防については、河畔の景観や川と都市との分断などの問題が指摘されている[7]。

③の放水路については、1983年の大洪水後にバンコク首都圏東郊外流域の治水対策が進展したように、再度チャオプラヤ川中・下流域が大洪水に見舞われ、国王を含む検討と意思決定が行われるまでは実現しない可能性が高い。なお、放水路の計画の下流部に相当する地区では、新国際空港の建設という事情の下で、その建設による周辺の洪水危険度の増加を防ぐため水路の流下能力の向上が図られている。

非構造物対策の実施については、流域内での治水対策を含む対策の実施に係る水管理組織・治水担当部局の設立などが議論されているものの、現在は

写真-11.1　バンコク首都圏でのチャオプラヤ川への堤防の設置

その推進組織がなく(王立灌漑局はその主体が農業灌漑であり、都市を含めた治水・水資源管理部局ではない)、再度チャオプラヤ川中・下流域が大洪水に見舞われるまでは実現しない可能性が高い。

11.5　実践からの評価と今後の展望

　本章では、提示した洪水被害増減に関わる基本的理論に基づいて、3つの低平地緩流河川流域を対象に計画を立案し、その後の実践という総合的、社会的な評価を踏まえつつ考察した。
　その結果は以下のように要約される。
① 構造物対策については、流域の水理・水文学的な特性を考慮して、氾濫の原因に対して的確な対策が計画されている。その対策は中川・綾瀬川流域、バンコク首都圏東郊外流域、そしてチャオプラヤ川中・下流域について示したようなものであるが、多くの場合その対策は時間をかけつつ着実に実施されてきている(チャオプラヤ川流域のものは検討中)。
② 非構造物対策の核心的な対応である被害ポテンシャルの増大の抑制(土

地利用の誘導・規制)は、中川・綾瀬川流域およびバンコク首都圏東郊外流域では組織的に実践されており、洪水への総合的な対策として機能してきたといえる。この対策は、それを実施する部局の存在や取り組みに大きく依存するが、両河川流域ではそれが実施された時代の制度・組織の下で最大限の取り組みがなされたといえる。バンコク首都圏庁では、この対策が提案されて以降に都市計画課が都市計画局に格上げされ、この対策の実施への取り組みがなされた。日本と比較すると対策の実施の程度は総体的には低いが、それは国情(法制度、行政組織、社会的背景など)の相違によるものであり、その下での対策の実践は評価されてよい。

③ 以上から、低平地緩流河川流域の治水対策として、構造物対策と被害ポテンシャルの増加を抑制するための土地利用の誘導規制を中心とする非構造物対策を複合的に講じる総合的な治水対策は有効であると評価されてよいであろう。そして、都市化が急激に進展するアジアの国々などの他流域への適用も同様に有効と考えられる。

④ チャオプラヤ川流域の中・下流域で提案した、洪水の原因に対して的確に対応するための治水対策については、対策の実施組織などの問題があり、今後の進展を見守る必要がある。この流域での対策は、その実施が比較的容易で、その効果も明確なチャオプラヤ川への堤防設置が先行している。代替案として提示した対策の実施は、より高い治水レベルへの対策の実施という局面を見通して、この流域が再度大洪水に見舞われた場合に取り組みがさらに進むことになると思われる。これは、水害への対応は平時にはほとんど進まず、大災害を経験した後に進められるという、日本も含めて世界で通常のことでもある。

11.6　おわりに

本章では、近年はほとんどアカデミズムの場に持ち出されることのなくなった総合的、実践的な治水対策について、その基本的理論を提示し、低平地緩流河川流域を対象として、ほぼ同時期に進められた日本とタイ国の総合

的な治水対策を中心に考察した。

　治水は都市化の進んだ社会を支えるうえでどの時代にも必要とされる基本的な要請である。そのため筆者は、実践された治水対策に関わる知見は、継続が容易でない行政のインハウス・エンジニアの経験にとどめず、アカデミズムの場でも考察・議論され、スパイラルアップ的に今後の治水計画に生かされることが望ましいと考える。そしてその成果は日本国内のみならず発展著しいアジアの国々などにも役立てられてよいと考える。その際には、実践を踏まえた理論をもった日本の研究者が行政の人々とともに貢献してよい。そのためには、実践を踏まえた治水計画の事後評価的な視点をもった研究・検討、さらには大学などでこの面での教育が重要であると考える。

　そのような観点から、本書が、実践を前提とした治水対策について、国際的な視点も含めた比較研究の一助となることを期待したい。

　なお、筆者は、実践された治水対策を、アカデミズムの場における考察・議論を通して行政の経験を工学的・社会科学的な理論へと発展させることが重要であるという立場から、構造物対策として治水の要となっている堤防について、河川堤防をある地点の断面として論じるのではなく、上下流の安全性のバランスなども考慮した、システムとしての堤防論を提唱している。

［追記］利根川堤防とその東京氾濫原との関係

　本章の治水対策では、中川・綾瀬川流域内に降った降雨による氾濫とそれへの対策について考察した。この流域は、利根川でみると、利根川上流右岸堤防と江戸川の右岸堤防によって囲まれた（堤防で守られた）流域である。そこは、利根川上流右岸の東京氾濫原と呼ばれ、最も人口・資産が集積した氾濫原である。第2章～第7章で述べた利根川上流右岸側の東京氾濫原が、丘陵地を除くと、ほぼこの中川・綾瀬川流域に対応している。なお、下流部は、荒川右岸堤防に囲まれた流域でもある。

　この利根川右岸の東京氾濫原では、ここでみたような急激な都市化の進展、人口・資産の増加により、被害ポテンシャルが急激に増加している。したがって、利根川上流東京氾濫原側で利根川の堤防が決壊すると、第5章、第6章で示したように、膨大な洪水被害が発生することとなっている。

この流域(中川・綾瀬川流域、利根川の東京氾濫原)では、被害ポテンシャルの増大により、堤防が決壊した場合の水害被害額が急激に増加している。この流域では、昭和22(1947)年に、カスリン台風の洪水で堤防決壊が生じ、その氾濫水は東京にまで及んだ。その当時の洪水被害は、①浸水面積約440km^2、②被害人口約60万人、③被害棟数約15万棟、④被害額約1千億円と推定されている[13]。その氾濫が平成4(1992)年に生じたとしたら、①浸水面積約555km^2、②被害人口約210万人、③被害棟数約66万棟、④被害額約15兆円と試算されている[13]。そして今日において同様の氾濫が生じたときの被害額を推定すると、被害額は約17兆円程度となると推定される(第6章参照。なお、東京氾濫原の想定浸水に対しては、被害額は約26兆円程度となる＜第5章参照＞)。

《参考文献》

1) 広長良一・八島　忠・坂野重信「低平地緩流河川の治水計画について」『土木学会論文集』No.20、1954、pp.1-40
2) 山口高志・吉川勝秀・角田　学「都市化流域における洪水災害の把握と治水対策に関する研究」『土木学会論文報告集』No.313、1981、pp.75-88
3) 国土交通省「流域と一体となった総合治水対策―都市型豪雨等への対応―」『平成15年度政策評価(プログラム評価)』2003
4) 山口高志・吉川勝秀・角田　学「治水計画の策定および評価に関する研究(1)」『土木研究所報告』No.156、1981、pp.57-111
5) Fumio Yoshino, Katsuhide Yoshikawa, Masafumi Yamamoto : A Study on Flood Risk Mapping, Journal of Research, Public Works Research Institute, Ministry of Construction (MOC), Vol.22, No.2, 1983, pp.27-44
6) 吉川勝秀「広域計画とローカル・インタレスト―都市化流域における治水計画に関する一考察―」『計画行政』No.15、1982、pp.99-109
7) 土木研究所『タイ国チャオプラヤ川および中国長江における流域水管理政策フォーラム・シンポジウム報告書』2005
8) 中川・綾瀬川流域総合治水対策協議会『中川・綾瀬川流域整備計画』2000
9) 中川・綾瀬川流域総合治水対策協議会『中川・綾瀬川流域整備計画、同実施要領』1983
10) JICA (Japan International Cooperation Agency) : Flood Protection Project in Eastern Suburban-Bangkok, 1984-1986
11) JICA : The Study on Integrated Plan for Flood Mitigation in Chao Praya River Basin (Final Report),1999

12) 吉川勝秀『人・川・大地と環境』技報堂出版、2004
13) 吉川勝秀『河川流域環境学』技報堂出版、2005
14) 吉野文雄・山本雅文・吉川勝秀「洪水危険度評価地図について」『第26回水理講演会論文集』1982、pp.355-360
15) 吉川勝秀・本永良樹「低平地緩流河川流域の治水に関する事後評価的考察」『水文・水資源学会誌(原著論文)』Vol.19、No.4、2006、pp.267-279

第12章
被害ポテンシャル、被害額3 被害ポテンシャルの誘導・規制に関する都市計画論的な視点

【本章の要点】
　本章では、洪水問題の本質である洪水被害ポテンシャルの増加を誘導・規制することについての実例を示す。被害ポテンシャルの増大は、基本的には流域の開発、都市化の進展によることが普通であり、それを誘導・規制するには、第11章で示したような市街化を誘導・規制するための都市計画的は対応（日本の場合は市街化調整区域の保持）が必要となる。
　本章では、日本での対応とともに、同様の検討と対応をほぼ日本と同時に行ったタイ・バンコク首都圏での対応を取り上げ、都市計画論的に考察したものを提示した。
　これまでの時代には、人口増加と都市化の進展に対するための土地利用の誘導・規制であったが、これからの人口が減少する時代においては、危険性の高い氾濫原からの撤退という、いわば都市計画でいう逆線引き（かつては都市化に伴って区域を拡大する線引きであったが、これからは区域を縮小する線引き）が検討されてよい。

12.1　はじめに

　流域の都市化が著しいアジアなどの河川流域で、洪水による被害額が増大しており、治水対策が求められている。
　水害は、洪水の氾濫によって人間社会が被害、不便を被ることによって発

生する。洪水の氾濫によっても被害、不便がなければ水害とはならない。したがって、水害を防ぐ治水の本質は、流域、特に川の氾濫によって形成され、もともと水害の危険性が高い氾濫原の土地利用にある。とりわけ、氾濫原で都市化が進行している日本を含むアジアなどの国々の流域では、このことが特に重要である。

この治水と土地利用の関係について検討した研究は極めて少ない。その理由は、日本や多くの国々では、ごく一部の例外を除き、治水は氾濫原での土地利用が任意に進むことを前提として（既に行われている土地利用を前提として、あるいはスプロール的な都市化の進展などを前提として）、あるいはそのように土地利用が進むことを可能とすることを目指して進められたことによると考えられる。

治水と土地利用の関係についての研究は数少ないが、その一つとして坂野らによる低平地緩流河川の氾濫原の治水計画がある[1]。この研究は、大阪の寝屋川の改修計画についてのものであり、河川整備をすることによる積極的な効果は土地利用の高度化であるとし、消極的な効果は水害被害額を軽減させることであるとしている。すなわち、河川整備により土地利用を高度化できるとし、治水と土地利用の関係を当時の状況下で考察したものであった。その後長い間、治水のある一部の事項についての水理学的・水文学的な詳細な研究や、各種の計画手法を治水問題に適用するとした方法論的な研究はあるものの、治水計画を全体的かつ実証的に取り扱い、土地利用を治水の本質として取り扱った研究は報告されていない。次に土地利用と治水の関係を検討した研究としては、吉川らによる研究[2),3)]がある。その研究では、都市化が急激に進む流域で洪水被害額が増大する原因を分析するとともに、それに対応するための流域内での対策も含めた総合的な治水対策について実証的に論じている。そして、最近では、吉川ら[4)]は低平地緩流河川流域での総合的な治水計画についての事後評価的な視点から考察し、その有効性を考察している。また、行政面での検討としては、国土交通省が総合治水対策を講じた特定河川流域を対象に行政評価（プログラム評価）を行ったものがあり[5)]、概ね10年に1回程度発生する洪水に対する当面の対策としての総合治水対策の有効性（治水投資を集中的に行うためのプログラムとしての有効性など）と

課題を示している。これらの研究などは、土地利用との係わりを含めた研究であるが、その中心は治水施設整備を中心とした考察が主であり、土地利用と治水との係わりに重点をおいたものではない。

そこで、本章では、治水の基礎理論を示し、治水の本質である土地利用と治水の係わりに焦点をあて、土地利用面での対策を含む総合的な治水対策が講じられた実際の流域での実践を踏まえた考察を行うこととする。実践事例としては、いずれも大河川の氾濫原にある流域であり、近年急激な都市化に見舞われ、かつ具体的に治水対策が講じられた日本の中川・綾瀬川流域とタイ国バンコク首都圏の東郊外流域での治水対策を取り上げ、計画の策定とその後の経過を事後評価的、実践的に考察し、評価を行う。

対象とした両河川流域はいずれも利根川・荒川およびチャオプラヤ川という大河川の氾濫原という低平地に位置し、もともと洪水氾濫が発生してきた河川勾配の緩い流域（大河川からみると支流域）である。稲作農耕から都市が発展したモンスーンアジアの多くの都市はこのような低平地緩流河川流域に位置している。これに対して、日本の多くの河川流域は、山岳地域を流域に多く含む急流河川、あるいは首都圏の鶴見川流域などの洪水の及ばない丘陵地を多く含む丘陵地河川の流域が多い。対象とした2つの流域は、アジアの都市などが位置する代表的な河川流域であるといえる。

12.2　流域治水の理論とその要点

12.2.1　流域治水の基礎的理論

吉川は治水の理論を概念的に示し、洪水被害額の増減に関して以下の式を導いている[2)～4)]。

$$D = D(F, F_0, S) \tag{12.1}$$

$$\overline{D} = \int_{F_0}^{\infty} P_r(F) \cdot D(F, F_0, S) dF \tag{12.2}$$

ここに、D：被害額、F：外力（降雨や流量、水位などで与えられる）、$P_r(F)$：Fの確率密度関数、F_0：治水施設の能力（無被害で対応できる治水の容量）、S：被害ポテンシャル（氾濫などの水害により被害を受ける対象物の

量)、$\overline{D}$：年平均(確率平均)想定被害額である。

式(12.1)から、被害額(年平均想定被害額)の増減に関して、式(12.3)が導かれる。

$$\varDelta \overline{D} = \frac{\partial \overline{D}}{\partial F_0} \cdot \varDelta F_0 + \frac{\partial \overline{D}}{\partial S} \varDelta S + \varepsilon (\varDelta F_0, \varDelta S) \qquad (12.3)$$

式(12.1)、(12.3)から、年平均想定被害額の増減は、①治水施設の対応能力を向上させることによる年平均想定被害額の軽減、②被害ポテンシャルの増減による年平均想定被害額の増減、③それらが複合した年平均想定被害額の増減より構成されることが知られる。

この基本式により、人口増加などによる洪水被害額の増加とその原因(要因)の分析ができる。すなわち、上式から、年平均想定被害額の増減は、①治水施設の対応能力を向上させることによる年平均想定被害額の軽減、②土地利用の誘導・規制による被害ポテンシャルの増減によって期待される年平均想定被害額の増減、③それらが複合した年平均想定被害額の増減より構成されることが知られる。

12.2.2　治水の基本的な対応策

式(12.1)より導かれるように、治水の基本的・本質的な対策は、①治水施設の対応能力の向上による被害額の減少(構造物対策による減少)、②被害ポテンシャルの減少あるいは増加を抑制することによる被害額の減少あるいは増加の抑制(非構造物対策による減少あるいは増加の抑制)、③①と②を複合させた被害額の軽減・抑制対策である。

この要点を整理すると以下のようである[4),6)]。

(1) 治水施設の対応能力の向上による被害額の軽減(F_0を向上させる対策)

この対策は、主流的でほぼ唯一の対策となっている(一部の都市化の急激な河川流域で行われた緊急・暫定的な総合治水対策特定河川を除く)。これはいわゆる構造物対策であり、世界の治水対策をみても主流の対策である。

(2) 土地利用の誘導・規制によって被害ポテンシャルを減少あるいは増加

を抑制することでの被害額の減少あるいは増加の抑制（Sを減少させる、あるいはその増加を抑制することによる対策）

　これは非構造物対策あるいは流域対策のうちの氾濫原対策（土地利用の誘導・規制）であり、特に低平地緩流河川流域のみならず氾濫原の治水の最も本質的な対策となる。その実施は一般的には容易でない。すなわち、日本では、総合治水対策特定河川という例外的な事例を除くと、これまでも、そして現在でも氾濫原での都市化などによる被害ポテンシャルの増加には一切手を加えず、むしろその増加を前提として構造物による治水が行われてきた。世界的にも、この被害ポテンシャルの減少あるいは増加の抑制は、ごく限られた一部の河川で行われているにすぎない。

　なお、ごく一部の例外的なものとしては、日本においては土地化が急激に進行した流域を対象に1980年代中ごろから行われた総合治水対策特定河川流域での取り組み、アメリカでの連邦洪水保険に加入する条件としての洪水氾濫原（100年に1回程度洪水氾濫の可能性のある地域内）での新たな開発の規制・誘導、1993年の大洪水後に氾濫原からの一部撤退を行ったアメリカ・ミシシッピ川での取り組み、1996年の大洪水後、治水施設である川の中や遊水地内からの撤退を進めている中国・長江などでの取り組み、ライン川での既に行われた川の直線化などにより失われた洪水調節機能の復元や氾濫原の新たな開発の誘導・規制への取り組みなどがある[6],[7]。しかし、多くの場合、このような土地利用面での対応を組み込んだ治水対策は、日本でも、そして世界的にみても特筆はされても、一般的な対策とはなっておらず、部分的あるいは例外的なものである。とりわけ、洪水の氾濫原に人口の約1/2、資産の約3/4が治水の潜在的な危険性のある氾濫原に存している日本やアジア・モンスーン地域の中国やタイなどの国々では、この面での対策は一般的な対策とはなっていない。

（3）（1）と（2）を複合させた被害額の軽減・抑制

　これは、（1）と（2）を複合させた被害額の増減対策である。すなわち、構造物対策としてのF_0の向上と、非構造物対策としての被害ポテンシャルSの増加の抑制・軽減とを組み合わせるものである。

総合的な治水対策の施策は**表-12.1**に示すようなものがある[2)〜4),6)]。日本の総合治水対策が実施された17の特定河川流域では、流域内での対策としては、丘陵地などの森林や氾濫原の水田を可能な限り市街化調整区域に指定して雨水の貯留や地下浸透機能を保全し、また、雨水の貯留施設や浸透施設を設置することで都市化による洪水流出量の増加を抑制する取り組みがなされた。17河川のうち、1979年から1982年にかけて総合治水対策特定河川に採択された中川・綾瀬川流域や鶴見川流域などの14河川では、1980年代前半にその計画が策定された（中川・綾瀬川流域では1983年に計画策定）。1988年に採択された神田川など3河川流域では、1990年前後に計画が策定された。これらの対策は、行政によるものは恒久的なものであったが、開発に対して開発指導要綱に基づいて義務づけられたものは治水対策が進むまでの暫定的なものとされた場合が多かった。その後、2000年になってこの流域内での対策の恒久化などを意図した法律が制定されている。以下では、さらに実践的な視点から上記の基本的理論の下で実施された具体的な事例の効果について考察を進める。

表-12.1 総合的な治水対策の施策[2)〜4),6)]

洪水の変形	災害に対する脆弱性の修正	被害の調整	無対応
洪水防御	土地利用規制	災害救済	被害甘受
堤防	条例	洪水保険	
高潮堤	土地利用規制条例	慈善団体	
河川改修	建築基準	私的援助	
貯水池	都市再開発	公共援助	
放水路	土地細分化規則	税金の免除	
流域処理	官公庁による土地資産の買収	緊急対策	
農法の修正	補助による再配置	退避	
浸食対策	大規模宅地開発に伴う洪水調整池	水防活動	
河岸補強	建造物の耐水化	復旧計画	
森林火災防御	建造物の低位開口部の閉塞		
再植林	耐水外装および家具		
透水性舗装	下水の逆流防止弁		
各戸貯留槽	漏水防止		
気象修正	土地の嵩上げ		
	越水堤防		

12.3 実践事例における治水計画とその後

12.3.1 中川・綾瀬川流域での計画と実践

東京首都圏の北東部に位置する中川・綾瀬川流域(流域面積987km^2。東京都・埼玉県)の総合治水対策(概ね10年に1回程度発生する洪水を対象とした当面の治水対策)の特徴の大きな点は、低平地緩流河川流域(その多くが利根川、荒川、渡良瀬川の氾濫平野)の都市化(図-12.1)であり、もともと洪水の危険がある地域での被害ポテンシャルの増大が、洪水被害を増大させてきたことである[7]〜[9]。したがって、洪水の危険性がある地域での被害ポテンシャルの抑制が基本的な流域対策である。それに、流域の都市化の進展により、洪水流出量が増加すること、および水田などとして有していた洪水の遊水機能が水田への残土処分による盛り土で減少することを抑制することが対策として付加されたものである。このため、この流域では、氾濫原での被害ポテンシャルの増加の抑制と遊水機能の保全が中心的なテーマとなった。すなわち、土地利用を誘導・規制するための地域区分(保水地域、遊水地域、市街化を想定する低地地域への3地域区分。保水地域と遊水地域では市街化調整区域として保持することにより、市街化を規制)が、直接的に被害額の増加を抑制するための重要なポイントとなった。その3地域区分を示すと、図-12.2のようである。この地域区分は、地形・地質の特徴(治水地形分類

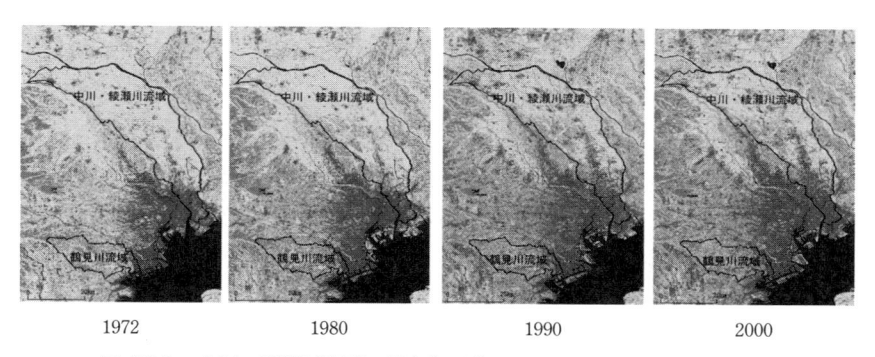

| 1972 | 1980 | 1990 | 2000 |

図-12.1 中川・綾瀬川流域の都市化の進展
　　　　色の濃い部分が市街地であり、首都圏の市街地の拡大を示す。

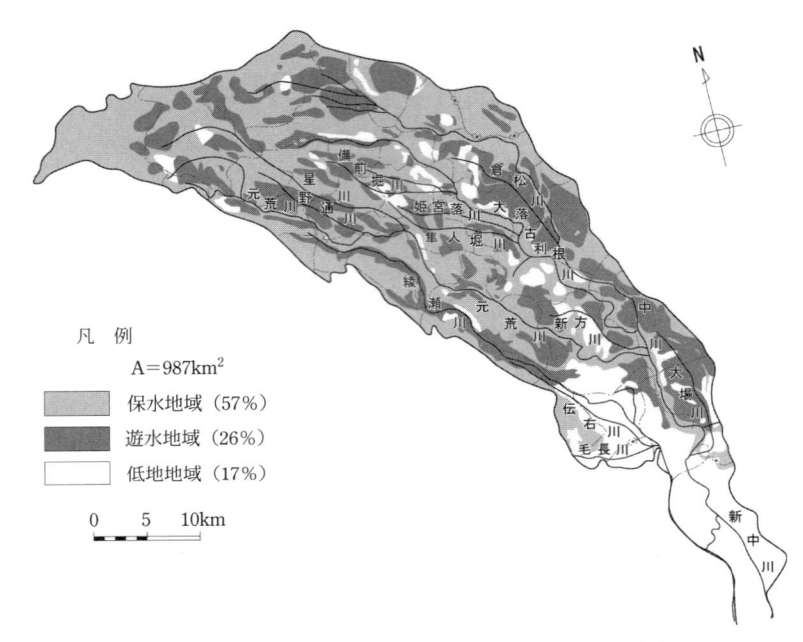

● 第 12 章 ● 被害ポテンシャル、被害額 3　被害ポテンシャルの誘導・規制に関する都市計画論的な視点

図-12.2　中川・綾瀬川流域の 3 地域区分（1983 年）[4),7)]

図＜第 11 章 **図-11.1** 参照＞などによる）、過去の浸水実績、そして市街化の状況を考慮して、協議会を構成する市区町村、東京・埼玉・茨城の都県、建設省（現・国土交通省）で協議して定めたものである．

　中川・綾瀬川流域の総合治水対策における構造物対策は、流域の大部分が低平地であるという地形の特性から、浸水を軽減するために下流の市街地を流れる緩勾配の河川の流下能力を向上させることには限界があり、河川の改修に加えて流域内の各所に遊水地を設けて洪水を貯留・調整すること、同様に流域内から江戸川や荒川に、さらには綾瀬川から中川を経て江戸川に放水路を設けて排水すること、低平地や放水路の末端では排水ポンプと水門を設けて流域外へ排水する対策を加えることが必要とされた。非構造物対策としては、前述のようにもともと浸水する水田地域の市街化を抑制すること（市街化調整区域の保持。洪水の遊水機能を保全する対策）で流域のもつ洪水を軽減する能力を保持するとともに、さらに本質的な対策として、浸水の危険

性がある地域の都市化による被害ポテンシャルの増大を抑制することを流域対策の中心的なテーマとした[7]〜[9]（筆者は建設省江戸川工事事務所および同関東地方建設局の担当者として、計画策定を直接的、主体的に進めた）。

すなわち、中川・綾瀬川流域では、治水面から市街化を積極的に進める区域として、都市計画法に基づく市街化区域（既に市街地を形成している区域および概ね10年以内に優先的かつ計画的に市街化を図るべき区域。都市計画法第7条）に図-12.2に示した3地域区分の低地地域を指定した。この市街化区域に対しては、水害を防ぐために治水対策を実施して防御するとともに、市街化をこの区域内に誘導して積極的に進めることを計画した。3地域区分のうちの保水地域と遊水地域は、市街化を規制・誘導する地域として市街化調整区域（市街化を抑制すべき区域。都市計画法第7条）に指定し、流域のもつ雨水を貯留または地下に浸透させる保水機能、あるいは遊水させて下流の氾濫を軽減する遊水機能を保全するとともに、より本質的な対策として、洪水氾濫の危険性のある地域での被害ポテンシャルの増大を抑制することを計画した。

この中川・綾瀬川流域の総合治水対策の効果などは、流域対策としての被害ポテンシャル増大の抑制と遊水機能の保全に関わる部分を除くと、国土交通省[5]の政策評価におけるプログラム評価で共通的に示されたことと概ね同様である。すなわち、低平地緩流河川であるこの流域の特徴に対応した対策として、流域のもつ遊水機能の保全（流域対策）により分担される対策量が河川対策量に比較して相対的に大きいこと[4]を除くと、①河川対策の進捗率に対して流域対策（流出抑制対策）の進捗率は少し下回っていること、②流域対策の進捗状況は当初予定より少し遅れているが、河川対策・流域対策を総合的にみた場合の効果は明確に発揮されていること、③流域の各行政機関との協議会の活動は計画段階に比べると低調となっていること、④急激な都市化の時代が終焉し、対策の効果も発揮されてきたことから治水に対する認識が低下しており、今後は治水のみならず環境や都市再生などの視点も含めた取り組みが期待されることであり、上記プログラム評価[5]に示されていることとほぼ同様である。

流域内でもともと浸水の危険がある地区で市街化が進むと被害ポテンシャ

ル S が増大し、結果として洪水被害が増加する(山口・吉川ら)[2),3)]。それに対して市街化の誘導・規制により被害ポテンシャル S の増大を抑制すると、被害の増大が抑制される。この対策は、以下に述べるように、中川・綾瀬川流域では都市計画法の地区指定とその運用で比較的よく実施されたといえる。

中川・綾瀬川流域の市街化区域の変化について、総合治水計画策定時点(1983年)の市街化区域(1978年に指定)と約20年後の1999年の市街化区域を図-12.3に示した。図より、市街化区域は若干の区域の追加指定があったものの、ほぼ計画策定時と同様であり、治水面からの土地利用の誘導・規制が現在まで引き継がれているとみることができよう。

一方、市街化した区域の変遷についてみたものが、図-12.4(1985年)と図-12.5(2000年)である。両図には市街化区域の範囲も示しているが、流域の開発(市街地)は市街化区域内を越えて、市街化調整区域内でも進んだことがわかる。

中川・綾瀬川流域での治水面からの市街化の誘導・規制の構想とその結果について、量的(面積的)にみると以下のようであった。総合治水対策の計画を策定した時点(1983年)で、概ね10年後(1990年)の市街化率(流域面積に

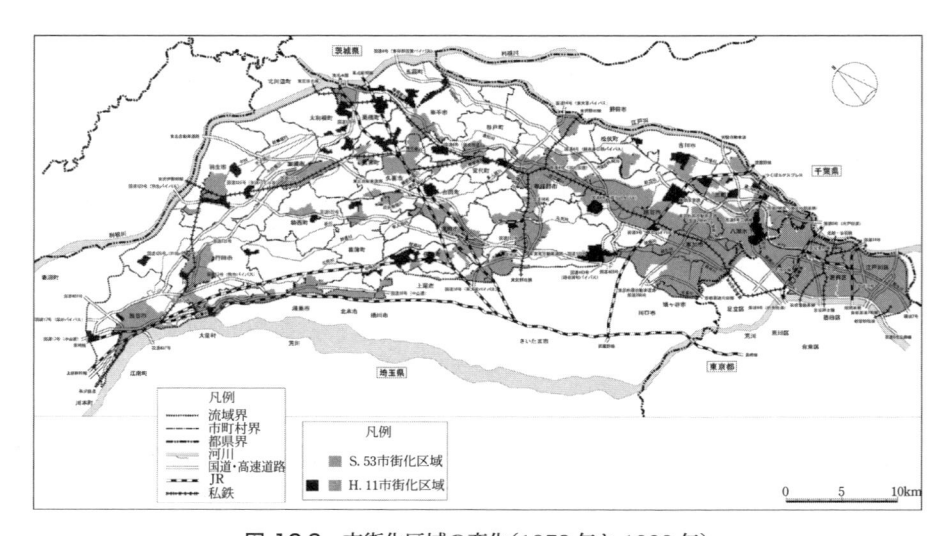

図-12.3 市街化区域の変化(1978年と1999年)

12.3 実践事例における治水計画とその後

対する市街地面積の比率)を 38% と想定していたが、実際には 39% であった。その市街化した地域についてさらに詳しくみると、市街化すると予想してい

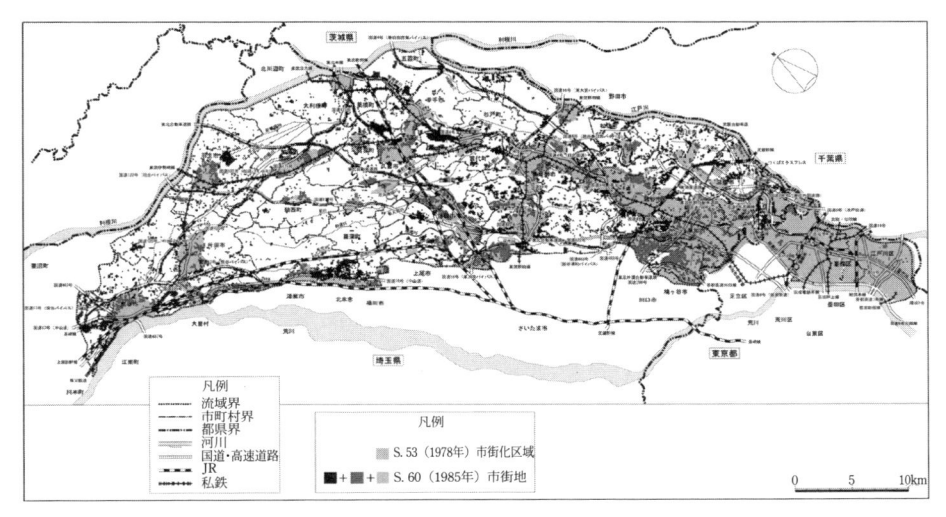

図-12.4 1985 年の市街地(市街化区域外でも一部市街化している)

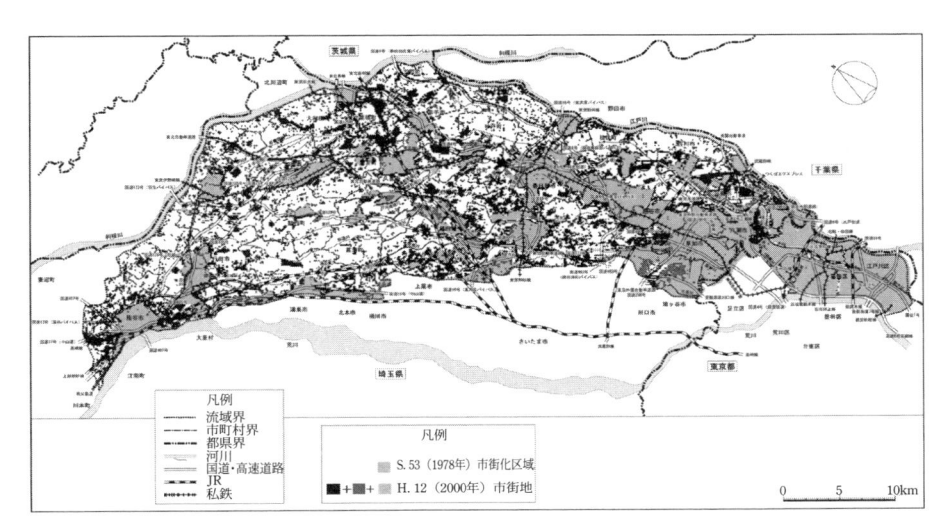

図-12.5 2000 年の市街地(市街化区域以外でも市街化が進んでいる)

た面積全体では、ほぼ想定に近かったが、市街化区域内での市街化は想定を下回り、市街化調整区域内では想定を上回った。市街化調整区域内での開発についてみると、計画策定時点以降、市街化を抑制するとされている市街化調整区域内でも整備が可能とされてきた公的主体による学校、福祉施設などの公的な整備・開発が行われたことや、市街化調整区域での民間による開発の規制が緩和（地権者の親族による開発が緩和・許可など）されたことなどによっていると推察される。さらにその10年後の2000年の状況をみると、市街化率は47％であり、**図-12.5**にみるように市街化調整区域内での開発がさらに相当程度進んだことがわかる。

　これらのことから、総合治水策定時点で計画した治水面からの土地利用の誘導・規制の計画は、その後の情勢の変化により市街化調整区域内での開発についての規制の緩和などが行われ、市街化区域内での市街化が進んだが、**図-12.3**に示すように市街化区域はあまり変化せずに現在にまで引き継がれていることを考慮すると、全体的にみれば一定の効果を発揮してきたとみることができよう。

　この流域での流域対策としての土地利用の誘導・規制による被害ポテンシャル増大の抑制に関しては、社会科学的（法的）側面として、以下のことを指摘しておきたい。この非構造物対策としての流域対策は、都市計画法の下では、計画的な市街化区域の設定と市街化調整区域の保持ということを主眼として実行された。そして、その都市計画法の運用において、この流域では水田の多くが都市計画法とほぼ同時期に制定された「農業振興地域の整備に関する法律」（「農振法」）[10]に指定されていたことから、その農地は容易には市街地への転用が許可されず、農振法がこの市街化の抑制に大きく貢献した面が強いということである。鶴見川流域と中川・綾瀬川流域は東京都心からほぼ同様の距離にあり、市街化の圧力はほぼ同様であったと考えられるが、水田が少なく流域の多くの部分が畑地・森林であった鶴見川流域では、中川・綾瀬川流域の水田地域のようには都市化の圧力に抗して流域のもつ保水機能、遊水機能を保全しえなかったことである（**図-12.1**参照）。第11章**図-11.1**に示したように中川・綾瀬川流域は利根川・荒川・渡瀬川の氾濫平野であり水田地帯であったが、鶴見川流域は丘陵地で水田は川沿いのごく一部の地域

に限られ、その多くの場所が丘陵地であった。その結果、**図-12.1** に示したように都心からの距離は中川・綾瀬川流域とあまり違わないが、鶴見川流域では丘陵地で都市化が進み、1955年の中川・綾瀬川流域の市街化率は5％、1958年の鶴見川流域は10％であったが、2000年にはそれぞれ47％、85％となり、鶴見川流域の都市化が大きく進展した。

中川・綾瀬川流域では、以上のような非構造物対策も含めた総合的対策の実施後、同規模の降雨・洪水に対して浸水面積と浸水被害家屋数は大幅に減少した[4]。その効果は主として構造物対策の効果によるものではあるが、総合的な治水対策は有効な対策であることが実証されたといえよう。すなわち、この流域に実際に降った流域平均雨量200mm／hr程度の比較的大きな規模の洪水時に発生した浸水戸数および浸水面積は激減したことから、その効果が明らかとなった[4]。

中川・綾瀬川流域の総合治水対策の考察としては、次の点も強調されてよい。すなわち、総合治水対策が講じられた多くの急流河川流域（日本のほとんどの河川がこの範疇に入る）や丘陵地河川といえる鶴見川流域では、流域開発に伴う流出量の増大による問題が顕著で、それへの対策が流域対策の主要な点とされてきたが、氾濫原での被害ポテンシャルの管理が治水の基本という面で、後述のタイ国での実践からも知られるように、世界的にみると中川・綾瀬川流域のような低平地緩流河川流域での被害ポテンシャルの抑制や遊水機能の保全対策がより普遍的といえる。

12.3.2　タイ国バンコク首都圏での計画と実践

タイ国のバンコク首都圏では、激しい人口の増加と都市化の進展に伴い、治水の問題が顕在化した。流域の農業用水路（クロン）の整備（この整備により北東部からバンコクの中心地に洪水流量が大量かつ継続的に流入するようになった）、都市用水などとしての地下水のくみ上げによる急激な地盤沈下の進行、そしてもともと浸水の危険性の高い地域での都市化、スラム化による被害ポテンシャルの増大により、洪水問題が深刻となった。特に、1983年の洪水では、これらの原因により東郊外流域の下流域は約3か月間にわたって浸水し、甚大な被害が生じた。

表-12.2　バンコク首都圏域の対策メニュー

構造物対策	非構造物対策
・北東部からの洪水流入を防ぐための外周堤防(キングス・ダイク)および水路への水門の設置 ・外周堤防と市街地との間は遊水地域として保全 ・雨水をチャオプラヤ川に排水するための排水ポンプおよびそれにつながる水路の整備 ・チャオプラヤ川からの氾濫を防ぐための堤防および水路への水門の設置	・外周堤防外側の水田地帯をグリーンベルト地帯として保全，遊水機能の確保 ・都市化地域の中にも相対的に低い場所を保水地域に指定(政府の許可がないと開発できない地域に登録) ・市街化を誘導・規制 ・河川などの洪水情報システムの整備と洪水対応センターの設置

1983年の洪水の前年から、日本の技術協力を受けてバンコク首都圏庁(BMA)は東郊外部流域(流域面積約500km^2)の治水計画の策定に着手し、洪水直後に計画を策定して実施に移した(第11章図-11.7参照)。この治水計画の骨子は、構造物対策としては、この流域の地形などの特性に配慮したものである[7),11)]。すなわち、チャオプラヤ川下流東部のバンコク首都圏東郊外流域の長期間にわたる浸水の原因と被害額の増加の原因を調査すると、①上流北東部から流入する水量が浸水の大きな原因となっていたこと、②下流部では急激な地盤沈下もありチャオプラヤ川への排水が困難となっていたこと、そして③洪水の危険性が高い地域での浸水を考慮しない都市化の進展により被害ポテンシャルが増加したことが明らかとなった。したがって、このような洪水被害額増加の原因に的確に対応するため、**表-12.2**に示すような総合的な対策を計画した[11),13)]。

この計画での流域対策(非構造物対策としの土地利用の誘導・規制の対策)としては、第11章図-11.9に示したように、洪水危険地域での都市化による被害ポテンシャルの増加の誘導・規制、構造物対策と連動した洪水の遊水機能の保全(外周堤防(キングス・ダイク)の外側の水田地域をグリーンベルト地域として保全・活用、外周堤防の内側にさらに第二の堤防(インナー・ダイク)を設け、その間での遊水機能の保全)を計画した。

これらの構造物対策と非構造物対策を含めた全体の基本理念と方針は、同じ時期に計画を策定していた中川・綾瀬川流域での総合治水対策とほぼ同様のものである(筆者はこの計画の策定に、日本の技術協力として参画し支援

した)。

　このような治水対策の効果は、主として構造物対策によるものではあるが、総合的な治水対策が有効であることが実証しているといえよう。すなわち、この地域は対策前には浸水は広い範囲で生じ、1983年洪水時には深刻な地域では約3～4か月間も継続して浸水していたものが、対策実施後には浸水期間は1～2日程度になり、浸水する区域も激減した[7]。

　その後の状況として、グリーンベルトや外周堤防内の遊水地域での土地利用の規制に関しては、後述のように都市計画上の位置づけは全体としては大きな変化はなく、今も一定の効果を有しているが、必要な建築物の建設は許可されるようになっている。また、構造物対策に関しても、前述のように対策の実施により洪水による浸水は激減したが、その後の2002年洪水などでは最も地盤沈下が進行した地域では狭い区域ではあるが依然として浸水する区域があり、また都市化も進展してきたことから、より的確に状況の変化に対応するための修正検討の下で、水路の改修や地下トンネル水路の整備などとともに、治水施設としての洪水調節地の整備も進められてきている。

12.4　都市計画論的な考察

　治水計画の本質の一つである被害ポテンシャルの増加(あるいは軽減)と直接的に係わる都市計画の面からは、以下のように考察される。

　日本では、都市の計画的な発展・誘導に関して、首都圏においては、帝都復興計画、東京緑地計画、防空計画、戦災復興計画、そして、第一次首都圏整備計画にまで引き継がれたグリーンベルト構想・計画があった[6],[12]。第一次首都圏整備計画では、グリーンベルトが計画として位置づけられたが、土地所有者の反対と政治的な対応、そしてより本質的には、約350万人程度と想定した首都圏の人口はそれをはるかに上回り、人口の増加と都市化の圧力により、その計画は実現しなかった。そして、そのグリーンベルト計画が消失する段階で、都市計画法による市街化区域と市街化調整区域の法制化があり、それら二つの区域の線引きにより土地利用が誘導・規制できることとなった。また、ほぼ時を同じくして農業振興に関する法律(農振法)が制定さ

れ、中川・綾瀬川流域で述べたように、日本における総合治水対策を実質的な面で支援する結果となった[10]。

　経済の高度成長と都市化が急激に進んだ1970年代になって、深刻な都市水害が問題となり、河川改修を中心とした構造物による治水対策には限界が生じ、流域の都市化・土地利用を誘導・規制することを含めた総合治水対策が、国、都道府県、市区町村の行政の協議により実施されることとなった（その協議の事務局は、国あるいは都道府県の河川部局が務めた）。この段階で、都市計画法に基づいて、流域の土地利用の線引き（市街化区域と市街化調整区域の区分）による土地利用の誘導・規制が行われた。すなわち、都市計画法を運用し、市街化調整区域に指定して流域のもつ保水機能（雨水の貯留、浸透機能）の保全、遊水機能（洪水時に水田や湿地で洪水が滞留し、洪水流出量を軽減する機能）の保全と浸水危険区域での都市化（浸水を許容し得ない都市的な土地利用）を誘導・規制することが行われた。日本では、この段階で将来の都市化の進展を見込んだ線引きが行われたことから、その後、ほぼこの当時の計画を踏襲した土地利用の誘導・規制が継続して行われ、上述のように中川・綾瀬川流域を含めた総合治水対策が実施された特定河川流域で一定の効果を発揮してきたといえる。

　なお、中川・綾瀬川流域でみるように、市街化区域外での市街化が進展している（**図-12.4**、**12.5**参照）が、これは市街化調整区域内での開発の進行を示しており、都市計画法の制度としての市街化区域、市街化調整区域の設定とその運用の限界を示しているとみることもできる。この制度が制定されて約40年が経過しているが、ここに示した実例からみられる計画（いわゆる線引きによる都市化の誘導・規制の計画）と実態とのかい離も考慮して、この制度の運用の変更に加えて、制度そのものの評価と見直しも検討されてよいと考えられる。

　タイのバンコク首都圏東郊外流域の総合的な治水計画における土地利用の誘導・規制の構想・計画については、治水部局、都市計画部局の努力の下で、以下のような経過をたどり、現在に至っている。

　第11章**図-11.9**に示した治水面からの土地利用の誘導・規制の構想・計画は、現在はバンコク首都圏庁の総合的な都市計画図（**図-12.6**、1999年制

12.4 都市計画論的な考察

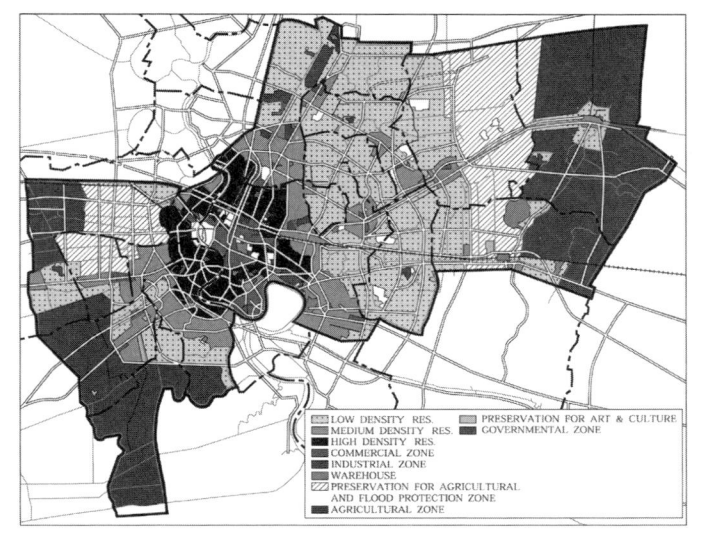

図-12.6 バンコク首都圏庁の総合的な都市計画（土地利用の規制）[13]

定）に示される位置づけとなっている。すなわち、外周堤防の外側のグリーンベルト地帯は、当初の構想・計画どおり土地利用が基本的に規制され、農業用地として維持されてきている。外周堤防の内側に計画された遊水地域と保水地域に関しては、利用度の低い都市域として土地利用の位置づけがなされている。

1984年の治水計画の策定から現在に至るまでの間に、都市計画の面では以下のような経過があった。1984年当時は、バンコクの都市計画は国の機関である内務省都市・地域計画局が所管しており、バンコク首都圏庁を含む地域の土地利用についての検討は行われていたが、計画策定までには至っていなかった。バンコク首都圏庁区域を含む総合的な都市計画は、内務省都市・地域計画局により1992年に策定された。その後、地方分権化の進展で都市計画はバンコク首都圏庁が行うこととなった。そしてその担当部局は、当時のバンコク首都圏庁の都市計画課から都市計画局へと組織的な昇格が図られ、その体制で1992年のバンコク首都圏庁区域の都市計画が見直され、一部修正を行って国の承認の下に1999年に第2期の計画（現在の計画）が策

定された。そして、地区の容積率の変更などを含めた修正について、内閣の承認も得られ、近く第3期の計画が策定される見通しとなっている(2006年3月現在)。

　このような都市計画の推移の下で、1984年の治水計画で構想・計画された外周堤防の外側のグリーンベルト地帯は、基本的に水田としての土地利用に制限され、現在でも計画策定時の土地利用の規制がほぼそのまま現在も継続している。なお、この地域でも、外周堤防(キングス・ダイク)道路の周辺で、道路に隣接した地域の一部で地盤を盛り土により嵩上げして住宅開発などが行われており、土地利用規制の緩和への要請が強く、それへの対応も検討されている。

　外周堤防内の遊水地域、保水地域の保全については、以下の理由によりそのままでは実現していないが、その計画で構想したことは、一定の範囲内で現在に引き継がれているとみることができよう。前述のように、外周堤防と第二堤防の間の遊水地域は都市的な利用についての低密度の利用地域として設定されている。これは、水田としての土地利用の継続を意図した遊水地域は、その後の都市化の急激な進展により、現在では外周堤防の内側では水田としての土地利用はほぼ消失し、都市化の圧倒的な圧力という面から見ても水田として保全し、遊水地域として保持することは、現実的でなくなったことが大きな理由である。また、治水面からの土地利用の誘導・規制の働きかけは行われたものの、土地利用の規制を意図した線引きと地区の指定には土地所有者の抵抗があり、政治的な面からみてこの規制はバンコク首都圏では困難であったことも挙げられる。これらのこともあり、現在の総合的な都市計画では、これらの地域は、利用密度の低地域として位置づけられている。また、第二堤防の内側での保水地域の指定に関しては、この地域も都市的な利用についての低密度の利用地域として位置づけられるとともに、その地域内で約20か所を保水・遊水地区として指定して土地利用を規制し、また、構造物対策としての計画的な保水機能の確保(遊水地の整備)も数か所で行われている。

　これらのことから、治水面からの土地利用の誘導・規制の構想は、圧倒的な都市化の圧力や政治的な判断などの下での変更とともに適応が行われたも

のの、基本的な思想は一定の範囲内で現在に引き継がれてきたとみなすことができよう。

このようなバンコク首都圏における事情と経過は、前述の日本の首都圏におけるグリーンベルト構想・計画の実現が、首都圏の都市化の圧倒的な圧力と土地所有者の反対を受けた政治的な対応により実現しえなかったこととある面では類似している。

12.5　実践からの評価と今後の展望

本章では、提示した洪水被害増減に関わる基本的理論に基づいて、2つの低平地緩流河川流域を対象に計画を立案し、その後の実践という総合的、社会的な評価を踏まえつつ考察した。その結果は、都市計画的な側面から以下のように要約される。

① 本章で述べた総合的な治水対策は、都市化が急激に進む低平地緩流河川流域の治水対策（概ね10年に1回程度の発生頻度の洪水対策）として、治水の本質である土地利用の誘導・規制という非構造物対策も含めて、有効であることが事後評価的に実証された。

② 非構造物対策の核心的な対応であり、かつ治水の本質的な対応策である被害ポテンシャルの増大の抑制（土地利用の誘導・規制）は、中川・綾瀬川流域およびバンコク首都圏東郊外流域では組織的に実践されており、洪水への総合的な対策の一環として実施され、現在も一定の範囲内で機能しているといえる。この対策は、それを実施する部局の存在や取り組みに大きく依存するが、両河川流域ではそれが実施された時代の制度・組織の下で最大限の取り組みがなされたといえる。なお、バンコク首都圏庁では、この対策が提案されて以降に、都市計画の策定権限が内務省の都市・地方計画局からバンコク首都圏庁に移管され、また、バンコク首都圏庁内でも都市計画課が都市計画局に格上げされ、都市計画の策定が行われるようになった。そして、当初の構想・計画は種々の情勢から修正がなされたが、治水面からの土地利用の誘導・規制の努力がなされた。日本と比較すると対策の実施の程度は総体的

には低いともいえるが、それは国情(法制度、行政組織、社会的・政治的背景など)の相違によるものであり、その下での対策の実践は評価されてよい。

③ 都市化が急激に進む低平地緩河川流域の治水対策(概ね10年に1回程度発生する発生頻度の高い水害を想定した当面の対策)として、構造物対策と被害ポテンシャルの増加を抑制するための土地利用の誘導規制を中心とする非構造物対策を複合的に講じる総合的な治水対策は有効であると評価されてよいであろう。そして、都市化が急激に進展するアジアの国々などの他流域への適用も同様に有効と考えられる。都市計画において治水の本質である土地利用の誘導・規制に配慮し、計画に位置づけることは、日本でも、そしてアジアの国々でも検討し、今後さらに実践していくことが望まれる課題である。

④ 治水に関する都市計画論的な研究はほとんどといってよいほどなされていなかったが、本章での検討により、日本の首都圏およびタイ国・バンコク首都圏での実践に即した研究から、国情に応じ、その実践による効果、重要性とともに、限界などについての知見が得られたと思われる。

⑤ 以上の検討は、都市化が急激に進む流域で、高い頻度(概ね10年に1回程度)で発生する水害への対応についての考察である。より大規模な水害(50年、100年に1回といった発生頻度、あるいはそれよりもさらに稀に発生する可能性のある大水害)への対応について、日本ではいわゆる浸水想定区域図やハザードマップといった水害に関する情報提供が行われるようになりつつあるが、土地利用、都市計画の面からの対応については全くといってよいほど検討されておらず、したがって対応策の実践も行われていない。日本では、そのような大規模の洪水で浸水する危険性のある川の氾濫平野に、既に人口の約1/2、資産の約3/4が位置している。このことから、氾濫原からの撤退といった対応策は現実的でなく、治水施設整備(構造物対策としての対応)と同時に、被害を受ける対象(被害ポテンシャル)について、都市構造や建築物の耐水化、さらには防御対象の優先順位づけなどのより幅広い非構造物

対策の検討が必要である。この状況は、水田稲作社会から都市化社会に移行し、急速に発展する中国やタイ国などのモンスーン・アジアの国々でも同様である。

発生頻度は低いが大規模な水害への対応として、土地利用の誘導・規制、さらにより広い面からの被害ポテンシャルの調整、そのほかの被害を最小限するための多角的な対応能力の向上方策の検討と対応策の実践は、日本でも、そしてアジアを中心とした世界的な視野でみても、社会性のある今後の重要な検討課題として残されている。今後、日本の大河川流域やタイ国のチャオプラヤ川流域(日本の面積の約半分近い流域面積の河川)などの大河川を対象に、この面での総合的な治水対策、とりわけ土地利用、都市計画面での対応策とその実践についても世界的な視野で検討し、報告したいと考えている。

《参考文献》

1) 広長良一・八島　忠・坂野重信「低平地緩流河川の治水計画について」『土木学会論文集』No.20、1954、pp.1-40
2) 山口高志・吉川勝秀・角田　学「都市化流域における洪水災害の把握と治水対策に関する研究」『土木学会論文報告集』No.313、1981、pp.75-88
3) 山口高志・吉川勝秀・角田　学「治水計画の策定および評価に関する研究(1)」『土木研究所報告』No.156、1981、pp.57-111
4) 吉川勝秀・本永良樹「低平地緩流河川流域の治水に関する事後評価的考察」『水文・水資源学会誌(原著論文)』Vol.19、No.4、2006、pp.267-279
5) 国土交通省「流域と一体となった総合治水対策―都市型豪雨等への対応―」『平成15年度政策評価(プログラム評価)』2003
6) 吉川勝秀『河川流域環境学』技報堂出版、2005
7) 吉川勝秀『人・川・大地と環境』技報堂出版、2003
8) 中川・綾瀬川流域総合治水対策協議会『中川・綾瀬川流域整備計画』2000
9) 中川・綾瀬川流域総合治水対策協議会『中川・綾瀬川流域整備計画、同実施要領』1983
10) 稲本洋之助・小柳春一郎・周藤利一『日本の土地法 歴史と現状』成分堂、2004
11) JICA(Japan International Cooperation Agency) : Flood Protection Project in Eastern Suburban-Bangkok, 1984-1986
12) 石川幹子『都市と緑地』岩波書店、2001

13) The Official BMA B. E. 2539 Landuse Regulation Announcement. Attachment Map on Land use Zoning "Pang Muang Raum B.E. 2539", Bangkok Metropolitan Administration, 1996
14) 吉川勝秀「都市化が急激に進む低平地緩流河川流域における治水に関する都市計画論的研究」『都市計画論文集』日本都市計画学会、Vol.42、No.2、2007、pp.62-71

第13章
河道の変化と河川堤防システムなどへの影響

【本章の要点】

　河川の状態は、特に第二次世界大戦後の経済の高度成長期以降、大きく変貌した。すなわち、社会の発展に伴う土地利用の高度化に対応した河川整備や、都市化などに対応して河川の土砂の建設用資材としての利用（砂利採取）、さらには、河川上流での水資源開発を主としたダム（治水などの目的も含めた多目的のものが多い）の建設や砂防や治山用の砂防ダムの建設により、下流への土砂の供給が遮断され、河床が低下し、普段の水路の固定化などにより河川は変貌した。

　本章では、利根川を例に、その変動の結果と河川管理上発生した問題、課題について述べるとともに、今後も河床低下などは継続することを示した[14]。このことは、河川の洪水流下能力への影響を含めて、河川堤防システムを議論するうえでも重要なことである。

13.1　はじめに

　河床の変動が、河川のもつ治水、利水、環境機能に大きな影響を与え、河川を実際に管理するうえで、さまざまな問題を生じさせている。

　河床変動などの河道特性については、これまでにも、地形区分、勾配、流量、河床材料などを主要因子として、河川をセグメント区分し、河道の平面・縦断形状の変動や土砂の堆積・浸食などに関する基本的な法則性につい

●第13章● 河道の変化と河川堤防システムなどへの影響

て、理論的に分析、類型化されている。また、築堤、河道掘削、ダムの建設などの河川を取り巻く環境の変化は、河道にさまざまな影響を及ぼすものであり、河川を上流から下流まで一貫してとらえた河道情報の整理と分析を行うことが必要とされる[1]。さらに、護岸や水制などの河川構造物を計画、設計するにあたっては、これらの河道特性を十分に調査したうえで行なう必要があり、その考え方と手順が示されている[2]。

本章では、具体的に利根川水系を取り上げ(**図-13.1**)、これまでの河川改修の経過と河道の変化を踏まえて[3),4)]、水系全体の視点から、その土砂収支、河床変動の実態を明らかにするとともに、河川改修に伴う掘削量や浚渫量、砂利採取の実態、上流ダム群における土砂の堆砂量などと河床変動量との関係を、実データに基づいて考察し、河床低下の要因を分析した。

そして、現在の利根川で、河床の低下によって発生している、江戸川への分派や堤防越水への影響、護岸などの河川管理施設や取水施設への影響、さ

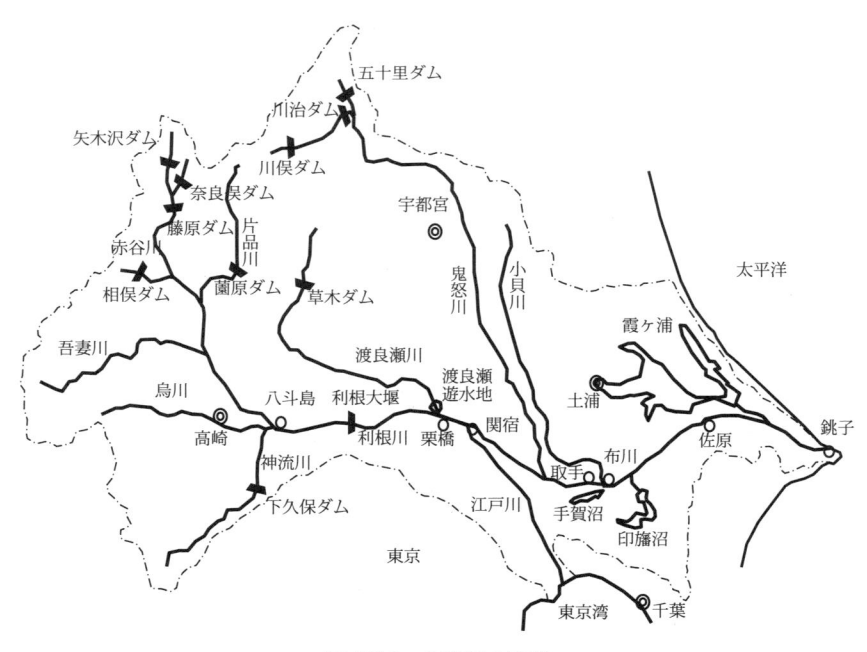

図-13.1 利根川の流域

らには河道の形状や植生などの河川環境への影響を、具体的に明らかにした。

これらの分析結果に基づき、利根川で具体に生じている河川管理上のさまざまな課題を整理することによって、河川のもつ治水、利水、環境機能を、将来にわたって健全に維持するために必要な対策について考察する。

13.2 利根川の河道の変化

現在の利根川の河道の形成は、文禄3(1594)年の会の川の締切りによる利根川東遷事業に始まる。以降、新川通、赤堀川、江戸川の開削により、江戸湾に注いでいた流れを銚子の太平洋に注ぐ現在の流れとした(第9章**図-9.2**参照)。

しかし、利根川流域は江戸時代にもたびたび大洪水に見舞われた。特に、天明3(1783)年には上流にある浅間山が大噴火を起こし、その噴火による土砂量は約4億m^3に達した。そのうち約1億m^3は、吾妻川や利根川に流入し河床を上昇させた。その後も流域からの土砂の流入もあり、利根川の流下能力は著しく減少し、利根川における水害の発生頻度は、この浅間山の噴火以降、はるかに高くなった。

明治時代に入って近代化が進むなか、初めは大量の物資を運搬するために河川が使われた。その舟運路を確保するため、低水路に長大なケレップ水制が設置されるなど、河道の整備が進められた。しかし、洪水が度重なり、明治33(1900)年から、佐原より下流で国の直轄事業として築堤などの河川改修が始められた。その後、明治43(1910)年8月に発生した大洪水によって大きな被害を被ったため、河川改修計画が見直され、烏川が合流する沼ノ上から河口までの一連区間について、連続堤防による整備が進められることとなり、昭和5(1930)年には完成した。

しかし、その後にも昭和10(1935)年、昭和13(1938)年、昭和16(1941)年に大洪水が発生した。さらに戦後すぐの昭和22(1947)年9月のカスリン台風による洪水は、利根川の134.5km東村(大利根町)地先で破堤し、埼玉県南部から首都東京が氾濫流により大きな被害を被った。このため、河川改修計画が見直され、以降大規模な引堤や堤防の拡幅、河道の掘削・浚渫が行わ

れたほか、上流部ではダム群の建設が計画された。その後、幾たびかの計画変更を経て、連続堤防を基本として、藤原ダムなどの上流ダム群と中流の渡良瀬遊水地などの遊水地群による計画の下で、現在の利根川の河道が形成されることになった[4]～[6]。

13.3 河床変動の実態

13.3.1 河床の変化

利根川流域は、上流部の山地の地質が脆弱で流出土砂も多い。明治からの河川改修がほぼ完了した昭和元(1926)年から11(1936)年までの11年間に、約1 466万 m^3 の土砂が堆積している[6]。この間、河川維持工事などで掘削した土量が約224万 m^3 あり、これを加えると約1 690万 m^3 の土砂が堆積したことになる。このように、上流からの土砂の供給が多く、利根川の河床は上昇していた。これを図-13.2 の利根川栗橋地先低水位の変化図で確認すると、昭和10(1935)年当時の河床上昇は洪水の流下能力の低下をもたらし、河道管理上の大きな課題であった。

戦後も河床上昇は続き、土砂収支や河床変化の研究が始められた。しかしその後、河川の流下能力を向上させるための河道掘削工事や、国土復興・経済の高度成長に伴って必要となったコンクリートの骨材として河床材料を使用するために砂利採取がなされるようになり、その結果として河床の低下が

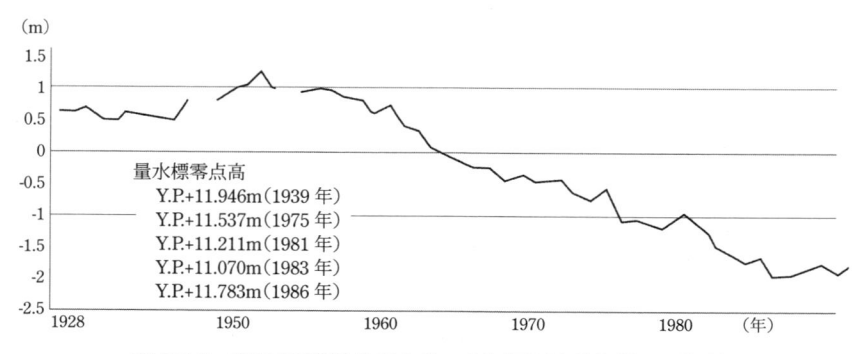

量水標零点高
Y.P.+11.946m(1939年)
Y.P.+11.537m(1975年)
Y.P.+11.211m(1981年)
Y.P.+11.070m(1983年)
Y.P.+11.783m(1986年)

図-13.2　利根川栗橋地先低水位の変化(栗橋水位資料より作成)

始まった。昭和20(1945)年代は低水位が上昇しているが、昭和30(1955)年代から急激に低下している(**図-13.2**)。カスリン洪水後の昭和36(1961)年の河床高を基準に、その後の変化を見ると、50km地先を境に上流は3〜4m低下しており、50kmより下流は2〜3m上昇している(**図-13.3**、**13.4**)。

同様に支川の渡良瀬川、鬼怒川も全川にわたり河床低下している。渡良瀬川は中間部の岩井地先では、岩井山を大きく迂回しており、この所の河床は

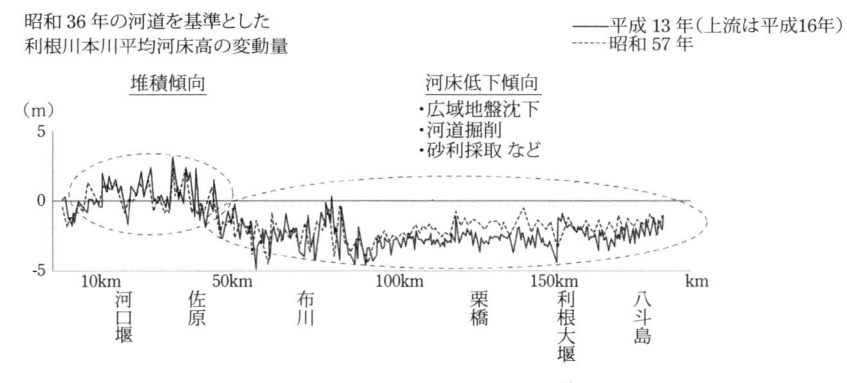

図-13.3 利根川平均河床高[7]

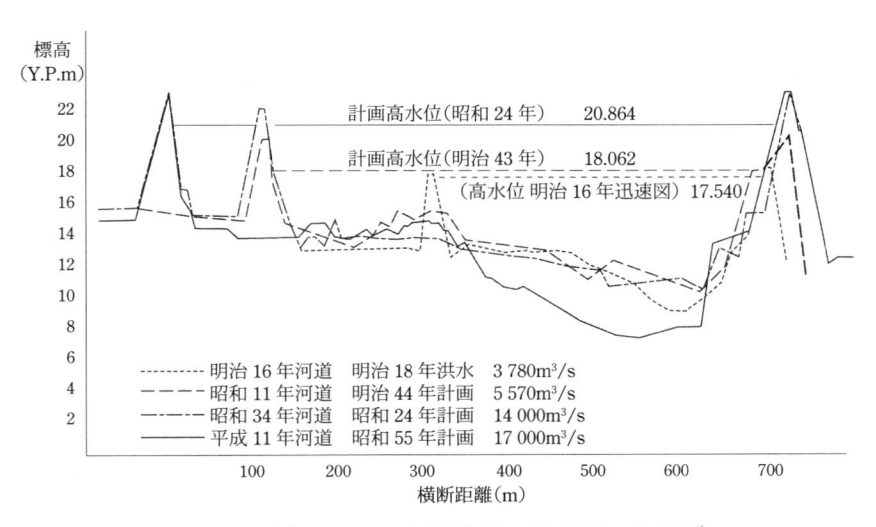

図-13.4 利根川130km(栗橋地点)の断面形状の変化図[4]

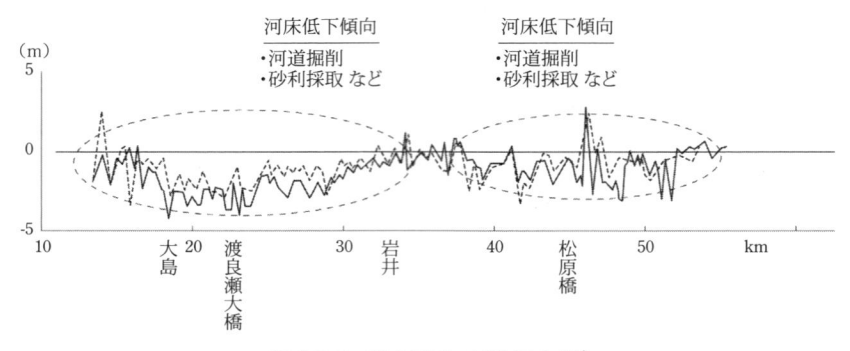

● 第 13 章 ● 河道の変化と河川堤防システムなどへの影響

図-13.5　渡良瀬川の平均河床高[7]

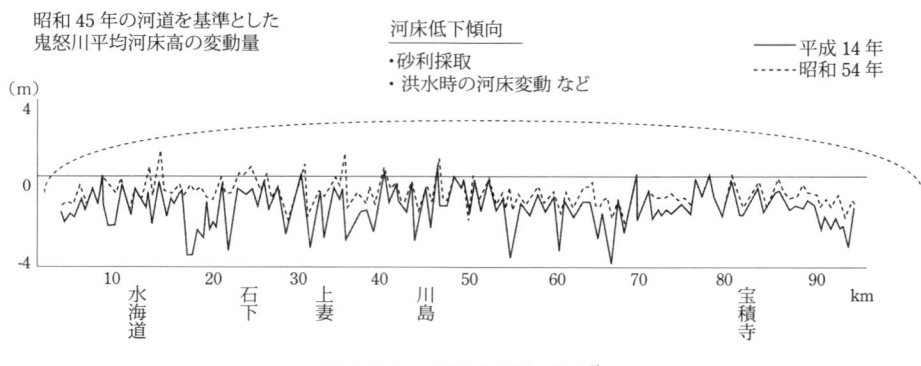

図-13.6　鬼怒川平均河床高[7]

堅固な土壌で河床は安定しているが上下流で低下している（図-13.5）。鬼怒川は、全川にわたり均等な低下であるが（図-13.6）、小貝川の河床変動は小さい（図-13.7）。また江戸川は、上流部で低下傾向、下流部で堆積傾向にある（図-13.8）。

13.3.2　河床低下による河川管理への影響

　河床低下は、河積の増大となり、洪水の流下能力の増大ともなるもので、利根川では昭和55（1980）年の改修計画においても、これを考慮した河道の流下能力の増大が計画に反映された。また、高水敷の冠水頻度の低下により、

13.3 河床変動の実態

昭和62年の河道を基準とした
小貝川平均河床高の変動量
河川変動は小さい
―― 平成14年
‥‥‥ 平成15年

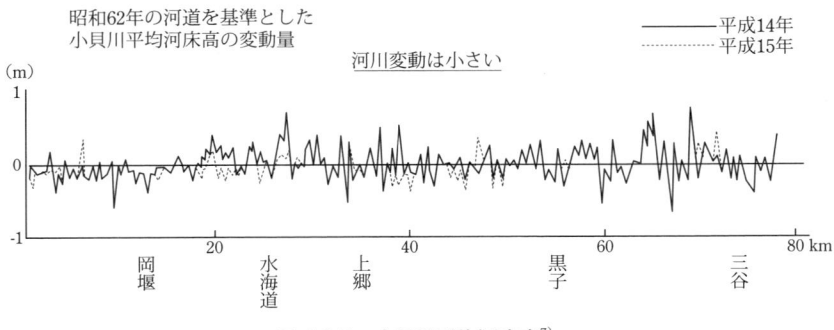

図-13.7 小貝川平均河床高[7]

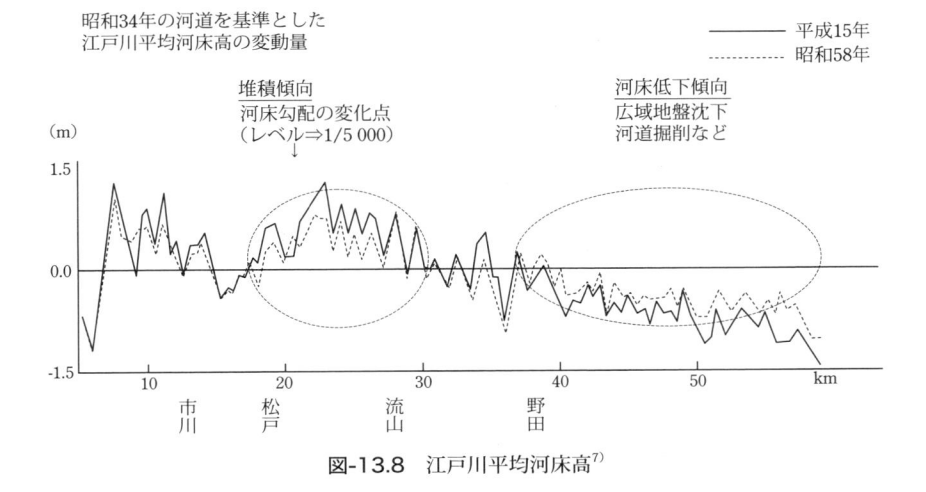

昭和34年の河道を基準とした
江戸川平均河床高の変動量
―― 平成15年
‥‥‥ 昭和58年

堆積傾向
河床勾配の変化点
（レベル⇒1/5 000）
↓

河床低下傾向
広域地盤沈下
河道掘削など

図-13.8 江戸川平均河床高[7]

高水敷の多様な利用が可能となる。しかし、一方では既設護岸などの河川管理施設の安全性の低下や、取水施設への影響をはじめ、河川環境への影響などもある。

施設の安全性の低下としては、護岸の根入不足による崩壊、取水堰などの横断施設の下流部では落差の拡大による洗掘、構造物の安定性への影響、また橋梁の根入の減少なども発生する。

また、取水施設では、水位低下により取水が不可能となるため、河川内に床止め工などの新たな横断構造物を設置することが必要になる場合もある。

利根川では、昭和30(1955)年以降の河床低下によって取水が不可能となり、利根大堰が設置されて統合取水を行っている。また、支川の渡良瀬川においても太田、邑楽頭首工の設置による取水施設の改善が図られている。

河川内の環境では、河床低下により本川と支川の取・排水樋管の箇所などで水面が分断され、魚類などの生息環境が悪くなっている。また、河床低下に伴い低水路が固定化されて深くなり、その結果高水敷のり面の浸食も生じやすくなる。これを保護するために水辺に護岸を設けると、その場には植生がなくなる。このため、水面と陸上部が分断され、小動物の移動が阻害されるだけでなく、多くの動植物の生息の場がなくなり、水辺の生態系に悪影響が生じる。

さらに、河床低下により、中州や陸部は一層乾燥化が進み、植生の侵入・繁茂も生じて生物相を変化させ、固有種を減少させることもある。樹木の繁茂などが多くなると、洪水の流下能力の低下なども招くことになる。低水路と高水敷の分離・形成さらには低水路岸での樹木の繁茂は、洪水時における低水路と高水敷上の流れの混合を生じさせ、粗度の上昇となって現れる[8]。

13.4 河床低下の原因

河床低下の原因としては、人為的なものとして、流下能力の増大のための浚渫、掘削や、骨材としての採取があるが、利根川では昭和22(1947)年のカスリン洪水以降、基準点である八斗島の計画高水流量が、昭和24(1949)年にそれまでの10 000m^3/sから14 000m^3/sに引き上げられ、大規模な掘削や引堤、堤防の嵩上げが行われた。さらに、昭和55(1980)年には16 000m^3/sに引き上げられたが、昭和22(1947)年以降は、計画高水流量に比べて大規模な洪水の発生も少なく、洪水による河道内の土砂の移動も減少している。

流域の状況を見ると、上流域では、砂防工事や山林の保全で山地の安定化、土砂流出の防止が図られている。また、ダムも整備され、流出土砂の貯留がされてきている。

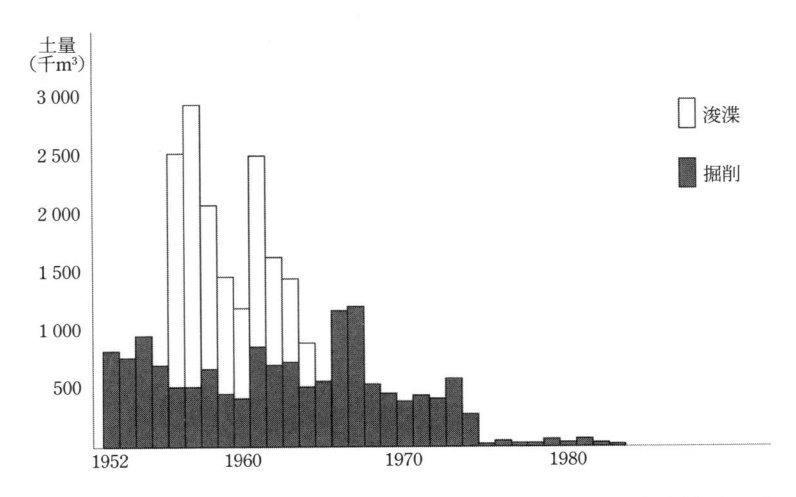

図-13.9 利根川改修に伴う掘削・浚渫状況図（85～185km）（参考文献 9）、国土交通省利根川上流河川事務所改修関係資料を参照して作成）

13.4.1 河道の掘削と浚渫

　昭和 22（1947）年のカスリン台風による洪水を受けて、昭和 24（1949）年に河川改修計画が見直され、全川にわたって築堤や掘削・浚渫が進められた。利根川の 85～185km 区間の河道の掘削・浚渫は、昭和 30（1955）年代に集中して行われた。昭和 30（1955）年代初めの掘削・浚渫量は 1 年間に約 250 万 m^3 に及び（図-13.9）、昭和 24（1949）年から昭和 55（1980）年にかけて行われた浚渫・掘削の総土量は、利根川、江戸川および常陸利根川をあわせると 1 億 2 500 万 m^3 に達する。

13.4.2 河川砂利採取の増大

　昭和 30（1955）年代からの高度経済成長に伴って、建設用資材の需要が増え、河川砂利の採取が急増した。そのピークは昭和 40（1965）年前後で、昭和 39（1964）年には年間約 250 万 m^3 に達した。その後、昭和 43（1968）年に砂利採取の規制が行われるようになり、砂利採取量は減少してきている。（図-13.10）

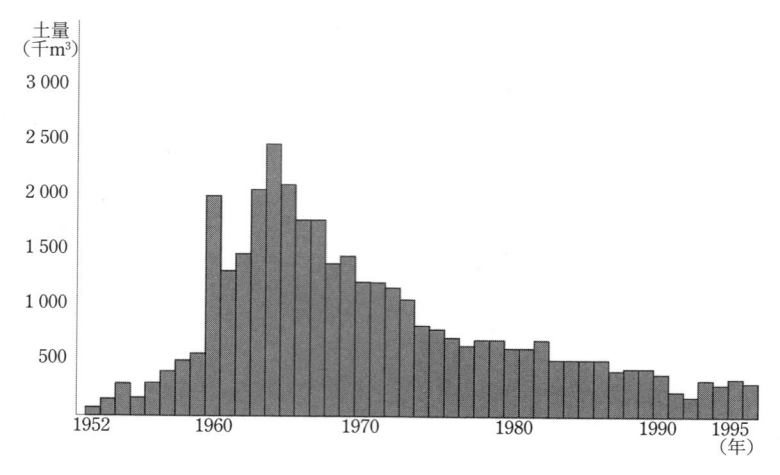

図-13.10　利根川砂利採取許可量（参考文献10、国土交通省利根川上流河川事務所砂利採取関係資料を参照して作成）

13.4.3　広域的な地盤沈下

　昭和30（1955）年代には、関東平野での急速な開発に伴って、地下水のくみ上げが盛んに行われ、広域的に地盤沈下が進んだ。その結果、堤防とともに河道も低下し始め、昭和40（1965）年代後半から50年代にかけて、土砂量に概算すると50万 m^3／年から、多い時期には100万 m^3／年に相当し、累計すると高さにして約1m以上の沈下となった。その後、堤防については嵩上げが行われており、結果的には利根川の河床低下の現象として現れている。

13.4.4　上流ダム群における堆砂

　利根川上流部でダムの建設が進んだことにより（**表-13.1**）、昭和40（1965）年代以降ダム堆砂量が増え、昭和50（1975）年代には最も多い年で年間約400万 m^3 に達した。この分だけ、上流からの土砂の供給が少なくなったことになる（**図-13.11**）。

13.4.5　河床低下の要因分析

　このように利根川では、特に昭和30（1955）年代の高度経済成長の時期か

13.4 河床低下の原因

表-13.1 利根川水系のダム

ダム名	竣工年度	河川名
五十里ダム	1956年(昭和31年)	鬼怒川(男鹿川)
藤原ダム	1958年(昭和33年)	利根川
相俣ダム	1959年(昭和34年)	赤谷川
薗原ダム	1965年(昭和40年)	片品川
川俣ダム	1966年(昭和41年)	鬼怒川
品木ダム	1965年(昭和40年)	吾妻川
矢木沢ダム	1967年(昭和42年)	利根川
下久保ダム	1968年(昭和43年)	神流川
草木ダム	1976年(昭和51年)	渡良瀬川
川治ダム	1983年(昭和58年)	鬼怒川
奈良俣ダム	1990年(平成2年)	楢俣川

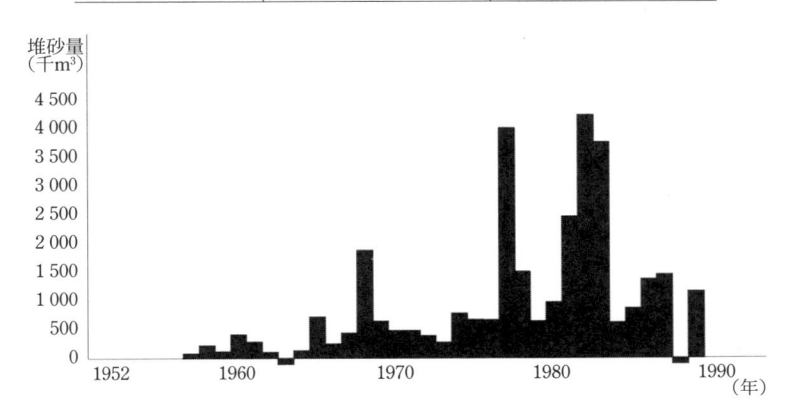

図-13.11 利根川水系ダム堆砂量(国土交通省利根川上流河川事務所のダム堆砂関係資料を参照して作成)

ら昭和50(1975)年代にかけて、「河道の掘削・浚渫」、「河川砂利の採取」、「地盤沈下」、「上流ダムにおける堆砂」によって、下流部への土砂の供給が減り、河床の低下が進んだ。

昭和30(1955)年以降の、利根川における取手から沼ノ上(伊勢崎市五料橋)の区間(直轄管理区間)の河床変動量を、その要因別に分類したものが図-13.12である。平成3(1991)年時点の河床低下量をその要因別に見ると、砂利採取によるものが最も多くて35%、次いで河川改修に伴う掘削・浚渫

によるものが25％、地盤沈下によるものが18％である。そのほか、自然河床低下などとして、上流ダムの土砂の貯留や砂防事業の進捗、河道の整備による河岸の浸食の減少などのため、上流からの流出による土砂の供給が減少し、河床低下が進んだ。この自然河床低下などによる河床変動量は、概ね上流ダムの堆砂量に相当している（**図-13.12**）。

近年では、河床低下の要因の50％以上を占めてきた「河道の掘削・浚渫」「河川砂利の採取」が、昭和30（1955）年代～40（1965）年代に比べると著しく少なくなっている。したがって、河床の低下は、これまでのように大きくはならないであろう。しかし、上流ダムの堆砂、砂防事業の進捗などによって上流からの土砂の供給が減ることにより、今後とも河床の低下があるものと考えられる。

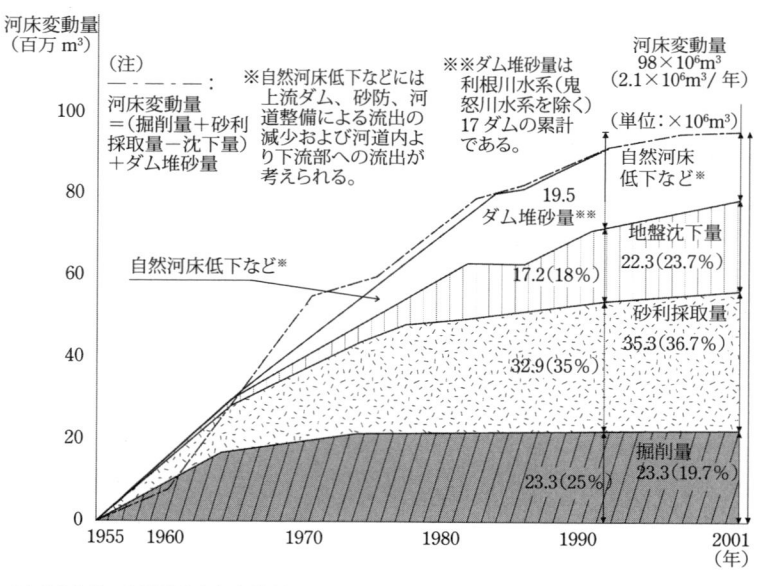

図-13.12 利根川河床変動量と要因
（参考文献9）、10）、国土交通省利根川上流河川事務所のダム堆砂、地盤沈下、砂利採取関係資料などを参照して作成）

13.4.6 鬼怒川と小貝川、渡良瀬川について

　鬼怒川は、全体的に河床低下の傾向にあるが(図-13.6)、図-13.13 に示すように、利根川との合流点より上流 80km～101.5km の区間でみると、特に昭和 51(1976)年から昭和 58(1983)年の間に大きく低下している。これは、昭和 30(1955)年代後半から昭和 50(1975)年代前半にかけて、河川砂利の採取が盛んに行われたためで、ほぼ同区間(80km～107km)の昭和 35(1960)年～平成 3(1991)年の 31 年間の砂利採取許可量は約 1 030 万 m^3 にのぼり、この量は、河床低下量の約 1／3 程度に相当する(図-13.13)。

　このほか、鬼怒川上流には、昭和 31(1956)年に完成した五十里ダムをはじめ、川俣ダム、川治ダムがあり、これらのダムによる平成 13(2001)年までの堆積量は、約 1 150 万 m^3 に達するものと推定されている。図-13.14 からもわかるように、昭和 50 年代後半(1980 年以降)にダム堆砂量は急増している。

　また、上流部には砂防ダムがあり、例えば支川の稲荷川にある日向砂防ダムでは、平成 13(2001)年までに約 88 万 m^3 の土砂が堆積している。鬼怒川

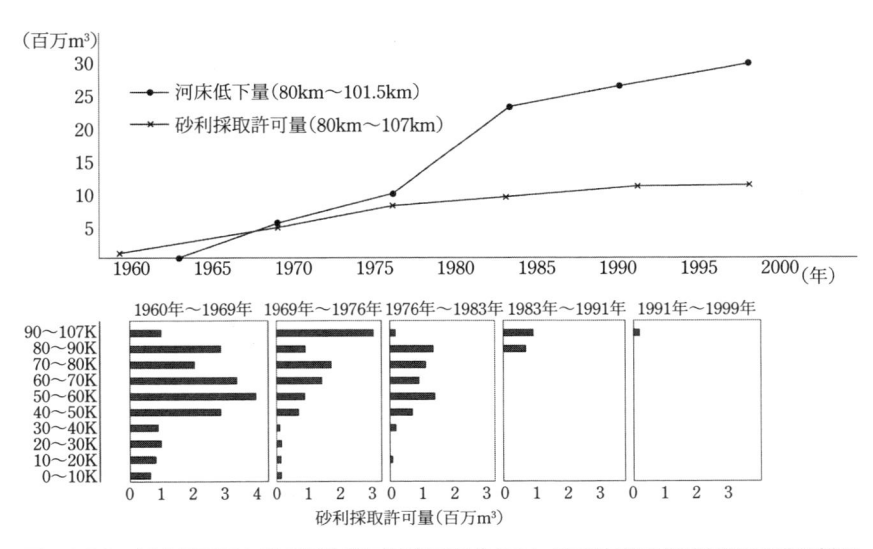

図-13.13　河床低下量と砂利採取許可量(鬼怒川)(国土交通省下館河川事務所の砂利採取、河道掘削関係資料などを参照して作成)

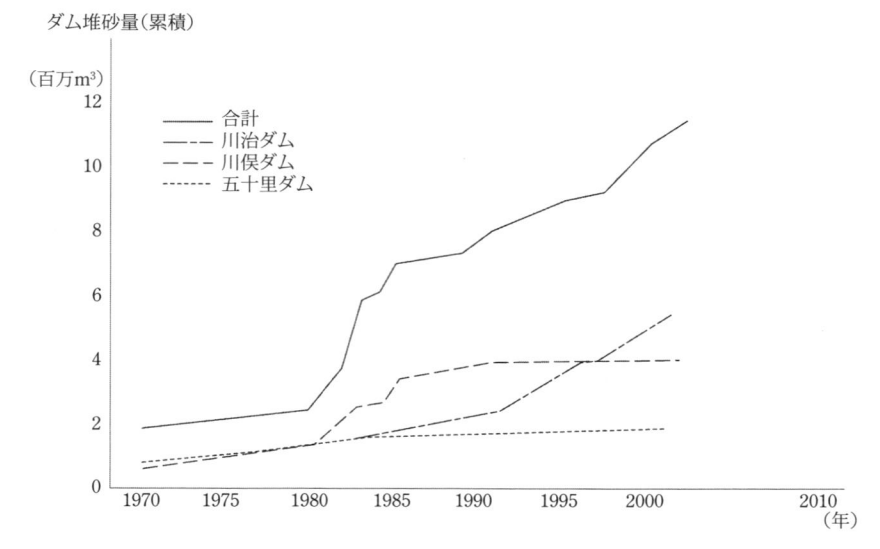

図-13.14 ダム堆砂量(鬼怒川)(国土交通省鬼怒川ダム統合管理事務所のダム堆砂関係資料を参照して作成)

の河床低下は、これらの上流ダム群の建設や砂防事業などによる供給土砂量の減少にもよっていると考えられる。

また渡良瀬川も、中央部の岩井地先にある小山(岩井山)に当たり大きく曲がっている部分を除いて、河床は低下している(図-13.5)。一方、上流にダムがなく、砂利採取が行われていない小貝川の河床低下は比較的小さい(図-13.7)。

13.5　河床変動に伴う河川管理上の課題と問題点

13.5.1　河道の流下能力からみた場合

利根川では、明治の初めに舟運路を確保するために、水制が設置された。しかし、その後は昭和30(1955)年代に至るまで、水制は洪水対策として堤防や河岸を保護するために設置されるようになった。その結果、低水路の固定化が進み、次第に高水敷と低水路から成る安定した複断面が形成されるよ

うになった[3]。

　利根川の中上流部では、河床の低下に伴って、遊水地に越流を始める流量が大きくなった。また、江戸川が分派する周辺では全体的に河床は低下傾向にあるが、江戸川より利根川の河床低下量が大きいため、第2章図-2.10に示したように洪水や低水の江戸川への分派流量が減少し、利根川本川の中・下流に対する流量負担が増大している。すなわち、江戸川への洪水流量の分派率は、明治44(1911)年の河川改修計画によれば40％、昭和24(1949)年および昭和55(1980)年の河川改修計画によれば35％であるが、近年の洪水時における実際の分派率は25％程度に留まっている。

　これらの結果、昭和57(1982)年洪水の場合にも、江戸川分派後の利根川本川の水位が、江戸川に比べて高くなり、堤防高に対する余裕が小さくなっていた。昭和22(1947)年のカスリン台風のように、洪水規模がさらに大きくなった場合の洪水位を、昭和57年当時の河道で想定したものが、第2章図-2.14である。図-2.14では、江戸川への分派率を、近年の洪水の実績データから25％として推計しているが、この図からも、江戸川が分派する関宿より下流の利根川本川で、越水する可能性の高い箇所があることがわかる[11]。

　また、平常時の江戸川への分派率を見ても、分派点付近の河床変動の影響を受けて、昭和30年代初めには60％程度であったが、昭和60年代には50％、現在では40％前後にまで低下しており、平常時における江戸川からの取水が不安定になる原因となっている。

13.5.2　河床低下による低水路の固定化

　河床低下により、低水路に流れが集中する。このことにより、部分河床低下や局所洗掘などが発生する。この低水路の低下により砂州では流水の越流頻度が減少し、その結果、植物が繁茂することによって、ますます砂州が拡大する。また河岸では、流水による洗掘の減少や乾燥化によって、樹木の繁茂も拡大成長してきている(**写真-13.1**)。

　これらの河道内の樹木は、生態系保全にとっては重要な役目をもつとともに、治水的には河岸の保護の役目も果たしている。しかし、洪水流出の阻害となって流下能力が減少し、洪水の水位上昇や洪水到達時間の遅れによる洪

写真-13.1　川岸のヤナギ（撮影：白井勝二、2001.4）

水時間の長期化なども生じる。また、ゴミなどの付着による環境の悪化も招いている。河道内の洪水時のフラッシュの減少、乾燥化などは、場所により河原固有生物種の減少も招き、外来種の増加などの環境の悪化も生じさせている。

13.5.3　局所的な洗掘

　低水路が固定化して、流れが集中し、一部で流速が速くなって河道内にある施設の安全性、安定性がさらに低下する。また、水衝部などでは部分的に深掘れが発生しやすくなる。護岸や根固工などの浮き上がりや、堰下流における局所洗掘などが発生し、河道内にある構造物の安全性が低下する（**写真-13.2、13.3**）。また、河床の低下によって、河床の土タン層が洗い出され、局所的に深みが形成されて、河川の利用者にとっても危険なところとなり、人的な事故を招くこともある。

　また、河床低下に伴って水位が下がり、取水が困難になった場所がある。例えば、現在の利根大堰付近は、昭和23（1948）年から36（1961）年の13年間に約2mも河床が下がり、農業用水の取水も困難になってきていた。このように、河床低下によって取水が困難になった農業用水を、利根川上流ダム群

写真-13.2 根固工の浮き上がり状況
（撮影：白井勝二、2001.5）

写真-13.3 河床低下による橋脚の洗掘
（撮影：白井勝二、2007.1）

で開発された水を取水するために昭和44(1969)年に竣工した利根大堰の取水口から、あわせて取水することになった。

13.5.4　河道環境の変化

　河床が低下すると、洪水時には河岸の洗掘も進み、このため昭和50(1975)年以降には災害復旧による低水護岸の整備が行われ、このことが低水路の固定化をさらに促進させた。

　低水路が固定化し、河床の低下が進むと、樋管などから合流する支川の水面（水位）に落差が生じることによって、エコロジカル・ネットワークの分断が見られるようになる。また、高水敷と低水路の水深の差が大きくなって、出水時の高水敷での水深はますます小さくなり、穏やかな流れを生じやすくなって、土砂が沈降しやすくなる。土砂が堆積する傾向にある高水敷には、まず草本類が生え、さらに木本類、特に成長の早いハリエンジュ、ヤナギなどが根付いて高木化し樹林を形成する。また、洪水時には、繁茂した樹木の周辺で洪水の流速が小さくなり、ますます浮遊砂などが沈降・堆積しやすくなって、安定した高水敷が形成され、その樹林化が促進する。

　また、低水路が固定化することによって、礫河原が減少し、生物相が変化して河原の固有種が減少する反面、ハリエンジュやシナダレスズメガヤなどの外来種が増加する。さらに、中州などに土砂が堆積し、湿地が減少するとともに、砂州が固定化して植生が繁茂する（**写真-13.4**）。このように、低水

路や、草本類や木本類が生育する砂州が固定化すると、高水敷や河岸が乾燥化し、河岸には連続して帯状に樹林化しているところが多く見られるようになった。これは河岸の保護には役立っている。しかし、樹林化が進むと、河積を狭め、流下能力が減少して洪水位の上昇を招く。また、出

写真-13.4 中州と植生(撮影：白井勝二、2006.7)

水時には流木となって橋梁などに引っ掛かり、より水位を高める可能性がある。

　鬼怒川の河道横断形の変遷を図-13.15に示す。昭和40(1965)年代から平成13(2001)年度までに平均で2～3m、局所的には最大で4～5mの河床低下が見られる。特に、昭和50(1975)年代以降の河床低下が著しい(図-13.6)。

　鬼怒川では低水時の流路である澪筋が、網状から次第に固定化、複列化し、水面の割合も減少している。つまり、これまでは川幅一杯に流れていたものが、河床が低下した結果、鬼怒川の特徴である礫河原の広がる環境が喪失しつつある。このため、これまでのようなカワラヨモギやカワラノギクなどのような玉石・礫河原における固有種が減少し、シナダレスズメガヤなどの外来種が優越するようになった。また、河床の低下に伴って複断面化が進み、高水敷の冠水頻度が低下した結果、高水敷には植生が繁茂し、樹林化の傾向がある。図-13.16は、鬼怒川の氏家大橋～JR東北新幹線橋梁付近の2.5kmの区間について、航空写真から、植生、裸地、河道の区分で面積を測定したものであるが、このように鬼怒川の河道内では植生の占める割合が大きくなり、裸地や水面が少なくなっている。

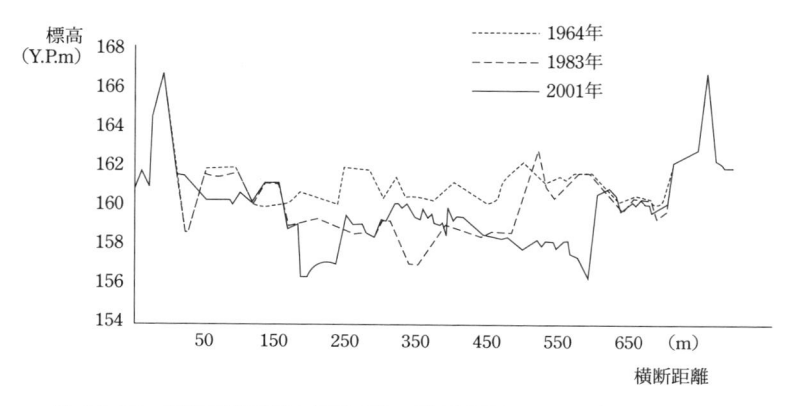

13.5 河床変動に伴う河川管理上の課題と問題点

図-13.15 河道横断形状の経年変化の例（鬼怒川 90.6km）
（国土交通省下館河川事務所の河道関係資料を参照して作成）

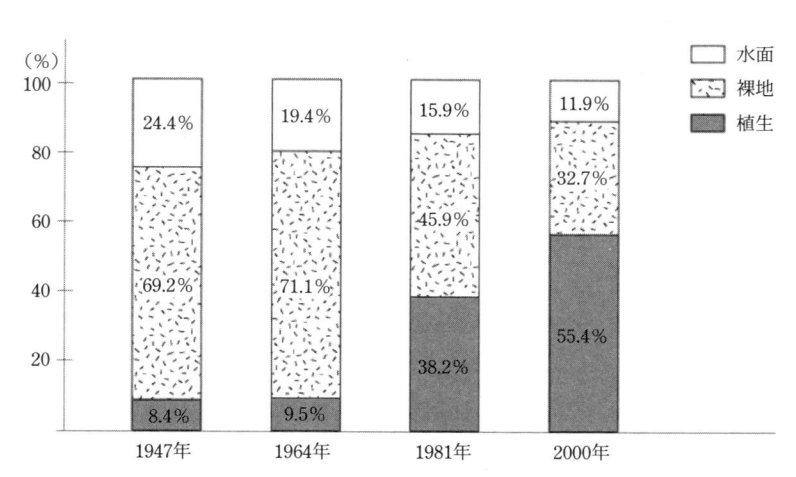

図-13.16 河道内植生割合の経年変化の例（鬼怒川）
（国土交通省下館河川事務所の植生関係の調査資料を参照して作成）

13.6　河床低下への対策

13.6.1　河道内にある構造物の安定した機能維持

　利根川では、河床低下に伴い、護岸や根固め、橋脚などの浮き上がりや河岸の洗掘が生じ、護岸や水制、橋脚などの補強が必要になっている。また、河床低下に伴って高水敷の高さと低水路の河床の高さの差が大きくなり、大洪水時には河岸の洗掘が発生したため、新たに護岸の整備が必要になったところがある。

　鬼怒川では、鎌庭の床止めの下流の河床が低下し、洪水の作用力が増したため、その取り付け護岸の補強を行っている（写真-13.5）。また、河床低下に伴って橋梁が不安定になり、このため豊水橋の下流には「石下の床止め」を設置している。この床止めの設置にあたっては、異形コンクリートブロックなどを並べ、その単体相互間のかみあわせによって一体性を保ちつつ、全体的には屈とう性をもって河床変動に対しても柔軟に追随できる柔構造のものとし[12]、今後洪水ごとにその状況を把握のうえ、必要に応じて構造の手直しを検討することも可能にしている。このような柔構造の床止めは、鬼怒川の水海道の床止めにもみることができる[13]。

　さらに、河床の低下に伴って取水ができなくならないよう、取水地点を変えるなどの取水方法の変更を余儀なくされる場合もある。堰の下流部では、局所的な洗掘を防ぐため、護床工による補強が必要になる。

写真-13.5　下流河床が低下し、洪水の作用力が増した鬼怒川・鎌庭の床止めと2基ある床止めの下流側の床止めの取り付け護岸部の補強（撮影：吉川勝秀、2008.10）

13.6.2　洪水流量、低水流量の制御

　利根川下流部での超過洪水（H.W.L＜計画高水位＞以上の水位となる洪水）に対する安全度を確保するためには、下流部での河道の浚渫だけではなく、上・中流部における遊水地への計画的な越流を可能とし、下流に対する洪水の負担を増やさないよう、越流堤を下げるなどの対策を講じることも必要になる。また、江戸川へ計画に沿った分派を可能とするため、江戸川の分派地区では、江戸川の浚渫や旧堤の掘削などが行われているが、抜本的にはさらに江戸川における低水路の拡幅や整正とともに、今後想定される河床変動に見合った、分流構造の改善についても検討する必要がある。

　また、利水面では、江戸川からの安定した取水を確保するため、江戸川分派後の利根川本川から取水して江戸川へ送水する「北千葉導水路」が建設されている。

13.6.3　河川環境の保全

　河床の低下に伴って、固有種の減少と外来種の増大、高水敷や砂州の樹林化が進んだが、このことは一定の生態系の維持や河岸の保護というメリットはあるものの、河川が有している本来の自然環境を喪失させるだけではなく、流下能力が低下し洪水時の水位を上昇させるなど、治水上も問題がある。

　このため、ある程度澪筋が網状あるいは複列に蛇行する礫河原を復元することも必要である。また、絶滅が懸念される希少生物については、人為的な保全策を講じるほか、悪影響を生じさせる外来植生を除去することも必要である。

13.6.4　供給土砂のコントロール

　今後の河床変動をモニタリングしたうえで、たとえば、砂防ダムのスリット化や既存ダムへの排砂施設の整備によって、下流への土砂供給を図るなど、必要に応じて供給土砂のコントロールを検討する必要がある。

13.7　結　語

① 昭和30(1955)年代以降、利根川の河床は4～5m低下している。その主な原因は、河積拡大のための河道の浚渫・掘削や高度経済成長を支えた砂利採取の増加をあげることができる。これは、支川の渡良瀬川、鬼怒川などでも同様である。河道の掘削や砂利採取は近年減少しており、これらによる河床低下はこれまでほどには大きくはならない。

② しかし、上流のダム、砂防事業の進捗に伴い、上流からの土砂の供給が減少するとともに、河床低下によって低水路が固定化し、河道内の土砂の移動によって、今後とも河床の変動が生じることが想定される。

③ これら河床低下による河積の増大は、洪水の流下能力の増大につながり、流域の治水安全度は向上する。ただし、河床低下に伴う河川の断面形状の変化、樹木などの繁茂によって粗度係数が増大することに留意する必要がある。

④ 一方では、河川内の構造物や植生環境、生態系に大きな影響をもたらす。河道内では、床止めなどの横断構造物は、河床低下によってその上下流の水位差が拡大し、より局部的な洗掘などが生じ、安定性が低下するため補強が必要になる。

⑤ 河床低下により、河床の土タン層が洗い出され、急激な深みなどを形成して利用者にとっても危険な場となっていて、人的な事故の発生なども招いている。

⑥ かつては取・排水路を通して本流と支流が連続していたが、河床低下により河床に落差が生じて分断され、小魚などの生息環境が損なわれている。

⑦ 利根川には、必要な治水システムとして、江戸川への分派や自然越流の遊水地があるが、著しい河床低下はこれらの適正分派、洪水貯留に支障を生じさせており、中・下流部への負担が大きくなっている。

⑧ 河床低下により、高水敷、河原の乾燥化が進み、河岸、高水敷の樹林化、礫河原の消失による固有植物の減少など、生態環境に大きな影響を及

ぼしている。
⑨ 河岸の樹木は、流水に対して河岸を保護したり、水面に日陰を作るなど生態系にとっても重要な役目をしている。一方で、これらの樹木は10m以上の高木にもなって、洪水時は流木やゴミなどが付き、流れの阻害になることがあるため、適正な管理が必要である。

［追記］
　本章は、利根川水系の河道について、主として第二次世界大戦以降、現在までの変貌を実証的に明らかにしたものであり、福成孝三、白井勝二氏とともに調査整理し、公表を行ったものである。（2011年2月）

《参考文献》
1) 山本晃一『沖積河川学』山海堂、1996、pp.1-470
2) 山本晃一『護岸・水制の計画・設計』山海堂、2003、pp.1-353
3) 白井勝二・福岡捷二「利根川河道の形成に果たした水制の役割」『土木学会河川技術論文集9』2003、pp.185-190
4) 白井勝二・福岡捷二「明治以来の利根川改修による河道の変化とその要因の水工学分析」『土木学会河川技術論文集12』2006、pp.217-222
5) 利根川百年史編集委員会（国土開発技術研究センター）編『利根川百年史』建設省関東地方建設局、1987、pp.1-2304
6) 富永正義『利根川治水計画（前編）』建設省関東地方建設局、1994、pp.141-146
7) 国土交通省利根川上流河川事務所『利根川水系河川整備基本方針（土砂管理等に関する資料）』2010
8) 建設省土木研究所河川研究室・石川忠晴ほか「利根川・江戸川の河道粗度係数について」『土木研究所資料』No.1943、1983、pp.1-74
9) 利根川百年史編集作業部会（国土開発技術研究センター）編『利根川百年史 治水と利水 改修編 上巻』建設省関東地方建設局、1989、pp.1-888
10) 建設省関東地方建設局監修『利根川―その治水と利水―』国土開発調査会、1993、pp.168-178
11) 吉川勝秀編著『河川堤防学』技報堂出版、2008、pp.137-144
12) （財）国土開発技術研究センター編・（社）日本河川協会（編集関係者代表：吉川勝秀）『改定 解説・河川管理施設等構造令』山海堂、2000、pp.167-178
13) 吉川勝秀『河川流域環境学』技報堂出版、2005、pp.163-170
14) 福成孝三・白井勝二・吉川勝秀「河川の土砂収支・河床変動の実態と河道管理に関する実証的研究」『水文・水資源学会誌（原著論文）』Vol.24、No.2、2011、pp.85-98

第14章
河川の利用
―世界の視野で、観光も視野に―

【本章の要点】

　河川は、自然的な空間である。

　その河川空間の利用については、都市や地域において重要であるが、本格的な議論がなされていない。

　本章では、河川の利用について、先進的な事例を紹介しつつ。その推進について、国際的な視点ももちつつ論じた。

14.1　河川の利用について

　河川の利用、すなわち人びとによる堤防や河岸、そして河川敷地の中の利用について述べる。その際に、世界の視野で、そして観光も視野に入れて考えてみたい。

　河川利用について、日本全国を視野に入れて、かつ世界の視野で、また観光も視野に論じたものはほとんどない。拙著『河川の管理と空間利用』[1]があるのみではないかと思われる。この分野で、日本全国の河川利用の実態を知り、論じられる学識経験者はほとんどいない。

　以下では、河川利用について、『河川の管理と空間利用』の内容をさらに拡充し、かつ世界の視野で論じる。

＊本文の内容の多くについては、四大河川の開発と自然再生が国家的事業と

して大々的に進められている韓国・ソウルで、2010年12月に開催された『河川・観光フォーラム2010＜River Tourism Forum 2010＞』において、筆者が基調講演をしたものによる。このフォーラムは、韓国の文化・スポーツ・観光省と韓国観光協会の主催によるもので、筆者とドイツ・フンボルト大学教授が基調講演をし、その後、韓国の四大河川プロジェクトを実行する韓国国土・交通省・海上保安省、文化・スポーツ・観光省などから報告があり、河川利用、そして河川と観光に関した討議が行われた。日本からは、筆者と市民河川活動家の村田幸博さん（熊本在住、モンゴルで活動中）が参加した。村田さんとはソウルの道路撤去・河川再生で知られる清渓川（チョンゲチョン）の近況調査や、完成間際の仁川とソウルを結ぶ京仁運河の現場視察も行った。それらについても紹介する。

14.2　日本の河川利用、河川と観光の実態

まず日本の河川利用、河川と観光について、日本国内はもとより、世界に対してそれを報告して参考に供するという視点ももって、その実態について述べる。

14.2.1　全国の河川利用の実態

日本では、国土交通省（以前は建設省）により3年に1回、国土交通省直轄の河川区間において、河川利用の調査が行われている（国土交通省河川局『河川水辺の国勢調査』）。その資料から、河川利用の大まかな実態をみておきたい。

なお、この調査は、国土交通省の直轄区間内のみを対象としたものであり、1級河川の総延長の約10％の区間で行われている。1級河川のほかの90％の区間は調査に含まれていない。また、2級河川や準用河川の延長を含めると、その調査は約7％の区間で行われていることになる[2]。

調査は、**図-14.1**に示すように、高水敷、水面、水際、堤防でのスポーツ、水遊び、釣り、散策・その他についての利用人数の調査を行っている。サンプリング調査から、年間の利用者数を推定している。

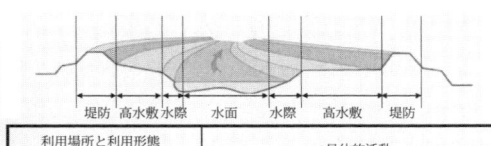

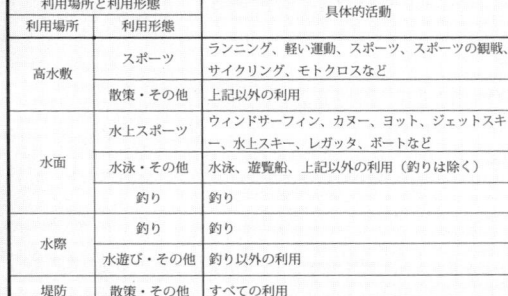

14.2 日本の河川利用、河川と観光の実態

利用場所と利用形態		具体的活動
利用場所	利用形態	
高水敷	スポーツ	ランニング、軽い運動、スポーツ、スポーツの観戦、サイクリング、モトクロスなど
	散策・その他	上記以外の利用
水面	水上スポーツ	ウィンドサーフィン、カヌー、ヨット、ジェットスキー、水上スキー、レガッタ、ボートなど
	水泳・その他	水泳、遊覧船、上記以外の利用（釣りは除く）
	釣り	釣り
水際	釣り	釣り
	水遊び・その他	釣り以外の利用
堤防	散策・その他	すべての利用

散策・その他 　　　　　スポーツ（野球） 　　　　　水遊び

図-14.1　河川利用の調査内容（『河川水辺の国勢調査』の内容）

この調査によると、国土交通省が直轄管理をする区間内（1級河川延長の約10％の区間）のみで、年間約1億8818万人が利用している（2006年調査）。首都圏の大きな河川である利根川では年間約2 700万人、荒川約2 400万人、多摩川約1 600万人が、大阪の淀川では約2 200万人、大阪・奈良の大和川では約2 000万人が利用している。

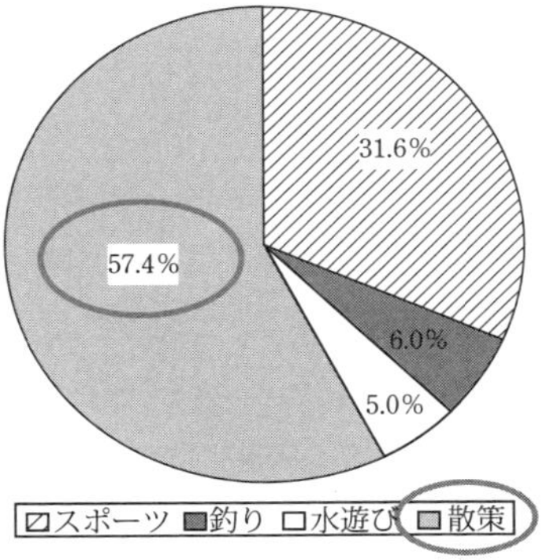

利用形態は、①散策・その他が最も多く（57%）、②スポーツ（32%）、③釣り（6%）、④水遊び（5%）となっている（**図-14.2**）[2]。

図-14.2　河川利用の形態
（『河川水辺の国勢調査』2006年度より）

この利用者数は、日本の河川の一部区間のものであるが、それだけでみて

339

も、日本の総人口1億2700万人として、一人年間約1.5回利用している勘定となる。沿川市区町村人口当たりでみると、年間約2.15回利用していることとなる。2008年度の国民1人当たりの国内宿泊観光旅行者3億人の約2/3に相当する。海外から日本に来る観光客数約800万人の約16倍程度となる。

　世界の河川でこのような調査が行われているという情報を知らないので利用者数の比較はできないが、世界の河川をみた範囲内で、感覚としてこれだけ多くの河川の利用がなされている国は少ないのではないかと思われる。その理由は、日本は水田稲作文明から都市が発展して河川と深い係わりをもってきたこと、その結果として都市の中や近傍に河川が多いこと、そして水に係わる文化などがあり、河川との係わりが歴史的にもあることが関係していると推察される[1),3)〜5)]。

14.2.2　河川の舟運利用

　河川利用において、河川らしい利用である河川舟運についてみておきたい。日本では、河川舟運は、現在は比較的限られた河川で行われている。この河川舟運は、世界の視野でみると、欧米やアジア（タイや中国など）の多くの国々で、河川利用としてもっとも身近なものである[6)]。

　現在の河川舟運の大まかな実態についてみたものが図-14.3である。いわゆる伝統的なものといえる河川舟運（といっても、鉄道が導入され、開通以降のことである）と、近年新たに始まった都市での河川舟運（観光）がある。総じていうと、一度衰退しきった河川舟運は、都市を中心に再び盛んになってきている。それは、都市と河川を結びつけ、人々と河川を結びつける必須の装置となっている[3)]。

　かつて日本では、明治になって鉄道が導入される以前は、舟運によって物資の大半が運ばれていた。そのような時代は明治後半から昭和初期まで続いた[6)]。

　江戸時代は、大半の物資が海での舟運で運ばれてきた。そのことは、例えば江戸時代の浮世絵にみることができる。図-14.4は江戸時代の浮世絵であるが、上3枚は、海運が行われていたことを示すものである。海に近いまち

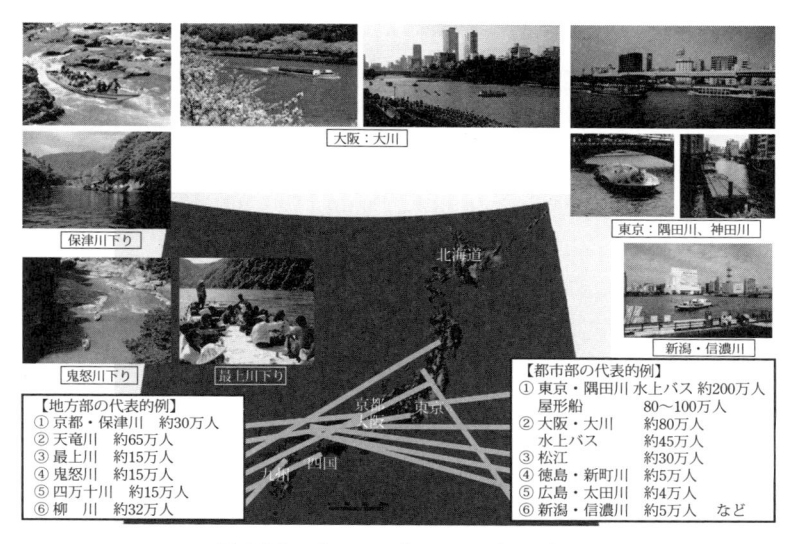

図-14.3 今日の日本における河川舟運

【地方部の代表的例】
① 京都・保津川　約30万人
② 天竜川　約65万人
③ 最上川　約15万人
④ 鬼怒川　約15万人
⑤ 四万十川　約15万人
⑥ 柳　川　約32万人

【都市部の代表的例】
① 東京・隅田川 水上バス 約200万人
　　屋形船　　　　　80～100万人
② 大阪・大川　　　約80万人
　　水上バス　　　　約45万人
③ 松江　　　　　　約30万人
④ 徳島・新町川　　約5万人
⑤ 広島・太田川　　約4万人
⑥ 新潟・信濃川　　約5万人　　など

の浮世絵の風景には、非常に多く船が描かれており、物資輸送の主役が船であったことが知られる。興味深いのは、当時は鎖国の時代であり、大航海に必要な複数マストの船ではなく、航海力が相対的に小さい1本マストの船であることである（幕府がそのように制限を課していた）。下3枚は、東海道の風景を示したもので、当時の東海道は、これらの図にみるように、まちをはずれると馬1頭がやっと通れる程度の道幅しかなく、輸送の力は極めて限られたものであったことが知られる。そして、例えば大井川の絵にみるように、河川を横断する場合には順番待ちをして人が背負って渡していたことなどが知られる。さらに、江戸から京都三条大橋までの東海道は、桑名から熱田の宮の渡しまでの区間は、陸路はなく、船によって移動していた。この区間は木曽川、長良川、揖斐川のデルタ地帯で陸上交通が困難な場所であった。

なお、江戸時代の様子を知るうえで浮世絵は有用な資料であるが、東海道五十三次の浮世絵でも知られる広重は、実際には東海道を歩いておらず、歩いた人の絵を基に描いていることから、広重の絵には若干の変更も加えられている可能性があることも念頭に置く必要がある。

海では、**図-14.5**にみるように、日本中が海の舟運ネットワークで結ばれ

図-14.4　浮世絵にみる舟運、東海道(陸路)の輸送能力の限界

ていたことがわかる。そして、**図-14.6**にみるように、内陸部は河川舟運を通じ結ばれていたことが知られる。

　そのような舟運の時代が鉄道の導入により終わった後に、それまでは木材を流し、運んでいた河川で、**図-14.3**に地方部での代表的例として示した京都・保津川(年間約30万人が乗船)や天竜川(年間約65万人)などで、今日では伝統的舟下りと呼ばれるような、観光客を運ぶ河川舟運が起こり、現在も続けられている。なお、最上川(川下り。年間約15万人)や四万十川(屋形船。年間約15万人)などでの河川舟運は、河川舟運が衰退したころではなく、比較的近年になって始まったものである。

　都市部の河川舟運は、**図-14.3**の都市部の代表的例として示したように、いずれも近年になって振興したものである。東京・隅田川の水上バス(年間約200万人)、大阪・大川(年間約80万人。大阪水上バスのみで年間約45万人)、松江・堀川(年間約30万人)、徳島・新町川(年間約5万人。NPOが運航)、広島・太田川(年間約4万人)、新潟・信濃川(年間約5万人)などである。利用の多くは、いわゆる都市観光とみることができよう。この都市での河川

342

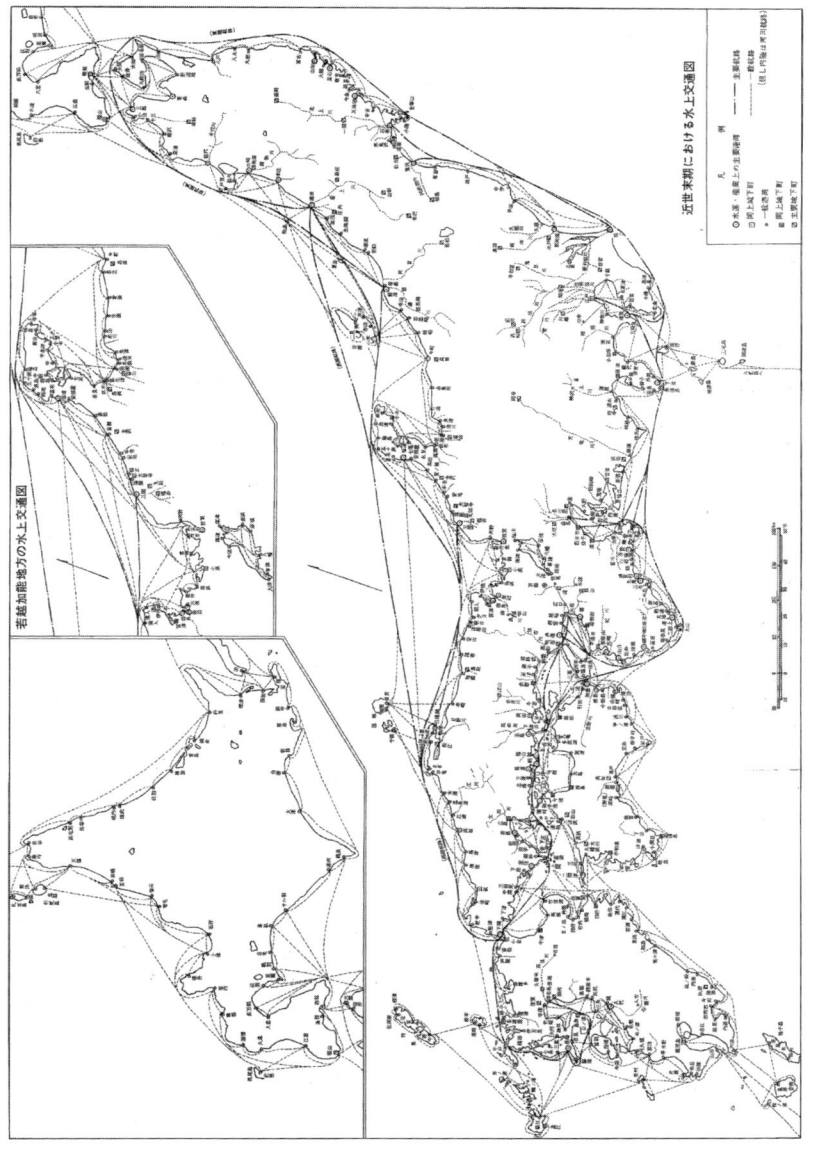

14.2 日本の河川利用、河川と観光の実態

図-14.5 海の舟運による輸送のネットワーク（出典：福井県立図書館ほか編『日本海海運史の研究』1967）

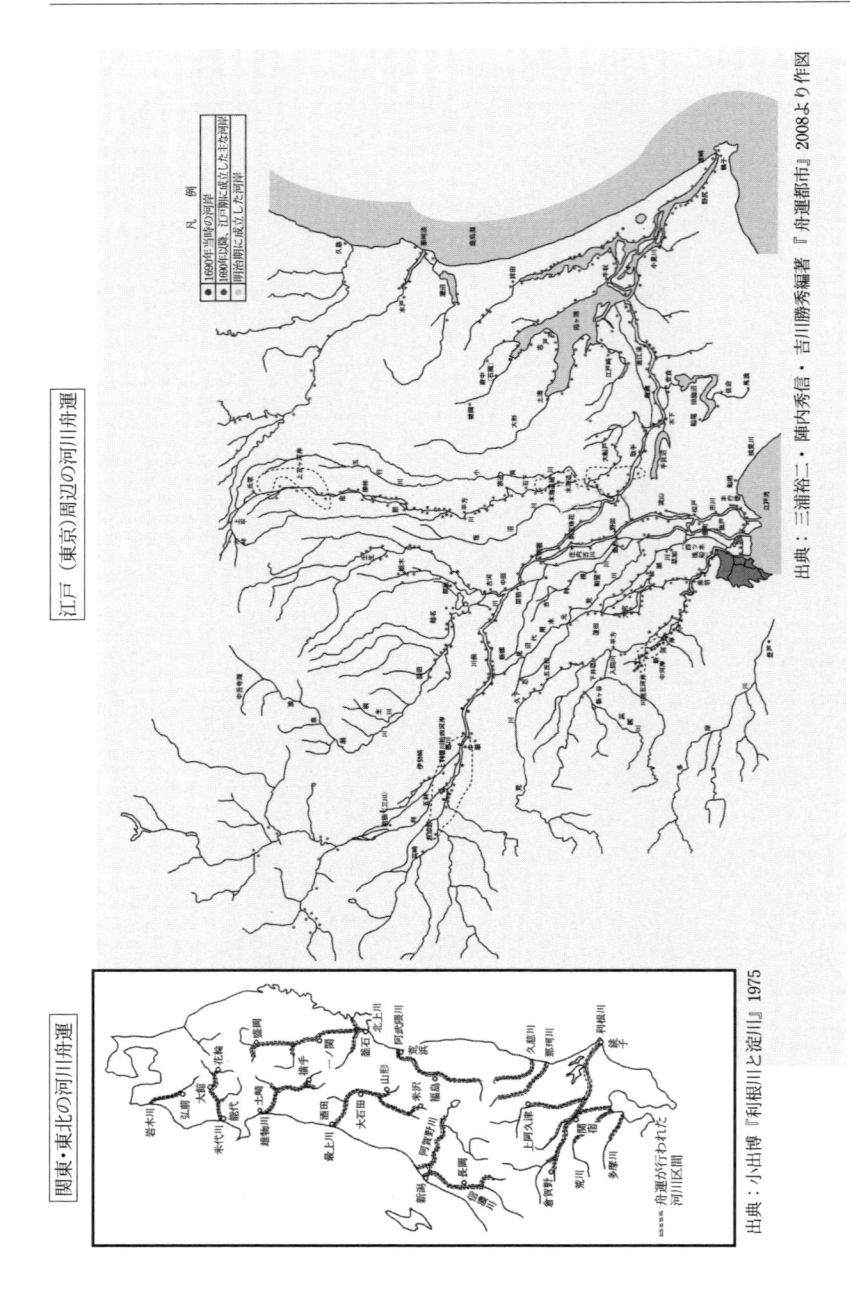

●第 14 章● 河川の利用－世界の視野で、観光も視野に－

図-14.6 内陸部の河川舟運による輸送ネットワーク

舟運や上述の四万十川観光と一体となって始まった屋形船などからみて、都市などでの河川舟運は再興され、あるいは新たに振興してきているとみることができよう。

筆者らの調査で入手できた範囲内の情報であるが、都市部および地方部において、大小約 160 の事業者(NPO を含む)により河川舟運が提供されており、年間約 700 万人程度がそれを利用していると推定される。

14.3 代表的、特徴的な河川利用

ここでは、日本を代表する河川利用をみるとともに、日本においても、また世界の視野でみても特徴的であり、かつ新しい河川利用について述べる[1]〜[3],[5],[7]。

14.3.1 都市の河川利用

(1) 東京の隅田川

東京都心部を流れる隅田川は、日本を代表する都市河川であるが、経済の高度成長期には、日本の都市域で最も汚染された河川であった。また、この川の最下流部の沿川地区では、都市化、工業化の時代に地下水をくみ上げ、また天然ガスを採取したこともあって、地盤が数メートル沈下し、高潮災害という水害の危険性が高まった。そのための治水対策として、オランダや大阪のように河口部に防潮水門設けるのではなく、堤防で高潮に対応することとしたため、切り立ったコンクリート堤防(パラペット堤防と呼ばれる)が設けられ、川とまちとが分断されていた。

その隅田川では、水質を浄化する各種の対策が講じられ[8]、水質汚染のため中止されていた花火大会も復活してきた。そして東京都観光による水上バスの運航が開始され、それも人々が隅田川を再び認識するうえで大きな役割を果たした。

その後、経済のバブル期の前後には、川とまちとを分断していたパラペット堤防を、**図-14.7** の中央に示すように、緩傾斜化し、あるいは沿川の土地

を盛り土してスーパー堤防化を図るとともに、堤防前面の川の中に河川通路（リバー・ウォーク）を設けることが行われた。この時代には、土地が高騰し、経済的にも土地の再開発が進む時代であった。さらに、東京都は税収が増加したことで、土地を取得せずに整備できる川の中のリバー・ウォーク整備などに投資する余裕があった。この機会をとらえ、通常であれば数十年を要する河川や沿川の整備が比較的短時間である程度進んだ。その結果、リバー・ウォークでの散策や都市の魅力的な場所として映画やTVの番組撮影にも利用されるなど、さらには河川舟運により、河川利用が大いになされるようになった。

なお、隅田川の放水路として現在の荒川下流部の河道が新設されたことで、隅田川の洪水を流下させる役割は大きく減じ、川の中にリバー・ウォークを設けることが可能となったことは知られてよい。

これらの水質浄化や船の運航、さらには川の整備と沿川の再開発により、隅田川は日本の都市河川を代表する河川によみがえってきた。都市化、工業化の時代に汚染され、その後再生された、アジアを代表する最初の河川でも

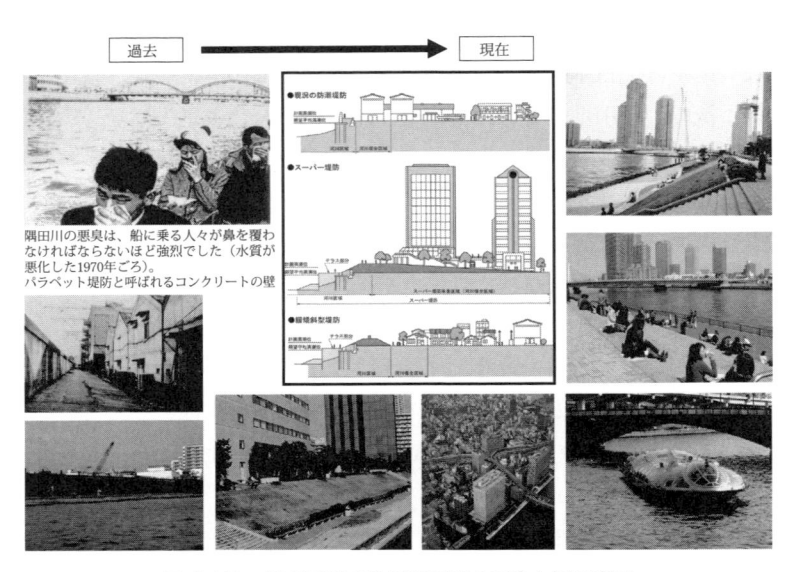

図-14.7　都市河川である隅田川の再生と河川利用

ある。その後アジアでは、そのような経過をたどって再生された河川として、後述のシンガポールのシンガポール川、中国・北京の転河、中国・上海の黄浦江や蘇州河、台湾・高雄の愛河、韓国・ソウルの清渓流川(チョンゲチョン)などが出現している。

(2) 大阪の大川(旧淀川)、道頓堀川

水の都大阪再生への各種の取り組みが、大川(旧淀川。古い時代には大和川もこの川を流れていた)や道頓堀川において20世紀末から21世紀初頭にかけて行われた。

象徴的なものとして、大阪最大の繁華街の一つである道頓堀では、道頓堀川の上下流端に水閘門を設けて水害を防ぎ、水質の浄化を図ることが行われた。閘門を設けることで、船を通す従前の機能も維持された。そこでは、水閘門で一定に維持される水面近くにリバー・ウォークが設けられ、さらには観光船の運航も始まった。都市の中で死んだ空間となっていた河川が、繁華街の真ん中でにぎわいのある河川として再生された。

図-14.8 大阪の大川、道頓堀川の再生と河川利用

また、大川では大阪水上バスほかの観光船が運行しており、前述のように年間約80万人が乗船するまでになった。河川の整備として、鉄道駅に連結した形で歴史のある船着き場（八軒屋浜）を現代的に再生している。これらの事業も含めて、水都大阪2009の大きな河川イベントが、大川の放水路である現在の淀川下流の河道が新設されて100年を記念し、2009年に実行された。さらに、歴史のある天神祭に加えて、新しい祭りとして、大量のLEDランプを流す「平成天の川」の活動なども試みている。

　東京の隅田川とともに、大阪の河川でもその再生と河川利用がなされるようになっている。

　大阪では、東京の隅田川と違い、高潮の災害を河口部の水門で防ぐ方式を採っているため、隅田川のような高い堤防はない。そのことが、都市と川とを結びつけるうえでは相対的に有利である。

(3) 徳島の新町川

　この川も、経済の高度成長期を通じて汚染され、一度は都市の見捨てられた空間となっていた。行政による下水道の整備や吉野川からの浄化用水の導入などの水質汚染対策、市民団体による河川の中のゴミ拾いなどの努力があった。そして、行政による積極的な取り組みとして、徳島県による河川護岸やリバー・ウォークの整備、徳島市による河畔公園の再整備が行われた。また、民間（商店会）が自らの資金調達でボード・ウォーク（ボードを敷いたリバー・ウォーク）を整備したことも、特筆されることである。

　そして、市民団体の「NPO新町川を守る会」（中村英雄代表）による原則無料の遊覧船の運航も、川と市民、川と観光客を結びつける大きな原動力となっている。この遊覧船は、年間約5万人が乗船するまでになっている。

　これらのことから、今日では、「水の都・徳島」とまで呼ばれるようになってきている。

　新町川の再生には、新町川を守る会の活動が大きい。特に継続的に河川再生と河川利用を進めること、市民や企業、行政にも支持される河川利用などの活動を進めること、さらには県や市の各種の行政を連携させることなどで、大きな役割を果たしてきている。川の再生が「市民主導、行政参加」（中村英

14.3 代表的、特徴的な河川利用

<汚染された河川の再生>
・水質浄化、河川清掃
・護岸整備、河畔公園整備
・リバー・ウォーク、ボード・ウォーク
・河畔の街再生
・遊覧船航行
・NPO新町川を守る会：365日イベント

汚染されていた時代
（上：昭和30年ごろ、下：河川の清掃）

遊覧船　　ボード・ウォーク　　川を望むレストラン
エレベータ

図-14.9　徳島の新町川の再生と河川利用

雄さん）で進められてきた唯一ともいえる実践事例である。

(4) 松江の堀川

　島根県松江市の松江城の堀川の再生と利用の例である。この堀川も汚染され全く顧みられず、利用されない時代があった。その堀川を、浄化用水を導入して浄化するとともに、舟運を起こして利用する取り組みが、当時の市長の強力なリードで進められた。遊覧船の運営も、高齢者を雇用して行うものであり、地域に高齢者の職を作るとともに、採算性の向上も図っている。

　松江には、城下町としての市街地に加えて、近くには宍道湖・中海、出雲神社、温泉、さらには石見銀山という観光名所もあり、年間800万人を超える観光客が訪れる。そこに堀川の観光舟運が行われるようになると、短期間で年間約30万人が乗船するまでになった。松江を訪れる観光客の約4％程度が乗船している。魅力的な観光名所が数多くある松江とその周辺で、訪れる観光客全体に占める堀川の舟運への乗船者の率は必ずしも大きくはないが、それでもこの約10年間で年間約30万人が乗船するまで急増しており、振興

349

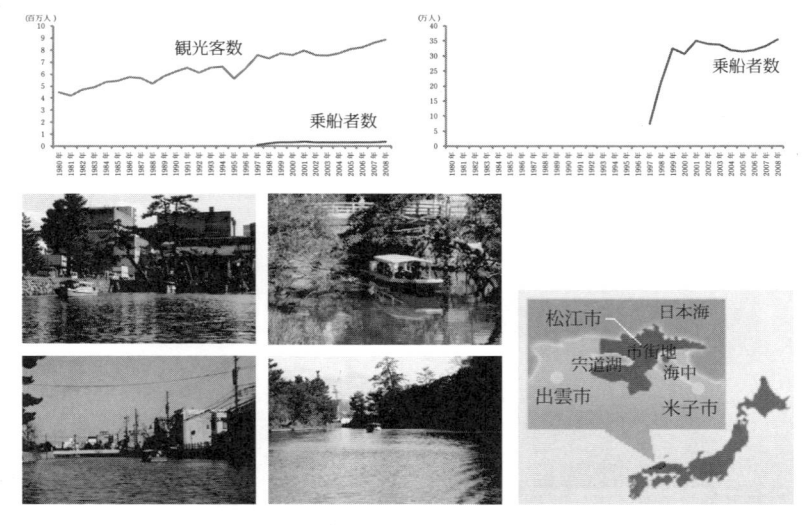

図-14.10　松江の堀川の舟運利用

する河川舟運の事例であるといえる。

　都市の再生、さらには観光の面でも、河川の再生と河川舟運の再興が大きな役割を果たしている例である。

(5) 京都の鴨川

　古都京都を流れるこの川は、古くから京都市街地の中心部にあって、都市の軸を形成し、現在でもよく利用されている。

　河川整備が行われて人工的な川であるが、川の中にはリバー・ウォークが整備されている（河岸の上にも通路が整備されている）。また、一部区間の河畔には、歴史的な納涼床があり、温かい時期にはにぎわっている（**図-14.11** 中央および下中と下右の写真）。

　この川は、夜間でも若者のみならず女性や子どもなどにも利用されている。そのような河川は、国内はもとより世界的にみても稀有である。

　韓国・ソウルの清渓川での道路撤去、河川再生において参考とされた世界の河川の一つである。清渓川は、鴨川とアメリカのサンアントニオ川[3),5)]に注目し、参考にしたという。

図-14.11　京都の鴨川と河川利用

14.3.2　地方部の河川利用

(1) 京都の保津川

　この河川は京都市の近傍にあって、かつては材木の輸送を中心とした河川利用が盛んであった。鉄道が普及するとともに材木の河川輸送は廃れたが、それらを担ってきた人たちにより、観光舟下りが行われるようになった。現在は、年間約30万人程度が乗船している。近年は、アジアの国々からの乗客数が増加しており、年間約8千人から1万人程度が乗船するようになっている。日本を代表する観光舟下りが行われている。

　図-14.12 左4枚の写真は春から秋までの繁忙期の舟下りの様子を、右2枚は冬の休閑期の舟下りの風景である。写真左下は、河川舟運にとってかわった鉄道(現在は観光に利用されている)に乗車している観光客と舟下りの乗船者が手を振って交流している風景である。

(2) 高知の四万十川

　「最後の清流」と言われるようになった高知の四万十川。この河川は高知の

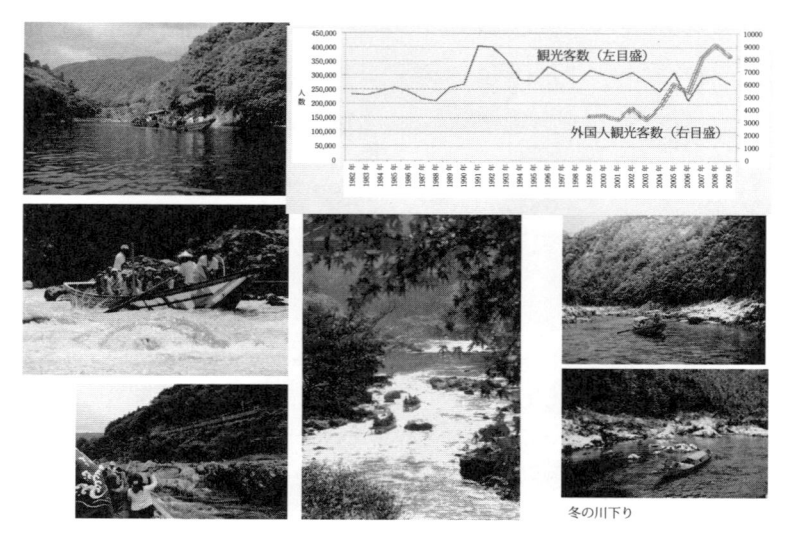

図-14.12 保津川と河川利用（川下り）

中心部からは西に離れた幡地域にある。**図-14.13** 右上に示すように、流域の大半は森林であり、ほぼ全域が中山間地である。河川に沿って狭い平野が散在し、まちも河川の近傍の平野や川に近い山の斜面上にある。この流域では、水質の保全対策、河川景観と流域景観を保全する条例の制定と施行など、その清流を保全することで地域を振興することが進められてきた。

　かつて陸の孤島的であったこの流域は、足摺岬観光の途中で通過する場所でしかなかったが、その後の道路整備の恩恵もあって、松山あるいは宇和島～高知への観光の途中で観光客が立ち寄る、あるいは最後の清流を求める観光客が訪れるようになった。観光客数は若干の変動はあるものの、大きくみればこの約30年で約10倍となり、年間約100万人前後にまで増加した。そして、かつては1事業者のみにより行われていた屋形船の運航が、現在では11事業者となり、年間約15万人が乗船するまでになった。地方部でも振興する河川舟運の事例である。四万十川流域を訪れる約100万人の観光客のうちの約15％程度がこれらの船に乗っている[9]。このことから、この地域の観光には、最後の清流、四万十川そのものが地域の魅力の重要な部分を占めていることが推察できる。

14.3 代表的、特徴的な河川利用

図-14.13 清流四万十川と河川の利用

　四万十川流域の観光の振興は、流域の行政などの清流を保全するための一連の活動が大きな役割を果たしてきた。四万十川が「最後の清流」として公共放送で取り上げられても、その影響は長い年数は続かない。それをきっかけとして、橋本大二郎知事（当時）を中心に、流域市町村の行政が競争しつつ協力して、地域の魅力を磨きつつ、対外的にも各種の方法でいわゆる広報的な活動も行ってきたこと、全国でも最低クラスの道路や鉄道の整備状態を少しずつ改善してきたこと（それを要望し、整備が進むように尽力したこと）など、四万十川に着目し、集中して畳み込んだ活動の成果であるといえる[9]。橋本知事が退陣して以降は、そのような活動はみられない。

14.3.3　特徴的な河川利用

　最も多い河川利用は、河川の堤防を中心とした河川通路（リバー・ウォーク）における散策（その他を含む）である。そのリバー・ウォークについては、拙著『リバー・ウォークの魅力と創造』[3]で論じているので、参照願いたい。
　ここでは、そのような散策を中心とした従来からの河川利用、すなわち、散策・その他、野球やサッカーなどのスポーツ、水遊び、釣りという利用か

ら、さらに一歩進んだともいえる特徴的な河川利用について、実例を示しつつみておきたい。それらは、日本国内はもとより、世界的にみても特徴的な利用であるといえる。

(1) 鬼怒川、小貝川での多様で沿川市町村が連携した河川利用

　鬼怒川と小貝川流域で沿川34市町村(合併前)が競争しつつ連携して進めてきた河川利用である。そこでは、①沿川市町村が河川に公園などを設ける場合には、川の中(堤外地)だけでなく川の外側(人の住む側。堤内地)も一体的に利用されるようまちと連続した形で河川利用の拠点を造ること、②サイクリングロードとフラワーベルト(河川敷に帯状に花を植える)で流域を結ぶこと、③各市町村が鬼怒川・小貝川オリジナルの「川の一里塚」(単調な堤防にランドマークを形成。日常的には利用スポット。洪水時には水防活動の拠点。既に30か所を超える一里塚ができている)、あるいは一定区間連続した「桜づつみ」(堤防断面を拡大し、その拡大した部分に桜を植樹。堤防強化を兼ねる)を設けること[1]、として河川全体を利用するというものである。川

図-14.14　鬼怒川、小貝川での多様で、沿川市町村が連携した河川利用

の中と外とを一体化した①の拠点としては、鬼怒川の栃木県さくら市（氏家）の河川公園、同真岡市の自然教育センターと老人研修センター（併設）、小貝川の茨城県下妻市のふれあい総合公園、同取手市（藤代）の総合公園とポニー牧場などの施設群など、規模の大きいものが数多く整備され、利用されている[1),10)]。

長い河川をスポット的に利用するだけでなく、沿川市町村が連携して河川全体を利用するという、世界的にも稀で珍しく、優れた特徴のある利用例である。

（2）小貝川での川の三次元的利用

これは、河川をイベント的に利用するだけでなく、常設で日常的に利用するという進んだ事例である。さらに、ここでは、河川敷（陸）だけでなく、川の流れ（水面）や、そこに広がり風が流れる空を三次元的に利用している。その理念は、「子どもも大人も、高齢者も障害者も共に暮らす」地域づくりの拠点としている。

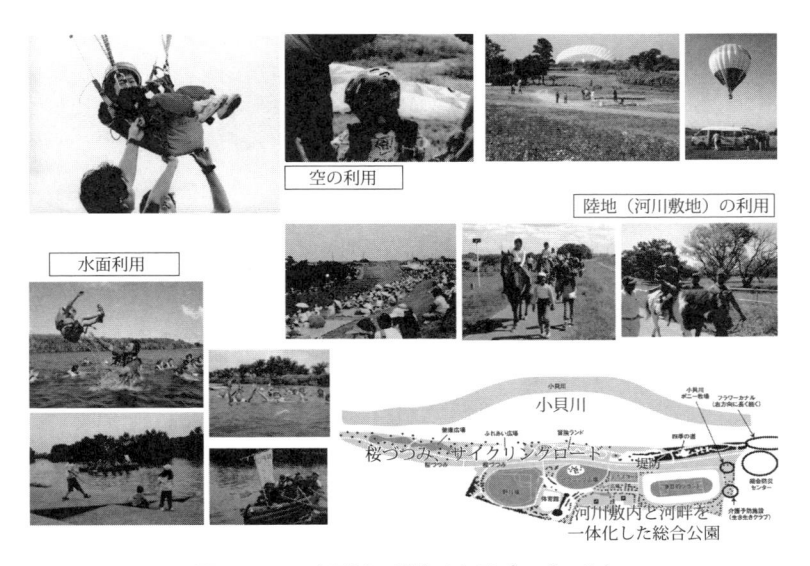

図-14.15　小貝川の藤代三次元プロジェクト

福祉施設を兼ねる「生き生きクラブ」、小貝川ポニー牧場などにより1年365日、いつ行っても相手をしてくれる人がいる、そしてイベント時のみではなく日常的、常設で河川を利用することができるという先進事例である。しかもそこは、子どもも大人も、高齢者も障害者も共に河川利用ができる拠点である。高齢者や障害者の乗馬セラピー、障害をもつ子どもの水面浮遊体験なども行われている。川を陸、水面、空の三次元で利用する点も特徴的であり、優れた先進事例である[1),2),10)]。

(3) 子吉川での医療面での河川利用

　これは医療面で河川を利用するというものである。河畔の本荘第一病院(秋田県由利本荘市)の小松寛治院長がリードして、子吉川「癒しの川」構想として進められてきた。その河川利用は、病院の入院患者による散発的あるいは定期的な河川利用に加えて、市民のフリーアクセスによる利用、病院関係者らのイベント的な利用(例えば糖尿病患者とそのOBによるウォークラリー)などである。

　河川があって入院患者がそれを眺めていることの価値(beingの価値)に加

図-14.16　河川の医療面での利用(子吉川"癒しの川"構想と実践)

えて、患者が河川に出てそれを利用することの効果（doing の効果）の計測も試みられている。

　川を医療面で利用するという試みとともに、医療のみでなくフリーアクセスでの市民の利用や子ども、高齢者の利用も複合的に行うという取り組みであり、特徴的な事例である[2),7),11),12)]。

（4）イベント的な利用から、日常的、常設の利用へ
　河川敷の利用のほとんどが時たまの、イベント的な利用である。例えば、河川敷での催しがある日に利用する、週末の休日にスポーツで利用するなどのイベント的な利用である。

　そのようなイベント的な利用から、よいものは常設で、毎日のように利用しようという試みが行われるようになった。前述の鬼怒川の栃木県真岡市の自然教育センターと老人研修センター（真岡市の全小学校 3 年生〜中学校の生徒が、年 1 回、約 1 週間泊まり込みで、自分たちで考えた自然体験などのメニューで共同学習をする。この活動は、正規の義務教育のカリキュラムに組み込まれて実施。対応は、それぞれの分野の専門知識経験を有する登録ボランティア）、小貝川の茨城県取手市藤代の川の三次元プロジェクトなどがその例である[1),4),7),11),12)]。

　全国をみると、そのようなものとして、①河畔に自然教育施設を設けて実施（栃木県真岡市・鬼怒川）、②河畔に教育・福祉などの複数の施設を設けて実施（茨城県取手市・小貝川など）、③河畔に「道の駅」と「川の駅」を併設・一体化して設けて実施（北海道恵庭市・漁川）、④河畔に病院、福祉施設を設けて実施（秋田県由利本荘市・子吉川、富山県富山市・神通川、北海道旭川市・石狩川、島根県雲南市吉田村・斐伊川支流深野川など）[1),2),11),12)]、⑤河畔にレストハウス、桜並木、川港などを設けて実施（岩手県北上市・北上川など）がある。

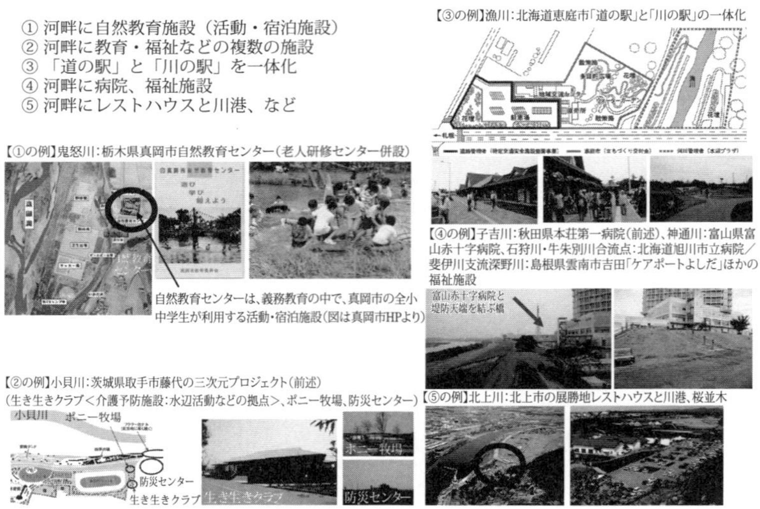
① 河畔に自然教育施設（活動・宿泊施設）
② 河畔に教育・福祉などの複数の施設
③ 「道の駅」と「川の駅」を一体化
④ 河畔に病院、福祉施設
⑤ 河畔にレストハウスと川港、など
【①の例】鬼怒川：栃木県真岡市自然教育センター（老人研修センター併設）
自然教育センターは、義務教育の中で、真岡市の全小中学生が利用する活動・宿泊施設（図は真岡市HPより）
【②の例】小貝川：茨城県取手市藤代の三次元プロジェクト（前述）
（生き生きクラブ＜介護予防施設：水辺活動などの拠点＞、ポニー牧場、防災センター）
小貝川
ポニー牧場
防災センター
生き生きクラブ
【③の例】漁川：北海道恵庭市「道の駅」と「川の駅」の一体化
【④の例】子吉川：秋田県本荘第一病院（前述）、神通川：富山県富山赤十字病院、石狩川・牛朱別川合流点：北海道旭川市立病院／斐伊川支流深野川：島根県雲南市吉田「ケアポートよしだ」ほかの福祉施設
富山赤十字病院と堤防天端を結ぶ橋
【⑤の例】北上川：北上市の展勝地レストハウスと川港、桜並木

図-14.17 河川をイベント的な利用から、日常的な利用、常設化した利用への展開

14.4 世界の視野で：
アジアの事例、観光、河川情報ネットワーク

ここでは、河川利用の視野を世界、特に成長著しいアジアにまで広げ、また観光の視野ももって、その特徴について述べる。また、筆者がその立ち上げ期に取り組み、その後発展してきている河川再生、川からの都市再生に関する情報ネットワークについても紹介しておきたい。

14.4.1 アジアの河川の再生と河川利用

アジアの都市の河川の再生と、川からの都市再生には、目を見張るものがある。筆者は既にその紹介を行ってきた[1),3)～5),13)]。

ここでは、その中でも代表的なものとして、①韓国・ソウルの清渓川(川を覆う高架道路などの撤去、河川再生)、②シンガポールのシンガポール川(河川再生、河畔の都市再開発。河川舟運)、③台湾・高雄の愛河(河川再生、河畔への緑道の整備。河川舟運)、④中国・北京の転河(埋め立てられて道路

図-14.18 アジアの都市での河川再生、川からの都市再生と河川利用

などとなっていた河川の再生、河畔の都市再開発。河川舟運)、⑤中国・上海の黄浦江(リバー・ウォークの整備)や蘇州河(河川再生、河畔の都市再開発)を挙げておきたい。これらの都市では、一時期は河川の汚染によって都市の顧みられない、あるいは嫌われる空間となっていた河川が、都市の最も貴重でにぎわう空間として再生され、利用されるようになっている。

14.4.2　韓国での河川整備、河川再生などへの強力な取り組み

(1) 四大河川の大事業(プロジェクト)

本章は、前述のように、韓国政府(文化・スポーツ・観光省)に招請され、日本の河川利用について報告した内容をまとめたものである。その韓国では、河川の整備が日本では想像できないほど短期間で、膨大な投資のもとに進められている。そのグリーン・ニューディールともいわれる国家プロジェクトの詳細な紹介は省略するが、要点のみを記すと以下のようである。

その国家プロジェクトは、韓国の四大河川である漢江、洛東江、栄山江、

金江において、①水の確保のための整備、②洪水防止、③水質浄化および生態系復元、④複合空間創造（自転車道の整備など）、④地域発展（地方河川整備）を目的とした河川整備である。そこでは、河川の浚渫、多数の堰の建設、ダムの建設・整備、遊水地の整備、自転車道の整備、河川公園の整備などを短期間で行うとうものであり、約4年間という期間で集中的に投資を行い、完成させるという大事業である。本年度（2011年度）中にはほぼ完成させるという。そして、このプロジェクトは、従来の河川担当部局のみでなく、大統領府がリードして関係全省庁が協力し、実施するものとなっている。したがって、河川利用に関して、前述の文化・スポーツ・観光省も、観光という面でそれを主導している。

　このプロジェクトが、李明博大統領が選挙公約とし、その後その実施が難しくなったソウルと釜山を結ぶ京釜運河構想とどのような関係にあるかは不明である。しかし、四大河川プロジェクトの多くの内容は、河川の浚渫を行い、堰を建設するなど、構想に類似する河川施策が多く含まれている（ただし、京釜運河は、漢江と洛東江の上流部にはトンネルを設ける計画であったが、そのようなものは含まれていない。また、多数の堰には河川舟運のために必要な閘門は設けられていない）。

　この大プロジェクトで注目すべきことは、事業の目的である。すなわち、①水資源の開発・確保、②治水、③環境改善に加えて、④河川利用（複合的空間整備）が目的に加わっていることである。筆者は、日本の河川法の河川管理の目的に、①治水、②利水、③環境に加えて、④河川利用、都市・地域の空間としての河川空間の管理を付け加えるべきだと提言してきた[1), 4), 5)]。その河川利用（複合的空間整備）が、この大プロジェクトではしっかり目的に加わっていることである。

（2）ソウルの清渓流川のその後の状況（近況）

　ソウルの清渓川（チョンゲチョン）で、河川に蓋をして設けた高架道路などを撤去し、河川を再生したことは、拙著でも紹介してきており、よく知られている[3)～5)]。

　その清渓川の近況を2010年12月に調査した。既に人工的に植樹された

図-14.19 ソウル・清渓流川に設けられた河川エレベーターと洪水時の脱出梯子

木々も大きくなり、自然的な風景となってきた。そして、いくつかの河川の改善も行われている。その一つが河川のユニバーサルデザイン(バリアフリー化)の進展である。この川では、障害者が川に降りるためのエレベーターが2か所で設けている(**図-14.19** 左と中の3枚の写真)。このエレベーターの川の中の出口は、防水扉で密閉することができるようになっている。また、河岸の河川通路(リバー・ウォーク。道路の横の通路)の幅は人一人がようやく通れるほどの狭いものであったが、それを広げることも徐々にではあるが進められている。

また、設けられた時期はわからないが、洪水時に川からの脱出するための簡易な梯子が目に付いた(**図-14.19** 右2枚の写真)。

このような河川整備に加えて、ある意味ではこの事業の主目的ともいえる沿川の再開発が、徐々にではあるが、進んできている様子を知ることができた。

(3) 仁川とソウルを結ぶ京仁運河は完成間際

韓国では、大統領の大構想(京釜運河)ではないが、国際空港があり、中国

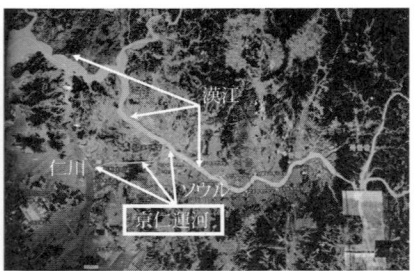

図-14.20　完成間際の京仁運河の風景と位置関係図

などを結ぶ物流の拠点でもある仁川とソウルを結ぶ京仁運河が完成間際まできている（2011年1月時点）。この運河は大規模なものであり、水面幅も広く、かつその運河には緑地帯と道路が並行して設けられている。**図-14.20**左はその運河整備の風景であり、同右は漢江の流れと京仁運河の位置、そしてソウル中心地との位置関係を示している。漢江の下流部（図の左上）は、その多くが北朝鮮の領土であり、この川を定常的に利用してソウルに至ることに困難があり、無理とみなされているため、京仁運河が構想された。なお、この運河は、洪水対策としての機能（周辺の流域の排水。漢江の洪水を分派するものではない）をもつが、洪水排水のためのものとしては幅の広い水路となっている。

　このような河川運河が今日でも設けられていることには注目したい。20世紀末には、約100年をかけてライン川とダニューブ（ドナウ）川とを結ぶライン・マイン・ドナウ運河が開通しているが、この京仁運河の完成も、長期的な視野から評価がなされるであろうか。この事業は、四大河川プロジェクトとともに、活気が喪失した日本の想像を超えるものである。

　この事業については、既に李明博大統領が視察しており、竣工式にも参加するとみられている。

14.4.3　観光と河川

　観光と河川については、韓国では前述のような河川と観光の国際フォーラムも開催されるようになっているが、日本ではあまりこれまで議論されるこ

とがなかった。その観光について、その実情をみたものが**図-14.21**である。

三浦裕二(元・日本大学教授、NPO都市環境研究所代表)、筆者らは、河川舟運のフォーラムを開催し、観光庁長官の参加を得て、川と観光についても議論した。保津川や鬼怒川の舟下りも、多くの海外からの旅行者が乗船するようになり、案内パンフレットも英語、中国語、韓国語などが準備されるようになっている。

その日本の観光の実態や目標をみたものが、**図-14.21**である。そこに年間1000万人に届かない訪日旅行者数という現状と高い目標設定などを示した。観光はそれを支えるすそ野の産業も幅広く、今後の重要な産業の一つとされている。フランスやスペインなどは、この面での先進国であり、アジアでも韓国などはこの面で日本より一歩進んだ国となっている。

この国際観光は、狂牛病(BSE)や地震、原子力発電所の事故などに強く影響を受けるものであり、東日本大震災や原子力発電所の問題で、今年(2011年)は深刻な年となるであろうが、河川での観光も含めて、この後の発展が

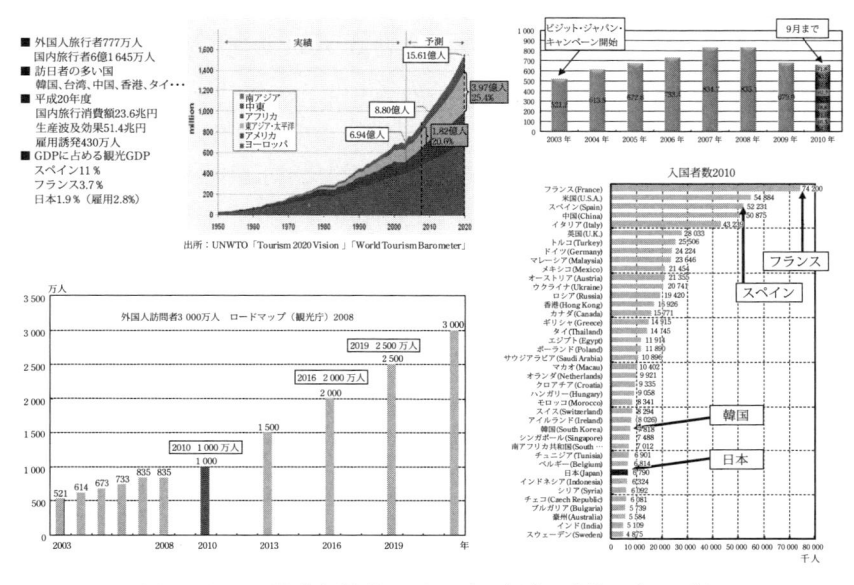

図-14.21 国際的な視野でみた日本の観光の実態と高い目標

アジア河川・流域再生ネットワーク ARRN　（http://www.a-rr.net/ ）
中国河川・流域再生ネットワーク CRRN　（http://www.cnrrc.cn/）
韓国河川・流域再生ネットワーク KRRN　（http://www.krrn.net/）
日本河川・流域再生ネットワーク JRRN　（http://www.a-rr.net/jp/）
① 河川の自然再生
② 都市河川の再生

図-14.22　アジアの河川再生情報ネットワーク

求められる分野である。

14.4.4　河川再生、川からの都市再生などについての河川情報ネットワーク

　筆者は、アジアの河川再生、川からの都市再生についての河川情報の国際ネットワークの立ち上げを進めてきた[14),15)]。その先進的な事例であるヨーロッパ河川再生ネットワーク（ECRR。自然再生が中心のネットワーク）とも連携しつつそれを進めてきた。アジアの情報ネットワークでは、ECRRのように自然再生のみではなく、都市の河川再生、川からの都市再生にも配慮してきた。その後情報ネットワークは韓国や中国の参加と連携もでき、一定の進展がある。それを図-14.22に紹介しておきたい。

14.5　おわりに

　日本の河川利用について、国際的な視野で、そして観光という面も含めて紹介し論じた。日本の河川利用の実態を解説するとともに、日本国内でも、そして世界的な視野でみても一歩進んだ特徴のある優れた河川利用の事例を

紹介した。それらは今後の河川利用の推進や進展において参考にされてよいであろう。

　河川利用についてはまとまった報告、あるいはそれを論じたものはほとんどなく、本章が今後の河川利用の増進の参考になれば幸いである。

　本文中でも述べたが、河川管理の目的に、これまでの①治水、②利水、③環境に加えて、④河川利用、都市・地域の空間としての河川の管理やその増進の支援が加えられてよい。韓国の四大河川プロジェクトでは、河川利用（複合的空間整備）が目的にしっかりと位置づけられていること、そして本文で示した河川利用、都市での河川再生、川からの都市再生と河川利用にみられるように、それは重要なものであり、今後達成すべきことである。河川管理の目的に河川利用が加わることで、河川管理と都市計画・都市経営が結びつきやすくなり、河川も都市も改善されるであろう。

《参考文献》

1) 吉川勝秀『河川の管理と空間利用』鹿島出版会、2009
2) 吉川勝秀編著、NPO 川での福祉・医療・教育研究所著『川での福祉・医療（教育）の実態とその増進』川での福祉・医療・教育研究所出版、2010
3) 吉川勝秀『リバー・ウォークの魅力と創造』鹿島出版会、2011
4) 吉川勝秀『流域都市論』鹿島出版会、2008
5) 吉川勝秀『都市と河川』技報堂出版、2008
6) 三浦裕二・陣内秀信・吉川勝秀編『舟運都市』鹿島出版会、2008
　（本書は韓国において、ハングル語でも出版されている）
7) 吉川勝秀編著『多自然型川づくりを越えて』学芸出版社、2007
8) 吉川勝秀『河川流域環境学』技報堂出版、2005
9) 吉川勝秀・伊藤一正・西内燦夫「自然と共生する流域圏・都市の再生（形成）に関する研究」『建設マネジメント論文集』（投稿中）
10) 吉川勝秀『人・川・大地と環境』技報堂出版、2004
11) 石川治江・大野重男・小松寛治・吉川勝秀編、川での福祉・医療と教育研究会著『川で実践する　福祉・医療・教育』学芸出版社、2004
12) 吉川勝秀編著、川での福祉・医療・教育研究会著『川のユニバーサルデザイン』山海堂、2005
13) 吉川勝秀「都市と河川の新風景(3)－川と道路の関係の再構築－」『季刊　河川レビュー』新公論社、Vol.40、No.151、2011 冬、pp.40-46

14) 山本有二・吉川勝秀・髙橋達也「国際的な情報ネットワーク構築に向けた検討について」『リバーフロント研究所報告』(財)リバーフロント整備センター、No.16、2005、pp.268-278
15) 吉川勝秀「アジア等における水辺・流域再生に係わる国際ネットワーク構築について」『RIVER FRONT』(財)リバーフロント整備センター、No.53、2005、pp.22-26
16) 吉川勝秀「都市と河川の新風景(4)河川の利用－世界の視野で、観光も視野に－」『季刊　河川レビュー』新公論社、No.152、2011 夏

第 15 章
堤防築造・整備、堤防技術の歴史的、国際的考察

【本章の要点】

　河川堤防の築造、増改築の経過や堤防技術の歴史的な変遷、さらには国際的な視点での堤防の整備について述べる。

　その結果として、堤防で国土の多くを守ってきた日本やハンガリー、オランダやドイツのライン川下流部、中国長江・黄河などでは同様の経過をたどっていること、その一方で、欧米や中国では、守るべき資産（被害ポテンシャル）に応じて堤防の安全度を変えていること、洪水外力の継続時間（一般の堤防では長期にわたり継続する洪水ハイドログラフに、運河兼用堤防では常時継続する水位に）対応して、堤防の厚さ（のり＜法＞勾配＜堤防の傾斜＞）を緩くしていることなどが知られる。

　日本のように勾配が急で流路が短い河川では、短期集中型の洪水ハイドログラフとなる。一方、欧米や中国のように勾配が緩やかで流路が長い大河川では洪水がゆっくり長期にわたって継続する。洪水の特性に対応し、河川の堤防の厚さは洪水の継続時間によって規定されることは当然といえる。あと一つ重要なことは、欧米の主要河川は多くの区間で運河兼用となっており、堰と閘門で水位が堰上げられた背水区間では、高い水位がほぼ1年中継続するため、いわば高さの低いダムのような堤防として、浸透に対する備え、設計がなされている。そのような外力の河川堤防と日本のような短期集中型の洪水に対する堤防を同一視することは適切ではない。このことに配慮することが必要である。

15.1　日本における築堤の歴史的な経過

15.1.1　堤防築造と大河川の氾濫原（沖積地）の開発歴史の概観

　日本における堤防の築堤に関しては、古くは『古事記』、『日本書紀』に記されているように、仁徳天皇時代に淀川で設けられた茨田（まんた）の堤が挙げられる。また、関東での河川の治水に関しては、『続日本記』に記されている鬼怒川でのもの（堤防を築造したかは不明）が挙げられる。

　しかし、本格的に大河川の氾濫原で河川整備がなされるようになったのは、15世紀に河川に堤防を築き、それまで洪水のたびに氾濫を繰り返していた河川の流路を固定する技術が開発されてからである。

　ほぼ同時期に、稲作農耕が盛んな中国でも、大河川の氾濫原（沖積地）の大開発が行われている。

　今日の日本の大都市、大阪や東京、名古屋などは大河川の下流部の氾濫原にある。15世紀末から16世紀初めまでは、大河川の下流部の氾濫原（沖積平野）は使い道のない条件の悪い場所であった。雨が降り洪水になると、そのたびに流路が変わり、至るところが沼沢地となり、人の通行には泥が深く、船が通るに水深が浅く、稲作にも適さない土地であった。しかし、堤防を築くことで河道が安定すると、堤防で守られた土地は新田となり、安定した河道は水深が深くなって舟運にも使うことができるようになる。このような沖積平野の水田への開発や舟運の振興は、沖積平野をもつ大名によって行われ、その結果としてそれを行った大名が勢力をもつようになった。例えば織田信長の父親の織田信秀はその典型である。全国の大河川の下流部の沖積平野（氾濫原）で同様の開発が行われ始めた。そして、そのような開発は、江戸時代の元禄のころまで続いた。その結果、当時の日本は、水田稲作の生産が急激に増加して経済の高度成長の時代となり、人口も急増した[1]～[7]。

15.1.2　全国の大河川の沖積平野の開発と河川堤防の整備

　図-15.1に日本の約2 000年の沖積平野（河川の氾濫原）の開発の経過を示した[1]～[6]。また、日本の約2 000年の人口の増加などの経過を図-15.2に示

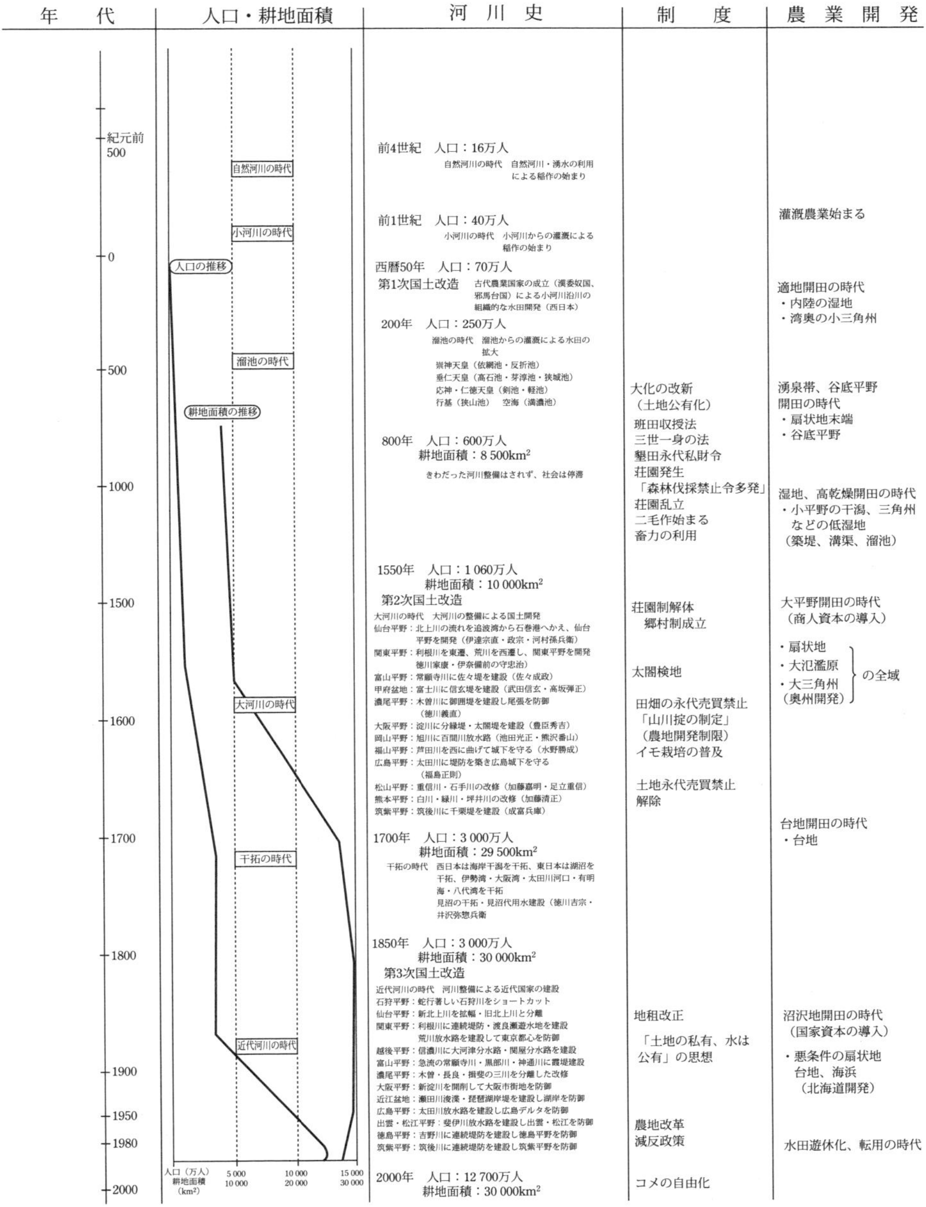

15.1 日本における築堤の歴史的な経過

年代	人口・耕地面積	河川史	制度	農業開発
紀元前500	自然河川の時代	前4世紀 人口：16万人 自然河川の時代 自然河川・湧水の利用による稲作の始まり		
0	小河川の時代 人口の推移	前1世紀 人口：40万人 小河川の時代 小河川からの灌漑による稲作の始まり		灌漑農業始まる
		西暦50年 人口：70万人 第1次国土改造 古代農業国家の成立（邪馬台国、邪馬台国）による小河川沿いの組織的な水田開発（西日本）		適地開田の時代 ・内陸の湿地 ・湾奥の小三角州
-500	溜池の時代	200年 人口：250万人 溜池の時代 溜池からの灌漑による水田の拡大 崇神天皇（依網池・反折池） 垂仁天皇（高石池・茅渟池・狭城池） 応神・仁徳天皇（剣池・軽池） 行基（狭山池） 空海（満濃池）	大化の改新 （土地公有化）	湧泉帯、谷底平野開田の時代 ・扇状地末端 ・谷底平野
-1000	耕地面積の推移	800年 人口：600万人 耕地面積：8 500km² きわだった河川整備はされず、社会は停滞	班田収授法 三世一身の法 墾田永代私財令 荘園発生 「森林伐採禁止令多発」 荘園乱立 二毛作始まる 畜力の利用	湿地、高乾燥開田の時代 ・小平野の干潟、三角州などの低湿地 （築堤、溝渠、溜池）
-1500	大河川の時代	1550年 人口：1 060万人 耕地面積：10 000km² 第2次国土改造 大河川の時代 大河川の整備による国土開発 仙台平野 北上川の流れを追廻淵から石巻港へかえ、仙台平野を開発（伊達政宗・政宗・河村孫兵衛） 関東平野 利根川を東遷、荒川を西遷し、関東平野を開発（徳川家康・伊奈備前守）	荘園制解体 郷村制成立 太閤検地 田畑の永代売買禁止 「山川掟の制定」 （農地開発制限） イモ栽培の普及 土地永代売買禁止解除	大平野開田の時代 （商人資本の導入） ・扇状地 ・大氾濫原 ・大三角州 の全域 （奥州開発）
-1600		富山平野 常願寺川に大堤を建設（佐々成政） 甲府盆地 富士川に信玄堤を建設（武田信玄・高坂弾正） 濃尾平野 木曽川に御囲堤を建設し尾張を守防（徳川義直） 大阪平野 淀川に分縄堤・太閤堤を建設（豊臣秀吉） 岡山平野 旭川に百間川放水路（池田光政・熊沢蕃山） 福山平野 芦田川を西に曲げて城下を守る（水野勝成） 広島平野 太田川に堤防を築き広島城下を守る（福島正則）		
-1700	干拓の時代	松山平野 重信川・石手川の改修（加藤嘉明・足立重信） 熊本平野 白川・緑川・坪井川の改修（加藤清正） 筑後平野 筑後川に千栗堤を建設（成富兵庫） 1700年 人口：3 000万人 耕地面積：29 500km² 干拓の時代 西日本は海ート干潟を干拓、伊勢湾・大阪湾・太田川口・有明海・八代湾を干拓 見沼の干拓・見沼代用水建設（徳川吉宗・井沢弥惣兵衛）		台地開田の時代 ・台地
-1800		1850年 人口：3 000万人 耕地面積：30 000km² 第3次国土改造 近代河川の時代 河川整備による近代国家の建設 石狩平野 蛇行著しい石狩川をショートカット 仙台平野 新北上川を開削・旧北上川と分離 関東平野 利根川に連続堤防、渡良瀬遊水地を建設、荒川放水路を建設して東京都心を防衛	地租改正 「土地の私有、水は公有」の思想	沼沢地開田の時代 （国家資本の導入） ・悪条件の扇状地 台地、海浜 （北海道開発）
-1900	近代河川の時代	越後平野 信濃川に大河津分流路、関屋分水路を建設 富山平野 急流の常願寺川・黒部川・神通川に連続堤建設 濃尾平野 木曽・長良・揖斐の三川を分流した改修		
-1950		近江盆地 藤田川湊水、陸閘湖岸堤を建設し湖岸地を防衛 大阪平野 新淀川を開削して大阪市街地を防衛		
-1980		広島平野 太田川放水路を建設し広島デルタを防衛 出雲・松江平野 愛伊川放水路を建設し出雲・松江を防衛 徳島平野 吉野川に連続堤防を建設し徳島平野を防衛 筑後平野 筑後川に連続堤防を建設し筑後平野を防衛	農地改革 減反政策	水田遊休化、転用の時代
-2000	人口（万人） 5 000 10 000 15 000 耕地面積 10 000 20 000 30 000 (km²)	2000年 人口：12 700万人 耕地面積：30 000km²	コメの自由化	

図-15.1 日本の2000年の氾濫原（沖積地）開発の歴史[1)〜6)]

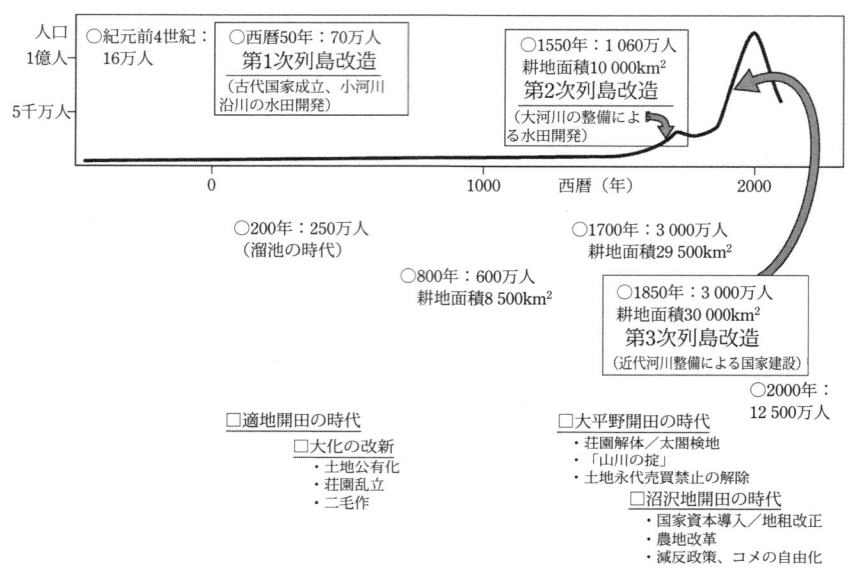

●第15章●堤防築造・整備、堤防技術の歴史的、国際的考察

図-15.2 日本の2000年の人口の変化（氾濫原の開発と人口）[1]〜[6]

図中の情報：
- 紀元前4世紀：16万人
- 西暦50年：70万人　第1次列島改造（古代国家成立、小河川沿川の水田開発）
- 200年：250万人（溜池の時代）
- 800年：600万人　耕地面積8 500km²
- 1550年：1 060万人　耕地面積10 000km²　第2次列島改造（大河川の整備による水田開発）
- 1700年：3 000万人　耕地面積29 500km²
- 1850年：3 000万人　耕地面積30 000km²　第3次列島改造（近代河川整備による国家建設）
- 2000年：12 500万人

□適地開田の時代
　□大化の改新
　　・土地公有化
　　・荘園乱立
　　・二毛作

□大平野開田の時代
　・荘園解体／太閤検地
　・「山川の掟」
　・土地永代売買禁止の解除
　　□沼沢地開田の時代
　　　・国家資本導入／地租改正
　　　・農地改革
　　　・減反政策、コメの自由化

した[1]〜[6]。

　大河川の下流部の氾濫原の開発により、16世紀以降、江戸時代の元禄の時代まで、日本は人口が急増し、高度成長期となったことが知られる。

　戦国大名による河川堤防の築造では、それぞれの大名が地域で特徴のある工法を用いたと推察されるが、江戸幕府の時代になると、ある程度の技術的な基準のようなもので堤防が築造されるようになった[4],[8]。

　江戸時代初期における利根川の流路と氾濫原の状況（現在の利根川の右岸の東京氾濫原、すなわち埼玉平野）についてまとめたものが**図-15.3**である。氾濫原内には、その当時の利根川や渡良瀬川、荒川の河道があり、沼沢地や低湿地が分布している。江戸時代初期に、この埼玉平野（東京氾濫原）を流下していた利根川（古利根川）、渡良瀬川、荒川（元荒川）は、氾濫原の洪水氾濫を防御・軽減するため、利根川の流路は東の鬼怒川・小貝川に付け替えられ、荒川は現在の西の流路に付け替えられた（第9章**図-9.2**参照）。なお、この流路の付け替えでは、洪水は従前の利根川と渡良瀬川の流路も流下し（むしろ

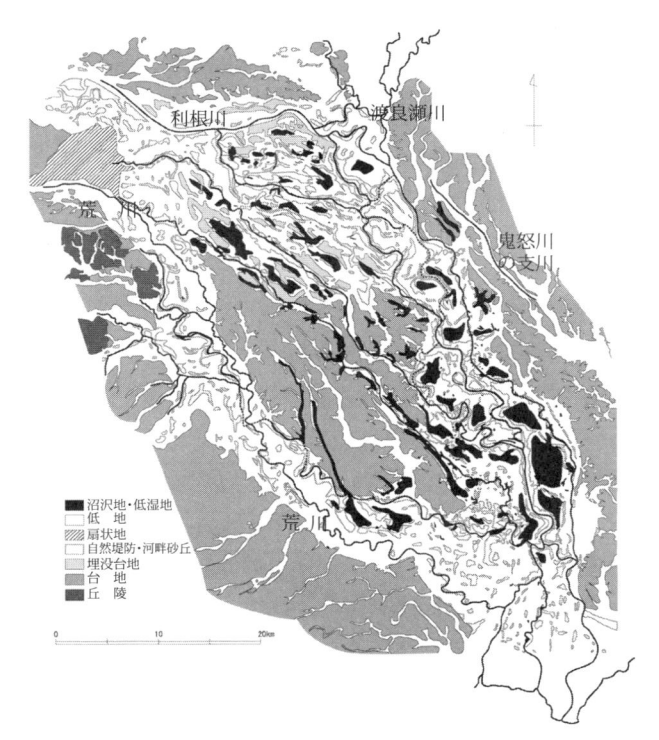

図-15.3 江戸時代初期に現在の利根川右岸側の氾濫原内の沼沢地・低湿地の分布(埼玉県中川水系調査事務所資料より作成)

従前の河川が洪水の大半を担っていた)、洪水の一部が鬼怒川・小貝川の流路に流されるようになったものであり、その後、徐々に利根川・小貝川の流路への洪水分派量が増強された。一方、荒川については熊谷で締め切られ、洪水は新しい流路を流下して現在の隅田川を経て東京湾にまで至るようになった。

　この利根川の東遷に先立って、それを受け入れた鬼怒川・小貝川では乱流する河川の流路を付け替えるとともに固定し、新田開発が行われている(**図-15.4**)[2)~6)]。上流の下妻での鬼怒川の流路の付け替え、鬼怒川と小貝川の分離により、その下流の鬼怒川と小貝川に挟まれた豊田谷和原領の新田開発が行われた。さらにその下流の水海道でも台地を開削した鬼怒川の流路の

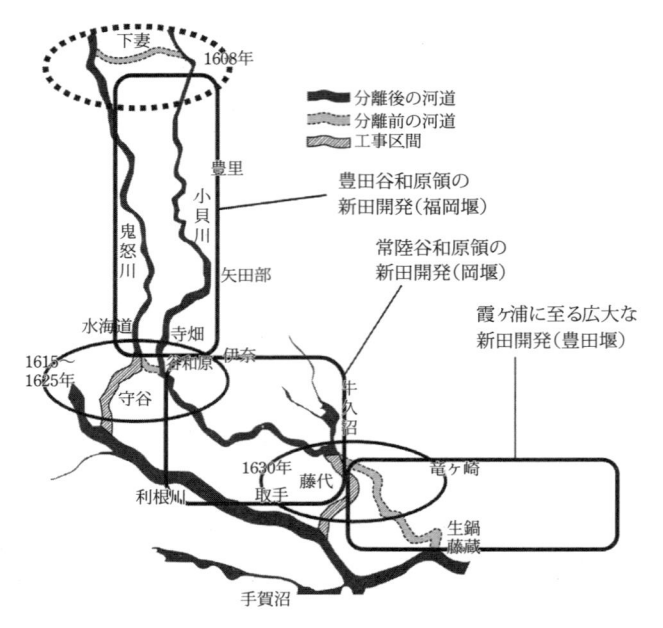

●第15章●堤防築造・整備、堤防技術の歴史的、国際的考察

図-15.4 利根川の東遷に先立って行われた鬼怒川・小貝川の流路の付け替えと新田の開発

　付け替え、鬼怒川と小貝川の分離が行われ、常陸谷和原領の新田開発が行われた。さらにその下流の取手付近での小貝川の流路の付け替え（西に付け替え）により、その下流の霞ヶ浦に至る広範囲が新田として開発された。これらの新田開発では、整備の時期は少し遅れるが、農業用水の取水のための堰（岡堰、福岡堰、豊田堰）や用水の整備が行われている。

　利根川の東遷については、その目的は河川舟運のためであったという説もあるが、それに先立って行われた鬼怒川・小貝川での流路の付け替えによる洪水氾濫の防止・軽減と新田の開発をみると、埼玉平野（東京氾濫原）の新田開発が目的であったと推察される[6]。この新田開発という目的は、河川舟運という目的と両立するものである。

　さらに明治以降のいわゆる近代河川整備では、経験した大洪水を参考に計画高水流量を設定し、それに対応した計画高水位を設定して、その水位を基準に、堤防の余裕高、堤防天端幅、そして堤防ののり（法）勾配を定め、ある

高さと堤防幅をもった堤防が築造されるようになった。そして、大きな洪水を実際に経験するごとに計画高水位を引き上げつつ、堤防の増改築が行われてきた。いわば既往最大洪水主義的な河川整備が行われてきた。利根川を例に、その経過を示すと、計画で対象とする河道流量(計画高水流量)、計画高水位は**図-15.5**に示すように引き上げられてきた。それに対応して、河川の堤防も増改築されてきている[4]。

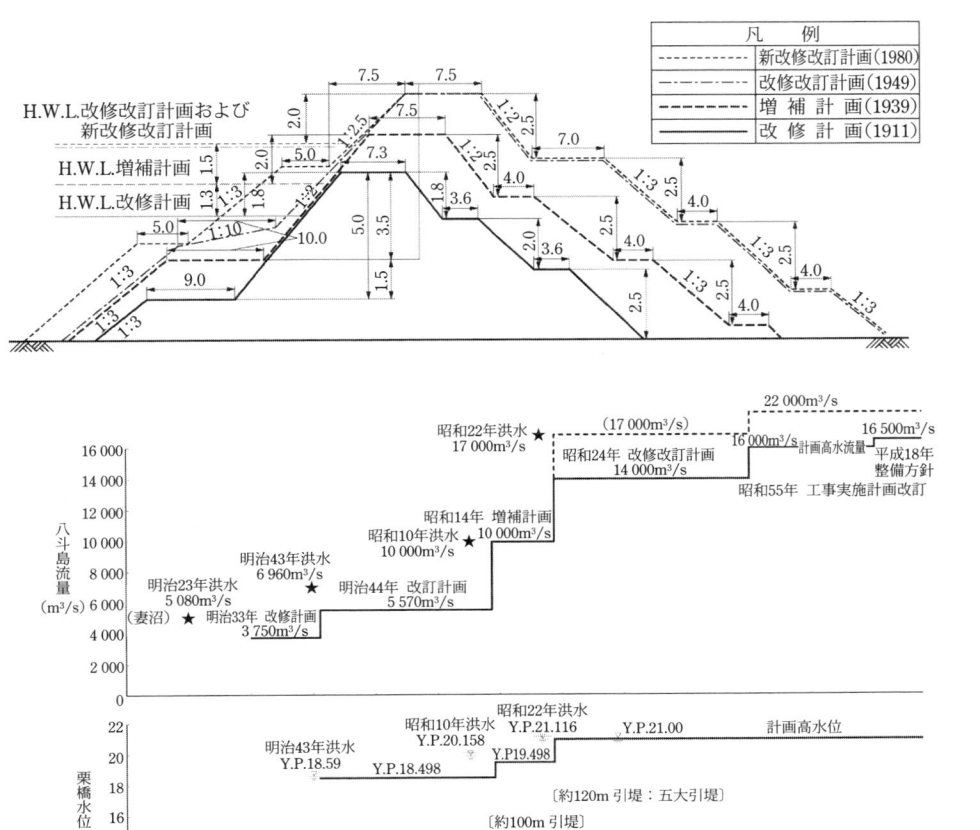

図-15.5 利根川における計画流量、計画水位の変遷と断面(栗橋地点)の変化

●第 15 章● 堤防築造・整備、堤防技術の歴史的、国際的考察

　経験した大洪水（多くの場合は既往最大の洪水）に対応して、計画で対象とする河道流量（計画高水流量）を定め、計画高水位の引き上げることは、後述するハンガリーのダニューブ（ドナウ）川など、世界的にも行われている。中国の長江では、第 2 章の図-2.7 に示したように、既往の大洪水の一つである 1954 年の実績洪水位を基準に堤防の整備が行われている。

　以上のような歴史的な堤防の築造、増改築については、拙編著『河川堤防学』[4]に詳しく述べたので参照願いたい。

　また、以上は、16 世紀以降現在までの北海道を除く全国の大河川での堤防の築造の歴史である。北海道では、大河川下流部の沖積平野（氾濫原）の堤防整備は、この約 100 年間で急激に行われた。明治以降のいわゆる近代治水によるものであるが、その経過については瀬川・吉川らにより整理されており、河川整備と流域の開発についても知ることができる[9]。

15.2　日本における堤防技術について

15.2.1　河川の流路の固定と河川堤防の整備

　日本における堤防の築造は、前述のように、古くは淀川の茨田などがある。さらにその後、例えば鬼怒川の氾濫原における治水なども行われている。そこで築かれた河川堤防は局所的なものであったと推察される。そのような大河川の氾濫原（沖積地）での局所的な地区防御としては、その後も長い間存続してきた例えば木曽川、長良川、揖斐川の氾濫原での「輪中堤防」、さらには利根川の上流右岸側のいわゆる東京氾濫原での「水はね堤防」などがある。そのような地区防御の方法から、川の両側に連続して築堤することで川の流路を固定して洪水を軽減することが行われるようになった。15 世紀にそのような技術が開発されたといわれている。

　ここでは、日本において河川の流路の固定とともに堤防が設けられるようになったと思われる 15 世紀以降の堤防技術についてみておきたい。

　室町時代の終わりから戦国時代、さらに江戸時代初期にかけては、各地の大名、さらには江戸幕府により、全国の河川で流路を固定する治水が行われてきた。その様子は、筆者も企画・実行・執筆に関与してきた特集記事、全

国の河川での約2 000年の治水対策の実施と流域の開発・発展の歴史にみることができる[10]。例えば熊本では白川の流路を北に付け替え、坪井川の流路に近いところに固定するが、そこには加藤清正により白川と坪井川を分離する石積護岸で補強された堤防（石塘）、今日でいう背割堤が築造されている。この河川の流路の付け替えにより、かつては白川、緑川が洪水のたびに乱流していた広大な沖積地（白川の氾濫原。一部は緑川の氾濫原）である熊本平野が新田として開発された。河川の特性に応じて工夫された治水は、富士川水系の御勅使川の流路の固定と釜無川の合流点付近での信玄堤の整備など、全国で試みられている。

15.2.2　河川堤防の技術的な指針など

　ここでは、河川堤防の技術的な指針や基準などについて概観しておきたい。

（1）江戸時代

　江戸時代に入ってからは、幕府によって全国の河川における築堤の経験を蓄積する形で整理したと推定される、築堤の今日でいう技術的な手引きも作成されている[4),8)]。

　堤防の構造などについて記述されている『地方竹馬集』（1689年）、『治水要訣』（1725年）、『續地方落穂集』（1763年ごろ）、『地方凡例録』（1794年）、『算方地方大成』（1837年）、『隄防溝洫志』（1800年代前半）などである[8)]。これらは、経験工学的に蓄積された知見をもとに記述された堤防築造の技術書であり、例えば堤防ののり（法）勾配についてみると、それぞれに特徴があり一様ではないが、1:1.5程度（1:1.3〜1.7の間）となっている。現在の基準的な1:2より少し急な勾配となっている。堤防天端幅については、明確な規定がなされていないが、『續地方落穂集』（1763年ごろ）では高さ3.6m（2間）で1.8m（1間）、『治水要訣』（1725年）では高さ3m（1丈）で3.6m（2間）、『隄防溝洫志』（1800年代前半）では高さ1.8m（6尺）で1.8m（6尺）が示されている。

　堤防ののり（法）面保護については、『百姓伝記』（1680〜1683年ごろ）に堤防に植える木について適したもの、適さないものなど（例えば、大木となる木は、大風雨のとき堤防がゆるんで傷む、木を切ってその根が腐ると堤に穴

が開くなど)が、『地方竹馬集』(1689年)にも類することが記されている。

江戸時代の堤防については、例えば明治の迅速図からある程度知ることができる[4]。

(2) 明治時代～昭和初期

明治に入っても、例えば急流河川である黒部川、比較的緩傾斜の河川である利根川というように、河川の特性に応じた築堤を含む治水(流路の固定と洪水の流下能力の向上)が行われている。この時代には、お雇い外国人のオランダのエッセル、デレーケ、ファン・ドールンなどにより河川改修の計画などが立てられ、指導されている。その後は、フランスへ留学していた古市公威などが帰国し、学んだ知識を生かしつつ河川改修に取り組んだ。

この時代の堤防に関しては、統一的な基準などは見受けられない。山本[8]によると、この時代の堤防の余裕高としては、例えば常願寺川では1.8mとしており、オランダ技術者のリーダー的なファン・ドールンが『治水総論』で示した2～3尺(0.6～0.9m)より大きくとっている。明治20年代に河川改修工事計画が作られた河川の余裕高は、長良川(成戸)で1.8m、淀川(枚方)で0.9m、斐伊川で0.9mであった。それぞれの河川で経験を踏まえて試行錯誤的に余裕高を決めていたようにみえる。

その後「河川法」が明治29(1896)年に制定され、それまでの交通の動脈であった河川舟運のための低水工事より、洪水対策を主とした高水工事が行われるようになり、直轄工事が始められた。明治43(1910)年の第1次治水計画までに、政府は利根川、庄川、九頭竜川、遠賀川、淀川、信濃川、吉野川、高梁川、筑後川、渡良瀬川の10河川で直轄工事を始めた。それぞれの河川で改修計画が立案され、統一された堤防の形状はないが、例えば淀川では、八幡町から佐太までの堤防は、計画高水位以上3尺(0.9m)程度嵩上げし、馬踏5.4m(3間)、のり(勾配)2割程度であった[8]。

昭和10(1935)年に土木会議は「水害ノ防備策ノ確立ニ関スル件」と「治水事業ノ促進ニ関スル件」を議決した。それを受けて関係各省からなる水害防止協議会は、河川のみならず農業、交通に係わる橋梁などを含む広範囲の治水対策について議決している[8]。そこには、当時の水害防止に関する重要事項

が記されている河川堤防に関しては、

［十二］堤防、低水路ニ関スル事項

（一）堤防ハ其ノ材料ニ適応セル滲潤線ヲ予定シ必要ナル断面積ヲ有セシムルコト

とある。

　昭和初期になると、内務省の技官による、第一次および第二期治水計画の経験を踏まえた河川工学書が出版され、そこに体系化、標準化が進んできた河川堤防の記述があり、当時の堤防技術を知ることができる。福田次吉は昭和8(1933)年に『河川工学』（常磐書店）を、宮本武之輔は昭和11(1936)年に『治水工学』（修教社）を、富永正義は昭和17(1932)年に『河川』（岩波出版）を出版している[8]。

（a）余裕高

　堤防の余裕高については、下記のようになっている。

福田：① 相当の箇所は 1.5m

　　　② 重要な箇所は 1.8m

　　　③ 小河川は 0.9〜1.2m。まれに 0.6m とすることがある。

　　　④ 堤防築堤当時の余盛は築堤高の 1/8〜1/12 とし、軟弱の場合はこれを増す。

富永：計画高水流量の大小で余裕高を規定。

　　　① 300m^3/s 未満　1.0m

　　　② 300m^3/s 以上 2 000m^3/s 未満　1.2m

　　　③ 2 000m^3/s 以上　1.5m

　　　④ 流量の極めて大きな河川、水面勾配の極めて急な河川　2.0m

　富永は、このように、その後の日本の余裕高設定の考え方につながる、流量規模に応じた余裕高設定の考え方を示している。このような考え方は、第2章で示した各国の堤防の基準にみるように、日本を除いてない。我が国の洪水が短期集中型であり、その洪水を対象としている日本のみのことである。そして、富永は余裕高に見込むべき量として下記のことを挙げている。

　　① 将来計画高水流量を超過する洪水に対する余裕

　　　（マニング式から流量が a%超えると水位は約 2/3a%増加）

② 将来の土砂堆積に対する対策

　利根川の佐原では年約3cmの堆積があることを示している。

③ 広い河川の場合は、特に遊水地における波浪

　第13章で述べたように、河床低下はあっても、河床上昇はほとんどない今日とは異なり、②に関する配慮は、当時は洪水により河床が上昇する時代であったことによっている。また、堤防天端幅を計画高水流量に対応して決めるという、日本的な考え方が登場している。これは、洪水外力が、もっぱら水位と継続時間で規定される欧米や中国の大陸の河川と異なり、日本では台風や梅雨前線による雨により、勾配が急で短い流路の河川であることから短期集中型の洪水で、洪水流量が支配的であるということによっていると思われる。

(b) 天端幅

　堤防天端幅については、以下のようである。

福田：① 普通の河川　　6～7m
　　　② 重要な河川　　8m
　　　③ 小河川　　　　3～5m

　堤防天端は道路に兼用する場合があること、水防上の必要から十分な幅があるとよいとしている。

宮本：① 普通の河川　　6～7m
　　　② 特殊な河川　　10～15mのものがある。
　　　③ 河川　　　　　3m内外

富永：① 内務省直轄河川　4～10m
　　　② 流量の極めて大きな河川、勾配の極めて急な河川　8m以上
　　　③ 普通の大河川　　6～7m

　天端幅は堤防の安定からは大きな幅員はいらないが、越水、掘削土砂の処分および運搬嵩置、道路、水防のために相当の幅を与えるとしている。

　三者の堤防天端幅はほぼ一致している。

(c) のり（法）勾配

　堤防ののり（法）勾配は、以下のようである。

福田：① 表ののり（法）は 1:2～1:3、特殊な場合は 1:4～1.6

② 裏ののり（法）は 1:1.5 ～ 1:2.5

　表のり（法）が裏のり（法）より緩い勾配としている。また、土質が不良で、高さが高く、洪水継続時間が長く、護岸が施されてない場合は、そうでない場合より緩くするとしている。

富永：① 表のり（法）は 1:1.5 ～ 1:2.5 が普通

　　　② 裏のり（法）は直轄河川改修工事では 1:2 ～ 1:3

　　　　　　　　　　府県施工の中小河川工事では 1:1.5 ～ 1:1.2

のものが多いとして、裏のり（法）のほうが緩いとしている。

　以上のように、この時代には、明治以降にお雇い技術者のもたらした技術、さらには海外で学んで帰国した技術者の技術を生かしつつ、日本の河川で実践してきた河川改修、そして河川堤防の技術が集約、整理されてきたといえる。この河川堤防築堤の技術は、次の時代にも引き継がれ、集約・整理されていく。

(3) 第二次世界大戦後、国土荒廃の時代から経済の高度成長期

　昭和30(1955)年代になって、全国の築堤に関する経験を収集、蓄積し、ある程度の統一した築堤に関する技術を整理することが、建設省で行われた。

　昭和31(1956)年に、建設技監の米田正文が、河川・砂防・海岸分野の技術の基準書の作成を指示し、河川局、地方建設局（当時）、土木研究所などのインハウスの技術者が分担執筆し、何回かの案を作成し、昭和33(1958)年に同技術基準が完成し、刊行された[8]。この技術基準は、それまでの全国の河川での経験や技術を集大成したものであると同時に、その後の多摩川水害訴訟（筆者も建設大臣の訴訟代理人としてそれに従事）でも議論されたように、国土の復興と経済発展の時代において、ある種の理想を盛り込んだものであったと思われる。この基準は、経済成長に伴う公共投資の増大、直轄工事の終了（昭和34(1959)年）と民間コンサルタントの育成、さらには増大する河川整備量をこなしていく工業高校卒業程度の技術者の技術的なテキストとしても利用されることとなった。

　この技術基準では、河川堤防をその形状で規定している。堤防を形状で規定することは、第2章の表-2.1に示したように、今日でも世界的にみても

同様である。しかし、そこには日本的な特徴がある。それは、堤防の基本的な諸元である堤防の余裕高と天端幅を、洪水の流量（計画高水流量）に対応させて定めていることである。

堤防の余裕高の標準値は、以下のように規定している。

計画高水流量（m³/s）	余裕高（m）
200 以下	0.6 以上
200 ～ 500	0.8 以上
500 ～ 2 000	1.0 以上
2 000 ～ 5 000	1.2 以上
5 000 以上	1.5 以上

この余裕高を必要とする主な理由として、次のことを挙げている。
① 計画高水流量および計画高水位の決定には、洪水が降水という自然現象に起因し、計算の仮定や方法が完全でないことから、河積には余裕を必要とすること
② 河川の河状は変化する場合が多く、長年月には予想以上の堆積を起こすこともあり、それに対する余裕が必要なこと

そして、余裕高は、計画に対する安全率であって、原則として堤防は越流させてはならないという前提となっているから、越水させることを考慮するような特殊な河川計画には、これらの基準はすべてあてはまらない、と解説している。

さらに余裕高を決めるには、上記の計画高水流量に関わる問題のほかに、次の3点に注意するとしている。
① その河川改修の経済効果が大きければ安全率を大きくする必要があり、余裕高を大きくする。
② 流出土砂が多く、河積の減少の可能性が多い河川は大きくする。
③ 遊水地のように川幅が特に広い堤防においては、風による水位の上昇および波浪を考慮して余裕高を大きくする。

上記の理由②と注意②については、洪水により河床が上昇する時代、すな

わちこの基準が策定された時代の配慮事項であり、第 13 章で示したように、今日の河川にはあてはまらなくなっている。

　この『河川砂防技術基準(案)』は、昭和 47(1972)年から改訂作業が行われ、昭和 51(1976)年に調査編・計画編として出版された[11]。そして、昭和 51(1986)年に制定された河川法の政令(法律)である「河川管理施設等構造令」(構造令と略記)に、法的に守るべき堤防の最低基準が定められた。

　この構造令の検討は昭和 40(1965)年から始まり、第 1 次案が昭和 43(1968)年に策定され、その後検討が加えられ、第 8 次案の解説が昭和 48(1973)年に『解説・河川管理施設等構造令(案)』として、縄田照美によって書かれ、山海堂から出版された。

「河川管理施設等構造令」は、昭和 51(1976)年に政令として策定された。この政令は、既存の河川管理施設等には遡及適用はされず、新設・改築の場合に適用され、その後の存続期間はこの基準を満たす必要があるという、法律として適用されることとなった。この構造令の解説は、昭和 53(1978)年に河川管理施設等構造令研究会編『解説・河川管理施設等構造令』として山海堂から出版された。その後、さらに構造令の内容が逐次変更されたのに対応して、筆者が編集関係者代表となって、平成 12(2000)年に『改定　解説・河川管理施設等構造令』[12]が山海堂から出版されている。

　この構造令には、河川堤防について、計画高水流量の規模に応じた最小限の堤防の余裕高や天端幅の最低基準が規定されている。

　堤防の余裕高は、以下のように規定している。

計画高水流量(m^3/s)	余裕高(m)
200 未満	0.6
200 ～ 500 未満	0.8
500 ～ 2 000 未満	1.0
2 000 ～ 5 000 未満	1.2
5 000 ～ 10 000 未満	1.5
10 000 以上	2.0

余裕高は以下のことに対するものであるとしている。すなわち、①土の堤防は一般的には越水に対して極めて弱い構造である。堤防は計画高水流量以下の洪水を越水させないように設けるべきであり、洪水時の風浪、うねり、跳水などによる一時的な水位上昇に対し、堤防の高さにしかるべき余裕を取る必要がある。②堤防には、そのほかの洪水時の巡視や水防を実施する場合の安全の確保、流木など流下物への対応など、種々の要素をカバーするためにもしかるべき余裕が必要である。したがって、この余裕高は、堤防の構造上必要とされる余裕であり、計画上の余裕は含まないものであるとしている。

それ以前は、①計画上の誤差、②長期の河状（河床）の変化に対応するとしていたが、構造令ではそれらの河床変動による水位上昇、湾曲部の水位上昇、水理計算上の誤差などは、計画高水位を決定するときに考慮すべきとして、余裕高設定の理由としては否定している。

堤防の天端幅は、以下のように規定している。

計画高水流量(m^3/s)	天端幅(m)
500 未満	3.0
500～2 000 未満	4.0
2 000～5 000 未満	5.0
5 000～10 000 未満	6.0
10 000 以上	7.0

そして計画河道流量（計画高水流量）の規模には関係しないが、のり（法）勾配は 1:2 以上（すなわち、下に 1、横に 2 の勾配より緩くすること）が示されている。

これらは最低基準であり、河川ごとにより安全側の値を設定しても、改修計画の経過や経験した洪水での状況、必要性などの根拠を示せば、なんら問題はなく、そのようにしている河川も多い[4),13)]。

15.2.3　主要な河道計画の技術の変遷・発展と河川堤防の技術

明治以降の河道技術の変遷、発展については、上述の河川堤防の技術も含

めて、山本晃一著『河道計画の技術史』[8]に詳しい。第二次世界大戦以降、確率水文学の導入・発展や、洪水の流れに関する水理、土砂水理の著しい発展に比較して、河川堤防の技術は、その多くが現場での試行と経験をもとにした、経験工学的なものであり、大きな変化はないようにみえる。

そして、その技術は、建設省の技術官僚を代表した井上章平の長良川水害訴訟での陳述書[14]で知ることができる。そこでは、水害訴訟の長良川の堤防決壊が、長雨長洪水によって堤防が決壊したことも意識されたものではあるといえ、河川堤防技術の本質が述べられている。その要点は、河川堤防を含む河川整備には長い年月を要するが、洪水による被害を軽減するためには効率的な河川整備が必要であること(ここでは明確に河川整備の時間管理概念が意識されている)、そのためには、河川堤防については、我が国の洪水のほとんどが短期集中型の洪水によっていることから、そのような洪水に対してこれまでの河川管理の現場での経験を踏まえた河川技術を集約した堤防(「河川砂防技術基準＜案＞」や「河川管理施設等構造令」に規定する堤防))に整備することが重要である、というものである。

この日本の河川堤防については、その形状を規定しているが、そのこと自体は、第2章の**表-2.1**に示したように、堤防で国土の多くを守っている世界の主要な国、河川と同様であり、何ら特異なものではない。ただし、特徴的なこととして、この井上陳述書にみられるように、堤防に作用する外力が短期集中型洪水と明確に意識し、長雨長洪水や高い水位がほぼ1年中継続する運河堤防のような浸透が主要な外力となる堤防ではなく、短期集中型の降雨、洪水流量とそれに対応した水位を外力とした堤防であるということである。そのことは、堤防の余裕高と天端幅を洪水の流量、すなわち計画高水流量に対応させて与えていることに象徴される。世界のほかの国、河川では、余裕高と天端幅は洪水流量には対応させてはいない。

15.2.4　すべての堤防決壊の原因に対応する技術と社会への適用に関する問題

ここでは、堤防決壊のすべての原因に対応する技術(すなわちすべてを足し合わせた技術)の例として高規格堤防などを取り上げ、その社会への適用に関する考察を行い、技術として理想的、究極的であっても、社会への適用

を考えると時間管理概念が欠如していることなどについて述べる。

(1) 高規格堤防の登場と時間管理概念の欠如の問題

第3章でも述べたように、昭和60(1985)年代になって、あらゆる外力に対しても堤防が決壊しないという土の堤防、すなわち高規格堤防(スーパー堤防。**図-15.6**)が計画され、整備されるようになった[4),11),12)]。筆者も高規格堤防整備の制度化や実現の一端を担ってきたと思っているが、既にその一部の理由について述べたように、その後の展開には、いくつかの問題がある。

一つは、この堤防が発想され、制度化された1985年ごろの時代背景である。それ以前の昭和49(1974)年には多摩川水害が、昭和51(1976)年には長良川水害があり、そのいずれもが水害訴訟となって国と原告の被災者との間で争われた。筆者も被告である建設大臣の訴訟代理人としてそれに従事した。これらの裁判で、これまでの歴史的に農地・農村を守るための河川堤防をはじめとする河川管理施設の安全性は、氾濫原の都市化が進み、大都市を抱える

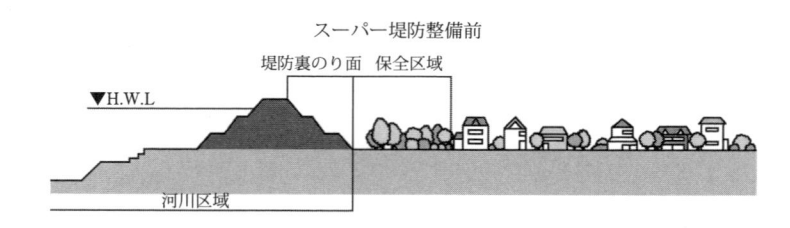

図-15.6 大河川の高規格堤防の概念図

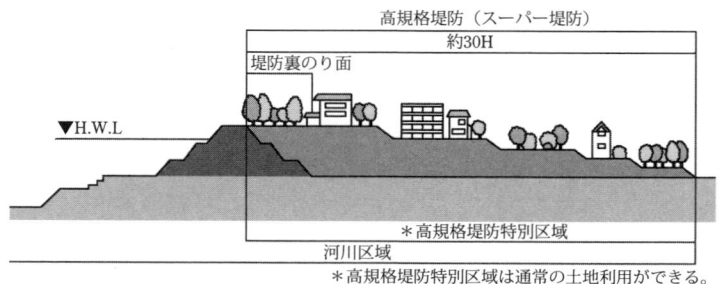

ようになった時代にはそぐわないものとなってきていることを、水害訴訟や河川管理に関わる河川管理者である担当者が認識したことがある。そのために、大都市を抱える河川の堤防には、理想として、そして管理瑕疵の判断基準として、高い安全度の堤防、すなわち高規格堤防を計画として位置づけておくこと(すなわち完成時の判断基準を高めておくこと、いつまでたっても改修途上であるとしておくこと)が構想されたという面がある。そこでは、河川整備の時間管理概念が欠如し、あるいはそれを無視していることがある。

あと一つは、この高規格堤防の整備計画に関する問題である。すなわち、多くの河川堤防区間が現在の通常の堤防ですら未完成である状況で、高規格堤防を整備する箇所のみであらゆる洪水外力に対して安全な整備をすることの妥当性、整備箇所とそれ以外の箇所の安全度のバランス、さらに決定的なこととして、第2章で示したように、現在の投資水準が今後長期にわたって継続できたとしても(少子・高齢社会ではそのような投資すら不可能であろう)、通常の堤防での河川整備すら百年以上の年数を要するのに、さらに費用も膨大な安全度の高い高規格堤防を整備することは、時間管理の概念から問題である。これまでのペースで高規格堤防を整備できるとしても、筆者らの

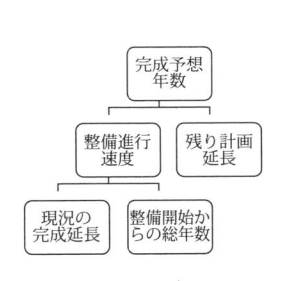

河川名	完成延長(km)	整備開始からの総年数(年)
利根川	5.37	21
江戸川	5.96	20

$$\frac{完成延長(約 km)}{整備開始からの総年数(年)} = 整備進行速度(km/年)$$

河川名	整備進行速度(km/年)
利根川	0.26
江戸川	0.30

河川名	整備進行速度(km/年)	残り計画延長(km)
利根川	0.26	324.6
江戸川	0.30	109.9

$$\frac{残り計画延長(km)}{整備進行速度(km/年)} = 完成予想年数(年)$$

河川名	完成予想年数(年)
利根川	1248
江戸川	366

図-15.7　高規格堤防整備に必要な年数の推定
　　　　（これまでの整備のスピードで計画延長を除して算定）

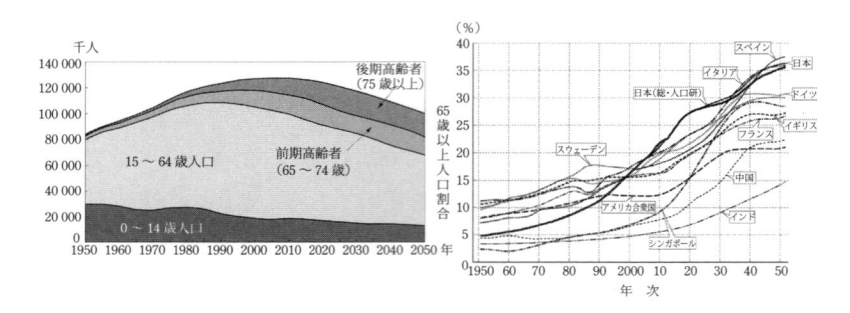

図-15.8 日本の少子・高齢化の進展（高齢化に対応して、医療・福祉、社会保障などへの投資が急増し、インフラ整備への余力は低下すると予想される）

推定では利根川、江戸川では400年から1 000年が必要となっている（図-15.7）[15]。これからの少子・高齢社会でのインフラへの投資制約下（図-15.8、15.9）では、さらに長い期間が必要とされ、その完成が見通せない。高規格堤防の整備は、時間管理概念をもって、特定の箇所で整備し、その盛り土の高さを再検討すること（現在の盛り土は堤防天端高となっているが、少なくとも計画高水位とすること、さらには余裕高の堤防部分を設けないなど）などが必要であろう[4]。

なお、この高規格堤防は、以下のように、あらゆる外力に対して安全となるように設計するものであり[3]、すべてを足し合わせた技術である。

すなわち、「高規格堤防」は、計画規模以上の洪水が発生したときに、川表側からの浸食破壊（洗掘による決壊）や、越流水による川裏からの洗堀破壊（越水による決壊）、すべり破壊、浸透破壊（堤防一般部の浸透による決壊）が発生しないこと、また設計水位以下の水位における河道内の流水の浸透、浸食、さらに地震に対して、安全性が確保される構造となるように設計される[4),11),12)]。

（a）越流水による洗掘に対する安全性

越流水による洗掘破壊が生じないよう、必要なせん断力を有するように設計される。このため、越流水による高規格堤防上部の表面のせん断力が、次の式を満たすように、堤防の川裏側のり勾配を定める。

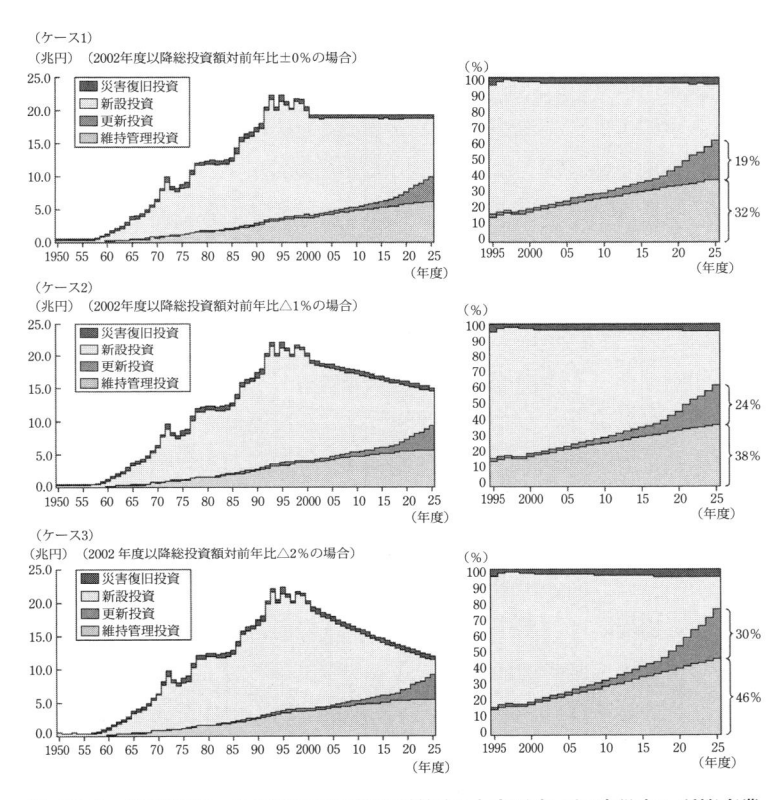

図-15.9 新規整備への投資の可能性の試算(国土交通省<旧建設省>所管事業についての試算。少子・高齢化の進展により、投資はこの試算よりはるかに早く減少し、新規の投資の可能性はほとんどなくなる可能性がある)

$$\tau = W_0 h_s I_e \tag{15.1}$$

$$\tau \leqq \tau_a \tag{15.2}$$

ここに、τ ：越流水によるせん断力(kN/m^2)

W_0：水の単位体積重量(kN/m^3)

h_s：高規格堤防の表面における越流水深(m)

I_e：越流水のエネルギー勾配

q ：単位幅越水量($m^3/s/m$)

I ：堤防の川裏側の勾配($I = I_e$)

τ_a：堤防表面の許容せん断力（0.078kN／m²）

この中で、τ と τ_a は、高規格堤防上の土地利用状況によって大きく変化する。越流水による洗掘決壊を考える場合、一般に越流水が道路部に集中するときが最も厳しい状況となり、これまでの検討結果によれば、道路面に作用するせん断力は次式によって求めることができる、とされている。

$$\tau = 3.3794 q^{3/5} I^{7/10} \qquad (15.3)$$

(b) 浸透に対する安全性

浸透水ののり面への浸出による堤防破壊を防ぐため、浸潤線が川裏側ののり面と交わらないようにしなければならない。浸潤線が川裏側ののり面と交わる場合には、ドレーン工などの対策を行う必要がある。高規格堤防特別区域では、堤防の表面から一定の深さまでは掘削や埋戻しが自由に行われるため、検討にあたっては川裏側ののり（法）面の位置として、のり（法）尻部を除き、実際ののり（法）面の位置よりも、1.5m 低い位置を取ることとしている。

また、高規格堤防は、高規格堤防特別区域で通常の土地利用がなされても、河道内の水位と川裏側の地表面の高低差から生じる浸透力に対して耐えうるものでなければならない。そのため、高規格堤防の堤体およびその地盤は、パイピング破壊が生じないよう必要な有効浸透路長を確保することとし、次式で求める「レーンの加重クリープ比」が、地盤の土質区分に応じて一定値以上になるように設計する。

$$C = (L_e + \Sigma l) / \Delta H = (L_1 + L_2/3 + \Delta l) / \Delta H \qquad (15.4)$$

ここに、C：レーンの加重クリープ比
L_e：水平方向の有効浸透路長
L_1：水平方向の地下構造物のない部分の堤防と堤防地盤の接触長さ
L_2：水平方向の地下構造物を有する部分の堤防と堤防地盤の接触長さ
Σl：鉛直方向の地盤と構造物の接触長さ（通常は安全側をみて、ゼロとする）
ΔH：水位差（河道内の水位と川裏側の地表面の高低差）

(c) 河道内の流水による浸食に対する安全性

水衝部などで計画規模の洪水から超過洪水になる際の、表のり(法)肩付近の越流水の作用や、堤防の表のり(法)側への流水による荷重(外力)を無視できない場合には、堤防決壊につながるような重大な表のりの浸食破壊が生じないよう、必要に応じて護岸や水制を設けるなどの対策を講じる。

(d) すべりなどに対する安全性

浸透によるすべり破壊に対しては、河川水位と降雨を考慮して、浸透流解析によって浸潤面を算出し、円弧すべり法によりすべり安定計算を行う。算出された安全率が1.2以下の場合には、サンドコンパクション工法やバーチカルドレーン工法などによって適切な対応を行う。

また、地震の慣性力による安定問題についても考慮する。河川堤防のような盛り土構造物の地震被害は、基礎地盤による液状化によるものが多い。過剰間隙水圧を考慮した円弧すべり法により検討するが、その安全率が1.2以下の場合には、地盤改良などの適切な対策を講じる。

このほか、高規格堤防特別区域は通常の土地利用に供されることから、沈下が生じないよう必要な対策を講じる。

(2) 高規格堤防を広範囲に整備するという計画が策定された時代背景

その時代的、思想的な背景の一つについては、上記(1)で述べたが、ここでは、さらに社会資本整備に関する時代背景について述べておきたい。

この高規格堤防の整備が計画され、しかもそれを利根川・江戸川、淀川、荒川、木曽川といった重要河川では両岸のほぼすべての区間で整備するといった膨大な計画がなされたのは、いわば経済のバブルの時代、道路も高規格道路を全国に1万6000kmにわたって整備するといった計画をしていた時代であり、それに対抗するかのように打ち出されたものであった。よくいえば、希望の象徴としての壮大な計画であり、かつ河川管理瑕疵の判断基準を高めるものであるが、時間管理概念が欠如した計画である。

この時代は、さらに土地バブル、住宅バブルの時代で、それを支える事業として、膨大な費用を要する首都圏外郭放水路を治水事業五箇年計画で整備する、そのために本来は将来の維持管理や更新といった面ではるかに正統的

である地表の放水路ではなく、土地取得の年月がかからない大深度の地下に放水路を設けるといったことも決め、実行している。住宅政策が重要とされ、それに対応する目立った事業を打ち出すという、粗野で乱暴な計画であるといえる。

　これらの計画を主導した技術官僚は、その責任を取ることがない。

(3) 類するものとしての浸透対策の時間管理概念、整備のバランス感覚の欠如の問題

　最近になって国土交通省によって示された浸透への対策(堤防に砂の盛り土部分があり、その部分からの浸透・漏水への補強が、堤防延長の約5割強あるとして、堤防拡幅を行う対策)も同様である。この対策などは、現状の堤防の安全性が、どのような外力に対して、どの程度であるかを示さず、まれな事象の危険性を強調し、対策を示していること、また、その対策が、越水、洗掘、堤防一般部の浸透、堤防横断構造物周りの浸透漏水への備えに対してどういう優先順位にあるか、それは投資の能力からみてどの程度の期間で達成できるか、あるは達成できないかといった時間管理の概念の欠如の問題がある。さらには、この時間管理概念からみて、その対策が通常の堤防を計画断面にまで整備することすらなされていない状況下(現状では、第2章に示したように、利根川などの大河川では、計画の断面を確保している区間が要整備延長の50％にも満たない状態で放置されている)で、堤防に砂質土が含まれている可能性があるとして浸透に対する安全性が足りない区間の対策をことさらに取り出すことは、全体的な認識の欠如である。あるいは、河川の流下能力の向上のための河道整備、あるいは洪水調節施設の整備などと比較した場合の優先性、対策実行の可能性などの検討を行うことなく、この対策を打ち出すことは、全体的な認識の欠如を如実に示しているともいえる。

(4) 時間管理概念が欠如した計画、河川整備を含む河川管理が登場した系譜

　20世紀後半の河川管理には、時間管理の概念が欠如し、現実の認識からかけはなれ、いつ完成するかわからない計画に基づいた架空の議論がなされ、そのもとで河川整備などの管理が行われているという、致命的な欠陥がある。

それは、かつては工事実施基本計画としての河川像(いつそれが完成するかわからない＜完成しない可能性が高い＞空想的な河川であるので像と呼ぶことにする)、現在では河川整備基本方針で想定されている河川像を対象に、現状の河川の実力をベースとせず、その河川像のもとで河川整備を含む河川管理が議論されており、地に足がついた河川管理がなされていないという致命的な問題がある。これは、高規格堤防を含め、ダムなどの河川堤防以外の治水整備も含む河川管理全般の問題である。

第2章で述べたように、その河川像が完成するには、河川への投資の水準が維持できたとしても百年から数百年が必要であろう。計画されている高規格堤防の整備についても、利根川や江戸川では現在の整備のスピードでそれが継続したと仮定しても、400年から1000年が必要とされる。100年時代を遡ると明治末期(明治44年)であり、400年遡ると江戸時代初期、1000年遡ると平安時代後期である。

河川整備への投資は、これまでの水準を維持することは、今後確実に進む少子・高齢社会にあっては到底望みえない。さらに長期間が必要とされ、その想像上の河川像は実現することは極めて困難であると推察される。

江戸時代も、第二次世界大戦以前の明治、大正、昭和初期の河川の整備の計画でも、それが5年とか15年とか、一定の期間内に完成することを想定したものであった。そして、明治以降の大河川では、実際に経験した洪水(既往最大の洪水)に対応すべく計画し、その期間の整備が終わると竣工河川となって、河川の管理が多くの場合、地元の都府県に移管されてきた。実際に経験した洪水(通常は既往最大の洪水)に対応すべく、数年や10年程度の短時間で完成する計画を立ててそれを実行するという河川管理は、世界的にみても通常のことである。そのような対応は、これまでも、そして現在も行われている。

現在の日本でいえば、被害を発生させた洪水への対応を4、5年間で完成するように計画し、実行する激甚災害対策特別緊急事業や災害関連事業のようなものである。それは、必ず4、5年以内に完成するという、時間管理概念をもったものである。

完成までに百年から数百年、千年といった期間が必要という計画は、それ

は通常の社会では計画とは言い難い、空想像である。そのようなことがいつごろから始まり、現在に至っているか。筆者は、その萌芽を利根川では、上流右岸側に歴史的にあった遊水地、すなわち、中条堤防とその上流の遊水地域をなくし、つまりこの地域を水害から守るとした計画を策定したころであるとみている。利根川右岸側を連続堤防とし、中条堤防の地域の水害を大幅に軽減するとともに、その遊水機能を補っても十分な河川の流下能力を確保するという計画である[4]。この戦前の計画は、中条堤防の上下流の水害を巡る対立を理念上解消する計画(そして、利根川治水を川の両側に連続した河川堤防を設けて行うという、現在につながる計画)であったが、それだけにその完成が短期間ではできないものであった。この激しい地域の水害を巡る対立、紛争を一見合理的に解消するという苦肉ともいえる計画が登場したときから、一定の短期間に完成を見通せない計画が登場したようにみえる。

　第二次世界大戦後、河川管理に工事実施基本計画が作成されるようになったが、当時は日本の経済の成長期にあったことから、その計画で想定する河川像が完成するまでの時間を度外視した、あるいは将来の投資が大きく増大することを期待して、その完成までの期間を明示しない計画がなされるようになった。そして、計画完成までの時間管理概念を欠き、また、現状をベースとした着実な河川管理の認識が欠如した河川管理がまかり通ることとなり、現在に至っているといえる。

(5) すべてを足し合わせた技術の社会性

　上述のように、時間管理概念を欠き、現状を認識した河川管理の意識を欠いた河川管理の行き着いた象徴ともいえる事業として、上記の高規格堤防の計画と、その効果の検証や戦略がないままに進められてきた整備が挙げられよう。

　高規格堤防の計画と整備には、時間管理概念を欠いていること、そして多くの人は意識していないが、高規格堤防で整備された箇所以外は相対的に極めて低い安全度のまま放置され、きめて安全度にアンバランスがあるままで河川管理がなされているという問題がある。高規格堤防が整備されている利根川では、高規格堤防はおろか、通常の堤防ですら、必要な堤防断面が完成

していない区間が約50％あるが、それを放置したままで、すべてを足し合わせて安全な高規格堤防が、整備された箇所のみでしか効果を発揮しない形で、治水整備の戦略、計画性と時間管理概念を欠いたまま進められている。極めてアンバランスな状態での河川管理が行われているといえる。

　また、このような状況で、先に述べたような、堤防に砂材料が含まれていることから、堤防の浸透に対する安全性に問題があるとして、その対策があたかも緊急で優先順位の高いかのように打ち出されている。その検討の外力がどのようなものであるか、そして、その整備箇所以外はどのような外力に対してどの程度整備されているか、越水対策との優先順位などはどうなっているか、全く明示されていない。これもすべてを足し合わせた計画の類であり、その社会的な妥当性、優先性、時間管理概念など、問題がある。

　なお、筆者は、河川整備基本方針や高規格堤防整備の計画が、例えば利根川上流右岸側の東京氾濫原区間の堤防で決壊し、首都東京にまで至る大水害が発生した後の災害対策としての河川整備において、その一部分が実現する可能性までを否定していない。そのような場合には、河川整備基本方針や高規格堤防整備計画の河川像よりは経済的で、限定された対策が実施されることになるであろう。しかし、そのことをもって、時間管理概念を欠いた高規格堤防やすべてを足し合わせる類の対策を、優先順位の検討なく、無戦略に行うことを肯定するものではない。なお、筆者は、高規格堤防の整備は、ある区間での整備の効果が河川全般に発揮されるように、整備地区を特定し、堤防天端に施している盛り土の高さを計画高水位にするなどの工夫をして、限定的、戦略的に行うべきであると考えている[4]。

15.2.5　技術とその適用に関する体制などの問題

　以上のようなすべてを足し合わせた、あるいはその類の技術が計画され、十分な議論と検討が行われないまま進められていること、すなわち空想的ともいえる河川管理が現実に行われていることに関しては、根源的な問題がある。すなわち、それを計画をした技術官僚は責任を取らない（結果として既に異動や退職などをしており、責任を取ることができないし、組織・体制的に責任を取らせるという文化がない）、そしてその計画がその後も継承され

るといった、官僚体制に係わる問題がある。さらに、治水についてのスキルを積んだ技術官僚がいなくなって素人化している現状において、そのような官僚に、中央集権的に全国の治水とその指導を委ねることには問題がある。むしろ地方に分権し、その地域の特性と治水への意志の強さに任せ、そして治水の現状を示し、時間管理概念をもった河川の整備と管理がなされるようにしたほうが、首長を含めた地方政府の認識の不足や取り組みの不足により多くの失敗もあるであろうが、河川と地域によってはよくなる可能性もある。

行政官僚組織の問題を増幅するマスメディアにも問題がある。例えば、『首都水没』(NHKスペシャル)のように、現在の河川の実力を示すことなく、仮に大災害が発生したらどのような問題が発生するかを、いくつかの誇張や思い違いも含めて、行政がことさらに取り出した最大限の危険性を宣伝している。そのような災害が、河川の現状の能力がどの程度であり、どのような外力によって生じるかといった着実な視点がない。そのための対応は、どこまで投資などの努力をすれば、どの程度まで軽減できるか、あるいは軽減できないか、といった視点が皆無である。

行政(内閣府。河川部局からの出向者が対応)は、現状の河川の能力、想定している外力でなぜその場所(最大の被害が発生する場所)で堤防が決壊するのか、それ以外の場所はどうなのか(ある箇所で堤防が決壊すると、第2章で述べたように、ほかの箇所での水位が低下し、安全性が相対的に高まる)などを、明らかにする必要がある。

15.3　欧米などの河川堤防との比較について

日本と堤防で国土を守っている主要な欧米の国であるハンガリーとオランダ(欧米の多くの国では、河川堤防のないことが多い)、日本と同様に沖積平野(氾濫原)に展開した稲作農耕文明の地である中国・長江、そしてアメリカのミシシッピ川の下流などの堤防をみておきたい。

15.3.1　堤防の国際比較検討

堤防の形は、①計画高水位からの堤防の盛り土の高さである余裕高、②堤

防の天端幅、そして③堤防斜面ののり（法）勾配で与えられる。

　このような堤防形状、堤防の厚さを規定する最低基準を、日本とハンガリー、オランダ、中国・長江、そしてアメリカの堤防の整備が州から連邦に委任されているミシシッピ川下流部などの河川について比較したものを第2章の**表-2.1**に示した。同表より、堤防の高さを規定する余裕高、堤防の幅を規定する堤防天端幅とのり（法）勾配をみることで、堤防の形状の関係を知ることができる。比較検討から特徴的なこととして、のり（法）勾配と堤防天端幅が挙げられる。

（1）全体としての比較

　堤防の構造について、堤防で国土の多くを守っているいずれの国でも、特別な区間を除き、基本的に堤防形状で堤防を規定している。すなわち、ほぼ日本と同様といえる。

　特徴的なこととして、日本では、既に述べたように、堤防を規定する大きな要素である余裕高と天端幅を流量（計画高水流量）の規模に対応させて規定していることがある。その理由については、既に述べたように、日本の洪水が短期集中型であることに対応しているように思われる。

（2）余裕高

　余裕高に関しては、日本ではそれを流量規模に応じて設定しているが、最低0.6m、最大2m以上としている。中国・長江では、日本と異なり、波や風の影響を考慮して加えるとともに、堤防の等級に応じて高さ（1.0～0.5m）を加えている。オランダでも風の影響を考慮して加えているが、それ以外は0.5mと比較的小さな値としている。ハンガリーでは、1.0mという一様な値としている。

（3）天端幅

　堤防の天端幅は、日本では流量規模に応じて設定し、最低3m、最大7m以上としている。中国・長江では、天端幅は堤防高に応じて設定しており、一般的には堤防高6m以下で3m、10m以上で5mとしているが、重要河川

ではさらに広くしている。長江では8〜12mであり、黄河では7〜10m、広いところでは50〜100mのところもある。オランダでは最低3m、ハンガリーでは最低4mであり、場所により5mのところもあるとしている。

(4) のり＜法＞勾配

堤防ののり（法）勾配に関しては、計画で対象とする洪水の継続時間の長い欧米や中国・長江では、のり（法）勾配が最低1：3となっており、最低1：2となっている日本の堤防に比較して、堤防の堤防が厚く（堤防幅が広く）なっていることがある。だだし、日本では、高さの高い堤防においては、堤防斜面の途中に小段と呼ばれる平場が設けられてきた。この小段は、経験則として、堤防の斜面の安定と安定した水防活動の場の確保などの目的があったようである。この小段の設置については、昭和51（1976）年制定の河川法の政令『河川管理施設等構造令』にも位置づけられている[13]。近年はこの小段の部分に雨水が貯まり、堤防への浸透の原因となっていることもあり、筆者らが建設省（当時）の担当であった1997年ごろにそれを設けない方針とし、小段を設けた場合の堤防敷き幅で一枚ののり（法）、すなわち一つの斜面とすることとした。その変更は、第2章の**図-2.1**に示したとおりである。したがって、堤体の高さの高い堤防では、のり勾配が1：2であっても、この小段の存在により堤防の厚さが大きくなるため、例えば天端幅4mで1：2ののり（法）勾配であっても、例えば堤防高さ8mで天端から4m下に幅4mの小段を設けた場合の堤防の勾配は、すなわちその堤防幅で第2章の**図-2.1**に示すような一枚のりにした場合の勾配は、1：約2.67となり、1：2の斜面の堤防よりは相当幅の広い堤防となる。すなわち、諸外国の1：3に近いものとなる。このことも考慮に入れて堤防の国際比較をみる必要がある。

(5) その他

アメリカでは、堤防で国土を守っている場所、河川は、国土全体からみると一部であり、ミシシッピ川下流域などの河川の氾濫原である。そして、州をまたがる河川については、合衆国憲法の州際通商に関することに連邦政府は関与できるとの規定により、関係州の委任により陸軍工兵隊が州からの委

任によって堤防を整備してきた。そのような河川について、現在の堤防の規定を第2章の**表-2.1**に示した。これまでは、堤防をほかの国々と同様に、形状で決めていたが、現在の規定では、堤防ののり（法）勾配については、安定性評価の結果から決めるとしている。

このアメリカの現在の堤防に関する基準をみる場合、次のことに注意を要する。すなわち、国家の歴史そのものが浅い国であり、堤防で国土（そのごく一部）を守った歴史も浅い。さらに、堤防の規定も近年変化しているので、堤防で国土を守ってきた長い歴史的をもつ国々との比較するうえでは注意を要する。

すなわち、第3章の**図-3.24**（利根川）、**図-3.29**（ハンガリー）に示したように、長い歴史を通じて堤防で国土を守ってきた国では、堤防は逐次拡幅・補強されながら今日に至っている。第2章の**表-2.1**に示す現在のアメリカの堤防の規定が適用されるのは、既に堤防が築造されているミシシッピ下流などの主要な部分の堤防についてのものではなく、これまで堤防のなかった、多くの場合は氾濫原が利用されることなく自然地であった場所などで、これから堤防を築造するとした場合のものであると推察される。そこでは、これまでの堤防築造の歴史を踏まえることなく対応できる、堤防を新設するとした場合の基準である。アメリカで既に整備されている主要な堤防は、日本や欧米、中国などと同様に、堤防を形状で規定してきたことが、第3章の**図-3.36**に示されるように、そして同表に示した内容からも読み取れる。

そのような前提でアメリカの陸軍工兵隊の現在の基準をみると、特徴的なこととして、第一に、余裕高の概念を近年は廃止し、波浪その他は余裕高ではなく解析で求めて必要な高さとすることである。第二に、堤防天端幅は約3m、道路兼用などで広くすることもあるとしており、ほかの国々とほぼ類似している。第三に、のり（法）勾配は解析で求めるとしていることであり、この点は形状ではなく安定性評価でそれを決めるとしていることである。これは、上述の前提で解釈すべきものであるが、勾配を決める際の参考として、のり（法）勾配の目安が示されている。目安の勾配として、施工上は1：2以上、メンテナンス上は1：3以上、浸透対策が必要な場合は1：5以上、のり（法）面保護上はそれ以上としている。

15.3.2　欧米、中国の洪水の継続時間、運河兼用の河川堤防

　第3章で、欧米(オランダを流れるライン川、ハンガリーを流れるダニューブ＜ドナウ＞川)や中国・長江の洪水の継続時間を示すハイドログラフを示し、日本の短期集中型と比較して示した。洪水の継続時間の長短は、堤防断面の厚さ(幅の広さ)に密接に関係する。

　さらに、ここで再度強調しておきたいことは、欧米の河川や中国の長江では、河川舟運のために、長い河川区間において、堰と閘門で水位を堰上げられており、そのような区間では運河と兼用した河川堤防となっているということである。その概要については、拙編著『舟運都市』を参照願えると幸いである[16]。そのような河川の運河兼用水路に例を、ダニューブ(ドナウ)川について、チェコのガブチコボ堰(水閘門)とその上流のオーストリアについてみたものが、写真-15.1～15.3 および図-15.10、15.11 である。

　図-15.10、15.11 はガブチコボ堰と新たに設けられた河川(運河水路)と堤防の位置を示したものである。

写真-15.1　ダニューブ(ドナウ)川のチェコに設けられたガブチコボ堰と閘門(左上：ガブチコボ堰を下流側から望む。この堰でダニューブ＜ドナウ＞川の水位が堰上げられて、航行条件が改善されている。右上：ガブチコボ堰の閘門。下2枚：閘門で堰上げられて上流に出る)

15.3 欧米などの河川堤防との比較について

　写真-15.1、15.2はガブチコボ堰とその上下流の河川の風景である。**写真-15.2**にみるように、この堰の上流区間は、常時＜ほぼ通年＞、高い水位で維持されており、水深が深く、水面が安定している。その水位は堰に近いほど高く、堰上げられた区間では計画高水位よりも高い所もある。このような運河兼用の河川区間の堤防では、常時高い水位が継続しているため、浸透

写真-15.2　ガブチコボ堰で水位が維持されているその上流区間とその下流の自然の河川区間（上2枚：堰の上流は深い水深の水面が広がり、航行条件が極めてよい。下2枚：堰の下流側の河川区間では、陸地側には砂が堆積して自然の河岸であるが、水深が浅く、浅瀬もあって船の航行には細心の注意がいる）

写真-15.3　ガブチコボ堰（水閘門）の上流の運河兼用となっている河川区間の堤防（川の中から眺めた堤防。水閘門で堰上げられ、静穏な水面が広がっている）

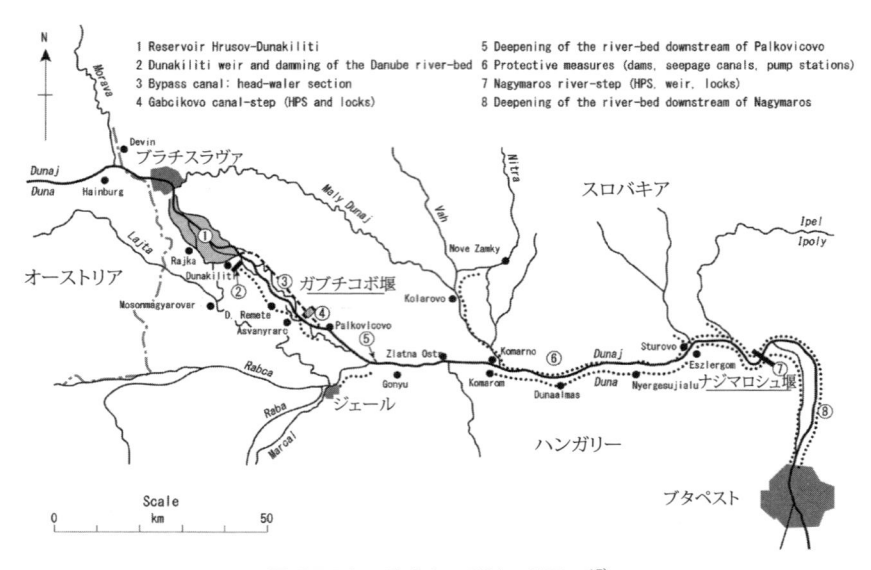

●第15章●堤防築造・整備、堤防技術の歴史的、国際的考察

```
1 Reservoir Hrusov-Dunakiliti      5 Deepening of the river-bed downstream of Palkovicovo
2 Dunakiliti weir and damming of the Danube river-bed  6 Protective measures (dams, seepage canals, pump stations)
3 Bypass canal: head-water section  7 Nagymaros river-step (HPS, weir, locks)
4 Gabcikovo canal-step (HPS and locks)  8 Deepening of the river-bed downstream of Nagymaros
```

図-15.10 ガブチコボ堰の位置図[17]

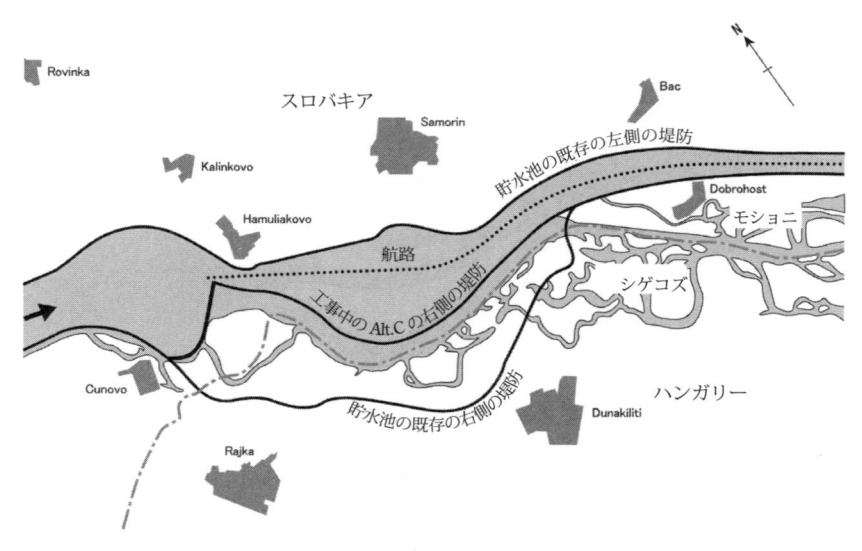

図-15.11 ガブチコボ堰上流の運河水路[17]（氾濫原を乱流していた氾濫原をはずした場所に全く新しい水路と堤防が建設されている。この運河堤防は常に高い水位がほぼ1年中継続する。河川舟運の航行条件の改善と水力発電）

に対する安全性が重要となるのは当然である。**写真-15.3**は、その運河兼用区間の河川堤防での風景である。

写真-15.4、15.5には、ガブチコボ水閘門の上流のオーストリアにある水閘門とその上流の河岸の風景である。この水閘門の上流には、**図-15.12、15.13**に示すように、船の航行を可能とするための多数の水閘門が設けられている。

このような運河兼用河川に設けられる堤防では、高い水位が常時継続するため浸透に対応する必要性が高く、近年になると堤体の中に難透水層を埋め込んだセンターコアを有する堤防なども登場する[13]。そのような堤防(通常の一般堤防はLevee、Dyke、Embankmentであるが、そのような堤防は

写真-15.4 ガブチコボ堰(水閘門)より上流のオーストリアのダニューブ川に設けられた堰(水閘門)(上:閘門を望む、下2枚:閘門で上流側に出た風景

●第15章●堤防築造・整備、堤防技術の歴史的、国際的考察

写真-15.5 オーストリアの堰（水閘門）より上流の運河兼用となっている河川区間の河岸
（堰で水位が調整され、河岸まで静穏な水面が広がっている）

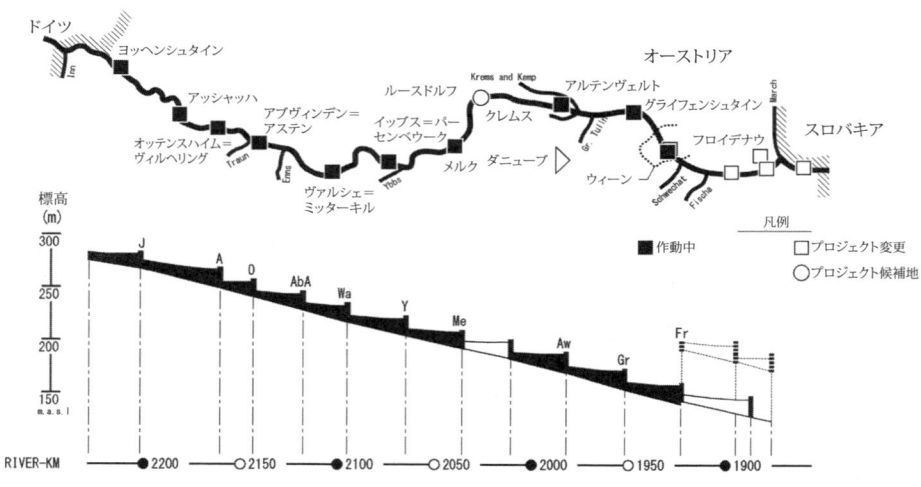

図-15.12 ダニューブ（ドナウ）川の河川縦断図その1：オーストリアの区間[17]（航行条件の改善と水力発電）

Damと表記されている）を、河川勾配が急で流路延長が短く、短期集中的な洪水外力に対応する日本の堤防と比較することは、適切でない。土質工学面での諸外国の堤防を紹介して日本の堤防を論じている書籍（例えば参考文献13）など）を参照する場合、この洪水の継続時間に関する理解とそれに対応する堤防の本質的な違いについての理解が必要である。すなわち、欧米の河川がほぼ全区間航行が可能な河川であり、各所に設けられた堰と閘門により河

15.3 欧米などの河川堤防との比較について

(a) ライン川支流マイン川、ドナウ川上流縦断図

(b) ライン・マイン・ドナウ運河平面図

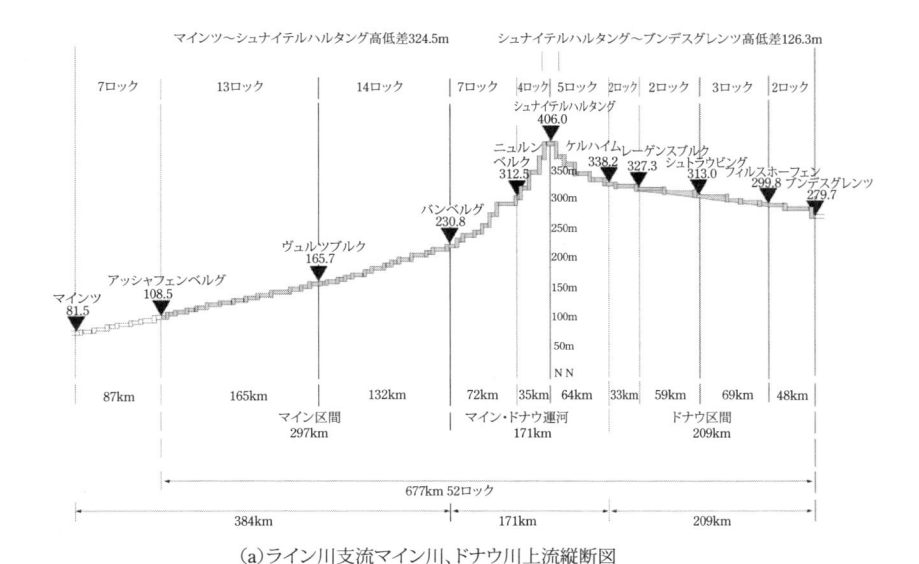

図-15.13 ダニューブ(ドナウ)川の河川縦断図その2：ライン・マイン・ドナウ運河の区間[16]

川水位が堰上げられており、その区間の堤防は欧米の洪水ハイドログラフの継続時間よりはるかに長い、ほぼ１年中高水位が継続し、それに対応する河川堤防が設けられているのである。そのような河川堤防を含めて、近年の欧米の河川堤防の基準ができていることを考える必要がある。

また、国土を堤防で守っているオランダやハンガリーの河川堤防、中国・長江の河川堤防、さらにはミシシッピ川下流の河川堤防は、そのいずれもが既にみてきたように年月を経て営々と補強されてきたものであり、既設のものである。諸外国の最近の河川堤防の基準類に示される堤防の断面（形状など）は、これから新設あるいは改築される堤防のあり方を示したものであることも認識する必要がある。新たにできた基準類に従って、既に営々と築造されてきた堤防をその基準に従って造り直すというものではない。それは、日本の基準である「河川管理施設等構造令」の適用も、新設あるいは改築する施設についてのみ適用されることと同様である。

15.3.3　河川堤防を規定する要因の国際比較

河川堤防を規定する要因として、①河川流域の地形学的特性（河川流域の大きさ、河川の流路延長とその勾配）、②洪水をもたらす気象的な条件（降雨、雪解け）、そして社会的条件としての③河川の氾濫原の土地利用の状況その１（都市的な利用）、④氾濫原の土地利用その２（農業利用）がある。その要因について簡潔に国際的な比較をすると以下のことがある。

地形学的な特性の国際的な比較については、第４章で河川の流路延長と河川の勾配を比較することで示した。日本の河川は、流路延長が短く、急勾配であり、このために洪水は世界的にみると"フラッシュ・フラッド"といわれる短期集中型の洪水となる（欧米では、通常は、洪水はゆっくり水位が上昇するものを指すが、それと対比して、フラッシュ・フラッドは急激に水位が上昇することを指す）。

気象的な条件の国際的な比較としては、日本では洪水をもたらす降雨が梅雨前線（その移動）に伴ったもの、あるいは台風によるものであり、いずれも短期に集中して大量の降雨がある。欧米は日本に比較すると乾燥地域にあり、洪水が冬の降雨とそれによる雪解けによってもたらされる。欧米の河川と比

較すると、短期に集中する降雨という気象条件も、短期集中型の洪水をもたらす主要因の一つである。

氾濫原の土地利用の国際的な比較について、都市的な利用との関係でみると、例えば**図-15.14**、**15.15**に示すように、都市活動の主体が洪水の及ぶ河川の氾濫原にある日本は、その大半が洪水の及ばない欧米の河川に比較して、河川堤防による洪水防御の重要性が高いといえる。

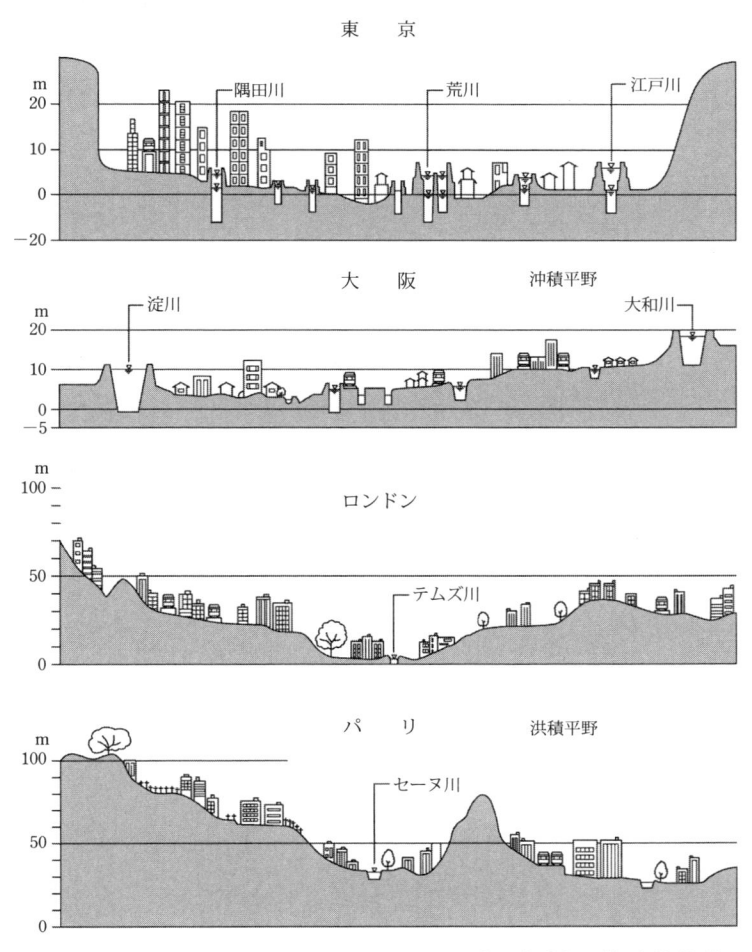

図-15.14　堤防で守られた氾濫原に展開する日本の土地利用（都市的利用）

■氾濫区域面積と人口

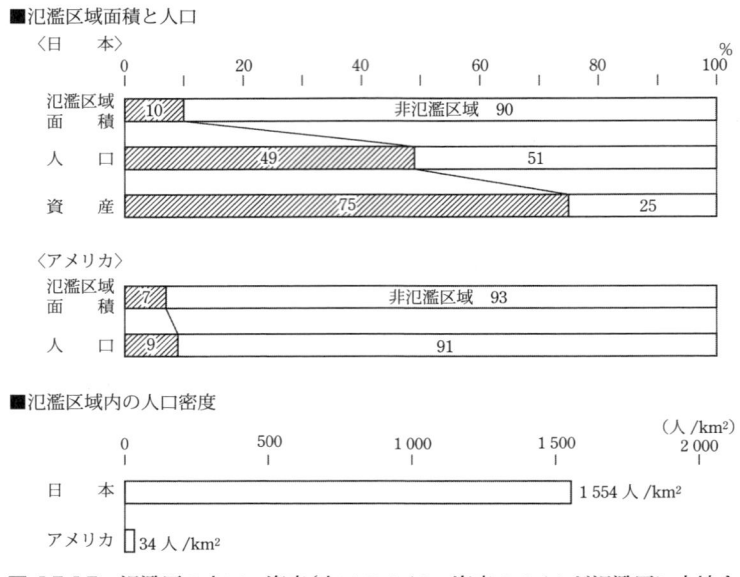

〈日本〉

| | 0 | 20 | 40 | 60 | 80 | 100 % |

氾濫区域面積: 10 / 非氾濫区域 90
人口: 49 / 51
資産: 75 / 25

〈アメリカ〉

氾濫区域面積: 7 / 非氾濫区域 93
人口: 9 / 91

■氾濫区域内の人口密度

日本: 1 554人/km²
アメリカ: 34人/km²

図-15.15 氾濫原の人口、資産（人口の1/2、資産の3/4が氾濫原に立地する日本の土地利用）

　また、既に述べたように、日本では氾濫原で歴史的に展開してきた水田での稲作農耕とそれに対応した社会と暮らしがあって、その延長上に現在の都市が発展してきた[1),2),4)〜6)]。このため、河川堤防で国土の多くを守る必要があり、かつその堤防に諸外国の堤防と比較して大きく異なる点がある。それは、その発生が氾濫原の農業的な土地利用と密接に関係した樋管・樋門という堤防横断構造物が、河川堤防の中に設けられていることである。すなわち、かつて本川に堤防がない時代、あるいは堤防が低い時代は自然に流入していた氾濫原内の河川や水路の本川への合流部に、本川に高い堤防が設けられたのに伴い堤防の中に樋管・樋門が設けられた。欧米の河川では、日本のように氾濫原での稲作農耕のような活動は皆無であり、したがって、河川堤防内に樋管・樋門といった堤防横断構造物はないのが普通である。欧米の河川では、支流が堤防を有する本川に合流する場合には自然合流（支川に堤防＜バック堤と呼ばれる＞が設けられる）か、あるいは必要に応じて水門が設けられ、その水門が本川の河川堤防となっている。

15.3 欧米などの河川堤防との比較について

　河川堤防内に堤防横断構造物としてこの樋管・樋門が多数存在することは、日本の河川堤防の特徴的なことである。そしてその存在は、前述のように、樋管・樋門周辺での堤防決壊の危険性を孕むものとして、堤防管理上の課題を今日にもたらしている。

《参考文献》

1) 吉川勝秀『人・川・大地と環境』技報堂出版、2004
2) 吉川勝秀『流域都市論』鹿島出版会、2008
3) 吉川勝秀『河川流域環境学』技報堂出版、2005
4) 吉川勝秀編著『河川堤防学』技報堂出版、2008
5) 吉川勝秀「国土改造二千年の歴史を総括」『季刊　河川レビュー』Vol.37、No.147、2010冬、pp.4-15
6) 吉川勝秀「都市と河川の新風景(1)2000年の流域発展と河川整備　鬼怒川・小貝川」『季刊　河川レビュー』、Vol.39、No.149、2010夏、pp.60-69
7) 堺屋太一『東大講義録　文明を解くⅠ』日経ビジネス文庫、2010
8) 山本晃一『河道計画の技術史』山海堂、1999
9) 瀬川明久・港高　学・吉川勝秀「石狩川下流の開発と堤防整備の歴史について」『第26回建設マネジメント研究論文集』Vol.15、2008、pp.429-440
10)「特集　流域発展の歴史と展望①〜⑤」『季刊　河川レビュー』No.147-151、2010冬〜2011冬
11) 建設省河川局監修、(社)日本河川協会編『改定新版　建設省河川砂防技術基準(案)同解説』調査編、計画編、設計編ⅠおよびⅡ、山海堂、1997(初版は1976年。改定は1986年)
12) (財)国土開発技術研究センター編・(社)日本河川協会(編集関係者代表：吉川勝秀)『改定　解説・河川管理施設等構造令』山海堂、2000
13) 中島秀雄『図説　河川堤防』技報堂出版、2003
14) 井上章平「陳述書」『岐阜地方裁判所民事部第二部(損害賠償請求事件：岐阜地裁昭和52年(ワ)第317号・昭和54年(ワ)第453号の証人陳述書)』1981
15) 伊藤拓平・伊藤　学・吉川勝秀「高規格堤防の整備に関する調査と考察」『第36回土木学会関東支部技術研究発表会講演概要集(CD-ROM)』Ⅱ-72、2010
16) 三浦裕二・陣内秀信・吉川勝秀編著『舟運都市』鹿島出版会、2008
17) Masahiro Murakami, Libor Jansky : The Danube River, conflict or compromise -Damming or removing the dams- (ドナウ河のダム撤去問題、紛争か和解か?)、『四万十・流域圏学会誌』Vol.1、No.1、2002、pp.55-66

第IV部
河川堤防システムの課題

第 16 章

何がわかったか、何が問題か

【本章の要点】

　本章では、これまでの河川の整備と管理の実態を明らかにする。特に多くの河川では河川堤防システムにより洪水を防止、軽減していることから、河川堤防システムの整備と管理に関して、その実態を明らかにする。そして、その明らかになったことから、何が問題かを考える。そして河川堤防システムの整備と管理のあり方を検討し、実践することが重要である。

　その結果は、これまでの(現行の)河川整備を含む河川管理のあり方、考え方を抜本的に転換する必要性を示している。

　なお、本章で示すことを踏まえて、次章で何をなすべきかについて述べる。

16.1　何がわかったか

　本書でわかったことを簡潔に記すと、以下のとおりである。

(1) 河川の安全度の評価、河川堤防システムの破たん

　利根川を例に、河川の安全度を評価した。そして、河川堤防システムの破たん(堤防決壊)の実例を示すとともに分析し、評価した(第4～6章)。

　これらのことから、河川堤防システムは、その整備水準に応じて、一定の規模の外力(降雨、洪水)の洪水を防ぐことができることが知られた。それが河川堤防システムの安全度である(対応できる外力の超過確率、あるいはそ

の外力の発生する再現期間で表現される)。

　河川堤防システムに安全度があるということは、必然的に、その安全度に対応した一定規模以上の外力、すなわち河川堤防システムの容量(洪水を安全に流下させることができる能力)を超える超過洪水によって堤防決壊が生じ、洪水被害が発生することを意味している。

(2) 河川堤防システムの安全度、氾濫の深刻さ、被害の実態
　河川堤防システムの安全度、超過洪水による氾濫の深刻さ、発生する被害(ある氾濫に対する被害額と年平均洪水被害額)について、利根川を例として定量的に分析・評価し、明らかにした(第4～6章)。
(a) 安全度
　河川堤防システムを含む河川の安全度は、河川縦断方向に線(システム)としてみる必要がある。その評価を河川縦断的に行うと、利根川では、上流(約 1/55)、中流(約 1/35)、下流(約 1/50)で、一律ではない(アンバランスである)。

　利根川の河川整備の超長期計画(河川法の河川整備基本方針で示される計画。かつての工事実施基本計画に示された計画)では、その計画で必要とされる治水対策(河川堤防、上流、中流でのダムなどの洪水調節施設の整備、河道の浚渫など)が完成した段階では、上流、中流、下流の安全度は1/200で一律としているが、現状ははるかに低いレベルの安全度である。

　計画で想定している河川堤防システムを含む河川の状態(安全度)と現状の河川の状態(安全度)は大きくかい離している。このことを深く認識する必要がある。そして、その超長期的計画で想定している河川の状態にするには、膨大な投資と期間を要するが、少子・高齢社会では、投資の制約からその完成が見通せないことも認識する必要がある[1]。

　したがって、現実の河川堤防システムを含む河川の管理では、現況をベースに治水施設の整備や洪水管理を行う必要があることがわかる。
(b) 超過洪水で堤防が決壊したとき(河川堤防システムが破たんしたとき)の氾濫、被害の発生
　利根川を対象に、堤防決壊が生じたときの氾濫の深刻さ、そしてその氾濫

と被害ポテンシャルによって生じる被害額を定量的に評価し示した(第5、6章)。

氾濫については、浸水面積では、利根川右岸側の氾濫原(東京氾濫原)のように、広い氾濫原面積を有するブロックで大きくなる。浸水深でみると、利根川上流右岸側や下流左岸側では拡散型の氾濫になるが、上流左岸側や中流両岸側、下流左岸側では貯留型の氾濫となり、より深くなることがわかった。

被害額については、一定の外力による氾濫に対する被害額でも、また、すべての外力の発生確率を考慮した期待値としての年平均被害額でも、氾濫面積が広く、かつ都市化の進展により被害ポテンシャルが大きな利根川右岸の東京氾濫原の被害が格段に大きいことがわかった。このことから、洪水被害額の軽減、同様に年平均洪水被害額の軽減においては、東京氾濫原をほかの氾濫ブロックに比較して相対的に安全度を高くしておくことが重要であることがわかる。

(3) 超過洪水を考える必要がある(現況河道で対応できる洪水、計画の洪水、超過洪水)

河川堤防システムを含む河川の整備や管理を考える場合には、洪水の規模と河川堤防システムの実力について考慮する必要がある。

洪水の規模については、ⅰ)現状の治水施設で対応できる洪水の規模、ⅱ)超長期計画で対象とする洪水の規模、そして、ⅲ)それらの洪水規模を上回る超過洪水がある。

河川堤防システムの整備や管理では、現状の治水施設で対応できる洪水の規模以上の洪水(計画高水位を上回る洪水)は「超過洪水」である。超長期計画で想定している治水整備が完了した段階で、計画で想定している洪水の規模以上の洪水は「計画超過洪水」である。現実の河川の整備や管理においては、前者の超過洪水を考慮する必要がある。後者はいつ完成するかわからない治水整備の完了後のものであり、仮想的なものである。

河川堤防システムの整備と管理では、現況の治水施設で対応できる外力(計画高水位以下の水位の洪水)のみではなく、超過洪水(計画超過洪水を含む)も考慮する必要がある。氾濫の深刻さや洪水被害額は、その超過洪水に対応

して発生するものである。

　超過洪水を考慮した河川堤防システムを含む河川整備と管理を考える場合には、ⅰ）小規模な超過洪水の視点（上流、中流、下流の安全度のバランスの視点、あるいはあえてアンバランスとする視点）、ⅱ）大きな超過洪水の視点（この場合には、基本的に上流で氾濫するので、上流の安全度をどの程度まで高めるかといった視点など）が必要である。すなわち、後者の場合には、通常は上流で氾濫が生じることから、上流、中流、下流の安全度のバランスよりは、上流の安全度をどこまで高めるか、あるいは上流で大規模な超過洪水に対していかに柔軟に対応する河川堤防を含む河川としておくか（例えば超過洪水に対して被害の少ない氾濫を許容するなど）が重要となる。同時に、上流における避難などの水害を被る側の対応、すなわち氾濫原の社会での対応も重要となる。

（4）現状と計画のかい離を認識すること（現状をベースにすべき）
　上記(2)で具体的な例で定量的に示したように、現実の河川の状態と治水計画が完成した段階で想定している河川の状態では、安全度には大きな差がある。後者は、現状とは大きくかい離した仮想的なものである（第4〜6章）。
　治水計画が完成した段階の安全度は、概念上のものであり、その計画の完成には超長期間（約百年以上。高規格堤防は数百年から千年）を要するのが普通である[1]。少子・高齢社会では、さらに完成までには超長期間が必要とされ、その完成が見通せない（完成しない可能性が高い）。
　これらのことから、河川堤防システムを含む河川の整備と管理を考える場合には、それが完成することを見通せない計画完成時の仮想的な状況ではなく、現状の河川の安全度をベースにする必要がある。
　この現状の河川の安全度をベースとした河川の管理は、水害訴訟を通じての法的な審議・検討においても、求められているものである。

（5）時間管理概念を導入すること
　上述のように、現状の河川と治水計画が完成した段階の仮想的な河川には大きなかい離があることを認識したうえで、これからの河川堤防システムを

含む河川の整備や管理においては、どの程度の投資でどのようなレベルにまで河川の安全度を向上させることができるか、そしてその投資にはどの程度の期間を要するかを明らかにすることが重要である。これは、時間管理の概念をもつ必要があることを示している。

近年（第二次世界大戦後）は、現状の河川堤防システムを含む河川の安全度のレベルを前提として、何が必要かを明確に示すことなく、河川の整備や管理が行われている。本来なら河川の現状を前提として段階的に安全度を高める治水整備を行う必要がある。しかし、それを行うことなく、その整備に数百年〜千年が必要な高規格堤防の整備、あるいは治水計画が完成した段階での仮想的な安全度を前提としたダムの整備を進めている。時間管理概念をもたない（あるいはそれを明示しない）これらの河川の整備と管理には問題がある。

これからの時代は、治水整備への新たな投資は確実に制約されるので、投資の可能性を明確にしたうえで、時間管理概念をもった河川の整備と管理が必要である。

(6) 河川堤防について、"点（堤防横断面）"での検討はあるが、"線（システム）"としての検討がないこと

河川堤防に関しては、その検討を行ったものは極めて少ない。既に述べたように、河川堤防と同様に重要な社会基盤インフラの道路については、土質（基盤）工学、舗装工学、橋梁工学など、多くの研究や講義が大学で行われており、専門家も数多くいる。それに対して、同様に国土の基盤となっている河川堤防というインフラに関しては、大学での研究や講義は皆無であり、専門家もいない。かつては、ごく一部の研究が建設省（当時。現・国土交通省）で行われていたが、現在はほとんど行われていないし、その担当部局もない。

そのような状況下で、極めて限られたものであるが、一部で行われてきた河川堤防の検討は、その多くが堤防横断面という"点"で土質工学（基盤工学）的に議論したものであり[2]、本書で示したような河川堤防を"線（システム）"としてこの問題を扱ったものは皆無であった。

河川堤防に関する書籍としては、これまでは中島秀雄著によるもの[2]と、筆者の拙編著によるもの[3]しかなかったといえる。土質（基盤）工学的な検討

の例として、中島秀雄による河川堤防論がほぼ唯一のものであるといえるが、その視点は、長い河川堤防システムからみると、河川堤防を"点"としてみたものである。その点としての議論を長い河川堤防システムに適用することには、工学としても、また上記の時間管理概念をもった河川整備という視点からも問題がある。その極端な例は、欧米の河川運河と兼用した河川の堤防を日本に導入するかのような議論である（第3、15章）。

　河川堤防の検討は、上記(1)～(3)で示したように、河川縦断方向の線で、そして河川堤防システムとして検討されるべきものである。

16.2　何が問題か

　何が問題かは、上述の何がわかったかに対応して指摘されるものである。若干重なりあうこともあるが、そのポイントを強調して列挙すると、以下のことがある。

（1）河川堤防を含む河川の整備や管理において、現状の河川と超長期計画で想定している仮想の河川が混在していること

　河川の整備が、現状の安全度からみて、それを向上させるためには何が必要かを示すことなく行われている。例えば現状の安全度を段階的に向上させるということを考慮することなく、あるいはそのことと大きくかい離して、高規格堤防の整備やダムの整備が進められていることなど、仮想的な河川の超長期的計画に基づいた河川整備や管理が行われている。このことは、河川整備を含む広い意味での河川管理の重大な問題である。

　見通せる河川整備への投資と、その中で段階的に河川の安全度を高めるには何を行うべきかを明示したうえでの河川の整備、すなわち時間管理概念をもった整備が必要である。また、いわゆる河川の許認可においても、仮想的な超長期的計画に基づいて行ってきているが、今後の河川の整備の見直しを考慮して行うこと、そして許可したものについてはその改良などは付帯工事として河川管理者が費用を負担するという現行の制度・慣行を見直すことが必要であろう。

(2) 河川の現況の安全度が全く示されていないこと

　河川の現況の安全度、すなわち河川の洪水に対する容量、実力が全く示されることなく、河川の整備と管理が行われている。このため、上記(1)のような河川の整備と管理が行われているが、それに対する問題点の指摘などもできない状況にある。

　どのような河川整備をするにしても、河川の現況とその安全度が明示され、それに対して何が必要であるかを、これからの投資の可能性、すなわち時間管理概念をもって示し、実行する必要がある。

　それぞれの河川について、河川の安全度、河川の現在の洪水に対する実力が具体的に示されていない。このことが、河川の整備や河川の管理をみるうえで、そしてそれを行政の担当部局が行ううえで、基本的かつ抜本的な問題である。

(3) 超過洪水について、浸水想定はどのような条件下で生じるかが明示されていないこと

　河川の整備と管理が河川の現況の安全度を明示することなく行われているなかで、その安全度とは関係なく、国土交通省の管理する河川の想定氾濫区域や内閣府による首都圏の河川についての想定氾濫の情報が公表されるようになった。

　そのいずれの氾濫想定においても、河川の現状の安全度からして、どのような条件下で生じるか、また、河川堤防を線(システム)とみたときにどこで、そしてなぜそこで生じるかといったことが全く示されていない。したがって、限定された河川への投資制約下において、どのような河川整備をすべきか、あるいは洪水氾濫に対してどのように避難するべきかについて、具体的かつ効率的に実感をもって検討されることがない。最大の氾濫を示すことのみが行われていることから、地に足がついた具体的、専門的な検討につながっていない。

　例えば首都圏の利根川や荒川の氾濫想定も同様であるが、その氾濫に対して、極端な場合は洪水時に離れたほかの自治体に避難することを検討している自治体もあるが、その氾濫は第4、5章で示したものであり、周辺の大宮

台地などの高い地区や高い建物に避難すればよいのである。

　超過洪水による想定氾濫は、河川の現況の安全度と関係づけて示されるべきであり、その結果は、時間管理概念をもった河川整備や的確な避難検討に具体的に生かされるべきものである。現状の河川と関係づけて示されていないことで、過大な情報、あるいは的確でない情報、河川の整備と管理の現状と具体的に関係づけられていない、いわば遊離した情報の提供となっている。

（4）現状をベースにし、超過洪水を考慮した河川整備や管理が行われていないこと

　これは、上記(2)、(3)の結果としていえることである。河川の整備と管理が、河川の現状をベースとし、それを踏まえたものとなっていない。現状の河川と仮想的な河川が混在し、かつ現状との関係が明確でない超過洪水時の情報提供により、それらが混在している。

　河川堤防システムを含む河川の整備と管理は、現状をベースとし、その安全度を投資の制約を踏まえて時間管理概念をもって向上させること、超過洪水時のことを考慮して具体的に河川の整備や管理をどのように行うべきかを具体的かつ合理的に明示しつつ行うことが必要である。仮想的なことと現状を混在させることなく、現状をベースとして、いわゆる地に足のついた河川の整備と管理が必要である。

（5）時間管理概念が全く欠如していること

　この問題は、これまでの、そして現行の河川の整備を含む河川管理の基本的かつ抜本的な問題である。このことは、これまでも問題であったが、これからの少子・高齢社会で河川を含む社会インフラへの投資が確実に低下し、仮想的な超長期計画の完成は見通せない状況下ではさらに重要な問題である。

　どのような投資ができるか、その中で何を行うべきかを明示して、河川の整備と管理を行うことが必要である。これが全くなされていないことに問題がある。

　各河川で新しい河川法に基づいて河川整備計画が検討され、そこでは今後20～30年での河川整備が示されることとなっているが、その中に河川の現

況の安全度、さらにはその計画の整備により、どの区域の整備でどこまで安全度が向上するか、その整備がなぜ必要か、それが合理的なものであるかが示されていない。そしてその整備の下で、超過洪水でどの場所がどのような状態になるかといったことも全く示されていない。また、超長期計画がどのような時間管理概念の下で進むかについても全く示されていない。

　これからの時代には、時間管理概念をもった河川の整備と管理がこれまで以上に必要とされる。

(6) 河川堤防について、"線(システム)"としての検討と対応がなされていないこと

　河川堤防の整備と管理については、河川堤防を河川縦断方向に考慮して、ある特定の地点を"点"でみるのではなく、長い河川堤防を"線(システム)"としてみる必要がある。ある特定の"点"での議論を長い河川堤防全体に適用することは問題である(第3〜6、15章)。そうではなく、河川の現状の安全度などを評価し、弱点箇所の補強を行うことが、工学的な視点からも、時間管理概念からも必要である。

　河川堤防は、河川縦断方向に考慮し、線あるいはシステムとして整備と管理をすることが本質的に必要であり、ある点での土質(基盤)工学的な議論を長い河川堤防に適用することには問題がある。

《参考文献》
1) 吉川勝秀「河川堤防システムの整備・管理に関する実証的考察」『水文・水資源学会誌(原著論文)』Vol.24、No.1、2011、pp.21-36
2) 中島秀雄『図説　河川堤防』技報堂出版、2003
3) 吉川勝秀編著『河川堤防学』技報堂出版、2008

第17章
何をなすべきか

【本章の要点】
　本章では、河川堤防システムの整備と管理に関して、前章で示したこと、すなわち何がわかったか、何が問題かを踏まえて、そのあり方を示し、何をなすべきかを明確に示すこととしたい。
　そこには、河川堤防システムの整備と管理のあり方、考え方とともに、それを専門的に担う人材の育成・確保、さらには河川堤防システムの整備と管理は行政において行われることから、行政のインハウスの技術者の育成、河川整備を含む河川管理の地方分権化といった行政や社会のしくみに係わる本質的なことも含まれる。

（1）河川の現況の安全度を評価・明示すること
　河川の現況の安全度（河川の区間ごとの安全度）を評価・明示することが重要である。現在は、それが全く行われておらず、河川の整備と管理にも、また氾濫原の市民を含む社会の認識にも、判断の基準がない。
　欧米の河川整備と管理では、経験した大洪水をベースに計画のレベルが示され、既にその整備が完了している。日本でも、河川法で超長期的な計画である工事実施基本計画が策定されるようになる以前は、経験した大洪水をベースに一定期間にその整備を完了させ、竣工河川として管理することがなされてきた。そのような場合には、河川の現状の安全度（大洪水経験前とその洪水を経験した後の一定期間での整備により達成された安全度）が明確であった。世界では、この方式が現在でもとられている。

日本では、工事実施基本計画が策定されるようになって以降、それを継承した現在の河川整備基本方針でも、超長期計画が示されるのみで、現況の安全度が示されることがない。例えば、利根川のそれぞれの区間の安全度がどうなっているか、超長期計画との関係はどうなっているか、その安全度がいつどのように向上する予定であるかなどは、全く評価・明示されていない。
　したがって、行われる河川の整備が、現状の安全度に対して、それをどのように向上させるものか、また、それぞれの河川整備がどのような合理性をもって行われようとしているかも全く示されていない。このため、氾濫原の市民や社会にとっても、現状の安全度とそれと裏腹の危険性を具体的に認識できず、危険への備えとともに、河川整備への資源配分の必要性についても実感をもちえない状況にある。
　河川の整備と管理を的確に行うためにも、また、市民や社会が現状の安全度と危険性を認識し、それへの備えをし、限られた投資能力の中で河川整備に資源配分をすることを考えるうえでも、この河川の安全度（河川区間ごと、左右岸ごとの安全度）を評価・明示することが必要である。そして、それは広く市民や社会に公表されるべきものである。

（2）河川の現況の安全度をベースとして、河川堤防の整備と管理を
　　　行うこと
　河川の現況の安全度（河川区間ごと、左右岸ごとの安全度）の評価・明示した結果に基づいて、そして限られた投資の可能性を想定し、その投資によりどのような河川整備をすることが合理的で的確あるか、その整備による安全度の向上はどのようになるかを明示し、整備を行うことが必要である。河川堤防は直接的に洪水を防ぐものであるが、計画の堤防断面まで整備された河川堤防が約50％程度という状態で放置されているにも関わらず、高規格堤防の整備や超長期計画のレベルで位置づけられたダム建設を行うことなどが、どのように合理性があるのかも検討し、示すべきである。現在は、この検討が行われることなく河川整備が行われていることに問題がある。
　例えば利根川でみると、既に述べたように、現状の安全度が上流で約1/55程度、中流で約1/35程度、下流で約1/50程度である。そして、利

根川では、高規格堤防や上流でのダム建設などが行われている。河川の安全度の向上には、直接的な効果をもつ河川堤防の計画断面への整備や、中流区間での河道の掘削による能力向上といった明確な効果のある対策もある。多額の投資を必要とし、治水の超長期計画が完成した状態で発生する計画超過洪水に対する対策であり、その効果も、最近の整備方法では整備した地点のみに限定され、いつ完成するか見通せない高規格堤防を整備すること、同様に限られた治水効果しかないダム建設を現状において整備することが、現在の河川の状況と投資能力下において、どのような必然性をもち、合理性をもつかが明確でない。

河川の管理においても、現状の安全度が評価・明示されておらず、現在の安全度を上回る超過洪水が生じた際にどこで、どのような氾濫、被害が生じるかも明示されておらず、超過洪水時の危機管理の視点からの河川の管理も準備されていない。また、その際の的確な避難なども実感をもった具体的なものとしては検討されていない。

河川堤防システムを含む河川の整備と管理は、現況の安全度を評価・明示し、それをベースに、的確に行われる必要がある。

(3) どのような超過外力で氾濫、被害が生じるか、現状の安全度との関係はどうなっているかを明示すること

大河川では、国土交通省（現地の地方整備局、河川事務所）により浸水想定区域図（浸水の区域と浸水深を示した図）が公表されるようになっている。しかし、その氾濫想定はいかなる前提で推測されたものであるか、また、現況の安全度とどのような関係にあるかが全く示されていない。

超長期計画で想定されている洪水（基本高水流量と計画高水流量）で、あらゆる地点で堤防決壊が生じたときの浸水（浸水区域と浸水深）を重ね合わせて、最大の氾濫区域と浸水深を採ったものが浸水想定区域図である。それは仮想的なものであり、最大の危険性を示すが、実際に生じる氾濫とは異なるものである。すなわち、通常は超過外力による氾濫は、安全度の低いところで発生し、氾濫区域は限定される。現況の河川の安全度からみて、どのような可能性（発生確率・頻度）で、どの区域で氾濫が生じるか、そのときの氾濫や被

害の状況はどのようになるか、といったことが具体的に示されていない。

　内閣府においても、首都圏の大河川の氾濫についての情報を提供しているが、同様の問題がある。その内閣府の情報を参考にマスメディアにより「首都圏水没」といった番組が放送されているが、現状の河川の状態との関係は全く考慮されず、氾濫への対応の検討も同様に的確でない。

　河川の現状の安全度に対応して、どのような超過外力により、どこの地点で堤防が決壊するか(その可能性が高いか)、その場合にどのような氾濫が生じ、被害が生じるかを具体的に示すことが必要である。

　そして、その超過洪水時の状況に対して、河川管理の担当部局(インハウス)では、河川堤防システムを含む河川で、どのような危機管理的な備えをしておくかを明確にしておくことが必要である。また、河川の氾濫に対する氾濫原の社会での備えも、その危険性の程度も考慮して、真剣に検討されるべきである。

(4) 超過洪水を考慮した河川堤防システムを含む河川の整備と管理を行うこと

　上記(3)に示したように、河川堤防システムを含む河川の整備と管理は、現状の河川の安全度を明確にし、それをベースに、実施される必要がある。

　その場合に、河川の整備については、上記(2)でも述べたような、限られた投資の可能性の中でなにをなすべきかを検討し、その合理性、的確性を明示して進める必要がある。

　超過洪水に対する河川での備えでは、例えば昭和22(1947)年の利根川の決壊は最悪の備えの状況下で生じていること、昭和61(1986)年の小貝川(明野)の堤防決壊は、歴史的な背景をもっており、最悪ではない場所で発生していること、木曽川水系では堤防の高さが一段低い越水堤防が現在もあることなども考慮すべきである。このような危機管理の視点からの河川の整備と管理が、社会とのコンフリクトを生じさせつつも行われる必要がある。それはまた、河川の整備への必要性を明確に意識できる機会ともなるものであり、重要なことである。そのような河川での備えに対応して、氾濫原の避難などの対応も、現実味をもって準備される必要がある。

超過洪水への対応では、現在の河川の安全度を小さく上回る超過洪水と、大きく上回る超過洪水では、氾濫の生じる区域が明確に異なるので、そのいずれのケースについても検討しておく必要がある。

これまでの河川の整備と管理は、具体的にこのようなことを検討しないで（しないことにして）、社会の葛藤を避けたことにより、その結果として、あいまいで不合理なものになっている。そのことは、治水整備への社会の関心を喪失させることにもつながっている。

(5) 時間管理概念をもって、何をなすべきかを具体的に明示し、河川の整備と管理を行うこと

現在の河川の整備と管理、すなわち広い意味での河川の管理（河川の整備は河川管理上の課題を解消あるいは軽減するための河川管理行為の一つである）では、どのような投資が可能であるかの検討とその明示が全くなされていない。その結果、現状の治水安全度に対する位置づけも明確でなく、かつその完成には現在の投資水準が維持できたとしても400年から1 000年もかかる高規格堤防の整備が、着実な治水安全度の向上のための対策にも優先して行われるといった極端な問題も生じさせている。

これからの広い意味での河川管理では、投資の可能性、特に少子高齢社会での投資制約を明確に認識し、限られた投資の可能性を示しつつ、いつまでにどのような河川整備をするかを明確して、それを公表しつつ進める必要がある。

20世紀後半の経済成長期、特にその後半の経済のバブル期までは、道路の整備でも、時間管理概念を明確にしない計画がなされてきた。河川はその道路よりもさらに無制限に、時間管理概念をほぼ全くといってよいほど明確にしない超長期計画を策定し、その仮想的な計画のもとに日常の河川整備と管理を行ってきた。これからは、そのような河川の整備と管理をする時代ではない。また、そのような仮想的な計画で河川の整備と管理をしている時代には、その実態が明らかにされていないことから、社会的なコンフリクトは回避され、社会からは遊離し（社会の関心から離れて）、その結果、社会の強い反発もなければ支持もなく、河川の整備と管理が進められてきた。例えば、

昭和22(1947)年の利根川の大水害後の昭和30～40年代に行われた、利根川の河川堤防の嵩上げ、拡幅、さらには引堤(川幅の狭い河川区間の川幅を広げ、堤防を後ろに引いて整備)、河川の洪水流下能力を向上させる河川の浚渫など、具体的に治水能力を向上させる治水整備は、社会の強い支持を得つつ行われてきた。しかしその後は、そのように明確に河川の治水能力を向上させる対策は行われず、社会の不満も支持もなく、河川の整備が実施されてきた。

　これからの時代には、現況の河川の安全度をベースに、限られた投資の制約から、何ができ、何ができないかを明確にすること、すなわち時間管理概念をもった対応が必要である。氾濫の危険性への対応も、危機管理の観点から、公平ではなく、被害を最小限にする視点から、社会とのコンフリクトもあるなかで、それを位置づけ、氾濫原の社会での避難などの対策とあいまって行うことが求められる。

(6) 河川堤防について、"線(システム)"で考え、整備と管理を行うこと

　河川堤防の整備と管理については、河川堤防を河川縦断的な"点"でみるのではなく、長く連続した"線(システム)"としてみる必要がある。河川堤防の整備においても、また河川堤防で守られる氾濫原の安全性を向上させるためにも、縦断的に長く連続した"線(システム)"としてみることが極めて重要である。同じ堤防の断面であっても、河川区間の洪水流下の能力が小さく、安全度の低い区間の堤防は、流下能力が大きく安全度が高い区間の堤防より、作用する外力が大きくなり、相対的には危険性が高くなる。

　この観点から、河川堤防について、河川についての水理学的な知見と土質(基盤)工学的な知見を統合した河川堤防システム論が必要である。この観点での河川堤防論、河川堤防学が、それを概念的に示した拙編著『河川堤防学』を除くと、これまではなかったといえる。

　河川堤防の整備は、まずは堤防の破たんの最大の原因である堤防越水を考慮して行われる必要がある。そして、それに洗掘による決壊、堤防一般部での浸透による堤防決壊、そして堤防横断構造物(樋管・樋門)周りでの浸透・漏水による決壊に対して、限られた投資の可能性の中で、どのような対策が

優先的に必要かを検討し、それを実施する必要がある。

　堤防の一断面での検討、すなわち"点"での検討をもとにそれを全区間あるいは長い堤防区間に適用するなど、時間管理概念を全く欠いた堤防整備の議論は問題が多い。堤防に弱点があれば、その補強はその弱点箇所について補強すればよいのである。同様に、すべての堤防決壊の原因に対応する堤防（高規格堤防）の整備を、時間管理概念を全く欠いて進めることも問題である。

（7）行政のインハウスの専門家の不在を前提に考えること

　行政の河川管理の担当部局では、ほかの分野と同様に、インハウスの専門家の不在、担当者の素人化が広範囲に進んでいる。河川堤防や治水の専門家が不在となってきている。それは、従前に比較して、継続して治水を担当する行政マンがいなくなり、異動が激しく、かつ治水以外の業務に従事することが普通となった現実がある。極端な場合には、ほとんど深い専門性を有しない者が治水を担当するということもある。

　このような行政担当者の素人化、専門家の排除は、近年の政治と行政のトレンドとなってきているが、問題も多いことは、直観的にも、また実感としても意識の高い人々には認識されるであろう。そもそも行政は法律で定義された仕事を、専門性をもって行うものである。専門性のない評論家的な人を、行政担当者として抱える合理性はないのである。

　そのような組織と人材のもとで、上述のような問題点をもちながら、河川堤防システムの整備を含む河川整備や管理が行われている。そして、そのような実情にも関わらず、いまだに河川の整備と管理は、中央集権的に行われていることにも問題がある。

　何らかの河川の整備や管理の方針を決める場合に、担当者の能力（不能力）の下で十分な議論なくそれが行われたり、あるいは逆にほとんど素人の人々を集めた委員会でそれが行われたりしている。

　行政の素人化とともに、河川の水理や水文については一定の研究者がいるが、河川堤防についてはインハウスの研究者も不在となっている。

　このような前提の中で、河川堤防システムの整備と管理を進めていくことが必要となっている。そのための工夫した対応が求められる。例えばその一

つに、河川管理の地方分権化も選択肢にあるといえる。地方分権化すると、河川の整備と管理に関する専門性や熱意が現在よりも低下する可能性が高い。その一方で、素人が中央集権的に指導する場合より、地方によってはさらにレベルの高い河川の整備と管理が行われることもありうるであろう。そのような先進的な例が広がり、上述のような河川の整備と管理の問題が解消されていくこともありうると考えられる。これは、次の(8)で述べることとも連動している。

(8) 健全な学識経験者の育成、大学での講義・講座の開設

河川堤防に関しては、その専門家がインハウスにも不在であると同時に、大学においてもそれを研究し、講義する学者も全く不在である。これは、河川堤防とともに社会の重要なインフラである道路についてはその専門家が大学に多数おり、研究と講義がすそのの広く行われていることと対比すると、明確な課題であるといえる。

行政のインハウスでは、既に述べたように、これまで河川堤防の専門家は不在であった。大学でも、その研究には、現場での経験が必要であること、河川堤防がその詳細が不明な地盤や歴史的に築造されてきた堤体の材質の不確実さ、さらには検討には河川担当部局の協力が必要であることなどから、これまで学者がいなかった。

意欲をもって河川堤防に取り組み始めた一部の学者が、水害裁判で河川堤防の審議がなされていたこともあって、行政の支援が得られないこと、あるいは行政の冷淡な対応に直面して意欲を失ったこともあったといわれている。そして、水害裁判などもあり、河川堤防の調査は、限られた特定のコンサルタントのみにより行われたことがあり、その知識・経験の蓄積はそこで担当したごく一部の民間人に限定されてきた。その一人が、『図説 河川堤防』の著者の中島秀雄氏である。その限定されたごく一部の民間人も会社を退職する時代となって、民間にも学識経験者が不在となっている。

河川堤防は、国土を水害から守る基本的なインフラであり、すそのの広い専門家の集団を育むことが望まれる。行政の現在の状況を考慮すると、この基本的なインフラの整備と管理は重要であり、行政の思惑からは独立しつつ

も一定の協力・支援を得て、大学において健全な学者の存在、研究と講義、講座の開設が求められる。これは、行政にとっても必要なことといえる。それにより、河川堤防について専門的知識と経験を有する人材を、大学、民間コンサルタント、行政のインハウスにもすそのを広くもつことが、この国の治水にとって重要といえる。

第18章
これからの調査研究課題

【本章の要点】

　本書で述べた課題に対して、今後行う必要がある調査研究課題を示す。そして、その調査研究に関して、今日のようにほとんど調査研究が行われておらず、かつ継続性もない現状から、それに従事する技術者や研究者の体制づくりについても述べる。

　大学において土質力学(基盤力学)としての研究がごく限られた範囲で行われていることを除くと、堤防の研究は皆無に近い。大学における社会の基幹的インフラである河川堤防、河川堤防システムに関する講義も皆無であり、それを講義できる教員も、講座も皆無である。これは、同じく重要な基幹的な社会インフラである道路に関して、舗装工学、基盤力学、構造工学などの講義が行われ、講座もあることとは大変異なっており、異常な状況にある。なお、大学における河川や水理・水文学に関する研究者は多分必要以上の数がいると思われ、地球温暖化分野の研究などには熱心であるが、足元の基幹的社会インフラである河川堤防システムに関する研究は皆無に近い。また、国の研究機関のインハウスでも、ほとんど研究が行われてこなかったし、現在も行われていない。この面での新しい対応がこれからのテーマの一つである。

　これらのことから、これからの河川堤防システムの整備と管理を中心に、必要な調査研究事項を簡潔に示しておきたい。河川堤防について考えるうえでは、それだけでなく、治水全般の理解が必要であり、その課題も併せて示した。

これらは、行政のインハウスにおいて、大学において、河川堤防の専門家をすその広く育む際に参考となるものである。

18.1　河川堤防についての課題

下記の実河川の堤防に関する調査研究課題を列挙するが、いずれも実用的で簡易な手法などの開発を目指すものである。

1-1）実河川における越水による堤防決壊の評価とシミュレーション手法の開発
1-2）実河川における洗掘による堤防決壊の評価とシミュレーション手法の開発
1-3）実河川に堤防一般部の浸透による堤防決壊の評価とシミュレーション手法の開発
1-4）実河川における堤防横断構造物（樋管・樋門）周辺における浸透・漏水による堤防決壊の評価とシミュレーション手法の開発
2）実河川における越水、洗掘、堤防一般部での浸透、堤防横断構造物（樋管・樋門）周辺での浸透・漏水による堤防決壊を統合的に評価し、シミュレーションする手法の開発
3）実河川における堤防決壊の危険性の評価に関する実証的検討
4）実河川における堤防決壊で生じる氾濫の水理モデル（堤防決壊モデルと氾濫流モデル）の開発
5）実洪水での兆候から堤防決壊の危険性を評価し、対策を検討する手法の開発
6-1）実河川で堤防越水に柔軟に対応する対策（堤防）の開発
6-2）実河川で堤防洗掘に柔軟に対応する対策の開発
6-3）実河川で堤防一般部の浸透に柔軟に対応する対策の開発
6-4）実河川で堤防横断構造物（樋管・樋門）の浸透・漏水に柔軟に対応する対策の開発
7）実河川で6-1)〜6-4)の堤防決壊に柔軟に対応する実施可能な対策の開

発

8）実河川で樋管・樋門を撤去する方策の開発
9）河川縦断方向に、堤防決壊を推定する水理学的、土質工学的な統合モデルの開発
10）実河川で、必要最小限で、時間管理概念をもった実用的な堤防補強に関する検討
11）大学における河川堤防の研究、講義、講座開設に関する検討
12）建設コンサルタントにおける河川堤防に関する専門家の育成に関する検討
13）河川堤防システムにおいて、小さな超過洪水への対応、大きな超過洪水への対応、すべての超過洪水への対応に関する検討（実感をもったものとして整理できるかどうか）
14）時間管理概念の下で、河川堤防システムを含む河道の容量（流下能力）と河川堤防の質をバランスよく向上させる方策に関する検討

18.2　治水についての課題

河川堤防システムの整備と管理に直接的に関係した治水上の課題である。

1）限られた年数の統計資料を用いて、その期間をはるかに超える再現期間をもつ、発生確率の低い外力（基本高水流量、計画高水流量）の確率評価の確からしさ、その誤差（誤差の分散）の推計方法の開発・検討、およびそれが安全度、氾濫の深刻さ、洪水被害額の算定結果に及ぼす影響の検討
2）上記の誤差が安全度、氾濫、被害に与える影響の定量的な推定
3-1）簡易な氾濫原の氾濫流を解析するモデルの開発と公開
3-2）簡易な氾濫流（氾濫区域、浸水深）から洪水被害額を解析するモデルの開発
3-3）簡易な被害ポテンシャル推計モデルの開発
4）直接被害の水害被害率（浸水深に対応した資産別の被害率）の調査とモデル化

5) 間接被害、公共土木資産などの被害額の推定モデルの開発
6) 簡易な2)～5)の統合モデルの開発
7) 簡易な年平均洪水被害額を推定するモデル(1)～6)を統合したモデル)の開発
8) 時間管理概念をもった治水施設の段階的な整備モデルの開発
9) 実河川での安全度、氾濫の深刻さ、被害額を推計する簡易なモデルの開発
10) 治水安全度をわかりやすく表示・公開する方法の検討
11) 洪水氾濫、浸水からの適切な避難に関する検討
12) 治水の地方分権化とその弊害、効果の推定
13) 安全度のアンバランスを恒常化することの社会的受容性などの検討
14) 大学における治水に関する研究、講義、講座開設に関する検討
15) 建設コンサルタントにおける治水の専門家育成に関する検討
16) 超過洪水による氾濫に対する情報伝達、避難体制の検討
17) 既往最大洪水主義と確率洪水主義の利害得失に関する比較検討(国際的な比較検討を含む)
18) 治水の確率的な安全性の公平性モデルと被害、危機管理上の効率性モデルの比較検討
19) 同様に、13)の社会的受容性の検討、国際比較検討
20) 治水整備と土地利用の誘導・規制などの被害ポテンシャル調整、連携に関する検討
21) 大河川の流域での対策を含む総合治水対策の検討、実践による検証
22) 治水の歴史的な変遷に関する検討、国際的な検討
23) 堤防決壊、水害訴訟からの知見と河川管理の現場へのフィードバックの検討
24) 実河川における超過洪水によって生じる事象、現状の安全度をベースとした河川整備と管理に関する実証的な検討
25) 超長期の治水計画の時間管理概念などからみた位置づけ、その妥当性、見直しなどの検討
26) いろいろな河川において、小さな超過洪水への対応、大きな超過洪水へ

の対応、すべての超過洪水への対応に関する検討
27) 氾濫原（リスクが高い、壊滅的な被害が発生する可能性の高い氾濫原）からの撤退の検討（小谷村、河口湖、三陸津波などの事例。日本では人口半減期の地球温暖化時代の対応も念頭）
28) 超過洪水への土地利用の面からの対応に関する検討
29) 氾濫箇所の指定、その社会的受容性の検討（危機管理の視点。中国・長江、タイ・チャオプラヤ川などとの国際的比較検討を含む。スーパー堤防の妥当性も出てくる可能性がある）

おわりに

　本書は、河川の治水についての本質的な考察から、本格的に河川堤防の整備と管理について論じたものである。その面で、行政のインハウスや民間コンサルタントで河川堤防に関わる技術者に実務で役立つと同時に、スキルを高めるうえで役立つものであると考えている。

　同時に、河川堤防について学識、経験をもつ技術者がほとんど不在な現状を鑑みて、これから大学で研究を行い、講義や講座を開設し、また、民間コンサルタントや行政のインハウスでのそれを担う人材を育むうえで役立つことも念頭に執筆した。中央集権の象徴の一つともみられてきた河川の管理が徐々に地方分権化されるであろう時代には、拙著『河川の管理と空間利用』とともに、地方での河川管理に参考になると考えている。

　河川堤防の検討は、その対象の複雑さとともに、取り扱う範囲が河川の全区間、およびその氾濫原が対象となることから、行政が人材を配分し、資金を投入して実践的な調査研究を行わないと、現実的な議論をすることができないということは、否めない事実である。それが行われていない現状から、筆者の河川管理の現場や水害裁判（長良川や太田川＜新潟県＞の水害裁判など、多くの水害裁判）、河川管理の規則やルールづくりの検討と指導などの河川管理の経験、そして行ってきた研究を整理・集約することに加えて、行政経験者や民間コンサルタントなどの人材、そしてフレッシュな学生とともに、その困難な課題について研究会を設けて検討してきた。研究会に参加し、調査研究をしつつ論文などとしてその成果を公表してきた研究会の福成孝三、白井勝二、鈴田裕三、木下隆史、瀬川明久、長坂丈巨さんほか関係者各位、学生諸氏に深く感謝したい。

　今後、大学などでの研究も進み、講義や講座も開設され、民間コンサルタント、行政のインハウスにおいて、国土の基幹的インフラである河川堤防シ

ステムの整備と管理を的確に担うことのできる専門家、技術者を育むうえで本書が役立つことを期待している。

　出版界を取り巻く状況が厳しいなか、本書の刊行を引き受けていただいた技報堂出版、担当をいただいた石井洋平さん、編集などで大変お世話になった伊藤大樹さんには深く感謝申し上げます。

2011.8.26

吉川勝秀

索　引

【あ行】

圧密沈下 …………………… 64, 102
阿武隈川(福島・宮城) …………… 53
アメリカ………………………………
　………… 22, 97, 112, 152, 183, 295
綾瀬川(東京・埼玉)…………………
　………………………… 270, 297, 306
洗堰………………………………… 50, 74
安定解析 …………………………… 100
石狩川(北海道) ……………… 69, 102
一枚のり …………………………… 11
一括改修 …………………………… 253
一括拡張 ……………………… 241, 255
井上章平 …………………………… 383
李明博 ……………………………… 360
雨水貯留 …………………………… 250
雨水貯留施設 ……………………… 296
雨水排水システム ………………… 233
液状化 ………………………… 67, 389
エコロジカル・ネットワーク …… 329
SDモデル ………………………… 235
越水 ………… 13, 46, 76, 114, 181, 223
越水決壊箇所 ……………………… 223
越水堤防 ………………………… 50, 74
エッセル …………………………… 376

【か行】

江戸川(茨城・千葉・埼玉・東京)……
　………………………………… 28, 318
円弧すべり法 ……………… 100, 389
大川(大阪) ………………… 342, 347
大阪 ………………………………… 405
オーストリア ……………………… 398
太田川(広島) ……………………… 342
オランダ ……… 22, 85, 112, 151, 183
遠賀川(福岡) ……………… 56, 115, 182

【か行】

外周堤防(キングスダイク)…………
　………………………… 276, 304, 307
外来種 ……………………………… 329
外力 ……… 10, 22, 72, 79, 115, 182, 267
確率降雨モデル …………………… 236
確率水文学 …………………… 37, 111
確率平均値 ………………………… 244
加重クリープ比 …………………… 388
河床低下 ……………………………
　………… 113, 313, 318, 320, 327, 332
河床変動 ………………… 313, 316, 326
カスリン台風 …………… 212, 289, 315
河川維持工事 ……………………… 316
河川改修 ………………… 250, 253, 315

439

索　引

河川改修計画……………315,321,327
河川管理施設等構造令………………
　　11,78,109,116,155,174,381,396,
　　404
河川管理の瑕疵……………………188
河川管理の目的……………………360
河川激甚災害対策特別緊急事業……
　　………………………………… 64
河川勾配…………………………… 80
河川砂防技術基準…………………381
河川舟運……………………………340
河川情報ネットワーク……………364
河川整備基本方針……………………
　　………………… 11,177,391,393
河川整備計画……………………… 21
河川整備状況………………………109
河川堤防システム……………………
　　………… 9,109,153,157,161,181
河川堤防システムの安全度…………
　　…………………………… 115,161
河川法…………… 11,360,376,396
河川水辺の国勢調査………………338
河川利用……………………… 337,339
仮想河道………………… 128,176,186
加藤清正……………………………375
河道掘削………… 76,113,316,321
可動堰……………………………… 53
河道モデル………………… 236,244
河畔公園……………………………348
ガブチコボ堰…………………82,398
鴨川(京都)…………………………350
川の一里塚…………………………354

川の駅………………………………357
川港…………………………………357
カワラノギク………………………330
カワラヨモギ………………………330
観光…………………………………362
韓国…………………………………359
完全越水……………………………168
乾燥化………………………………330
感度分析……………………………244
既往洪水……………………………197
既往最大洪水………………………111
木曽川(長野・岐阜・愛知・三重)……
　　……………………………… 50,74
北千葉導水路………………………333
鬼怒川(栃木・茨城)…………………
　　…………………… 317,325,354
基本高水…………………………… 19
急流河川流域………………………266
局所動水勾配………………………101
京仁運河……………………………361
クイックサンド……………………100
グラウト……………………………103
グリーン・ニューディール………359
グリーンベルト……276,304,305,308
計画外力…………………………… 21
計画高水位…………… 11,16,19,22,73,
　　124,150,161,163,174,183
計画高水流量………………… 167,380
計画超過洪水……… 12,19,118,155
計画レベル………………………… 22
計量経済モデル……………………235
ケド層………………………… 57,97,183

ケレップ水制‥‥‥‥‥‥‥‥‥ 315
現況河道‥‥‥‥‥‥‥ 128,176,186
降雨規模‥‥‥‥‥‥‥‥‥‥‥ 198
降雨強度‥‥‥‥‥‥‥‥‥‥‥ 199
降雨損失モデル‥‥‥‥‥‥‥‥ 236
降雨発生モデル‥‥‥‥‥‥‥‥ 236
降雨流出解析‥‥‥‥‥‥‥‥‥ 199
黄河(中国)‥‥‥‥‥‥‥‥‥‥ 95
高規格堤防(スーパー堤防)‥‥‥‥
　37,75,110,153,184,346,384,389,
　392
公共サービス‥‥‥‥‥‥‥‥‥ 229
航空レーザ測量‥‥‥‥‥‥‥‥ 225
工事実施基本計画‥‥‥‥‥ 11,392
洪水位‥‥‥‥‥‥‥ 30,161,163,184
洪水危険度評価地図‥‥‥ 194,196,202
高水護岸‥‥‥‥‥‥‥‥‥‥‥ 51
洪水災害発生機構‥‥‥‥‥‥‥ 234
高水敷‥‥‥‥‥‥‥‥‥‥‥ 51,78
洪水生起確率‥‥‥‥‥‥‥ 231,244
洪水調節施設‥‥‥‥‥‥‥ 118,155
洪水氾濫の推定‥‥‥‥‥‥‥‥ 209
洪水被害‥‥‥‥‥‥‥ 193,195,233
洪水被害シミュレーション‥‥‥‥
　‥‥‥‥‥‥‥‥‥‥‥ 235,248
洪水被害の増大‥‥‥‥ 230,232,249
洪水被害モデル‥‥‥‥‥‥‥‥ 236
洪水流量‥‥‥‥‥‥‥‥‥‥‥ 30
構造物対策‥‥‥‥‥ 270,276,282,304
高度経済成長(経済の高度成長)‥‥‥‥
　‥‥‥‥‥‥‥‥ 306,316,321,379
後背湿地‥‥‥‥‥‥ 137,196,210,218

閘門‥‥‥‥‥‥‥‥‥‥‥‥‥ 347
小貝川(栃木・茨城)‥‥‥‥‥‥‥
　13,16,47,56,62,77,97,102,115,182,
　318,325,354,355
国際比較‥‥‥‥ 23,112,152,394,404
小段‥‥‥‥‥‥‥‥‥‥‥ 11,396
固定堰‥‥‥‥‥‥‥‥‥‥ 53,114
固有種‥‥‥‥‥‥‥‥‥‥‥‥ 329
子吉川(秋田)‥‥‥‥‥‥‥‥‥ 356

【さ行】
災害復旧工事‥‥‥‥‥‥‥‥‥ 78
サイクリングロード‥‥‥‥‥‥ 354
再現期間‥‥‥‥‥‥ 22,172,184,194
桜づつみ‥‥‥‥‥‥‥‥‥‥‥ 354
砂防ダム‥‥‥‥‥‥‥‥‥‥‥ 313
三角州‥‥‥‥‥‥‥‥‥‥‥‥ 196
産業連関分析‥‥‥‥‥‥‥‥‥ 236
サンドコンパクション工法‥‥‥‥ 389
市街化区域‥‥‥‥‥ 268,274,299,305
市街化調整区域‥‥‥‥‥‥‥‥‥
　‥268,270,274,296,297,299,305
時間回帰モデル‥‥‥‥‥‥‥‥ 245
時系列モデル‥‥‥‥‥‥‥ 235,245
支持杭‥‥‥‥‥‥‥‥‥ 65,103,115
自然堤防‥‥‥‥‥‥ 137,196,210,218
実績水位‥‥‥‥‥‥‥‥‥‥‥ 16
実績水害‥‥‥‥‥‥‥‥‥‥‥ 27
シナダレスズメガヤ‥‥‥‥‥‥ 329
信濃川(新潟・長野・群馬)‥‥‥‥ 342
地盤改良‥‥‥‥‥‥‥‥‥‥‥ 104
地盤高‥‥‥‥‥‥‥‥‥‥ 210,213

索　引

地盤沈下 …………………………… 322
シビルミニマム …………………… 255
四万十川（高知）……………… 342,351
社会基盤施設 …………………… 9,107
社会的割引率 ………………… 241,255
弱小堤防 ………………… 58,115,183
遮水カーテン ……………………… 103
砂利採取 ……… 113,313,316,321,325
舟運ネットワーク ………………… 341
柔構造 ………………………… 103,332
修正 RRL 法 ……………………… 236
宿河原堰（多摩川）………………………
　　　　　　　　………… 55,78,114,182
首都圏外郭放水路 ………………… 389
朱鎔基 ……………………………… 96
樹林化 ………………………… 113,329
少子・高齢 ………………………… 386
白川（熊本）……………………… 196
信玄堤（御勅使川・釜無川）……… 375
人口増加 …………………………… 368
浸潤面 ……………………………… 389
浸水区域 …………………………… 174
浸水実績 ………………… 210,212,213
浸水実績図 ………………… 197,207
浸水深 ………………… 136,138,174,201
浸水想定区域 ………………… 136,138
浸水想定区域図 …………………………
　　　　　　　… 120,129,207,208,310
新田開発 ………………………… 9,371
浸透 ……… 13,55,79,98,115,182,388
浸透施設 …………………………… 296
浸透流解析 …………………… 101,389

新町川（徳島）………………… 342,348
水位-被害額曲線 ………………… 244
水位-被害額モデル ………… 200,244
水害 ………………………………… 291
水害裁判 ……………………… 12,188
水害統計資料 …………………… 236
水上バス ………………………… 345
水制 …………………………… 51,78
水防活動 …………………………… 95
水文学 …………………… 199,211,219
水文モデル ………………… 199,244
水理・水文モデル ………… 236,248
水理解析 …………………………… 32
水理学 …………………… 199,211,219
水理モデル ……… 199,211,219,244
数値地図 ………………………… 213
隅田川（東京・埼玉）………… 342,345
関川（新潟）……………………… 52
責任限界 ………………………… 109
洗掘 ……… 13,51,78,114,182,328,386
戦後最大洪水 ………… 20,109,194
戦災復興計画 …………………… 305
扇状地 …………………………… 196
センターコア ………… 72,80,98,401
総合治水対策 ……………………………
　　195,230,263,265,268,270,292,
　　296,297,306
総合治水対策特定河川 ……… 267,294
想定氾濫 ……………………………… 35
ソウル …………………………… 360
粗度 ………………………… 28,113

442

【た行】

タイ･･････････････････276,281,303,306
第一次首都圏整備計画･･････････305
堆砂･･････････････････････････322,325
大東水害訴訟･･････････････････188
第二堤防（インナーダイク）･･･････
　･･････････････････････276,304,308
耐用年数･･････････････････････254
宅地開発計画･･････････････････229
ダニューブ（ドナウ）川（ルーマニア・
　ハンガリー・オーストリアほか）･･･
　････････････････80,84,85,,398,398
多変量モデル･･････････････････235
多摩川（東京・神奈川・山梨）･･･････
　･･････････････････52,78,114,182
多摩川水害訴訟････････109,189,379
多摩川の堤防決壊･･･････････････13
段階的改修････････････････････253
段階的拡張････････････････241,255
短期集中洪水････････････････････72
チェコ････････････････････････398
築堤･･････････････････････････368
地形学････････････････････196,209
地形分類図････････････････････198
治水安全度･･････････････107,193,207
治水経済調査････････････････････236
治水経済調査マニュアル（旧・要綱）
　36,120,136,140,145,172,195,237,
　244
治水事業五箇年計画･････21,110,389
治水施設･･････････････････267,294
治水地形分類図･･･････････････････
　･･･137,210,211,218,221,270,297
チャオプラヤ川（タイ）･･･････276,281
中央集中型確率降雨モデル･･････244
中央集中型降雨････････････････199
中央防災会議･･････････････････136
中国･･････････････22,86,112,151,295
沖積平野･･････････････････････368
超過外力･･････････････････････234
超過確率･･････････････････････199
超過洪水･･････････････････････････
　･･････12,19,39,118,124,135,155,193
長江（中国）････････････22,81,84,86,295
貯留関数法････････････････236,244
清渓川（韓国）･･････････････････360
通常の作用････････････････････12,109
鶴見川（神奈川・東京）････････････
　･････････････････231,270,296,302
低水護岸･･･････････････････････51,78
低水路････････････････････････327
帝都復興計画･･････････････････305
低平地緩流河川流域･･････263,292,297
堤防横断構造物････････････････････
　･･････････････････13,62,102,115,182
堤防技術･･････････････････････374
堤防決壊の原因････････････13,45,114,223
堤防決壊の対策････････････････････76
堤防システムの破たん･･････････181
堤防断面･･････････････････････85
堤防天端･･････････････････････11
堤防天端高････････････････････････
　･･････16,22,73,153,161,163,183
堤防天端幅･･････････････153,378,382,395

443

堤防の安全度……………………………
　26,85,111,121,151,163,173,186
堤防の構造 ……………………… 11
堤防の整備……………………… 9
堤防余裕高………………………………
　… 11,16,22,73,153,377,380,395
デレーケ………………………… 376
デンマーク水理研究所のモデル………
　………………………………119,163
天竜川(長野・愛知・静岡)……… 342
東京 ………………………… 405
東京氾濫原………………………………
　… 33,138,174,211,212,219,263
東京緑地計画…………………… 305
等高線図………………………… 210
投資制約………………………… 72,386
動水勾配………………………… 99
道頓堀川(大阪)………………… 347
等流計算………………………… 219
床止め……………………… 53,78,332
都市化……………………………
　229,242,270,276,281,297,303,
　306
都市化モデル…………………… 245
都市計画……………………… 229,291
都市計画法……………… 274,299,305
土タン層………………………… 328
土地改良事業…………………… 74
土地利用計画…………………… 232
土地利用の高度化………………………
　………………………193,264,292,313
土地利用の誘導・規制…………………
　………208,270,294,297,304,306
利根川(茨城・栃木・群馬・埼玉・千葉・
　東京・長野)…………………………
　16,22,28,30,47,66,77,85,103,119,
　137,140,164,181,185,211,263,
　315
利根川水系のダム……………… 323
利根川東遷事業(流路付け替え)………
　………………………212,315,371
利根川の堤防決壊………… 13,36,138
鳥羽の淡海………………… 49,74,77
富永正義………………………… 377

【な行】

中川(埼玉・茨城・東京)………………
　………………………………270,297,306
長良川(岐阜・愛知・三重)……………
　……………………………… 13,56,97
長良川水害訴訟…………………………
　………………… 21,58,110,189,383
長良川の堤防決壊 ………………… 13
縄田照美………………………… 381
日本………………… 21,112,151,295
年平均被害額……………………………
　33,145,162,171,174,186,194,201,
　237,238,239,244,266
年平均被害額増大のメカニズム………
　……………………………… 252
年平均被害額モデル…… 200,237,245
農業振興地域…………………… 274
農振法(農業振興地域の整備に関する
　法律) ……………… 274,302,305

納涼床·····················350
のり勾配············· 11,83,378,396
のりすべり······ 13,56,115,182,389

【は行】

バーチカルドレーン工法··········389
ハイエトグラフ·················231
排水ドレーン···················98
ハイドログラフ·················
　　　　　·····22,72,80,126,231,244
パイピング ········ 13,56,98,101
ハザードマップ·············225,310
パラペット堤防··············345
パリ·························405
バリアフリー·················361
ハリエンジュ·················329
ハンガリー····················
　　　　　········22,71,85,112,151,183
バンコク············276,281,303,306
氾濫原············9,33,137,196,368
氾濫原対策··················276,295
氾濫シミュレーション···········226
氾濫の深刻さ············167,174,186
氾濫平野····················196,218
氾濫モデル··················236,244
氾濫流量···················168,220
ピーク流量·················231
被害額······················
　　32,145,161,171,174,185,186,194,
　　201,211,244,266,267,293
被害軽減効果···············240,254
被害ポテンシャル············
　　32,38,128,135,140,162,176,201,
　　229,232,238,245,252,263,267,
　　270,291,294,297,303
被害率·····················146
樋管················62,102,115,182
非構造物対策·······270,276,282,304
非定常浸透流計算···············100
樋門·················62,102,182
費用効果分析············208,231,253
費用便益分析············229,238,255
標高段彩図··················210,213
ファン・ドールン·············376
福田次吉····················377
不浸透面積率············243,245,249
不定流解析··········119,126,161,163
不定流モデル···············236,244
不等沈下···················104,115
不等流解析······32,119,120,161,163
舟下り·····················351
フラッシュ・フラッド············404
フラワーベルト·················354
ブランケット ··················98
古市公威····················376
分派率·················28,113,327
分派量·················28,113,327
平面タンクモデル··············199
ボイリング········13,56,98,100,182
防空計画····················305
保水・遊水機能の低下········230,232
保全便益···················231
保津川（京都）················342,351
堀川（島根）··················342,349

445

【ま行】

摩擦杭······················ 65,104
マスタープラン················ 276
マニングの公式·········· 30,219,377
マニングの粗度係数·········· 163,169
真間川(千葉)·················· 197
円山川(兵庫)··················· 47
茨田の堤(旧・淀川分流)·········· 368
ミシシッピ川(アメリカ)
　　　················ 22,85,97,295
水はね堤防···················· 374
道の駅······················· 357
宮本武之輔···················· 377
最上川(山形)··················· 342
潜り越水····················· 168

【や行】

矢板······················ 98,103
屋形船······················· 345
ヤナギ······················· 329
有限要素法···················· 104
有効降雨モデル·············· 236,244
遊水機能の保全··········· 208,297,304
遊水地························ 74
ユニバーサルデザイン············· 361
淀川(滋賀・京都・大阪・兵庫・奈良・
　　三重)····················· 85
米田正文····················· 379

【ら行】

ライフサイクル················· 254
ライン・マイン・ドナウ運河
　　　·························· 403
ライン川(オーストリア・ドイツ・フ
　　ランス・オランダほか)
　　　···················· 84,85,295
リバー・ウォーク(河川通路)
　　　··················· 346,353
流域斜面モデル·············· 236,244
流域対策················· 276,295
流域の水路化··············· 230,232
流下能力······ 120,162,163,174,183
流出増·················· 230,232,252
流出抑制·················· 208,265
流路延長······················· 80
流路の固定···················· 9,374
漏水······················· 13,115
ロジスティック曲線モデル·········· 245
ロンドン····················· 405

【わ行】

輪中堤防·················· 74,85,374
渡良瀬川(栃木・群馬・茨城・埼玉)
　　　··················· 317,325

《著者略歴》

吉川 勝秀 (よしかわ・かつひで)

東京工業大学卒業、同大学院修士課程理工学研究科修士課程を修了。
工学博士。技術士。
1) 昭和51(1976)年に建設省に入省、その後の国土交通省を含めて28年間勤務。平成15(2003)年に退職。その後、財団法人リバーフロント整備センターに2年間勤務。
2) 平成15(2003)年4月より日本大学教授(理工学部社会交通工学科)に転職。現在に至る。
3) 慶応大学大学院教授(政策メディア研究科)を約5年間、京都大学特任教授(防災研究所)を3年間務める。
中央大学理工学部、東京工業大学工学部、名古屋大学大学院、千葉工業大学工学部の非常勤講師など、大学講師を務める。
4) 国の総合科学技術会議の検討チームの委員などを務める。
5) 非特定営利活動法人　川での福祉・医療・教育研究所代表(理事長)。

【著書】

《水、川(河川)、流域に係わる著書》
- 河川、河川の技術の関係
 1)『河川堤防学』(吉川勝秀編著。技報堂出版)
 2)『河川流域環境学』(吉川勝秀単著。技報堂出版)
 3)『河川の管理と空間利用』(吉川勝秀単著。鹿島出版会)
- 都市と河川、流域の関係
 4)『都市と河川』(吉川勝秀編著。技報堂出版)
 5)『人・川・大地と環境』(吉川勝秀単著。技報堂出版)
 6)『流域圏プランニングの時代』(吉川勝秀ほか2名編著、技報堂出版)
 7)『川からの都市再生(編著)』(吉川勝秀編著。技報堂出版)
 8)『自然と共生する流域圏・都市の再生』(吉川勝秀共著。山海堂)
 9)『舟運都市』(吉川勝秀ほか2名編著。鹿島出版会)
 10)『リバー・ウォークの魅力と創造』(吉川勝秀単著。鹿島出版会)
- 川と福祉、川のユニバーサルデザインの関係
 11)『川で実践する福祉・医療・教育』(吉川勝秀ほか編著。学芸出版)
 12)『市民工学としてのユニバーサルデザイン』(吉川勝秀編著。理工図書)
 13)『川のユニバーサルデザイン』(吉川勝秀編著。山海堂)
- 世界の水問題
 14)『アジアの流域水問題』(吉川勝秀共著。技報堂出版)、
 15)『東南・東アジアの水』(吉川勝秀共著。日本建築学会)
 16)『東京湾』(吉川勝秀共著。恒星社厚生閣)
- 流域圏の関係、水と社会の関係
 17)『水辺の元気づくり』(吉川勝秀編著。理工図書)

《河川などの技術基準などの関係の著書》
- 河川などの技術基準などの関係
 18)『改定　解説・河川管理施設等構造令』(編集関係者代表。山海堂／山海堂の倒産により現在は技報堂出版)
 19)『建設工事の安全管理(監訳)』(吉川勝秀ほか監訳。山海堂)
 20)『生態学的な斜面・のり面工法』(吉川勝秀編著。山海堂)
- 地域連携の関係
 21)『地域連携がまち・くにを変える』(吉川勝秀共著。小学館)
また、『感謝と希望　―知世(娘)、光代(妻)へ。そして皆さまへ―(仮題)』(吉川勝秀単著)の刊行を予定。

新河川堤防学
河川堤防システムの整備と管理の実際　　　　定価はカバーに表示してあります。

2011年11月25日　1版1刷発行	ISBN978-4-7655-1788-1 C3051

著　者　　吉　川　勝　秀

発行者　　長　　　滋　彦

発行所　　技報堂出版株式会社

日本書籍出版協会会員　　〒101-0051　東京都千代田区神田神保町1-2-5
自然科学書協会会員　　　電　　話　　営　業　(03) (5217) 0885
工学書協会会員　　　　　　　　　　　編　集　(03) (5217) 0881
土木・建築書協会会員　　FAX　　　　　　　　(03) (5217) 0886
　　　　　　　　　　　　振替口座　　00140-4-10
Printed in Japan　　　　http://gihodobooks.jp/

Ⓒ Katsuhide Yoshikawa, 2011　　装幀　ジンキッズ　印刷・製本　昭和情報プロセス

落丁・乱丁はお取り替えいたします。
本書の無断複写は、著作権法上での例外を除き、禁じられています。

◆小社刊行図書のご案内◆

定価につきましては小社ホームページ（http://gihodobooks.jp/）をご確認ください。

河川堤防学
―新しい河川工学―

吉川勝秀 編著
長瀬迪夫・白井勝二・瀬川明久・福成孝三 著
A5・288頁

【内容紹介】本書は、わが国ではじめて、治水システムとしての河川堤防論を提唱し、河川工学の新しい分野を切り開いた。河川堤防の成り立ちや、実際の河川管理と堤防決壊に関する豊富な経験を踏まえて、これからの少子・高齢化、地球温暖化による豪雨多発社会にふさわしい河川堤防の設計・強化論と安全管理のあり方を体系的にわかりやすく述べている。河川堤防の仕事に従事する技術者、河川工学の学識者、学生などに、幅広くかつ実践的に活用されることが期待できる。

図説 河川堤防

中島秀雄 著
A5・242頁

【内容紹介】河川堤防を、由来、建設の歴史から、設計、維持管理まで、総合的に論じる技術書。半自然物であり、不均一材料で構成される堤防は、単純化したモデルやいくつかの限られた要素を用いた計算などにはなじまない。なによりも、現場を見、現場で考えることが重要である。本書は、そのような観点から、国内外の実堤防の断面図など多数の図を示しつつ、具体的に解説している。

河川流域環境学
―21世紀の河川工学―

吉川勝秀 著
A5・272頁

【内容紹介】従来の水理学的な河川工学や、「河川空間」内での現象等について記した河川工学に留めず、河川空間を含む「沿川空間」や、さらに範囲を広げた「流域空間」にまで視野を広げ、これからの河川工学、河川流域工学について述べた書。歴史的な視点を持ちつつ、かつ、これからの実践的な河川整備と管理を念頭に、河川の現場等での実管理の経験も生かしながら解説。河川や流域、そして水の問題について、日本の河川のみならず、世界の河川、世界の水問題についても紹介する。

人・川・大地と環境
―自然共生型流域圏・都市に向けて―

吉川勝秀 著
A5・376頁

【内容紹介】水・川と人・文明との係わりから環境、そして人と自然との共生について考察した書。このテーマについて、少し長い時間スケールで諸外国の実践も参照しつつ述べている。一般論としての議論と、具体的な実践事例、現実を踏まえたものとから構成されており、人と水と大地の環境についての歴史的経過や現状の理解、「自然共生型流域圏・都市の再生」イニシアティブの推進、さらには自然共生型流域圏・都市の再生や地域の課題への流域交流連携等による対応といった具体的な実践活動に役立つ。

技報堂出版　TEL 営業 03(5217)0885 編集 03(5217)0881
　　　　　　FAX 03(5217)0886